カラーアトラス
最新
くわしい猫の病気
大図典

● ● ● ● ● ●

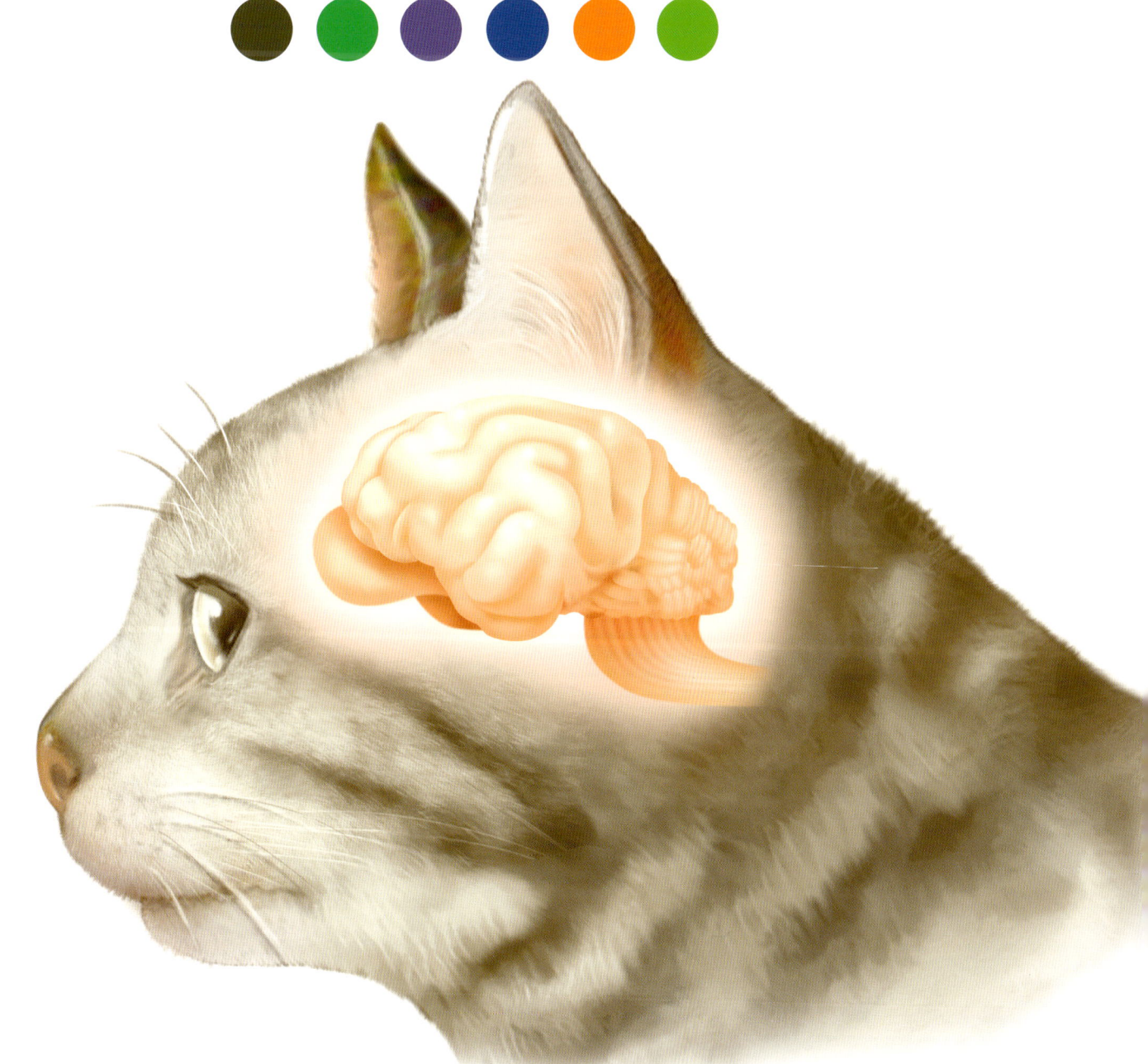

最新 くわしい猫の病気大図典

INDEX

1 猫の体の解説　市原 伸恒 …… 6
- 猫の体の各部の名称／猫の骨格 …… 6
- 猫の内臓 …… 8
- 猫の体形による分類 …… 10
- 猫種別のかかりやすい病気 …… 12

第1章　器官別　猫の病気と特徴

2 眼の病気　小野 啓 …… 14
- 結膜の病気／結膜炎 …… 15
- 角膜の病気／角膜分離症 …… 16
- 眼瞼内反症 …… 17
- コラム：白内障 …… 17
- ぶどう膜の病気／ぶどう膜炎 …… 18
- コラム：瞳の色 …… 19

3 血液疾患　酒井 秀夫 …… 20
- 貧血 …… 21
- 白血病と骨髄異形成症候群（MDS） …… 22
- リンパ腫 …… 24
- コラム：猫の血液型と輸血について …… 25
- 血液疾患に関連する疾患 …… 26

4 循環器の病気　山根 剛 …… 28
- 先天性心疾患 …… 30
- 心筋症 …… 32
- コラム：心筋症の分類 …… 32
- コラム：血栓塞栓症 …… 33
- フィラリア症 …… 34
- 関連する病気 …… 35

5 呼吸器の病気　城下 幸仁 …… 36
- 猫喘息 …… 36
- 胸水 …… 38
- 肺炎（細菌性気管支肺炎／誤嚥性肺炎） …… 40
- 特発性肺線維症 …… 42

6 口腔内疾患　幅田 功 …… 44
- 歯牙と歯周組織の解剖学的構造 …… 44
- 口腔内の免疫 …… 45
- 歯周病 …… 46
- 歯頸部吸収病巣 …… 48
- 難治性口内炎 …… 49
- 口腔内腫瘍 …… 50
- 口腔内の衛生管理 …… 51

最新 くわしい猫の病気大図典

INDEX

7 消化器の病気　越久田 健・越久田 活子　52
- 食道の疾患　52
- コラム：嘔吐と下痢は病気のサイン!?　53
- 胃の疾患　56
- 腸の疾患　58
- コラム：診断の手助けになる便　59
- コラム：反省は苦手…、だから予防を　63
- 肝臓と膵臓の疾患　64
- コラム：猫のために生活習慣の見直しを　65

8 腎臓・泌尿器系の病気　渡邊 俊文・三品 美夏　68
- コラム：猫とトイレ　69
- コラム：猫と水　69
- 腎不全　70
- 嚢胞性腎疾患　73
- 尿路結石症　74
- ネコ下部尿路疾患　76
- その他の関連する病気　77

9 内分泌器官の病気　水谷 尚　78
- 糖尿病　80
- 甲状腺機能亢進症　83
- その他の内分泌疾患　84

10 生殖器の病気　桑原 久美子　86
- 異常分娩／コラム：異常分娩　87
- 産後の病気／コラム：産後の病気と乳房の病気　88
- 乳房の病気　89
- 子宮蓄膿症　90
- 生殖器の腫瘍／コラム：子宮蓄膿症と生殖器の腫瘍　91
- 卵胞嚢腫／その他の重要な生殖器の病気　92
- コラム：卵巣と精巣

INDEX

11 耳の病気　臼井 玲子　94
- ミミヒゼンダニによる耳炎　94
- 食物有害反応による耳炎　96
- 中耳炎／コラム：Video Otoscope（ビデオ耳鏡・耳内視鏡）　97
- 日光性皮膚炎および扁平上皮癌／コラム：耳のそうじは危険!?　98
- 関連する病気　99

12 皮膚の病気　小方 宗次　100
- ノミによる皮膚病／コラム：猫に付くネコノミの特徴　102
- 白癬／皮膚糸状菌症　103
- 猫対称性脱毛症／クッシング症候群　104
- 猫座瘡／尾腺炎　105
- 猫好酸球性肉芽腫症候群／食事性アレルギー　106
- 猫疥癬／その他の皮膚の病気　107

13 骨折・骨の病気　中山 正成　108
- 四肢の骨折　108
- 骨折の整復　110
- コラム：スコッティッシュ・フォールドに発症する骨軟骨異形成症（SFOCD）　111

14 脳と神経の病気　渡辺 直之　112
- コラム：斜頸と捻転斜頸について　112
- 前庭障害　112
- 髄膜腫　114
- コラム：発作の記録　115
- 大動脈血栓塞栓症／低カリウム血症性ミオパチー　116
- 糖尿病性ニューロパチー　117

15 内部寄生虫症　深瀬 徹　118
- 猫の内部寄生虫／コラム：寄生虫の宿主　118
- コクシジウム症／コラム：クリプトスポリジウム症とトキソプラズマ症　120
- 犬糸状虫症／コラム：人間の犬糸状虫症　121
- 猫回虫症／コラム：人間の猫回虫症　122
- 猫鉤虫症／糞線虫症　123
- 壺形吸虫症／マンソン裂頭条虫症／コラム：人間のマンソン裂頭条虫症　124
- 瓜実条虫症　125

16 腫瘍　川村 裕子　126
- 皮膚腫瘍／コラム：太陽と猫　127
- 肥満細胞腫／コラム：早期発見は飼い主次第　128
- 乳腺腫瘍／コラム：緩和治療　130
- 口腔腫瘍　132
- コラム：食餌の変化は病気のサイン!?　133
- そのほかの関連する病気　134

INDEX

17 感染症　兼島 孝 — 136
- 猫免疫不全ウイルス(FIV)感染症／コラム：猫免疫不全ウイルス(FIV)とは？ — 137
- 猫汎白血球減少症 — 138
- 猫ウイルス性鼻気管炎(FVR)／コラム：猫ヘルペスウイルス1型(FeHV-1)とは？ — 140
- 猫カリシウイルス感染症／猫白血病ウイルス感染症 — 141
- 猫伝染性腹膜炎／コラム：猫伝染性腹膜炎ウイルス(FIPV)とは？ — 142
- 猫ヘモプラズマ感染症／歯周病 — 143
- トキソプラズマ症／コラム：トキソプラズマ原虫について — 144
- 狂犬病／猫ひっかき病 — 145
- パスツレラ症／猫クラミジア症／Q熱 — 146
- 皮膚糸状菌症／クリプトコックス症／サルモネラ感染症 — 147

18 問題行動　水越 美奈 — 148
- マーキング — 148
- トイレ以外での不適切な排泄 — 149
- コラム：猫の快適な環境 — 149
- 人に対する攻撃行動／コラム：良く慣れた猫にするには？ — 150
- コラム：撫でられるのは嫌い？ — 151
- 常同障害 — 152
- その他の問題行動／コラム：猫の性質 — 153

第2章　栄養／中毒／薬　猫に関する基礎知識

19 栄養性疾患　舟場 正幸・岩田 法親・朝見 恭裕 — 154
- 下部尿路疾患 — 154
- 食物アレルギーとアレルギー性皮膚炎 — 156
- 肥満 — 158

20 中毒　寺岡 宏樹 — 160
- 風邪薬(アセトアミノフェン)／保冷剤、不凍液(エチレングリコール) — 161
- 殺虫剤(有機リン、カーバメート)／殺虫剤(ピレスロイド)／ナメクジ駆除剤(メタアルデヒド)／その他 — 162

21 猫用治療薬の基礎知識　折戸 謙介 — 164
- 猫用の治療薬 — 164
- 循環器薬 — 165
- 抗菌薬／抗炎症薬 — 166
- コラム：抗炎症薬の特徴 — 167

付録
- 索引 — 168
- 執筆者一覧 — 174

Chapter 1

I 猫の体の各部の名称／猫の骨格

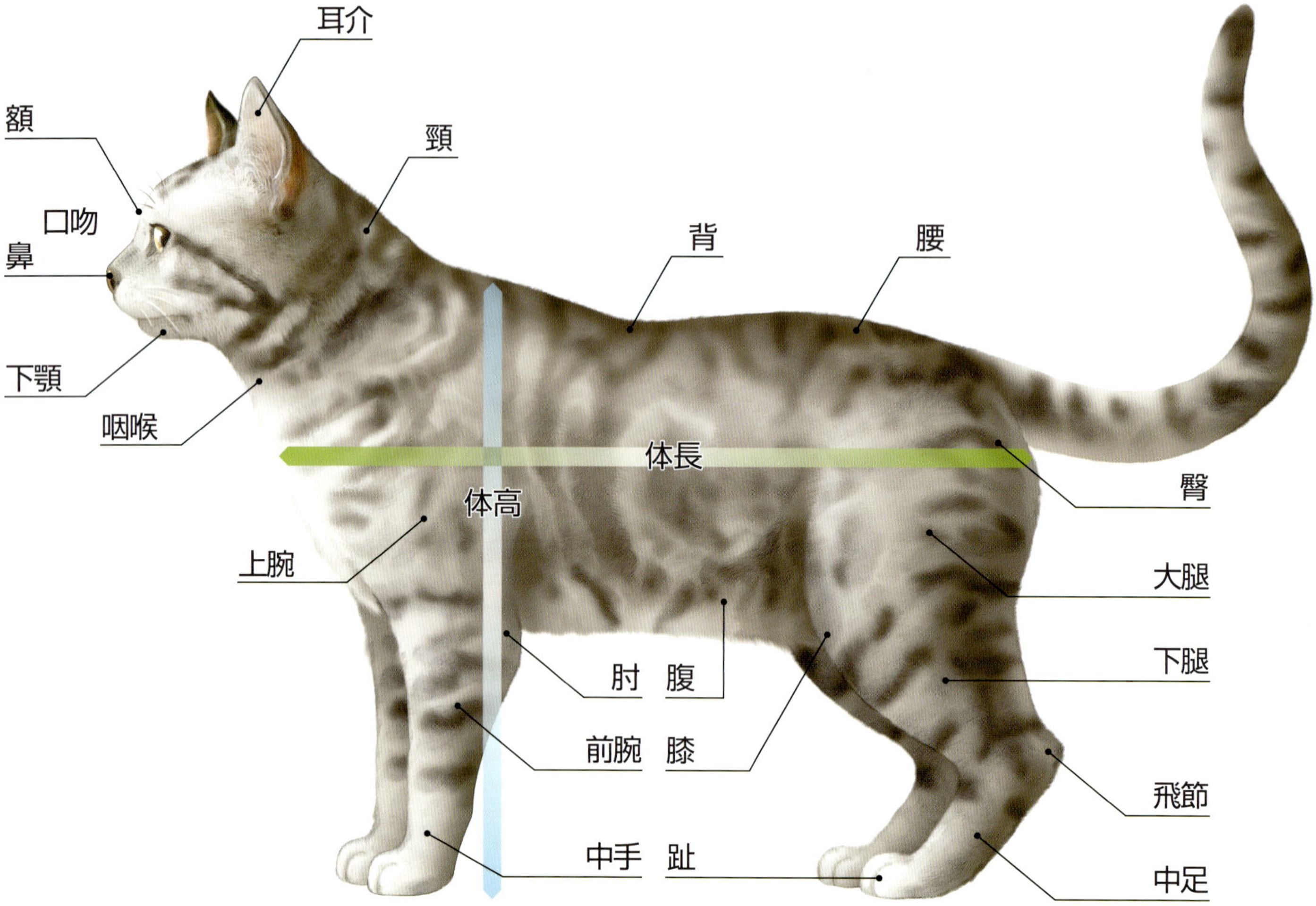

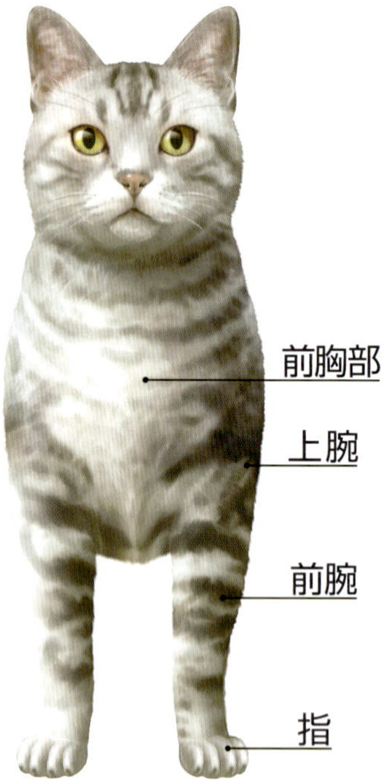

図2 猫を正面から見る

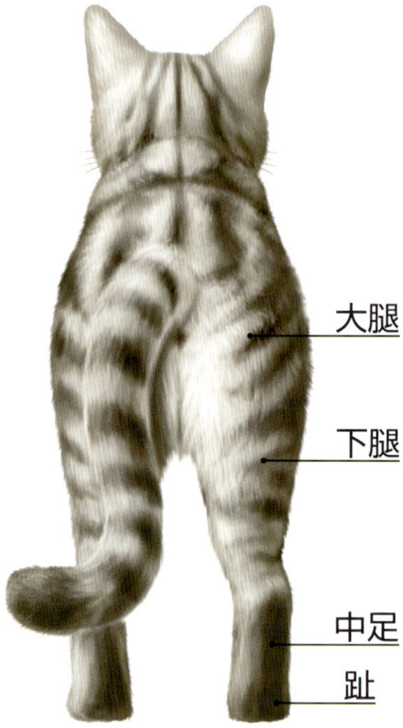

図3 猫を後方から見る

猫の体の解説

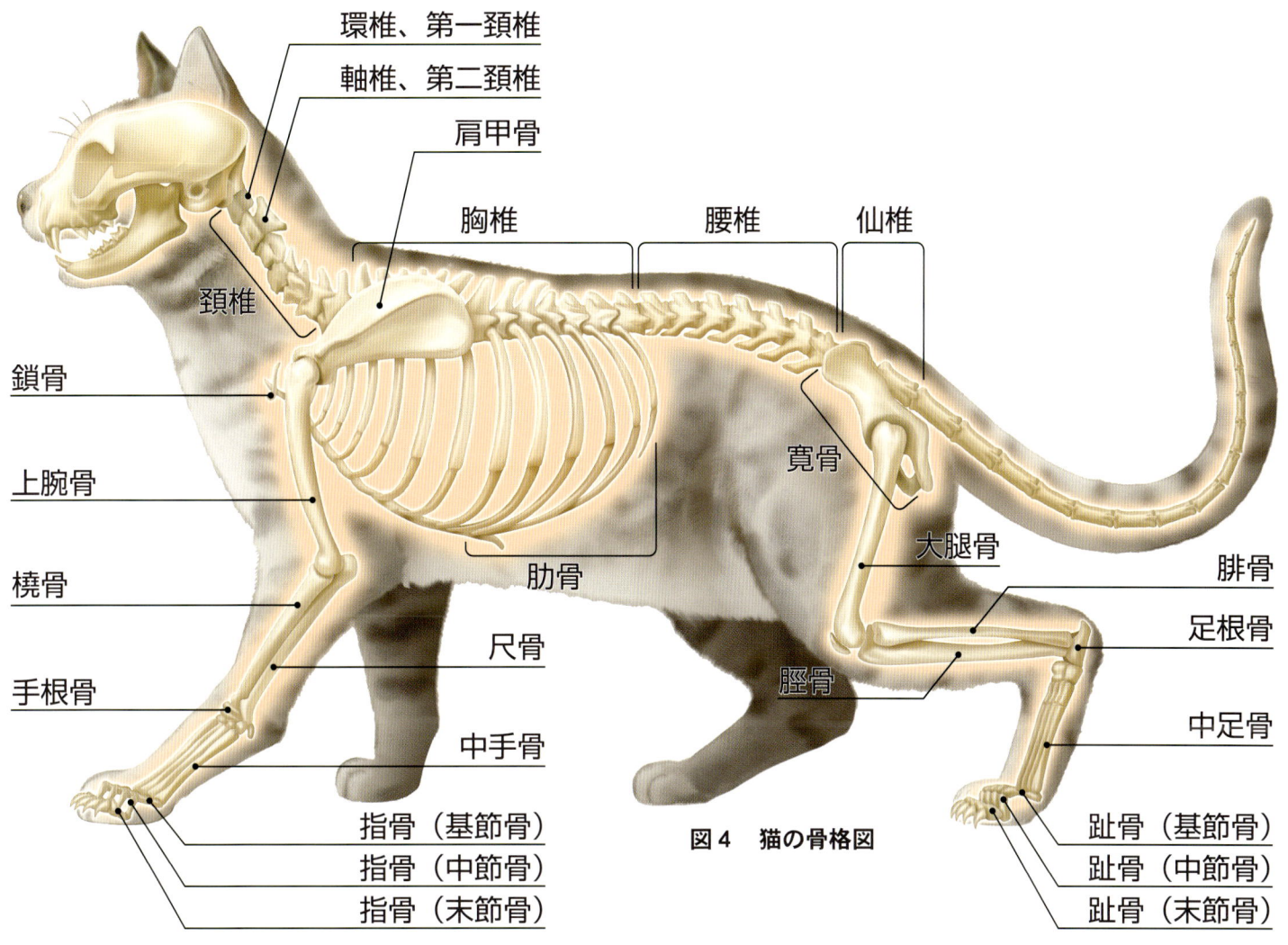

図4　猫の骨格図

猫の骨格

　骨格は猫に限らず、動物の大きさや形を決定づける上で重要な構造である。私たちが猫のシルエットを見ただけでも猫とわかるのは、猫らしい体形を作っている骨格のおかげであるといっても過言ではない。猫の体をつくっている骨格は、他の動物と同じように、大きく分けて、頭や胴、尾をつくる骨格（軸性骨格）と、四肢をつくる骨格（付属骨格）の2つのグループに分けることができる。
　軸性骨格には頭蓋、椎骨（いわゆる1つ1つの背骨のことで、多くの椎骨が並んでできる構造を脊柱という）、肋骨、胸骨が含まれる。頭蓋は多くの板状の骨が組み合わさってできていて、猫種ごとに異なる頭の形を決めている。

椎骨は頭に近いほうから頚椎・胸椎・腰椎・仙骨・尾椎に分けられ、合計30個以上の椎骨が並んでいる。肋骨・胸骨は胸椎と共に、胸部で心臓や肺を守る籠（かご）のような構造をつくっている。
　付属骨格には前肢をつくる骨と後肢をつくる骨が含まれる。通常、四足歩行を行う動物には鎖骨はないことが通常であるが、猫の場合、小さく、細い鎖骨を持つことが多い。ただし、鎖骨があっても、人のように軸性骨格とはつながっていないため、胴と前肢は筋肉だけでつながっていることになる。前肢と後肢では、図4に描いたような骨が各部位の骨格を形成している。

Ⅱ 猫の内臓

　猫の体はたくさんの臓器が集まり作られている。内臓とは全ての臓器をさすものと考えられそうだが、正確には体腔内にあり、表面を漿液（タンパク質を含んだサラサラとした液体）で湿らされている構造のことをいう。体腔とは胸や腹にある腔所のことであり、いわゆる胸や腹の中のことである。内臓は同じ働きをしている臓器をまとめることで、次の4つのグループに分けられる。

　①消化器系：栄養素の消化、吸収、不要物の排泄を行う。食物が通過する1本の管である口腔・食道・胃・小腸・大腸・肛門と続く消化管と、消化酵素を作り、消化管に送る唾液腺・肝臓・膵臓からなる。
　②呼吸器系：血液中に酸素を取り込み、血液中の二酸化炭素や不要な物質を体外に排出する。鼻腔、咽頭、喉頭、気管、気管支、肺からなる。

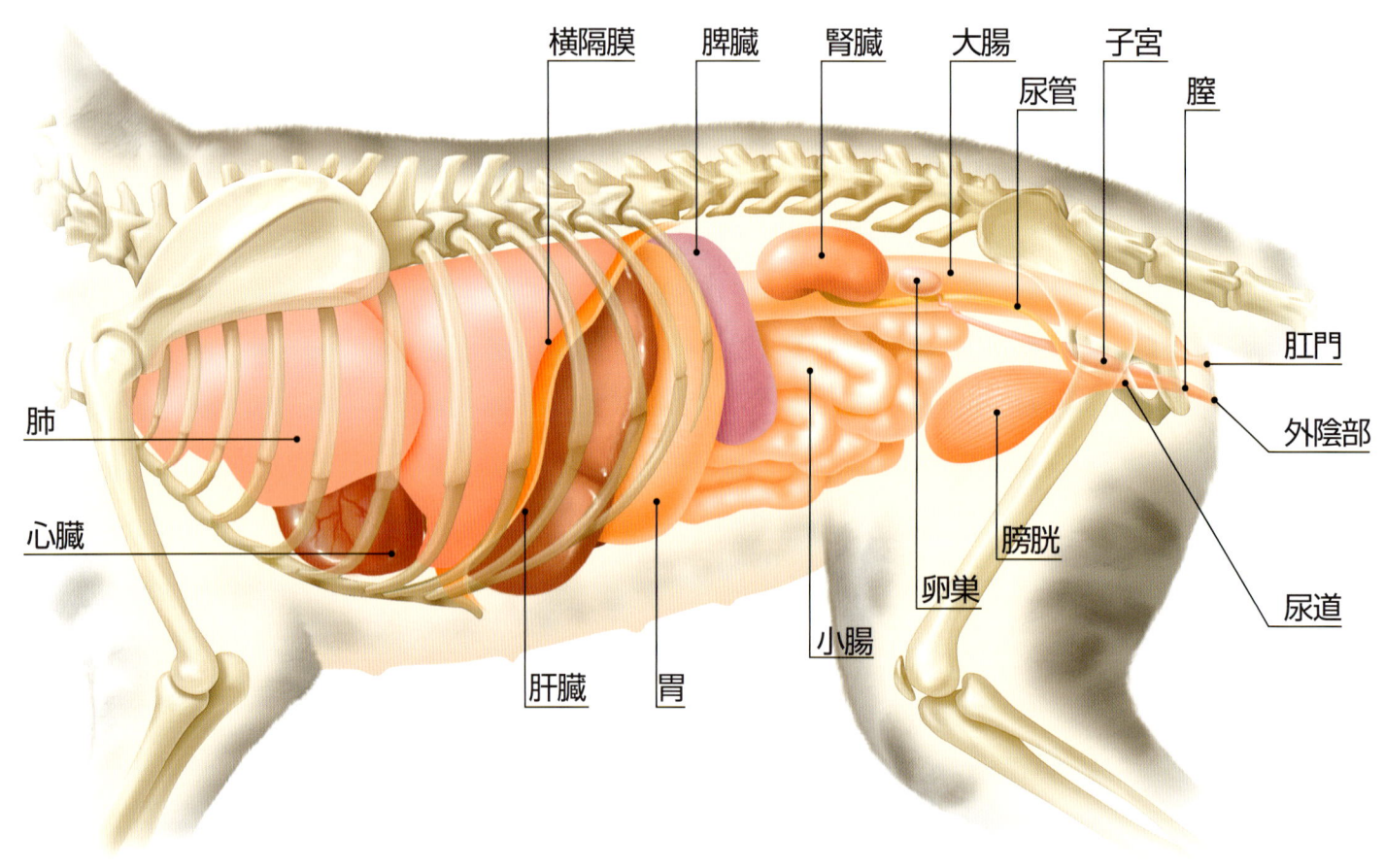

図5　猫の内臓図（左観図）

③泌尿器系：尿の生成や排泄を行い、血液中の不要な物質を体外に排出する。血液の成分をろ過する腎臓、腎臓でできた尿を膀胱に運ぶ尿管、尿を一時的に蓄える膀胱、尿排泄の場となる陰茎や膣前庭まで尿を運ぶ尿道からなる。

④生殖器系：精子や卵子が作られたり、胎子成長の場となる。雄では、精子を作る精巣、精子を尿道まで運ぶ精管、精液の液状成分を作る副生殖腺（猫の場合、前立腺と尿道球腺）、陰茎からなる。雌では、卵子を作る卵巣、受精の場となる卵管、胎子を育てる子宮、膣からなる。

この4つのグループに加え、猫の体は、⑤内分泌系｛ホルモンを分泌することで、恒常性の維持（体温や心拍数、血糖値などの調節）を行う：脳下垂体、甲状腺、副腎など｝、⑥神経系（猫がおこす全ての活動の中枢：脳、脊髄）、⑦循環器系（血液やリンパを全身に送る：心臓、血管）、⑧運動器系（体を動かす：骨、筋）⑨感覚器系（体外の環境の変化をとらえ、脳に情報を送ったり、味や匂いの感覚を受け取る：眼や耳、鼻など）、⑩外皮系（体を守る：皮膚や爪）などから作られている。

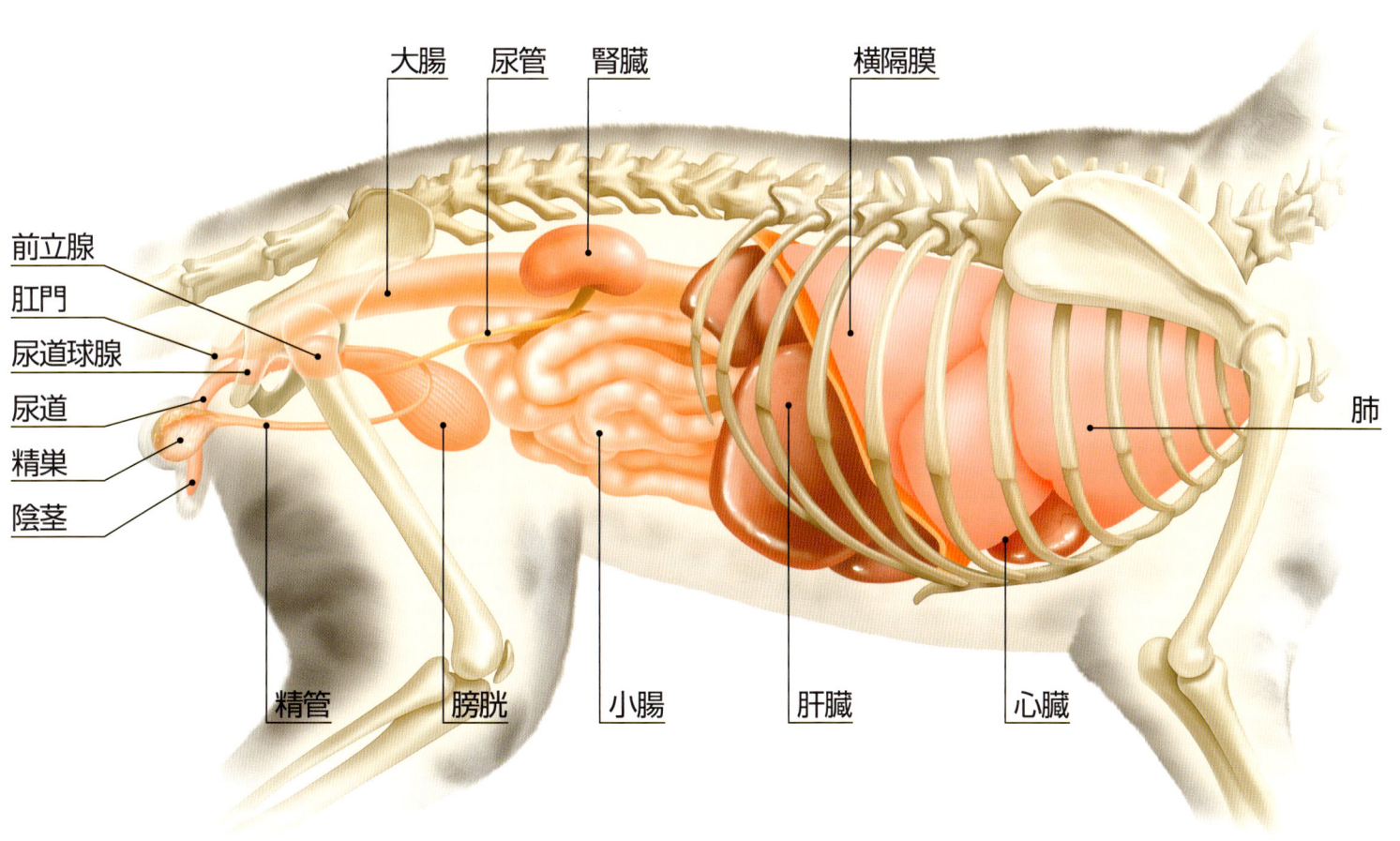

図6　猫の内臓図（右観図）

Ⅲ 猫の体形による分類

19世紀に入り猫の選択繁殖が盛んに行われはじめ、自然交配にまかせるだけではなく、人為的にも、さまざまな形態的な特徴を持つ猫種が作られてきた。猫に限らず、動物種内の分類は形態的な特徴によるところが大きい。たとえば、犬は体の大きさにより大型犬、中型犬、小型犬と分類される。猫の場合、同じ食肉類であっても、体の大きさだけで分類されるほど、体の大きさに大きな違いはない。したがって猫種の分類方法として、体形によって分類する方法が利用される。この場合、体形とは、胴の長さや形、脚の長さや太さ、耳の大きさ、口吻（マズル）の長さなどが基準になり、右のように分けられる。

■猫の被毛による分類

体形による分類とは別に、被毛の長さによる分類（短毛種、長毛種）もされている。被毛の長さはコビーなどの体形による分類と無関係ではない。コビーは比較的寒冷な地域で完成された猫種であるため（体温維持のため）、脚が短いなど体全体が丸みを帯び、また、体熱を逃がさないように長毛種が多い。また、オリエンタルは比較的温暖な地域で完成された猫種であるために（体熱を放散しやすいように）、大きな耳や長い脚をもち、短毛種が多いという特徴がある。

短毛種にはアビシニアン、アメリカン・ショートヘアー、ヨーロピアン・ショートヘアー、マンクス、エジプシャン・マウ、ロシアン・ブルー、シンガプーラ、スノーシュー、トンキニーズ、バーミーズ、コラット、ベンガル、ボンベイ、シャルトリューなどが、長毛種にはメインクーン、キムリック、ヒマラヤン、ラガマフィン、ラグドール、アンゴラ、チンチラ、ペルシャ、ターキッシュ・バンなどが挙げられる。スコティッシュ・フォールドやマンクス、セルカーク・レックスには短毛種と長毛種の両方がいる。

■特徴的な形態による猫の分類

ここまで説明してきた分類とは別に、特徴的な形態をもつ猫種としては、
❶**マンクス**：尾がないことで有名。ただし、マンクスにもランピー（全く尾がない）、スタンピー（短い尾をもつ）、テイリー（曲がった尾をもつ）の3種がある。
❷**スフィンクス**：毛が非常に短く、また、大きな耳をもっている。
❸**スコティッシュ・フォールド**：耳が外耳孔（いわゆる耳の穴）をふさぐように折れ曲がっている（垂れ耳）タイプがいる、などが挙げられる。

図7　猫の体形

ペルシャ

コビー

頭部が丸みを帯び、胴が短く、肩幅や腰幅が広い。また、尾は短く、短い口吻（マズル）、太くて短い脚、丸みのある肢端（ポー：足先のこと）をもっていることが特徴である。ペルシャ、ヒマラヤン、キムリック、エキゾチック、マンクス、チンチラ、バーミーズなどが挙げられる。

ロシアン・ブルー

フォーリン

細い胴をもち、オリエンタルに近い。ロシアン・ブルー、ジャパニーズ・ボブテール、ターキッシュ・アンゴラ、ソマリなどが挙げられる。

アメリカン・ショートヘアー

セミコビー

コビーに近いが、コビーよりも脚や胴は長めである。アメリカン・ショートヘアー、ブリティッシュ・ショートヘアー、スコティッシュ・フォールド、ボンベイ、マンチカン、コラット、シンガプーラ、シャルトリュー、セルカーク・レックスなどが挙げられる。

シャム

オリエンタル

コビーとは対照的な体形で、V字型の頭部（コビーのように丸くなく、くさび形をしている）、細くしなやかな胴、大きな耳、細く長い四肢や尾をもつ。シャム、オリエンタル・ショートヘアー、オリエンタル・ロングヘアー、コーニッシュ・レックス、バリニーズ、ピーター・ボールドなどが挙げられる。

アメリカン・カール

セミフォーリン

コビーとオリエンタルの中間のような体形をしている。頭部はやや丸みのあるV字型で、細身だが筋肉質の脚、細長い尾、卵円形に近い肢端をもつ。アメリカン・カール、エジプシャン・マウ、アビシニアン、スフィンクス、スノーシュー、トンキニーズ、デボン・レックス、ラパーマなどが挙げられる。

メインクーン

ロング＆サブスタンシャル

前記の分類にあてはまらないもので、胴が長く、大型である。メインクーン、アメリカン・ボブテール、ターキッシュ・バン、ベンガル、ラガマフィン、ラグドールなどが挙げられる。

IV 猫種別のかかりやすい病気

前述のような形態的な特徴あるいは遺伝的背景などにより、猫種によってかかりやすい病気が知られている。
①口吻が短い猫種（ヒマラヤンやペルシャなど）：口蓋や鼻腔、気管などの上部気道疾患。
②被毛が長い猫種（ペルシャなど）：皮膚糸状菌症。
③耳が垂れている猫種（スコティッシュ・フォールドなど）：耳の中が不衛生になりやすく、耳の病気にかかりやすい。
④シャム、アビシニアン：拡張型心筋症。
⑤ペルシャ：腎周囲性偽嚢胞。
⑥マンクス：脊椎奇形（脊椎二分症）。
⑦ペルシャやヒマラヤン、ブリティッシュ・ショートヘアーなど：白内障。
⑧アビシニアン、シャムなど：網膜疾患。
⑨シャム、アビシニアン、バーミーズ（毛づくろいを頻繁に行ったり、神経質になめることが多い）：神経性皮膚炎。
⑩ヒマラヤン、ペルシャ：眼瞼内反、流涙症。
⑪マンクス（ランピー同士の交配で得られた子）：マンクス症候群（生後4カ月齢までに死亡することが多い）。
⑫スコティッシュ・フォールド：骨軟骨異形成。
⑬（猫種ではないが）白い毛色をもつ猫：日光性皮膚炎（特に耳に多く見られる）などがある。

また、直接病気とは結びつかないが、被毛が極端に短い猫種であるスフィンクスなどは、気温の影響を受けやすい。また、短毛種、長毛種にかぎらず、毛づくろいをした毛が胃の中で毛の塊をつくり、消化管の通過障害を起こすことがあるので、特に長毛種ではこまめなブラッシングやグルーミングを行うことが大切である。

猫種別の遺伝病

● ペルシャに見られる多発性腎嚢胞

● メインクーンの肥大性心筋症

● スコティッシュ・フォールドの骨軟骨異形成

● アビシニアンの進行性網膜萎縮

● アビシニアン、ソマリのピルビン酸キナーゼ欠損症

● マンクスの脊椎奇形

● リソソーム蓄積病

● その他

猫の遺伝病に関しては、犬と比べると知られている病気の数は少ない。ただし、知られている病気が少ないだけで、次に挙げるような遺伝病以外にも多くの遺伝病があると考えられる。ここでは、これまで明らかにされている主な遺伝病について解説する。

　多発性腎嚢胞はペルシャの他にも、ペルシャの雑種、長毛種においても遺伝病として見られる。腎臓に多くの小さな嚢胞(内部に嚢胞液という液体を含んだ袋状の構造)が形成されて、この嚢胞が徐々に大きくなることで、次第に腎臓の組織を圧迫、破壊して、最終的に腎不全(腎臓が機能しなくなること)を引き起こす。手で腹部を触ると気付くこともあるが、正常な腎臓の組織が残っている場合は、無症状のまま進行することもある。また、腎臓に嚢胞ができると共に、肝臓にも同様な嚢胞が形成されることが多い。
　嚢胞は超音波検査などの画像診断で確認できるが、根治治療の方法はない。定期的な検査を行い、早めに発症を確認することや、ペルシャを繁殖に供する前には、検査を行い本症でないことを確認するなどの注意が必要となる。

　本症はメインクーンにおいて遺伝病であることが知られているが、アメリカン・ショートヘアーやペルシャも好発種である。この病気は心臓の左心室(全身へ送り出される血液が押し出される部位)が肥大する(心臓壁が厚くなる)と共に、右心室(肺へ送り出される血液が押し出される部位)が狭くなる。肥大が軽度なときは無症状の場合もあるが、重度になると肺水腫(肺組織内に液体がたまる)や胸水が溜まることにより、呼吸困難や発咳が生じる。また、全身に血液を送る左心室に異常があるので、体の諸臓器に血液がうまく送ることができなくなり、元気や食欲の低下が見られる。
　さらに、後肢に血液を送る大腿動脈に血栓がつまることで、突然の後肢麻痺がみられたり、後肢が冷たくなる症状が生じることがある。内科的な治療で病気の進行を遅くすることはできるが、後肢麻痺などの症状を示すようになるまで重度に進行した際の予後は良くない。無症状であれば予後は比較的良好であるが、継続的な治療が必要になる。

　垂れ耳同士の交配で生まれた子で、高頻度に発生する病気である。スコティッシュ・フォールドの垂れ耳は耳介軟骨(耳を形作っている軟骨)の形成異常によるものなので、同じような異常が他の部位の軟骨や骨にみられたものと考えられる。成長期において、四肢の関節や尾骨で、骨や軟骨の異形成(異常な部位に骨や軟骨が形成されたり、過剰に骨や軟骨が形成される)が見られる。症状の進行に伴い、関節が動かせなくなり、また、強い痛みを伴う。効果的な治療法はなく、予後は不良である。

　網膜の変性は、猫にとって重要な栄養素の1つであるタウリンの欠乏でもおこるが、アビシニアンでは遺伝病としての網膜萎縮が知られており、また、ペルシャでも遺伝性の病気である可能性が示唆されている。アビシニアンの進行性網膜萎縮には、生後早期(生後4週齢前後)から異常が認められるタイプと、生後1年を過ぎてから異常が認められるタイプの2つがある。両方に共通しているのは、網膜の血管が細くなることで、発症の時期が早い場合には、最終的に網膜の血管が消失して失明に至ることもある。効果的な治療法は見つかっていない。

　ピルビン酸キナーゼは赤血球に含まれる酵素で、ピルビン酸キナーゼの遺伝子に異常があり、赤血球が壊れることにより、貧血(溶血性貧血)と脾腫が生じる。アビシニアンとソマリで見られる。

　マンクスにおいて、仙骨など尾側に近い部位でおこる椎骨の形成不全で、尿・便の失禁や、後肢の異常(皮膚感覚の麻痺、筋の萎縮)、脳脊髄液の漏出が見られる。治療は困難であり、また、長くは生きられない。

　細胞内小器官であるリソソームが関与する病気である。リソソームには、細胞内において脂質や糖質を分解する酵素が多種類含まれているが、この酵素が遺伝的な原因で、正常に機能できなくなることにより生じる病気がリソソーム蓄積病である。脂質や糖質がリソソームで分解されなくなった結果、細胞内に蓄積して、細胞死や臓器障害を引き起こす病気である。正常な機能を失った酵素の種類で、どのような病気になるのかが異なり、猫ではセロイドリポフスチン症、GM1ガングリオシド症、GM2ガングリオシド症、マンノシド蓄積症、ムコ多糖類沈着症、チェディアック・東症候群などがシャムやペルシャなどの猫種で知られていたり、疑われている。
　このうち、チェディアック・東症候群は毛色がブルー・スモークで、虹彩が黄色のペルシャのみで見られる病気で、血小板の機能異常により出血が止まりにくくなり、また、好中球の免疫能が低下することで細菌に感染しやすくなる。根治治療はないので、出血や細菌感染を起こすような外傷を負わないようにすることや、繁殖には利用しないなどの注意が必要である。

　これらの病気以外に、遺伝性であることが疑われていたり、遺伝する場合がある病気として、アビシニアン：毛幹障害、先天性甲状腺機能低下症、アメリカン・ショートヘアー、ラグドール：肥大性心筋症、デボン・レックス：筋障害、シャム：接合部表皮水疱症、口蓋裂、水頭症、バーミーズ：低カルシウム血症性多発性筋障害、ヒマラヤン：皮膚無力症などが知られている。

参考文献

E.A. Aiello et al (長谷川篤彦、山根義久 監修)：メルク獣医マニュアル 第八版、学窓社、2003
F. Bruce (小暮規夫 監訳)：猫種大図鑑、緑書房、2000
長谷川篤彦 監修：猫の診療 最前線 第二版、インターズー、2001
前出吉光 監修：新版 主要症状を基礎にした猫の臨床、デーリィマン社、2005
R.G. Sherding (加藤 元、大島 慧 監訳)：猫の医学(I)(II)、文永堂出版、1993
S.J. Birchard and R.G.Sherding (長谷川篤彦 監訳)：サウンダース 小動物臨床マニュアル 第三版、文永堂出版、2009

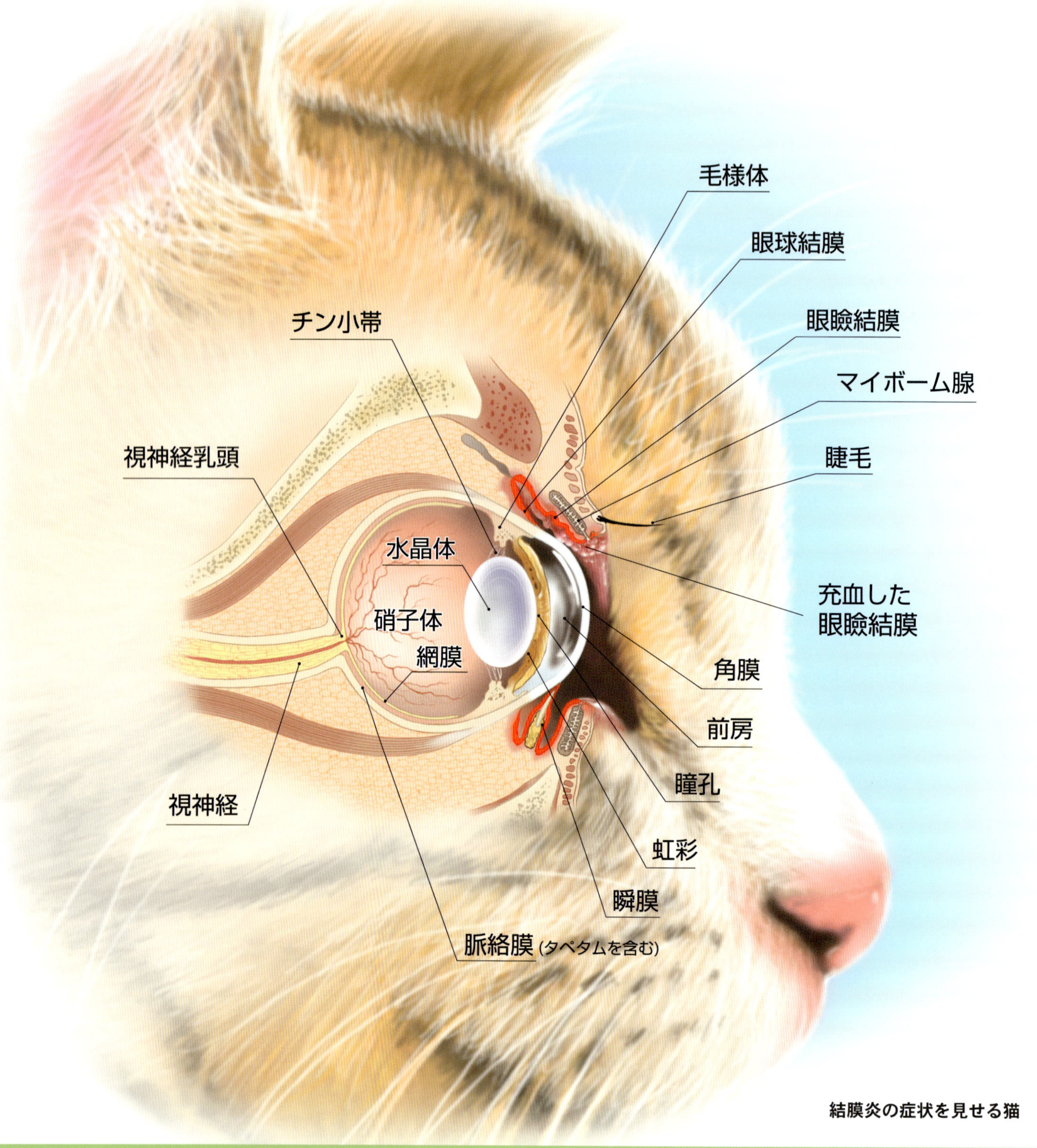

眼の病気

眼は体表に露出し、その機能は視覚であり、生活において重要な機能を有する器官である。そのため病気によっては視覚を消失してしまうことがある。また眼の病気は、原因が全身の病気のことがあるため、時に他の疾患を見つけ出すことができる。眼の疾患は眼球と眼付属器（眼瞼、瞬膜、睫毛、涙腺）の病気であり、犬と同様に多く存在する。しかし、病気の発生頻度は犬とは異なり、結膜炎や感染症によるぶどう膜炎が多くを占める。また角膜分離症といった猫特有の眼疾患もある。本章では、日常の診察でよく見られる猫の眼疾患について解説する。

結膜炎の症状を見せる猫

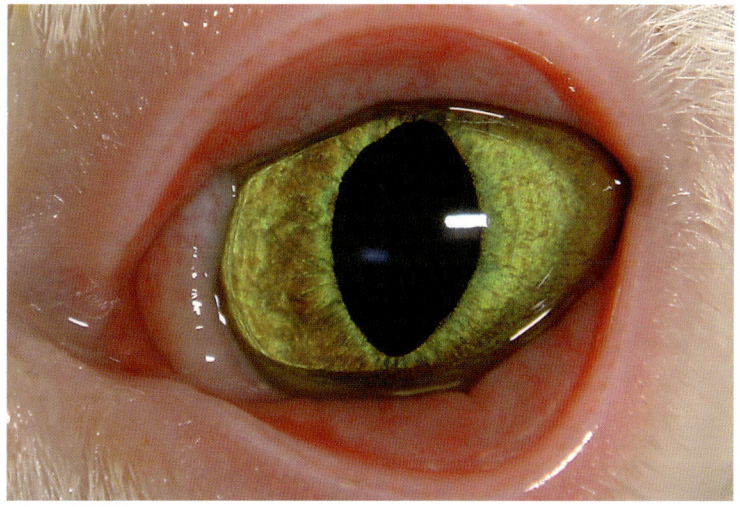

図1　結膜炎
結膜の充血と腫脹、流涙が見られる。結膜は眼球結膜（白目）、眼瞼結膜（まぶたの裏）に分かれ、瞬膜表面も覆う。本症例では結膜全体に炎症が見られる。

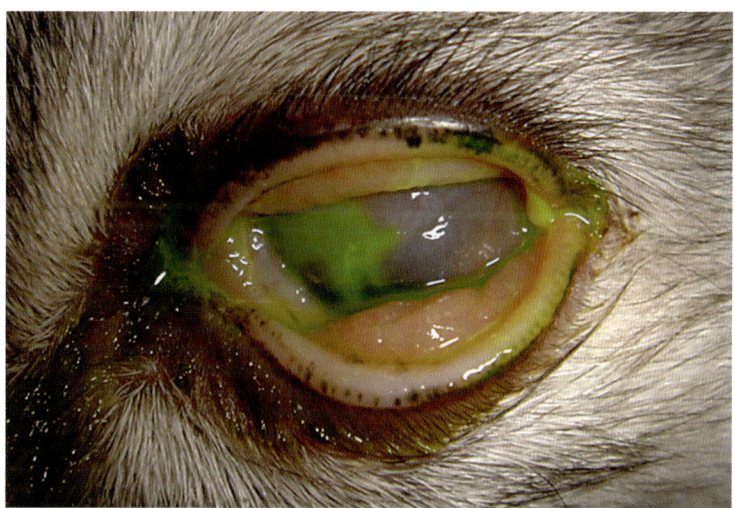

図2　猫ヘルペス性角結膜炎
結膜の充血および腫脹があり、角膜には角膜潰瘍（緑色部）と炎症（血管と白濁）が見られる。写真はフルオレセイン染色という角膜の傷を調べる検査後であり、緑色に染まった部分が傷と判定する。

図3　瞼球癒着（けんきゅうゆちゃく）
新生児期の結膜炎により、結膜が眼球表面を覆って癒着した状態（瞼球癒着）。結膜炎が強く長期間持続すると瞼球癒着となる。

I 結膜の病気

結膜炎（けつまくえん）

●**概要**：結膜炎は猫の眼疾患で最もよく見られる病気である。原因の多くは上部呼吸器感染症であり、くしゃみや鼻汁を伴うことがある。また慢性経過をたどることもあり、長期間の治療や再発が見られることもある。

●**原因**：結膜炎の主な原因は、細菌（マイコプラズマ、ブドウ球菌など）、ウイルス（猫ヘルペスウイルス、猫カリシウイルス、レオウイルス）、真菌（ブラストミセス、クリプトコッカス）、クラミジアがある。原因の特定は、結膜および眼脂（眼やに）の細胞診断、培養検査、検査機関での遺伝子診断（PCR）である。ヘルペスウイルス、クラミジア、マイコプラズマは混合感染を起こすため、診断が難しくなることがある。

●**特徴**：結膜の充血、腫脹（はれ）、眼脂、流涙が主な症状である。結膜の腫れが強いと、眼を閉じたままの状態となる。猫ヘルペスウイルス性結膜炎の発症は多く、流涙（透明や褐色）と羞明（痛みのためしょぼしょぼすること）が見られ、進行すると角膜炎を伴うこともある。

●**進行状況**：原因によりさまざまであるが、急速な症状の発現が多い。猫ヘルペスウイルス性結膜炎は、ウイルスが神経に感染し潜在感染となるため、慢性経過と再発を繰り返す。結膜のヘルペスウイルス感染が持続すると角膜と涙腺にも感染し、角膜では角膜潰瘍（角膜の傷）、黒色の角膜壊死組織の形成（角膜分離症）が見られ、涙腺では涙の産生が減少して乾性角結膜炎となる。

●**予防**：クラミジア性結膜炎はワクチン接種により予防できるとの報告がある。その他は有効な予防が報告されていない。

●**治療**：治療は原因により、抗菌薬、抗ウイルス薬、洗浄および消毒薬を使用する。猫ヘルペスウイルスについては、猫にストレスがかかると症状が再発する場合は、ストレス（旅行、季節の変わり目、家族以外の人や動物の滞在など）がかかると予想される前に、予防的に治療を行う。

眼やに

眼の病気によって、さまざまな眼やにが見られる。眼やにには大きく3つに分けられる。

（1）粘液性の眼やに：白または灰色の粘調性のもので、これは結膜炎や角膜炎など眼に刺激があるときに見られる。

（2）化膿性の眼やに：黄色の粘調性のもので、炎症や細菌感染があるときに見られる。

（3）漿液性の眼やに：水っぽいもので主に涙である。ウイルス感染のときに見られ、時々赤褐色のこともある。

角膜分離症の猫

Ⅱ 角膜の病気

角膜分離症（角膜壊死症）（かくまくぶんりしょう）

●**概要**：角膜分離症は、角膜上に黒いかさぶた様の病変（壊死組織）を形成する疾患である。この病気は犬では非常にまれであり、猫の病気とされている。発症はさまざまな品種で見られるが、とくにペルシャ猫、ヒマラヤン、シャム猫、バーミーズで多い。
●**原因**：特定の原因は不明とされているが、慢性の角膜刺激および潰瘍、褐色の涙が関与することが多い。慢性の角膜刺激および潰瘍の原因として、猫ヘルペスウイルス感染と眼瞼内反症がある。
●**特徴**：症状は、角膜の炎症（血管の増生と混濁）と角膜の黒色化である。初期は角膜に黒もしくは茶色に着色され、次第にかさぶたのように角膜上に黒色物が付着する。病変部周囲に炎症が強く見られると、猫は痛がって眼を閉じたり涙を流す。

●**進行状況**：原因によりさまざまであるが、角膜の黒色から壊死組織形成まではゆっくりと進行することが多い。壊死組織が形成されると次第に硬度が増す。
●**予防**：原因となる慢性炎症の治療。
●**治療**：原因の治療を行う。猫ヘルペス性角結膜炎が原因の場合は、抗ウイルス薬、消毒を行い、眼瞼内反症の場合は、内反症の手術を行う。原疾患の治療により、壊死部が脱落することもあるが、長期間の存在や、角膜分離症による炎症と痛みが見られる場合は、壊死部を外科切除する。

白内障

白内障は眼球内の水晶体が白く濁る病気。犬では多く見られるが、猫ではまれな病気である。原因は先天性（胎子期もしくは生後間もなくより見られるもの）、若年性、老年性（12歳以上）に分類されるが、猫ではこの中でも先天性が多いとされている。白内障が進行し、水晶体全体が白くなると視覚障害となる。一度白くなった水晶体を投薬で元に戻すことができないため、白内障手術が視覚を回復する治療となる。

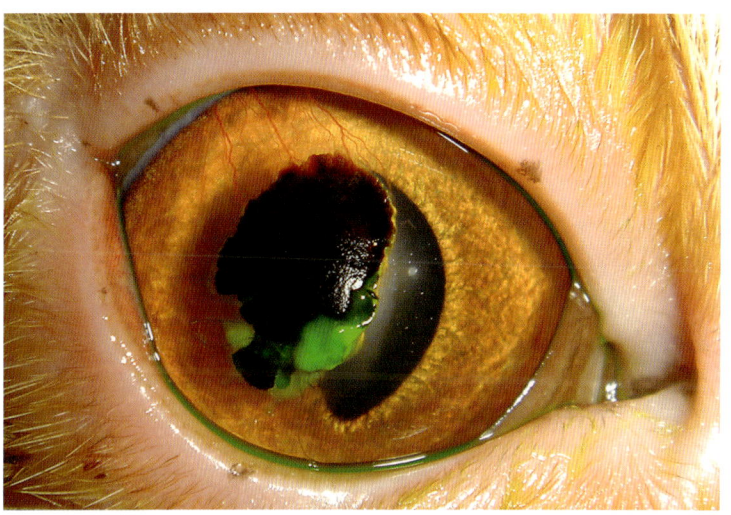

図4　角膜分離症
角膜表面にある黒色のかさぶた様のものが壊死組織である。黒色物の11時方向の角膜には新生血管が増生し角膜炎も見られる。

眼瞼内反症による角膜分離症

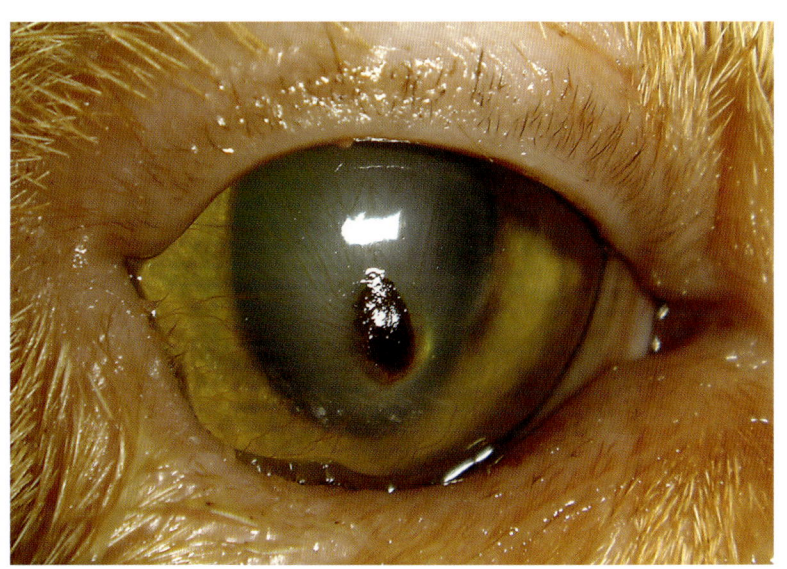

眼瞼内反症とは

眼瞼内反症は、まぶたが眼球に向かって内転する病気である。内反したまぶた（眼瞼）は、その表面の被毛により、角膜表面を刺激するため、角膜に傷と炎症を起こす。動物は非常に痛がり、眼を閉じて涙を流すのが特徴である。

図5　下眼瞼（下まぶた）に内反症が見られ、これが原因となり角膜分離症を起こしている。上眼瞼と比較するとわかりやすいが、下眼瞼の縁（被毛のない領域）が見えなく、被毛が角膜に接触している。

Ⅲ ぶどう膜の病気

ぶどう膜炎（ぶどうまくえん）

- **概要**：ぶどう膜炎は眼球内のぶどう膜（虹彩、毛様体、脈絡膜）の炎症である。猫のぶどう膜炎の原因は、感染症や腫瘍など全身性疾患が多い。ぶどう膜炎は炎症と進行程度により、視覚消失を起こしやすい病気である。
- **原因**：外傷（猫の爪による虹彩の傷や感染が多い）、続発性（角膜の傷）、腫瘍、全身性疾患が原因となる。猫のぶどう膜炎の原因となる全身性疾患は、猫伝染性腹膜炎、猫白血病ウイルス感染症、猫免疫不全ウイルス感染症、トキソプラズマ症、真菌症、子宮蓄膿症がある。ぶどう膜炎が発症する主な腫瘍は、虹彩に発生する黒色腫と、全身から眼内へ転移するリンパ腫がある。
- **特徴**：家庭で見られる主な症状は、羞明、流涙、虹彩（瞳）の色の変化である。眼球の変化として、角膜の濁り、虹彩の充血および腫脹、前房水の濁り（房水フレア）、網膜の炎症が見られる。ぶどう膜炎の程度により、症状はさまざまである。炎症が起こる部位も個体や病気の時期により異なることもあり、虹彩炎のみ、脈絡膜炎のみ、ぶどう膜全体とさまざまである。
- **進行状況**：ぶどう膜炎が持続すると、緑内障や網膜はく離となり、視覚障害が見られる。原因が全身性疾患である場合は、両眼に発症することが多い。
- **予防**：予防は原因による。
- **治療**：原因の治療と、抗炎症治療である。猫伝染性腹膜炎や腫瘍が原因の場合は、一般に予後は悪く、治療に対する反応が乏しかったり再発を繰り返す。

ぶどう膜炎の猫

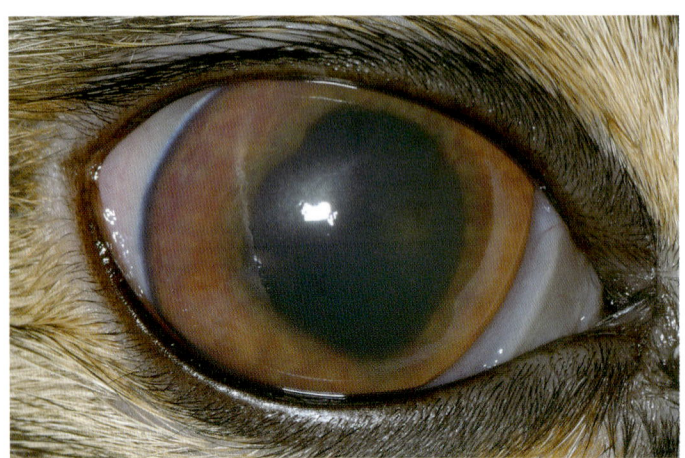

図6　ぶどう膜炎（虹彩炎）
虹彩の充血、腫脹が見られる。前房水が濁っているため瞳孔の輪郭が不鮮明である。また強い炎症により、瞳孔の変形も見られる。

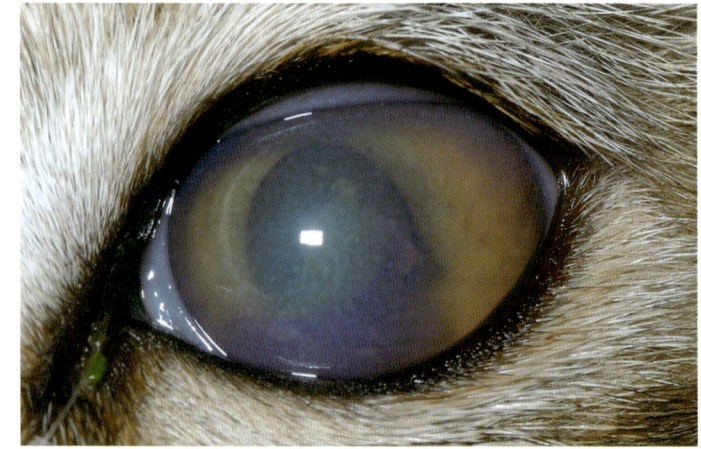

図7　ぶどう膜炎（前房出血）
虹彩の炎症により前房内に出血が見られる。

眼の病気

図8　ぶどう膜炎（脈絡網膜炎）
脈絡膜は眼球の後方にあり網膜と接している。そのため網膜と共に炎症を起こす。この図は眼底写真であり、12時方向の赤い領域が炎症を示す。

瞳の色

猫はさまざまな色の瞳をもつ。猫の種類によってある程度の決まりがあるが、個体によって異なる。左右の瞳の色が異なることもあり、そのような瞳は「オッドアイ」と呼ばれる。また瞳の色は病気によっても変化する。虹彩の炎症（前部ぶどう膜炎）では、炎症が強いと赤みを帯びる。またメラニン色素が沈着し茶色になることもあり、これは炎症、加齢、腫瘍でも見られるので、瞳の色の変化には注意が必要だ。

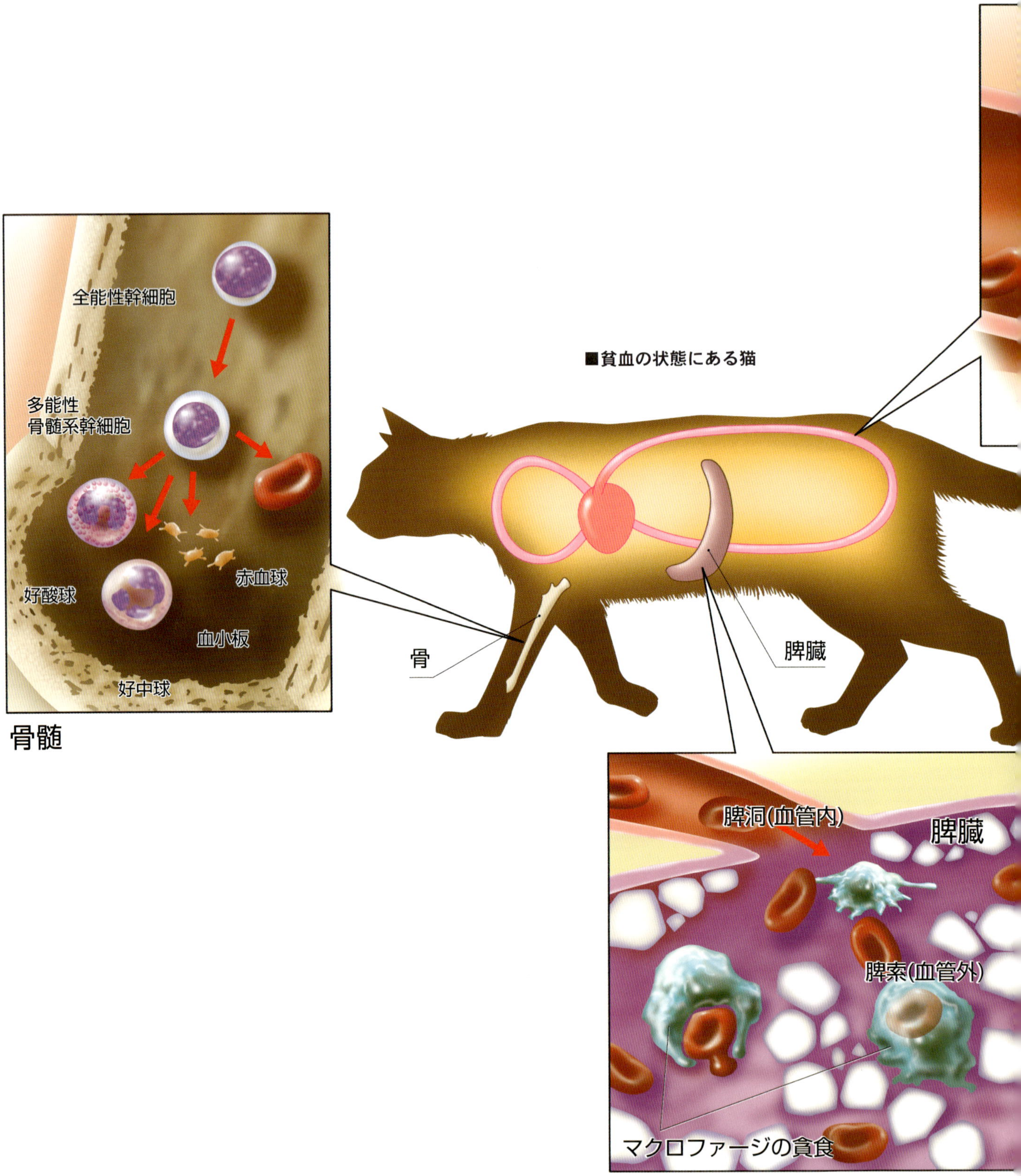

血液疾患

血液は血管を介して全身を循環し酸素、栄養素、老廃物の運搬、免疫、止血凝固、体温調節など多くの生命維持に不可欠な働きがある。猫の全血液量は体重1kgあたり60mlで、約40％の血球成分（赤血球、白血球、血小板など）と60％の血漿成分（水分、タンパク質など）で構成されている。その成分はさまざまな疾患により変動し、またその成分の増減や機能異常により貧血、循環障害、感染、出血、血栓、浮腫など多様な症状を示す。

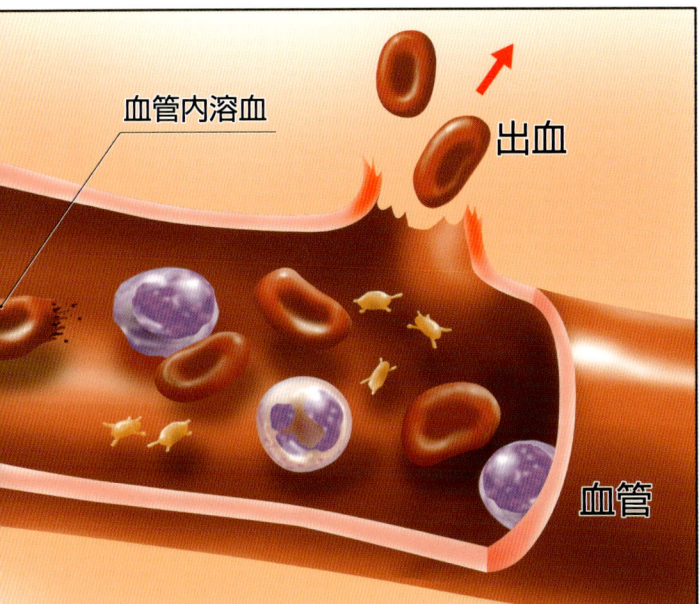

I 貧血

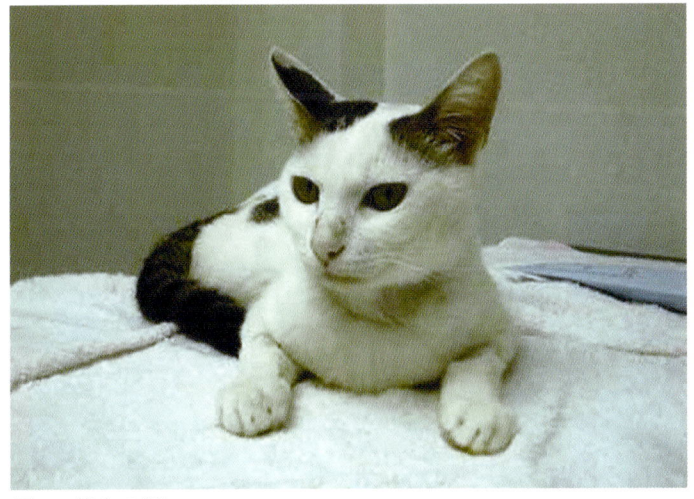

図1 貧血の猫
重度の非再生性貧血(PCV10％)で鼻や耳介まで蒼白である。

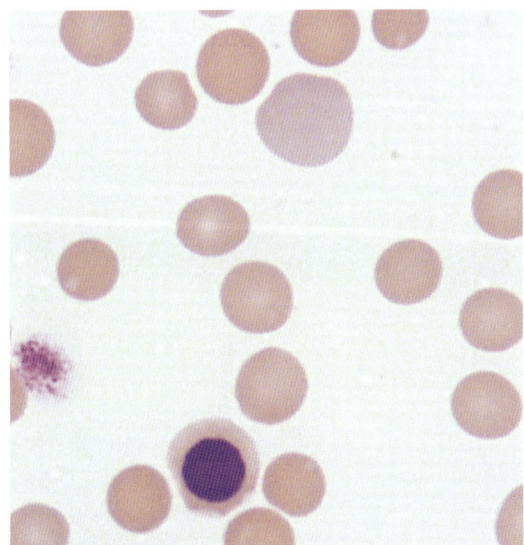

図2 再生性貧血
やや青みがかった大型の赤血球が網赤血球であり再生所見を示す。核が認められるのが脱核前の有核赤血球である。

貧血(ひんけつ)

●**概要**：貧血は疾患名ではなく末梢血中の赤血球が減少した状態を指し、猫ではさまざまな疾患に付随してよく見られる病態である。

●**原因**：貧血は「再生性貧血」と「非再生性貧血」に大別され、再生性貧血はさらに出血性と溶血性貧血に分けられる。出血性貧血の原因には外傷、手術、消化管や泌尿器からの出血、外部寄生虫や止血凝固異常(ワルファリン中毒など)による出血などがある。溶血性貧血は赤血球が血管内または脾臓や骨髄で破壊されることによる貧血で、先天性(酵素欠損、細胞膜異常など)免疫介在性(免疫異常、赤血球の膜の変化による破壊の亢進)、寄生虫(マイコプラズマ症など)、中毒(ネギ、アセトアミノフェンなど)、機械的破壊などがある。

　非再生性貧血は、血球産生臓器である骨髄の異常(赤芽球の減少あるいは成熟障害)により赤血球の産生が低下し更新できなくなった状態である。その原因には赤血球産生ホルモン(エリスロポエチン)が減少する慢性炎症や腎疾患、猫白血病ウイルス感染、鉄欠乏、赤芽球系が減少する赤芽球癆(せきがきゅうろう)、骨髄3系統(赤芽球・骨髄球・巨核球)の減少する再生不良性貧血、腫瘍細胞に侵される骨髄癆(こつずいろう)などがある。

●**症状**：赤血球の主な役割は酸素の運搬であるので、この低下は末梢組織への酸素の供給不足、つまり酸欠を引き起こすことによりさまざまな症状を発現する。可視粘膜蒼白、元気喪失、沈鬱、運動不耐性、呼吸促迫、頻脈、食欲不振などがあり、原疾患により黄疸、肝脾腫、赤色尿、黒色便、紫斑や血腫などが見られることもある。貧血の程度、進行速度、原因や合併症により症状の発現は異なり、猫では貧血が重度に進行するまで気づかれないことも多い。

●**診断**：血液検査で赤血球数、ヘモグロビン濃度、ヘマトクリット値を測定し、いずれかの減少により貧血と判断される。再生性であるかどうかは網状赤血球(RNAの残る若い赤血球)の割合を調べる。さらに合併症の確認や原因究明のため必要に応じて血液化学検査、尿検査、ウイルス検査、凝固系検査、免疫学的検査、画像診断検査(X線検査や超音波検査)、骨髄検査、遺伝子検査などが用いられる。

●**治療**：診断された原因疾患への治療が最も重要である。貧血が重度であれば輸血や、エリスロポエチンの投与が必要な場合もある。

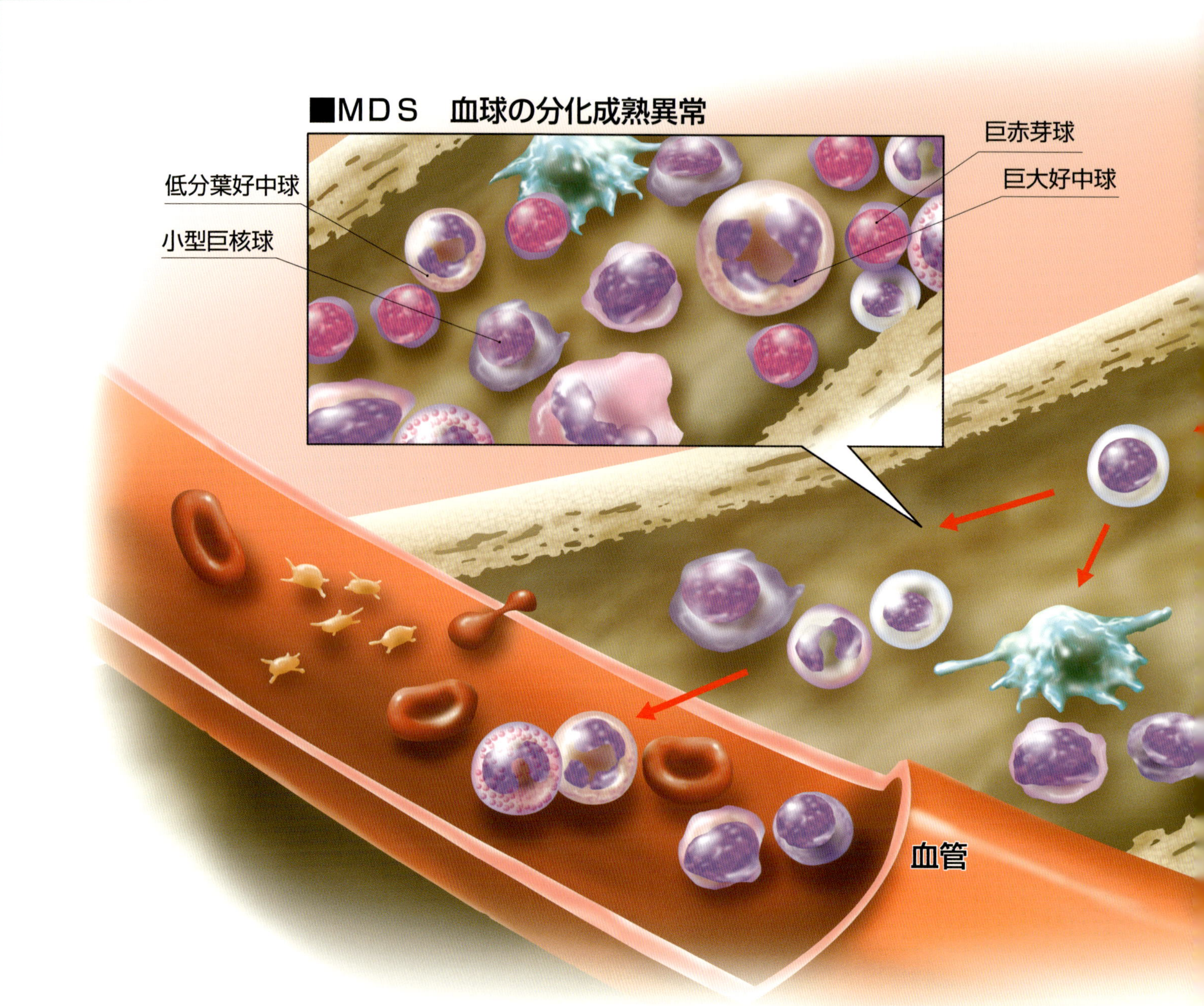

■MDS 血球の分化成熟異常

低分葉好中球
小型巨核球
巨赤芽球
巨大好中球

血管

II 白血病と骨髄異形成症候群（MDS）

白血病（はっけつびょう）

●病気の概要：白血病は造血細胞が腫瘍化して、骨髄で無制限に増殖する状態である。由来細胞により骨髄性白血病とリンパ球性白血病に、また腫瘍細胞の成熟度から慢性と急性に大別される。

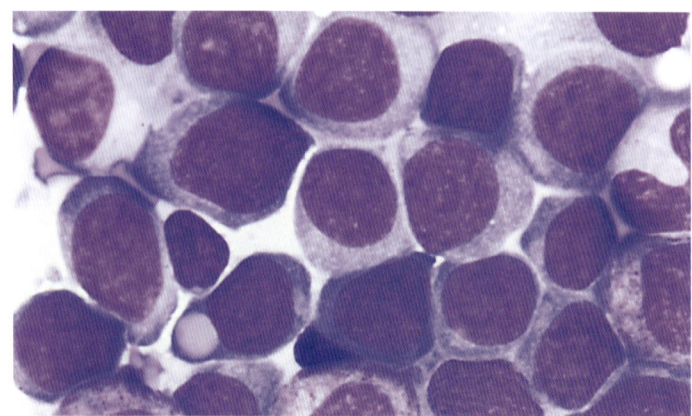

図3　白血病の骨髄塗抹像
白血病細胞が骨髄中で著しく（＞90％）増加している。

骨髄異形成症候群（こつずいいけいせいしょうこうぐん）（MDS）

●病気の概要：MDSも骨髄の造血幹細胞の異常に起因する病気で、骨髄の無効造血と形態異常と末梢血の血球減少を特徴とする疾患である。白血病と原因や症状など類似したところが多く、何割かは進行して白血病になるため、前白血病状態とも呼ばれていた。

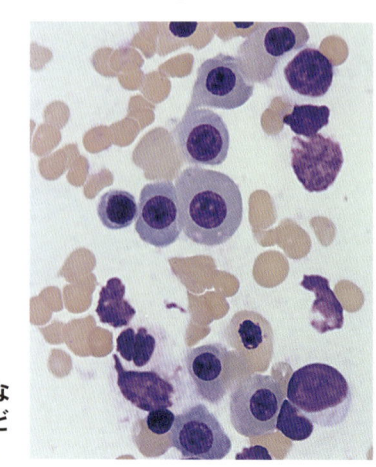

図4　MDSの骨髄塗抹
核と細胞質の成熟が異常な赤芽球や低分葉好中球などの異形性所見が認められる。

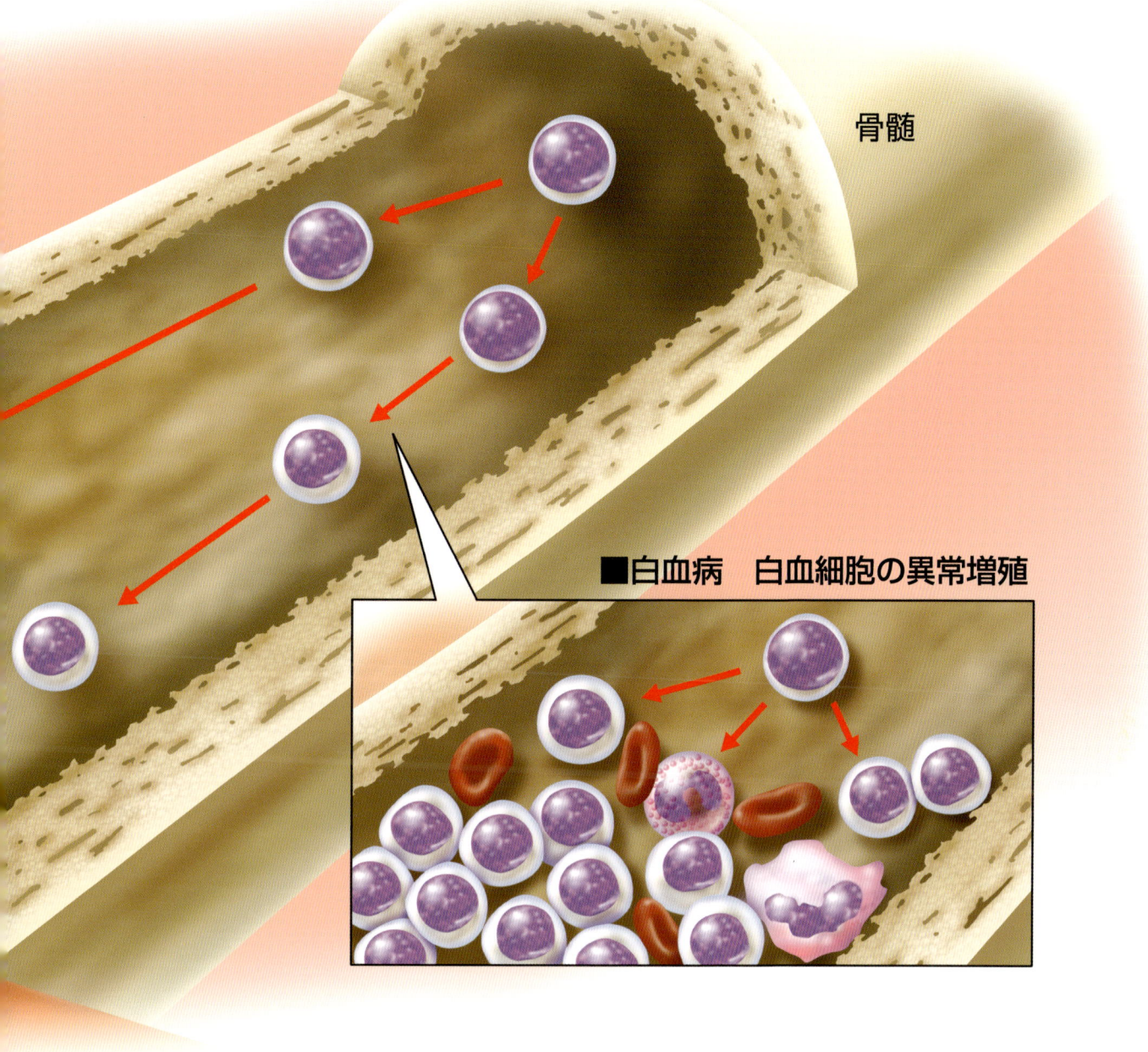

■白血病　白血細胞の異常増殖

●**原因**：猫では猫白血病ウイルスに関連して起こることが最も一般的である。ほかに免疫異常、化学物質、放射線などが挙げられるが、不明なことも多い。
●**症状**：骨髄中の白血病細胞異常増殖（白血病）または無効造血（MDS）による正常な骨髄細胞の減少または機能異常は、貧血（赤血球の減少）、出血（血小板の減少）、感染症や免疫介在性疾患（白血球の減少や機能障害）などの症状を引き起こす。また白血病では白血病細胞の臓器浸潤により肝不全、腎不全、呼吸不全などさまざまな臓器障害を認める。しかし臨床症状は一般に沈鬱、食欲不振、体重減少、貧血、など非特異的なものが多く、進行してから飼い主が気づくことが多い。慢性白血病ではほとんど無症状で健康診断の時に見つかる。
●**診断**：まず血液検査で血球減少や白血病細胞の出現で骨髄の異常が疑われたら骨髄検査を行う。さまざまな分類があるが、動物での分類にはFAB分類がよく用いられる。白血病は基準としては白血病細胞が骨髄細胞の30％を超えると診断され、由来細胞により慢性や急性、リンパ性、骨髄性に大別され、さらに細分類される。
　MDSの一般的な診断基準は、次のようになる。
　（1）末梢血における2系統以上の血球減少
　　　（白血球減少、貧血、血小板減少のうち2つ以上）。
　（2）骨髄は正～過形成。
　（3）各血球系における形態異常所見。
　（4）急性白血病ほど芽球（白血病細胞）の増加がない
　　　（芽球比率＜30％）。
　FAB分類に従って末梢血や骨髄中の芽球比率や鉄染色などよりRA、RARS、RAEB、RAEB-t、CMMoLの5つに細分類される。
●**治療**：急性白血病は、抗癌剤による化学療法が中心に行われる。しかし反応は悪く、反応があっても短期で完治することはなく、急速な転帰で死にいたることも多い。感染の制御、出血や貧血に対する輸血、脱水への補液など支持療法も重要である。MDSでは芽球比率の高いハイリスクタイプ（RAEB、RAEB-t、CMMoL）は白血病と同様の化学療法を中心に治療するが、反応は悪く生存期間も短い。一方ローリスクタイプ（RA、RARS）ではプレドニゾロンやシクロスポリンなどによる免疫抑制療法を中心として分化誘導療法、ビタミンK2療法などが行われ、ハイリスクタイプに比べ治療反応もよく生存期間も長い。動物の骨髄移植は実験段階であるが、最近、海外で動物の骨髄移植の臨床応用の報告もされ始めており、将来期待される。

■縦隔型リンパ腫
胸腺や縦隔リンパ節が腫大し、呼吸器症状や嚥下障害も起こす。

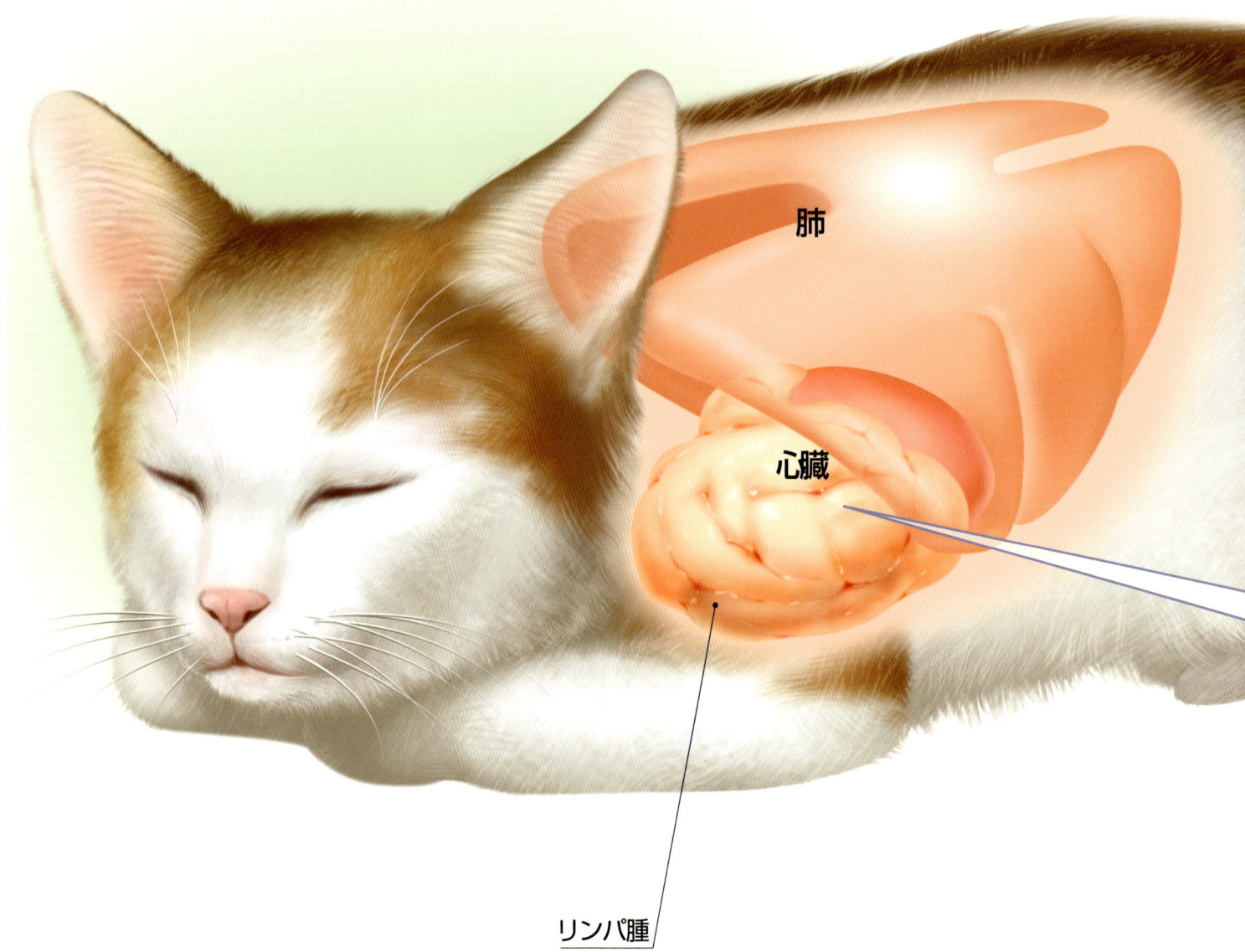

肺
心臓
リンパ腫

Ⅲ リンパ腫

リンパ腫（りんぱしゅ）

●**病気の概要**：リンパ腫は全身のリンパ組織を構成するリンパ球が腫瘍性に増殖したもので、猫では最もよく認められる血液系腫瘍（猫の全腫瘍の約30％、造血器腫瘍の90％）である。解剖学的な部位により胸腺縦隔型、多中心型、消化器型、腎型、皮膚型やそのほか（中枢神経系、鼻腔、目など）に分類される。骨髄における増殖はリンパ性白血病でリンパ腫と分けている。

●**原因**：最大の原因は猫白血病ウイルス（FeLV）である。特に胸腺縦隔型や多中心型リンパ腫は若い猫に多く見られ、約80％がウイルス抗原陽性である。老齢発症する消化器型や皮膚型リンパ腫は、FeLV感染率30％未満と低い。飼養形態の変化（完全室内飼育の増加）などにより猫のウイルス感染の機会が減少し、リンパ腫の発生頻度や解剖学的分類の割合も変化している。

●**症状**：元気消失、食欲喪失、体重減少など非特異的症状のほかに罹患部位により胸水、呼吸困難、嚥下障害、リンパ節腫大、嘔吐、下痢、肝脾腫、尿毒症、神経症状、失明、鼻出血、鼻汁などの多様な症状が見られる。そのほか、高カルシウム血症、多飲多尿、貧血、出血や感染なども見られる。

●**診断**：リンパ腫の確定診断は罹患臓器の細胞診、または病理組織検査での腫瘍性のリンパ球増加を確認することによりなされる。身体検査、血液検査、尿検査、X線検査、超音波検査、遺伝子検査、ウイルス検査、骨髄検査などが正確な解剖学的分類やステージ分類、鑑別診断、病態の把握に必要である。

●**治療**：抗癌剤による化学療法を中心に治療が行われる。解剖学的部位、ステージ、細胞タイプにより治療への反応は多様である。胸腺縦隔型や多中心型リンパ腫は治療反応がよく、寛解状態（症状と病変がなくなった状態）が比較的長期に維持される。しかし現在、治癒することはまれで、ほとんどは最終的に再発して死亡する。目標は現時点では寛解と、できるだけ長い生活の質を維持することである。

猫の血液型と輸血について

人と同様に、猫においても血液型があり、猫の場合A型、B型、AB型の3つに分けられる。日本の猫の90〜95％はA型であり、B型は5〜10％でAB型は非常にまれである。B型が多く見られる猫には、ブリティシュ・ショートヘア、デボン・レックス、エキゾチックショートヘアなどが挙げられる。B型の猫にA型の血液を少量でも輸血すると致死的な輸血反応を起こすため、輸血時は血液型の適合と交差適合試験（クロスマッチ）は重要である。血液型は動物病院で調べることができる。

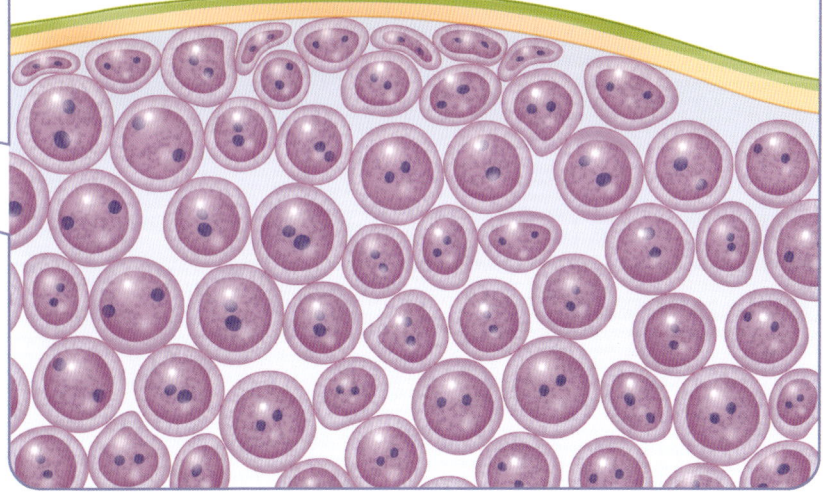

リンパ腫：リンパ球の増殖

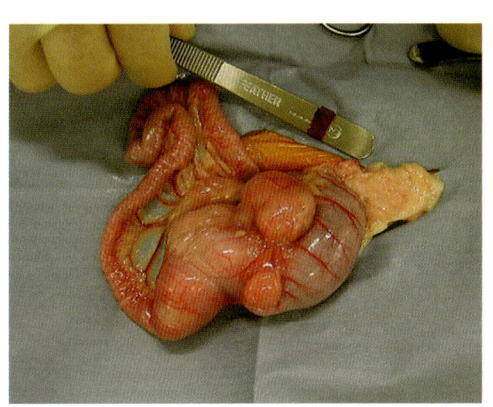

図5　消化器型リンパ腫
回盲結腸のリンパ腫で、腸間膜リンパ節も腫大している。

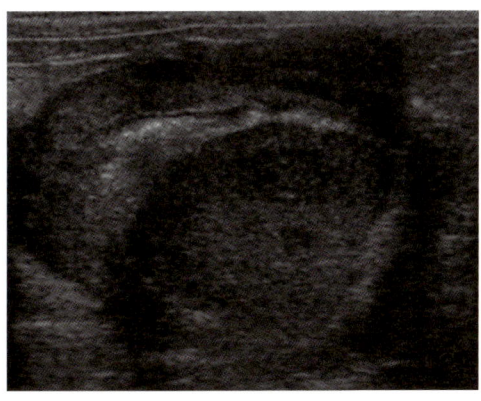

図6　同猫（図5）の超音波検査所見
腸壁の肥厚や構造の異常、腸間膜リンパ節の腫大が認められる。

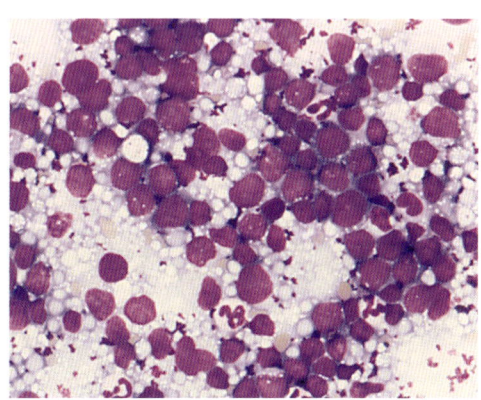

図7　針吸引塗抹所見
多数の腫瘍細胞（リンパ芽球）が認められる。

Ⅳ 血液疾患に関連する疾患

免疫介在性溶血性貧血（めんえきかいざいせいようけつせいひんけつ）

●**病気の概要**：免疫の異常により、赤血球の細胞膜に対する抗体や補体が付着し、血管内や脾臓、肝臓などで破壊され貧血を起こす疾患である。免疫介在性溶血性貧血は自己免疫性溶血性貧血、同種抗体による溶血性貧血、薬剤による溶血性貧血の3つがあるが、一般的には自己免疫性溶血性貧血を指す。猫では犬より少なく、ウイルス感染や腫瘍など続発性に起こることが多い。

●**症状**：貧血の症状とほぼ同様である。血色素尿、発熱、黄疸、肝腫や脾腫が認められることがある。

●**診断**：血液検査で再生性貧血を確認し、赤血球の自己凝集の確認やクームス検査（赤血球表面の抗体や補体の付着を検出する）などにより診断される。血液化学検査、止血凝固系検査、レントゲン検査、超音波検査、ウイルス検査等により鑑別診断を行う。

●**治療**：免疫抑制療法を中心に治療する。第1選択薬は副腎皮質ホルモン剤であり、反応が悪い場合や副作用が強い場合、ほかの免疫抑制剤を用いる。輸血や脾臓摘出などが行われることもある。治療は数ヶ月以上の長期に渡って必要である。回復する例も多いが、致死率も決して低くなく注意が必要である。

ハインツ小体性貧血（はいんつしょうたいせいひんけつ）

●**病気の概要**：ハインツ小体は赤血球内部のヘモグロビンが酸化凝集することにより造られる。赤血球細胞膜の表面から突出し、赤血球が脆くなり細血管での破壊や、脾臓での赤血球貪食されやすくなり貧血が起こる。猫のヘモグロビンが酸化されやすいため正常でも見られることがある。

●**原因**：原因物質にはタマネギ、ニンニク、ネギ、アセトアミノフェン、メチオニン、プロピレングリコール、亜鉛、銅などがある。また猫では膵炎、糖尿病、肝リピドーシスなど全身性疾患でも引き起こされることが知られている。

●**症状**：貧血の症状と血色素尿や発熱などが見られる。

●**診断**：血液検査で貧血の有無を確認し、血液塗抹標本でハインツ小体を確認し診断される。猫のハインツ小体は赤血球の表面に1つの突き出た球形の小体として認められ、ニューメチレンブルー染色でより分かりやすくなる。

●**治療**：第一に原因の酸化物質が同定されれば摂取を中止させる。確立された治療法はなく、抗酸化剤や副腎質ホルモンなどが用いられる。

■殺鼠剤中毒の症状を見せる猫

マイコプラズマ感染症（まいこぷらずまかんせんしょう）

●**病気の概要**：赤血球表面に寄生するリケッチア（*Mycoplasma haemofelis*）によって起こる貧血性疾患であり、以前は*Hemobartonella felis*と呼ばれていたことから、臨床的にはヘモバルトネラ症と呼ばれることも多い。感染経路はノミやダニの吸血、猫同士の咬傷、母子感染などが考えられている。本症は猫白血病ウイルス（FeLV）や猫エイズウイルス（FIV）の感染猫において高い発生率が報告される。

●**症状**：貧血症状のほかに発熱、元気消失、食欲不振、黄疸、脱水、脾臓の腫大、血色素尿が見られる。

●**診断**：血液検査での貧血や血液塗抹の観察により、赤血球表面の虫体を確認することで診断が下されるが虫体は小さく、寄生率の低い場合や、ゴミや細胞内構造物との鑑別が難しい場合もあり検出率が高くない。最近は高感度の遺伝子診断を用いて診断することもできる。

●**治療**：テトラサイクリン系の抗生剤により治療を行い、ほとんどの場合貧血は改善する。重篤な貧血がある場合は、輸血や副腎皮質ホルモンを用いることもある。治療しないと死亡率は30％に達するとの報告もある。

殺鼠剤（ワルファリン）中毒（さっそざい【わるふぁりん】ちゅうどく）

●**概要**：ワルファリンはビタミンK拮抗作用によりビタミンK依存性凝固因子を減少させ凝固障害を引き起こす。多くは猫が殺鼠剤を誤って摂取することにより発症するが、摂取直後ではなく2〜3日後に発症するため原因の特定が難しいことも多い。

●**症状**：症状の種類や程度はさまざまで呼吸困難、虚弱、元気喪失、虚脱、血腫、口腔内出血、鼻出血、手術や外傷部位の異常出血などがある。

●**診断**：殺鼠剤の摂取歴や異常出血で本症が疑われたら、止血凝固系検査を行う。プロトロンビン時間（PT）や活性化部分トロンボプラスチン時間（APTT）の延長により判断する。摂取からの時間や治療により延長のパターンは変化する。

●**治療**：摂取直後であれば催吐や胃洗浄を行い、その後はビタミンKを投与する。重篤な出血症状がある場合は、輸血による凝固因子の補充が用いられる。殺鼠剤の種類に応じて作用期間が異なり、数ヶ月間くらいビタミンKの投与が必要な場合もある。PTをモニターすることにより治療の終了時期が決定される。

図1　心臓の内部構造

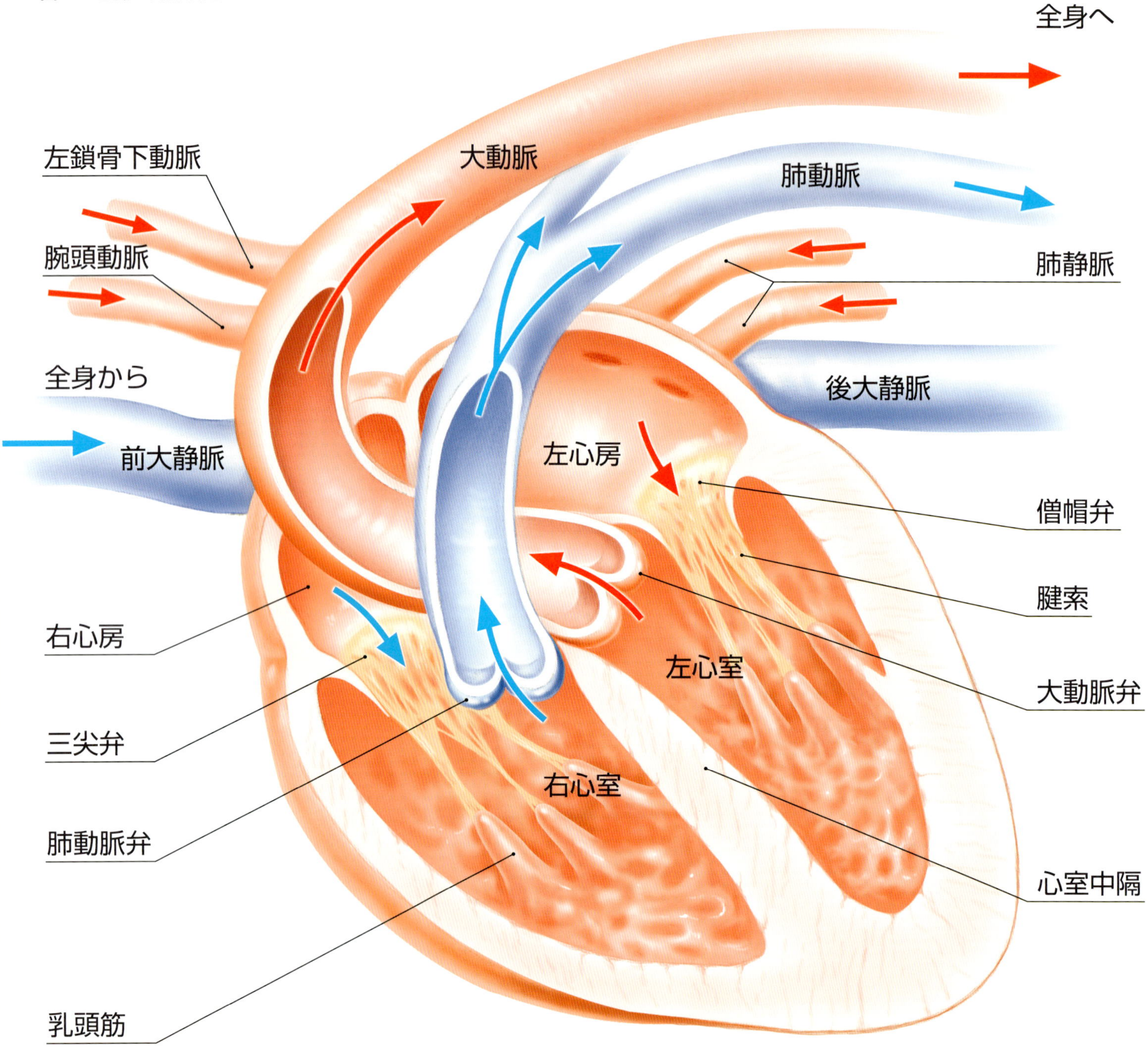

全身へ
左鎖骨下動脈
大動脈
肺動脈
腕頭動脈
肺静脈
全身から
後大静脈
前大静脈
左心房
僧帽弁
腱索
右心房
左心室
大動脈弁
三尖弁
右心室
心室中隔
肺動脈弁
乳頭筋

循環器の病気

　循環器疾患とは心臓疾患、不整脈、高血圧症、血管疾患などが含まれます。猫の循環器疾患として最も多いものは心臓疾患です。高血圧症も時折見られますが、猫の場合はほとんどが腎性高血圧症といって、腎不全からくる高血圧がほとんどです。ヒトで多い血管疾患（動脈硬化など）は、肥満、高脂血症、糖尿病などが原因です。猫においても肥満、高脂血症、糖尿病などは増加していますが、血管疾患の報告はほとんどありません。
　心臓はすべての臓器、組織に血液を介して酸素や栄養分を供給する重要な臓器です。心臓疾患になると血液の流れが悪くなり、様々な問題が生じます。ここでは猫の循環器疾患として最も多い心臓疾患について解説します。

図2　正常な心臓の血液の流れ
　心臓は左右の心房と心室の4つの部屋に分かれていて、全身に血液を送り出す左心房・左心室と、全身から戻ってきた血液を肺に送り出す右心房・右心室からなる。

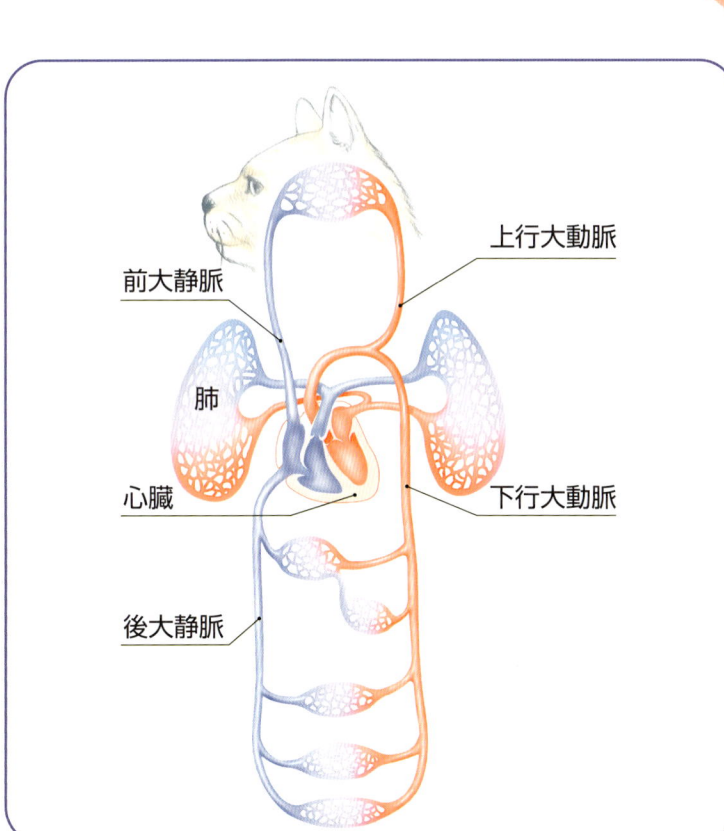

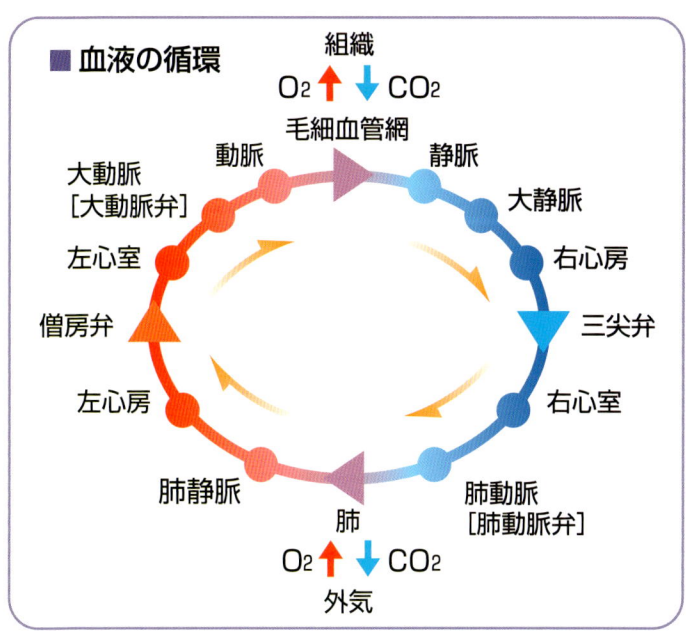

図3、図4　全身の血液の流れ全身の血液の流れ
　心臓の左心室から送り出された血液は、大動脈、動脈を通り、全身の毛細血管網を介して細胞に酸素や栄養分を供給し、二酸化炭素やエネルギーを消費した後の老廃物を受け取る。これらの血液は静脈、大静脈を通り、再び心臓に戻ってくる。心臓に戻った血液は右心房、右心室を通り肺に送られる。ここで余分な二酸化炭素を放出し、新鮮な酸素を得て、左心房・左心室に戻る。左心室から再び大動脈に血液は送り出される。このようにして、血液は心臓、全身の毛細血管網、肺を循環する。

I 先天性心疾患

先天性心疾患（せんてんせいしんしっかん）

　先天性心疾患とは生まれながらにして心臓および大血管に奇形が存在する病気である。猫での先天性心疾患の発生率は犬の1/4から1/8と言われているが、はっきりとしたデータはない。猫で発生の多い先天性心疾患としては、心室中隔欠損症および房室弁形成不全症（僧帽弁より三尖弁形成不全のほうが多い）などが挙げられるが、犬で多い動脈管開存症、肺動脈狭窄症および大動脈狭窄症などはあまり見られない。また1つの奇形だけでなく、いくつかの奇形を伴っている複合先天異常が認められる場合もある。

●**原因**：先天性心疾患の原因は、胎児期における心臓の発育に何らかの障害が生じるためである。犬では好発犬種がある程度知られているが、猫ではあまり知られていない。また、遺伝的な背景も考えられるが、はっきりとしたデータは乏しい。

●**症状**：臨床症状は疾患の種類、程度により異なり、生後早期から重篤な症状を示すものから、無症状のまま長期間生存するものまで多岐にわたる。一般的な心臓病の猫に見られる症状としては運動不耐性、元気消失、食欲不振、呼吸困難、チアノーゼなどが挙げられる。これらの症状は徐々に現れる場合と、何らかのきっかけで突然重篤な症状が見られることもある。

●**検査**：先天性心疾患では、ほぼすべての症例において心雑音が聴取される。身体検査時に心雑音が聴取されたならば、心電図検査、レントゲン検査、心臓超音波検査などを行い、心臓のどの部位に異常があるのかを検査します。ただ心雑音を聴取された場合でも心疾患があるとはいえず、特に成長期においては無害性の雑音（雑音は聴取されるが心臓に異常がない）の場合もある。

●**治療**：治療は外科的手術が唯一の根治術だが、犬と比較するとその成功率は低く、実施する施設も限られている。内科的治療は根治が目的ではなく、心臓への負担を軽減させ症状の悪化を遅らせることが目的である。それぞれの疾患・症状に応じた薬剤の投与、運動制限を行い、心臓への負担を軽減させる。しかしながら重症例では内科的な治療を行っても長期の生存は困難な場合が多い。

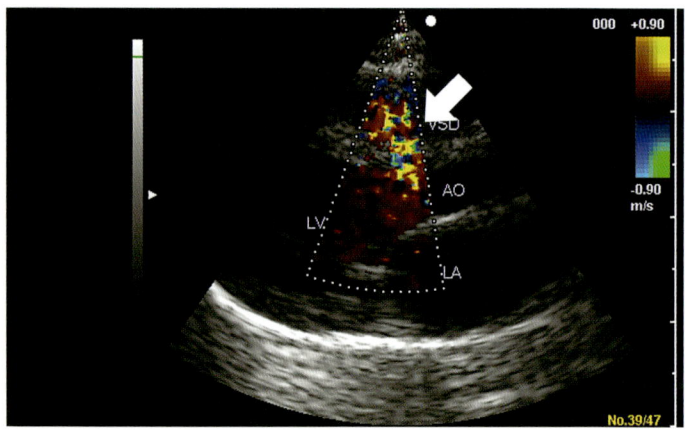

図5　心室中隔欠損症の超音波所見。
心室中隔と大動脈との移行部に欠損孔が認められ、左心室から右心室に向かう血流が観察される（➡を参照）。

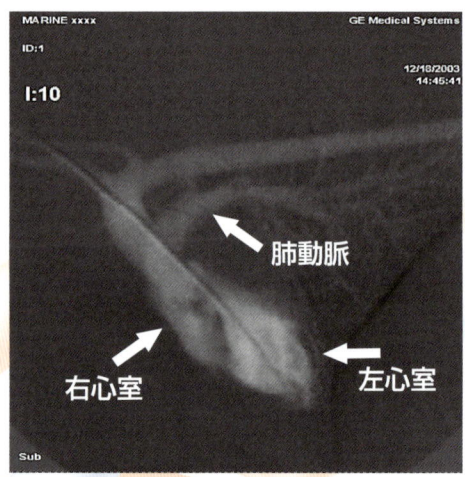

図6　心室中隔欠損症の造影所見。
左心室（矢印）に注入した造影剤が欠損孔を通り、右心室（矢印）および肺動脈（矢印）に流れ込んでいる。

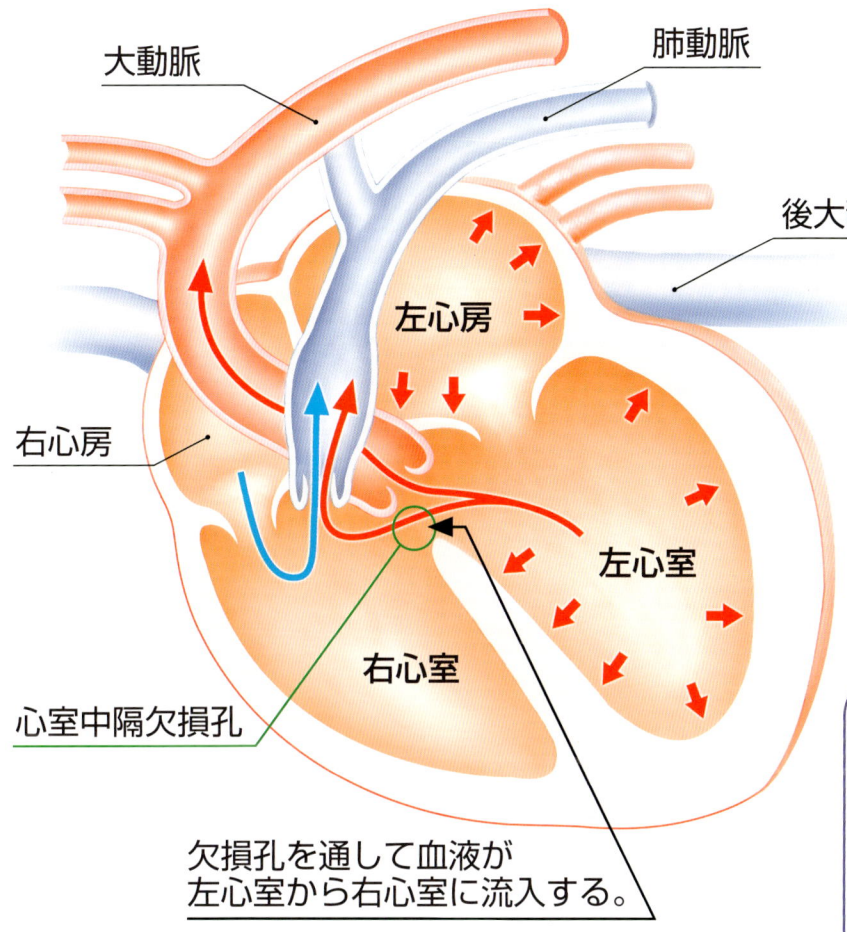

図7　心室中隔欠損症
胎生期に心室中隔に開いている孔が閉鎖しなかった場合に生じる。左心負荷および肺への血流量が増加するため肺高血圧症などを呈する。

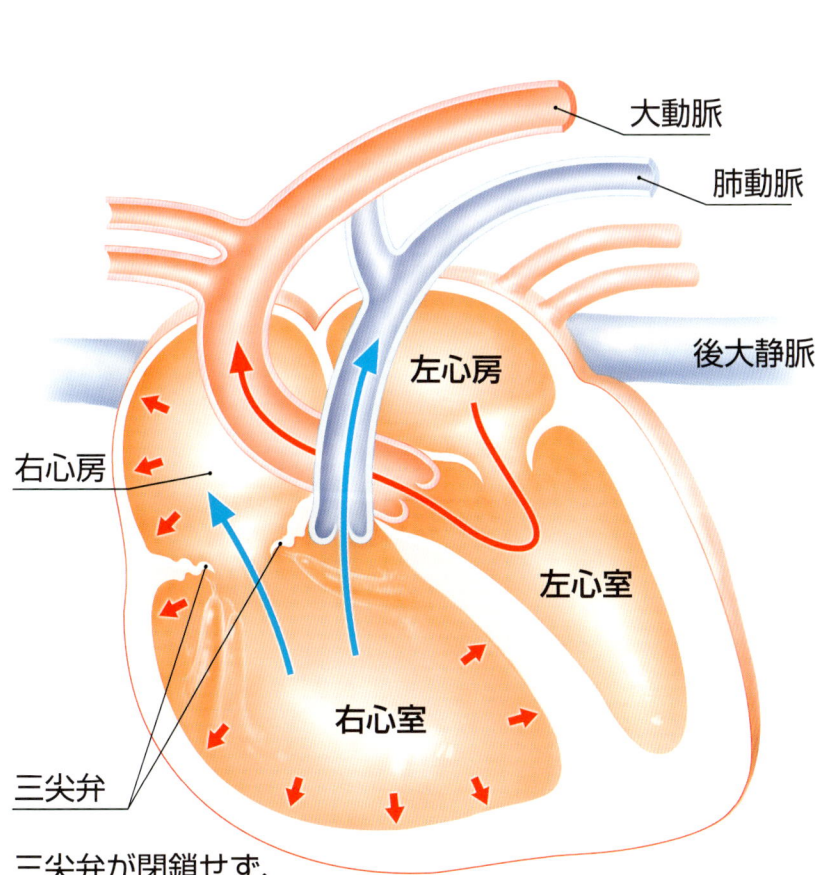

図8　房室弁形成不全症
三尖弁あるいは僧帽弁の弁尖、腱索、乳頭筋の先天性な奇形である。房室弁の閉鎖不全を伴うため、右心負荷（三尖弁）あるいは左心負荷（僧帽弁）を呈する。左図は三尖弁形成不全症。右心房から送られた血液は右心室に流れ込む。正常な場合には、右心室が満たされると収縮が始まり、三尖弁は閉鎖状態になるので、肺動脈に流れる。しかし、三尖弁の閉鎖が不充分な場合には、血液の一部が右心房には逆流することになる。

II 心筋症

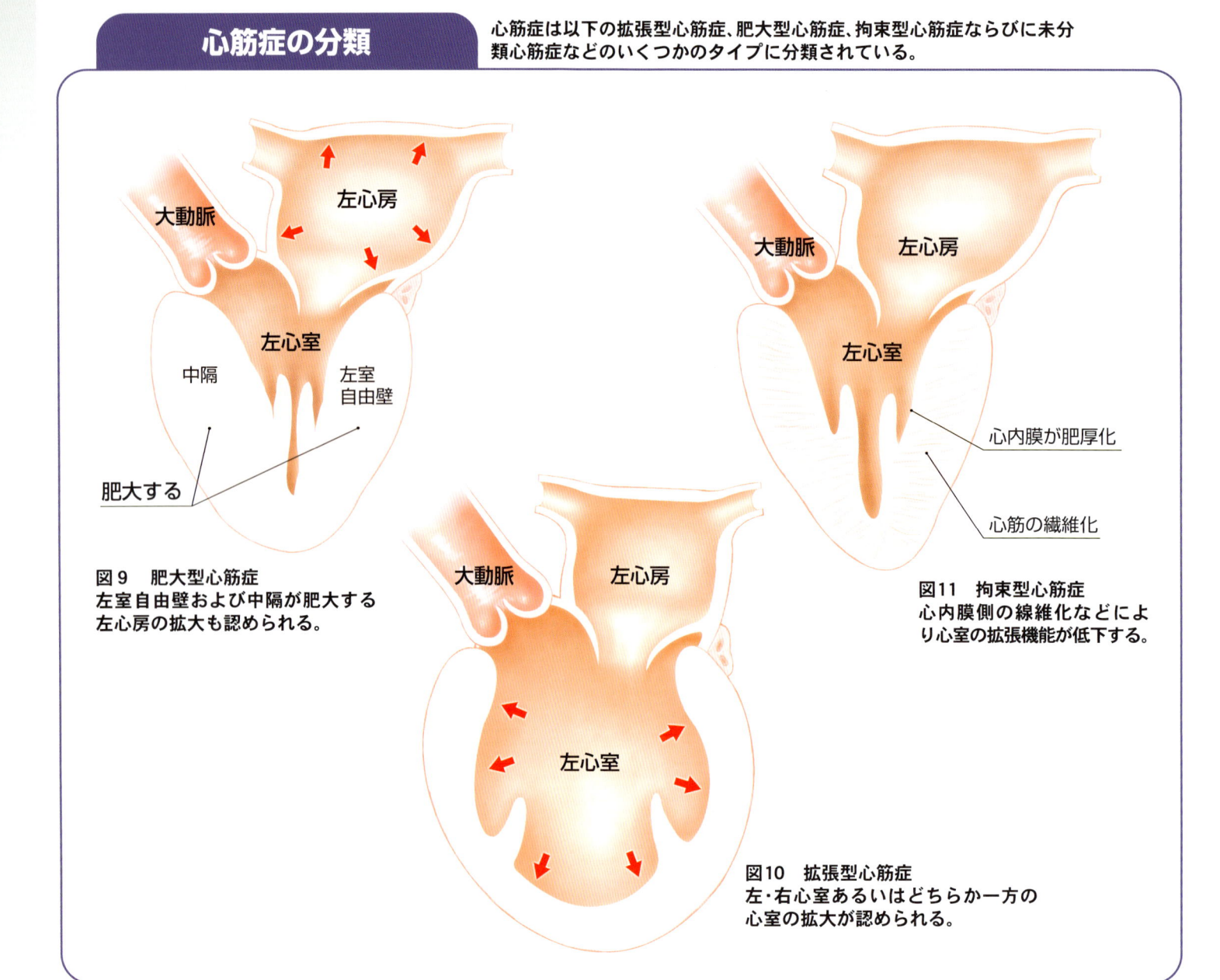

心筋症の分類

心筋症は以下の拡張型心筋症、肥大型心筋症、拘束型心筋症ならびに未分類心筋症などのいくつかのタイプに分類されている。

図9　肥大型心筋症
左室自由壁および中隔が肥大する
左心房の拡大も認められる。

図10　拡張型心筋症
左・右心室あるいはどちらか一方の心室の拡大が認められる。

図11　拘束型心筋症
心内膜側の線維化などにより心室の拡張機能が低下する。

心筋症（しんきんしょう）

　心筋症とは心臓の筋肉が何らかの原因により変性・壊死を生じることで、心筋の機能が低下し心拍出量が保てなくなる病気である。猫ではしばしば見かけられる後天性の疾患である。この心筋症は拡張型心筋症、肥大型心筋症、拘束型心筋症ならびに未分類心筋症などのいくつかのタイプに分類されている（図9〜11）。
●**原因**：猫の拡張型心筋症の原因の1つにタウリン欠乏が関与していることが明らかになってから、一般的なキャットフードにタウリンが添加されるようになったため、現在では猫の拡張型心筋症は減少した。拡張型心筋症の原因の1つにタウリンが関与していることはわかっているが、甲状腺機能亢進症、高血圧症などによる二次性の肥大型心筋症以外の原因ははっきりとしていない。肥大型心筋症ではアメリカン・ショートヘアー、メインクーンおよびペルシャなどの品種で発生が多く、家族性の発生も認められている。
●**症状**：軽度な場合は無症状で経過するため、臨床症状が認められるまで飼い主が気づくことは稀である。食欲不振、元気消失などに加え、重度になるにつれ肺水腫や胸水貯留に伴う発咳あるいは呼吸困難が認められる。また、心拍出量が減少するため虚脱なども見られる場合もある。
●**検査**：身体検査において心雑音が聴取される場合もある。また、レントゲン検査では心臓の拡大、肺水腫および胸水などが認められることもある（図12）。超音波検査は心筋症の診断に欠かすことができない検査の1つである。超音波検査では心臓の内腔、壁の厚さ、心臓の収縮力などを観察する。肥大型心筋症では主に左心室壁および心室中隔の肥厚（拡張期に6mm以上）、および心内腔の狭小化などの所見が認められる（図13）。また、血液の流れが悪くなることにより、心臓内に血栓が認められる場合もある。
●**治療**：血管拡張薬、β受容体遮断薬、利尿薬などを症状に応じて投与する。また、血栓の予防を目的に抗凝固剤の投与を行う場合もある。また甲状腺機能亢進症や高血圧症が認められる場合は、心筋症の治療と並行して基礎疾患の治療も行う。

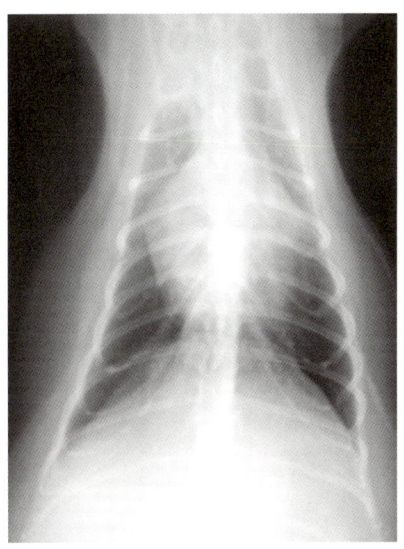

図12
肥大型心筋症の猫のレントゲン写真。典型的な症例では心房の拡大に伴い、心臓がハート型になる（バレンタインハート）。

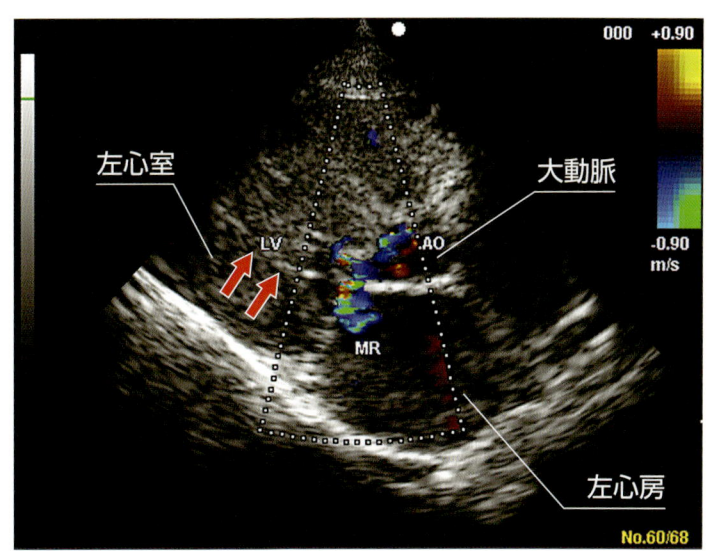

図13　肥大型心筋症のエコー所見
左心室腔が肥大により狭小化する（➡を参照）。加えて僧帽弁の奇異性運動（心室の収縮時に僧帽弁が心室側に引き込まれる現象）による僧帽弁閉鎖不全症、および心室中隔の肥大にともなう左室流出路狭窄による大動脈狭窄症なども認められる。

血栓塞栓症（けっせんそくせんしょう）

　心筋症により血液の流れに停滞が生じると心臓内に血栓が生じる場合がある。この血栓が何らかのはずみに流出し、末梢の血管に詰まると血流障害が生じる。多くの場合は左心房に血栓が生じるため、血栓は大動脈を流れ後肢の血管に詰まる。そのため後肢の血流が阻害され、後脚の冷感、虚脱などが認められる（図14）。この場合、早期に血栓溶解剤あるいは手術により血栓を除去しなければ、後肢の麻痺は残存する。

　現在では血栓塞栓症を併発している場合は、手術のリスクが高いため手術より血栓溶解剤による治療が一般的になってきている（図15＆16）。血栓塞栓症により血流阻害が長時間続くと、後肢の浮腫、壊死などが生じる場合もある。

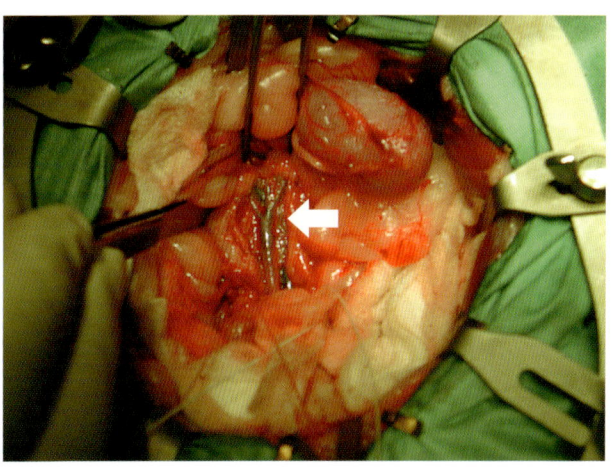

図15　血栓の摘出。腹部大動脈後端に詰まっている血栓（➡参照）。

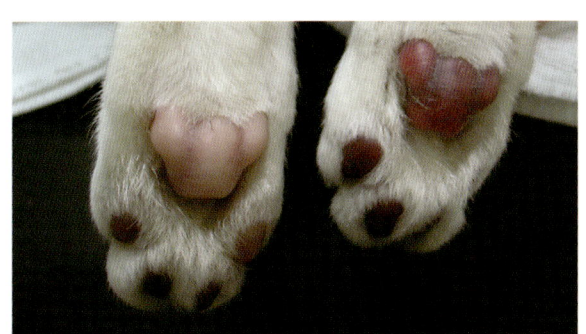

図14　血栓塞栓症の後脚の所見。左後肢のパッドの色が右と比較して紫色に変色している。この症例の左後肢は全く動かず、冷感が認められた。

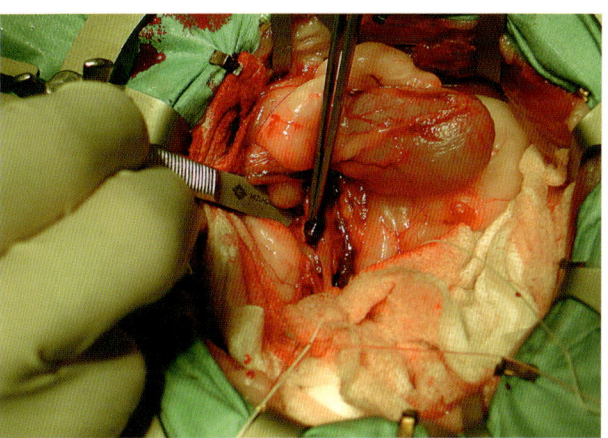

図16　血管を切開し、血栓を摘出している。

Ⅲ フィラリア症

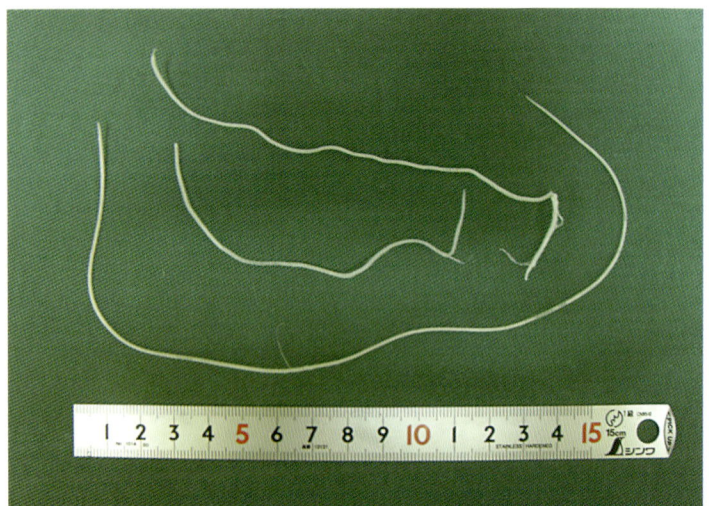

図17 フィラリア成虫。成虫の体長10〜30cm程度。

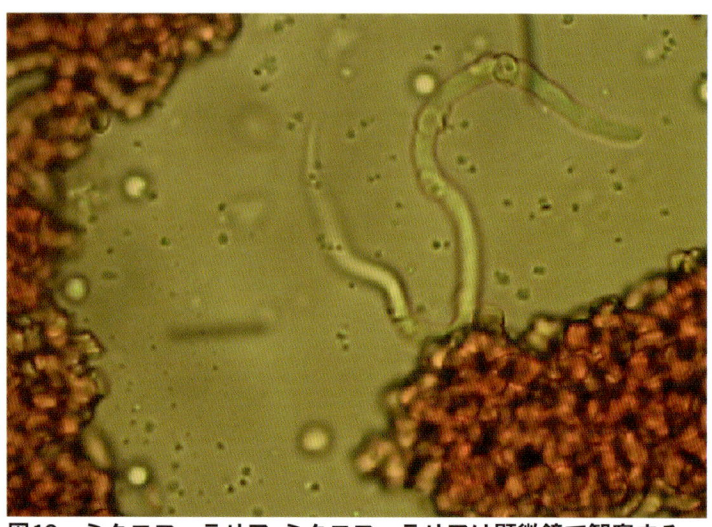

図18 ミクロフィラリア。ミクロフィラリアは顕微鏡で観察する。

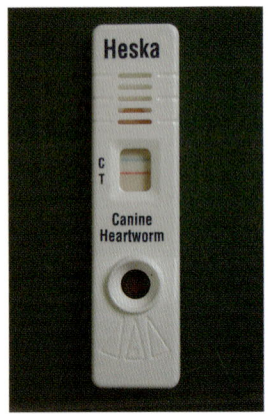

図19 フィラリア抗原検査キット。血液を数滴滴下するとフィラリア抗原陽性だった場合は青い線のほかに赤い線が認められる。

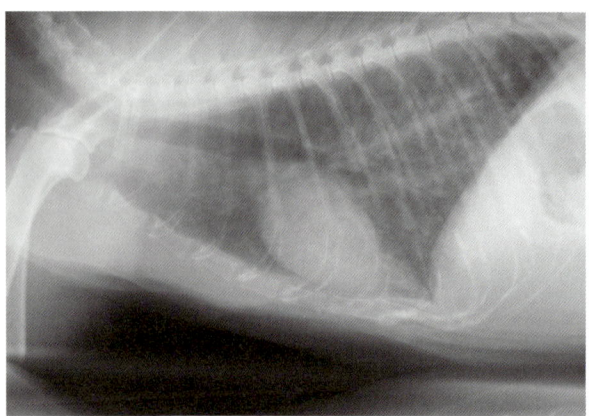

図20 フィラリア症のレントゲン所見。側面像。肺の炎症により肺野の不透過性が亢進している。

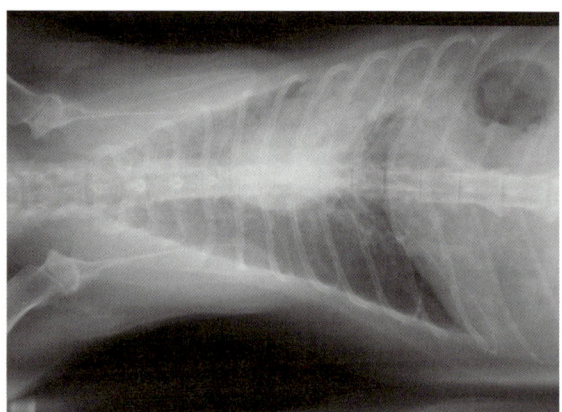

図21 フィラリア症のレントゲン所見。背腹像。

フィラリア症（ふぃらりあしょう）

フィラリア症（犬糸状虫症）は犬の病気と思われている飼い主も多い。しかしながら猫においてもフィラリア症は認められる。ただ、犬と比較して感染する確率は低いため、積極的な予防はされていない。猫のフィラリア症の場合、多数寄生は稀で、ほとんどが少数寄生だが、肺の血管にフィラリアがいることで肺血管が障害される（図17、18、19）。

● **原因：** フィラリア症の原因は蚊の吸血による。蚊の体内である程度成長したフィラリアが蚊の吸血の際に体内に侵入する。体内に侵入した虫体は筋肉内で成長しながら血管に達し、最終的に肺に寄生する。猫の場合は体内に侵入しても多くが途中で死滅するが、まれに成虫となりフィラリア症を生じる。

● **症状：** 症状としては発咳、呼吸困難などの呼吸器症状に加え、嘔吐、失神、食欲不振および体重減少などが認められる。犬と比較して猫ではフィラリアによる肺血管・気管への影響が早期に発現する。

この反応は寄生しているフィラリアの数とは関係なく、フィラリアの存在による免疫反応が犬より強く発現するためと考えられている。また、まったくの無症状でも突然死をする場合もある。

● **検査：** 猫のフィラリア症の診断は犬と比較して困難である。雄虫のみの単数寄生および未成熟虫感染が多いため、犬で用いられている抗原検査では感染を証明できない場合が多い（抗原検査は雌虫の子宮内に多く存在する抗原を検出するため）。また成虫が生むミクロフィラリアの検出率も上記の理由により低い。レントゲン検査では肺野の不透過性の亢進（肺の実質、気管、血管が白く見える状態）などの所見が認められることもある（図20、21）。

また、超音波検査により肺動脈内などに寄生したフィラリア虫体が確認されることもあるが、確認できない場合でも感染を否定できない（図22）。よってこれらの検査で感染が証明されない場合でも感染している可能性があるため、症状、地域性などを考慮し総合的に判断する必要がある。

● **治療：** 犬と同様にフィラリアを駆虫する治療方法があるが、フィラリアが死滅することによるアナフィラキシーショックなどの問題がある。また、外科的にフィラリアを摘出する方法もあるが、最終的な治療法といえる（図23）。

感染してしまうと治療法が困難なため、フィラリア感染の多い地域では猫でもフィラリア予防を行うことが重要。

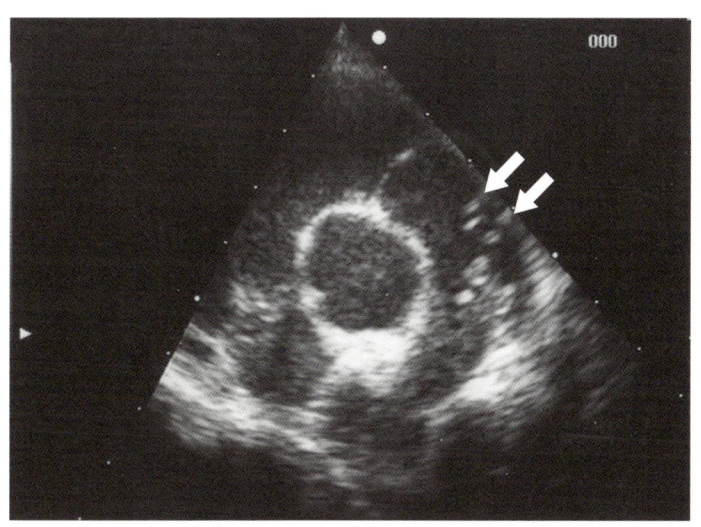

図22 超音波検査において肺動脈内に認められるフィラリア虫体(➡を参照)。

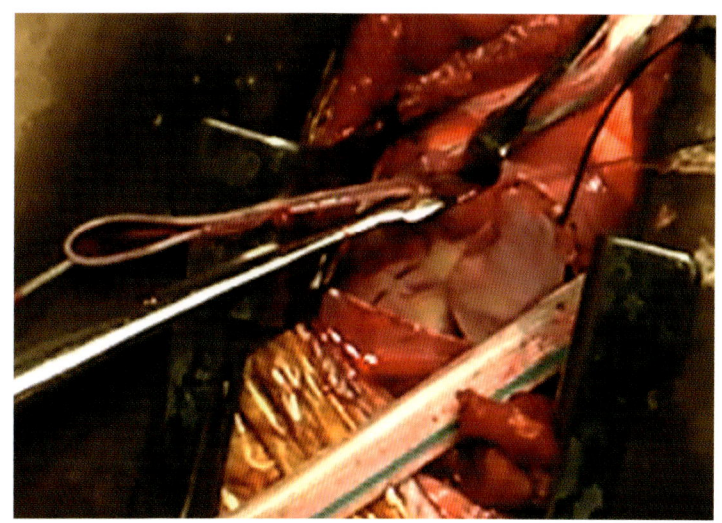

図23 フィラリア虫体の外科的摘出。肺動脈からフィラリアを摘出している。
{写真は星克一郎先生(見附動物病院)の厚意による}

IV 関連する病気

不整脈(ふせいみゃく)

犬猫に認められる不整脈の種類に違いはないが、犬と比較してその発生は少ない。原因としては心臓疾患によるもの、あるいは電解質異常、薬物、毒物および低酸素などが挙げられる。治療の必要性のない不整脈もあるが、生命を脅かす重篤な不整脈の場合もあるため、心電図検査を行い治療の必要性の有無を判断する。

感染性心内膜炎(かんせんせいしんないまくえん)

細菌感染による心内膜の炎症性疾患。心臓自体の直接的な感染ではなく、多くは外傷、体内の感染病巣あるいは歯科処置などによる菌血症が原因です。主な症状は沈鬱(ちんうつ)、発熱および食欲不振などだが、炎症により心臓の弁や心臓自体の運動性が低下すると重篤な症状が見られる場合もある。

元気に見えても健康診断

先天性心疾患、後天性心疾患を含め早期に発見、治療することが重要。猫を飼い始めたら、元気に見えても健康診断に行くことをお勧めしたい。また心筋症、フィラリア症などは症状がない場合も多く、飼い主が気づく時にはかなり病態が進行している場合が多い。ワクチン接種などの予防の際でも、きちんと身体検査をしてくれる病院を選ぶべき。最近では、ノミ、ダニ予防に加えてフィラリア予防効果のある薬もある。フィラリア感染の多い地域やフィラリア感染が心配な方はかかりつけの獣医師に相談してほしい。

Ⅰ 猫喘息(ねこぜんそく)

　猫喘息は、咳を主徴とする最も一般的な猫の呼吸器疾患である。人の気管支喘息と同様に、可逆性の気道閉塞と気道の過敏性を示す慢性炎症性気道疾患と考えられている。発作的な咳、喘鳴、運動不耐、呼吸困難の症状を示す。進行にともなって、気道壁は不可逆性に肥厚し、さらに粘調な粘液栓が気道内に形成され、気道が閉塞していく。
●**原因**:気道内の好酸球と活性化リンパ球の相互作用によって慢性炎症が生じ、気道の構造変化を引き起しているようである。進行した猫喘息の気管支では、気管支平滑筋の肥厚、気管支腺の過形成、杯細胞の過形成など、人の気管支喘息と同様の構造変化を示すことがわかった。猫では犬や人に比べ気道内好酸球数が非常に多く、猫が喘息様症状を起こしやすい理由の1つと考えられている。気道の過敏性は、気道粘膜病変自体とアレルギー反応の両方に由来している。
●**特徴**:若齢から中年齢の猫でよく起こる。発作時には、脇腹を凹ませるような呼気努力が認められる。しかし発作間期は全く症状を示さないことが多い。胸部X線では、肺野にスリガラス様陰影を伴って気管支壁の肥厚がみられる。気管支鏡検査を行うと、気道粘膜は

図1　正常な気管支。右は断面拡大図。
気管支平滑筋は収縮しておらず、気管支内径は広く保たれている。

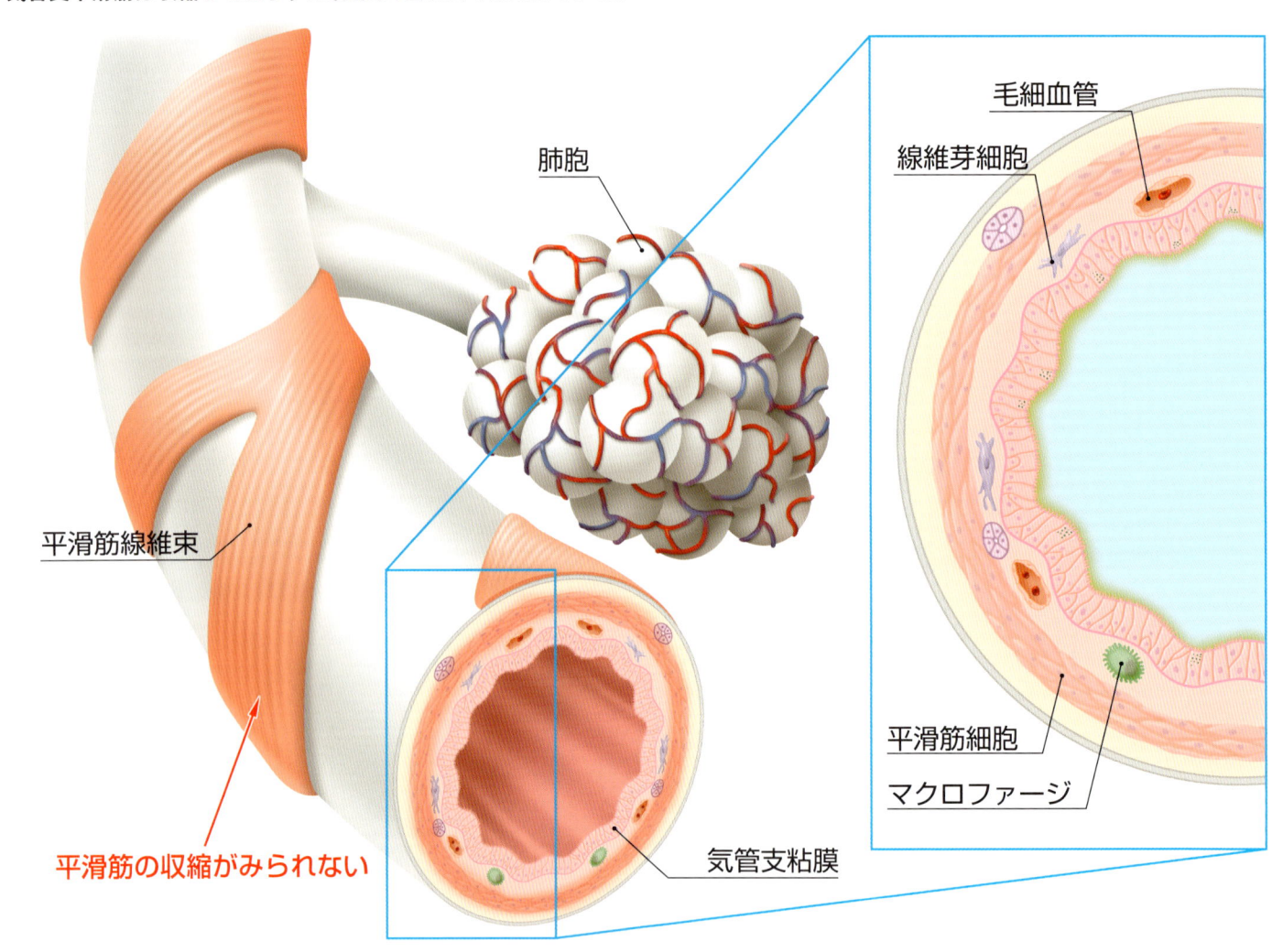

呼吸器の病気

　猫は咳や開口呼吸を示すことが少ない。飼い主は呼吸困難よりも、体重減少、食欲不振、元気消失などに気づいて動物病院を受診することがある。普段より動かなくなり、さらに息づかいに変化を感じたら猫の呼吸器疾患の可能性がある。この章では、猫でよくみられる猫喘息、胸水、肺炎について解説し、さらに今後猫の高齢化に従い増加する可能性がある特発性肺線維症を取り上げた。

全体的に浮腫状を示し、小さな白い粘液栓が気管支から飛び出しているようにみえることがある。気管支肺胞洗浄液には多数の好酸球が認められる。猫喘息の約20％で末梢血の好酸球数も増加している。

近年、猫用のプレチスモグラフが開発され、可逆性気道閉塞と気道過敏性を検査する方法が試みられている。

●**進行状況**：症状は進行性で、治療が遅れ重症化すると不可逆性気道閉塞によって、完全に息を吐き出すことができない呼気障害に陥り、気管支拡張症や肺気腫を示すようになる。

●**予防**：症状を軽減するために、家庭内での吸入刺激物、たとえば、芳香剤、タバコ、脱臭剤、消臭剤、線香、ほこり、花粉、または、室外からの粉じんや冷気を避ける。また、長毛種では毛を短くトリミングすると効果がある。

●**治療**：咳や呼吸困難症状が連日生じた場合、なるべく早期から抗炎症治療や気管支拡張療法を行う。長期経過していたり、慢性鼻炎と合併したりすると、治療反応はよくない。

図2　猫喘息の気管支。
気管支平滑筋は収縮している。気道壁が肥厚し内径は小さくなり、粘調な分泌物が産生される。断面拡大図では平滑筋の肥厚、気管支腺の過形成、杯細胞の過形成がみられる。粘膜内および気道内に好酸球が多数みられる。

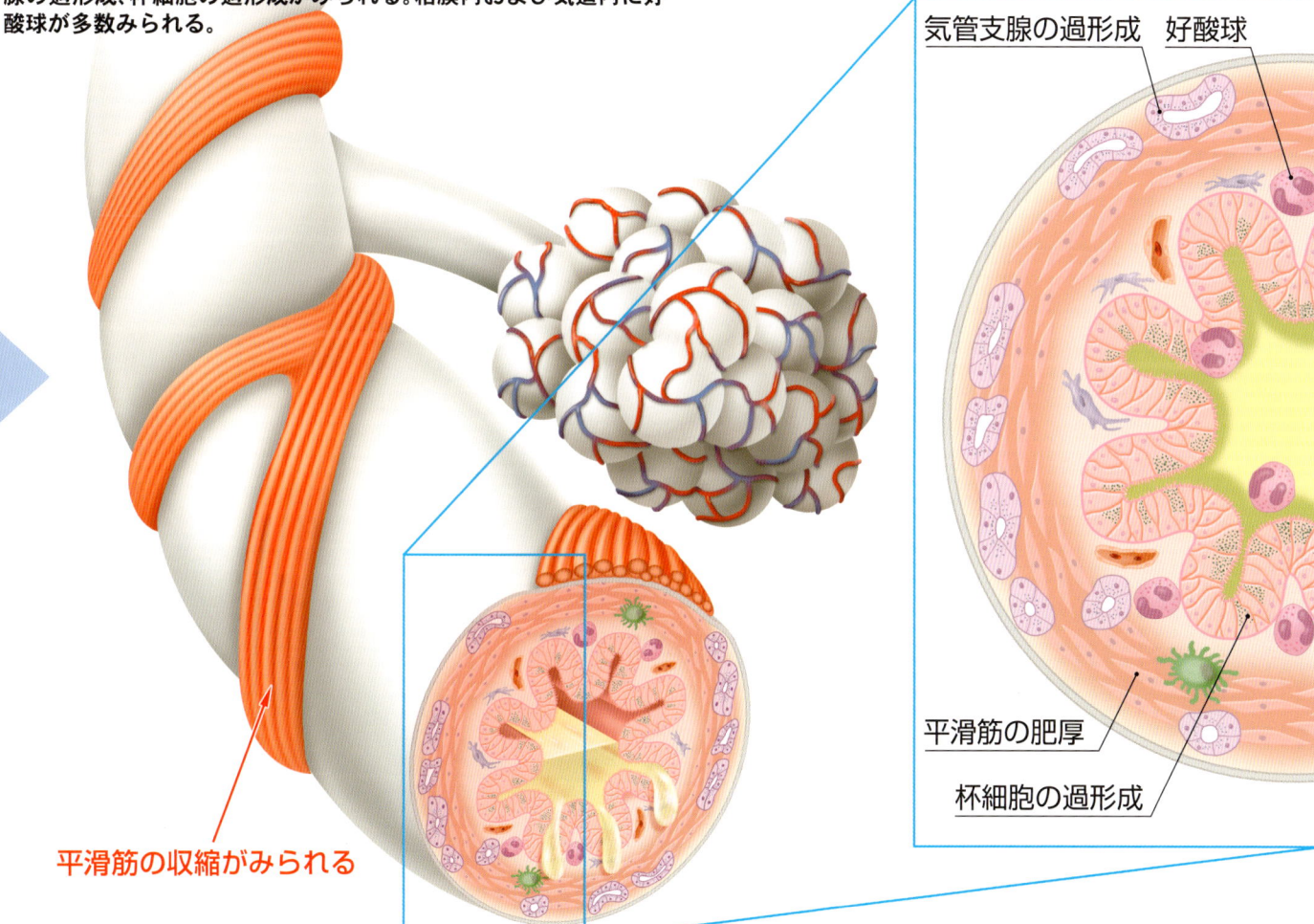

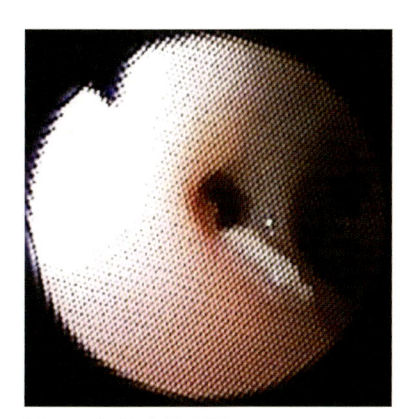

平滑筋の収縮がみられる

気管支腺の過形成　好酸球
平滑筋の肥厚
杯細胞の過形成

図3　気管支鏡所見。
白い小粘液栓が気管支から飛び出している。

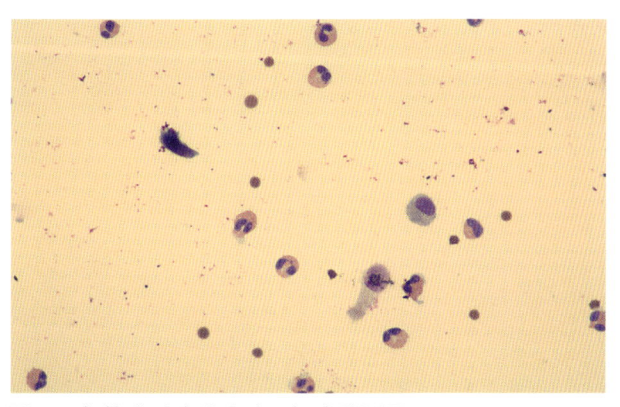

図4　気管支肺胞洗浄液の細胞診所見。
細胞質中に赤い好酸性の顆粒で満たされた好酸球が多数みられる。

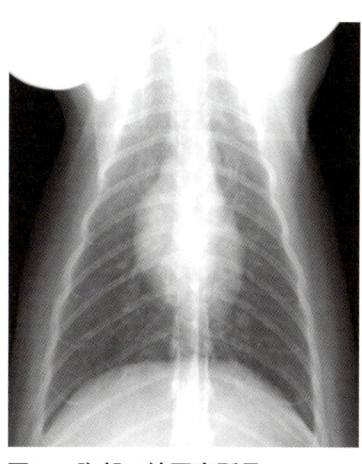

図5　胸部X線写真所見。
スリガラス様陰影と多数の気管支の肥厚所見。

呼吸器の病気

Ⅱ 胸水（きょうすい）

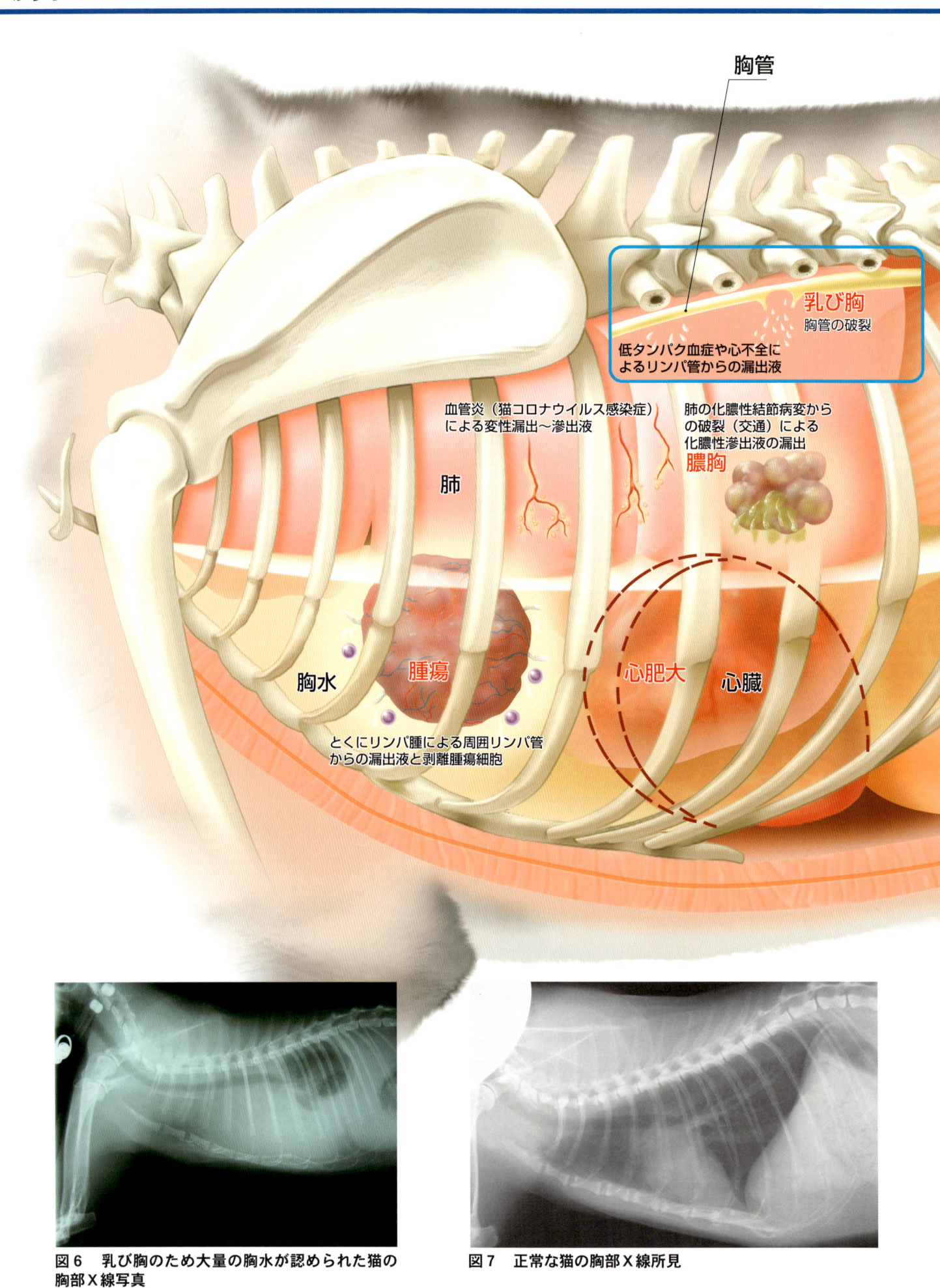

胸管

乳び胸
胸管の破裂

低タンパク血症や心不全によるリンパ管からの漏出液

血管炎（猫コロナウイルス感染症）による変性漏出〜滲出液

肺の化膿性結節病変からの破裂（交通）による化膿性滲出液の漏出

肺

膿胸

胸水

腫瘍

心肥大

心臓

とくにリンパ腫による周囲リンパ管からの漏出液と剥離腫瘍細胞

図6　乳び胸のため大量の胸水が認められた猫の胸部X線写真

図7　正常な猫の胸部X線所見

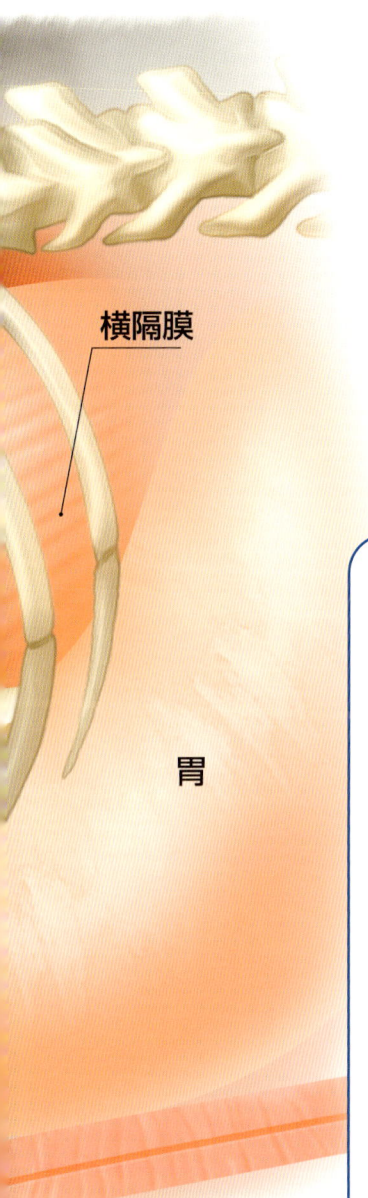

図9　胸水の主な6つの原因。
❶胸管の破裂（乳び胸）、
❷低タンパク血症や心不全によるリンパ管からの漏出液、
❸肺の化膿性結節病変からの破裂による化膿性滲出液の漏出（膿胸）、
❹血管炎（猫コロナウイルス感染症）による変性漏出～滲出液、
❺腫瘍、とくにリンパ腫による周囲リンパ管からの漏出液と剥離腫瘍細胞、
❻心肥大。胸腔内腹側に胸水が貯留しているのがわかる。

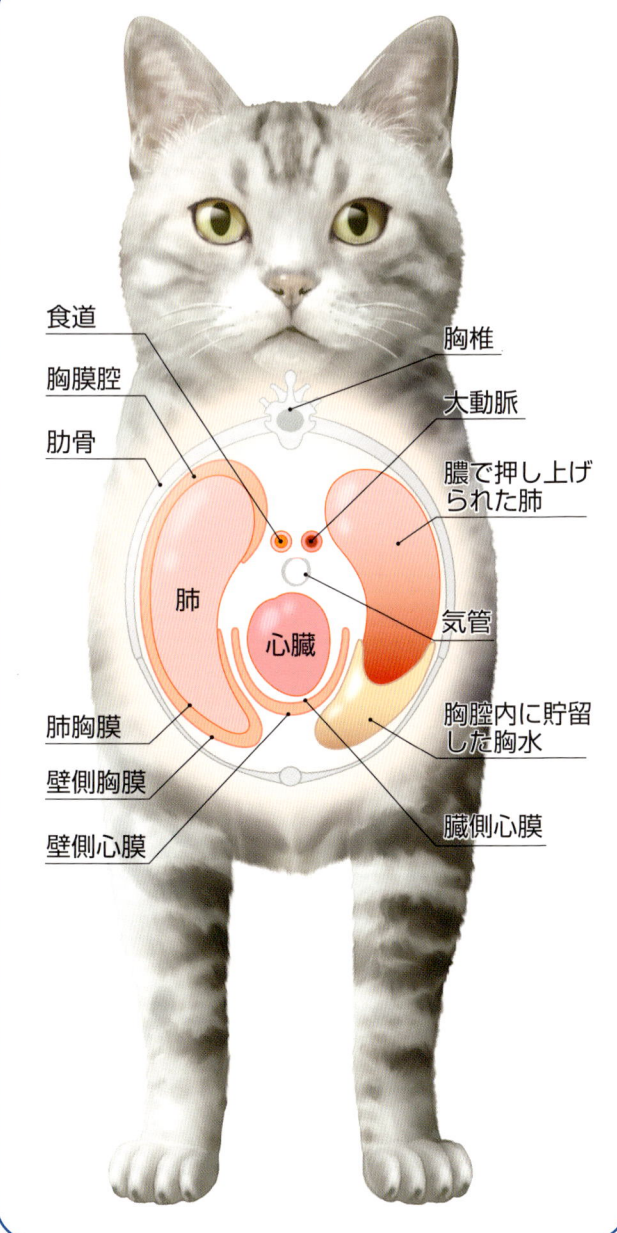

図8　胸部の横断面

　胸水（Pleural effusion）は、さまざまな疾患により胸膜腔に異常に貯留した液体のことをいう。胸水によって肺が圧迫され、呼吸困難を起こす。

●**原因**：病態生理的には、静水圧の上昇、低タンパク血症、血管炎などによる血管透過性亢進、リンパ管漏出、感染、出血によって生じる。したがって、これらを引き起こすうっ血心不全、肺葉捻転、慢性肝疾患、蛋白漏出性腎症、蛋白漏出性腸症、悪性腫瘍、胸腔内腫瘍、猫コロナウイルス感染症、膵炎、外傷などが原因疾患となる。特に大量のリンパ管漏出によるものを乳び胸、化膿性滲出液の貯留を膿胸、末梢血の25％以上の血液成分の貯留を血胸と呼ぶ。胸水は胸腔穿刺によって採取され、その性状によって漏出液、変性漏出液、滲出液、乳び、膿、血液と大まかに鑑別される。

●**特徴**：咳、動きが鈍くなる、呼吸数増加、元気消失、鼻翼開大などの症状がみられる。猫種や性別による発症傾向に差はない。胸部打診で病側にて鼓音が減弱し、聴診では心音が遠くなる。胸部X線写真で、肺葉間裂の明瞭化、心陰影の不鮮鋭化、横隔膜ラインの不明瞭化がみられ、さらに進行すると均質な胸腔内貯留液の中に虚脱した肺葉が円形状になって胸腔背方または中央に集まるようにみえる。胸水の肉眼的性状は原因疾患によって、透明、黄色透明、赤色、白色不透明、膿様、血液と様々である。

●**進行状況**：原因により緩やかに進行して発症する場合と、事故などで急激に発症する場合がある。早期診断では通常経過良好である。猫は犬に比べ低酸素血症に耐性があり、診断が遅れることがある。乳び胸では慢性経過すると線維性胸膜炎を起こし、胸膜肥厚のため肺や心臓の動きが制限されるようになる。

●**予防**：胸水を引き起こす可能性のある心不全や肝疾患に罹患している場合、まずその治療と管理を充分に行う。猫コロナウイルス感染症は感染猫との接触を避ける。

●**治療**：呼吸困難があれば胸腔穿刺によってできるだけ胸水を抜く。ただし心不全など静水圧の上昇による胸水の場合、抜去後急速に再発し血圧が下がる場合があるので注意を要する。呼吸促迫状態であれば無麻酔でも穿刺可能だが、安全に行うために全身麻酔で気管内挿管下にて行う。穿刺が頻回必要になれば胸腔チューブを設置する。基礎疾患の治療を並行する。乳び胸では低脂肪食投与が胸水減量に有効である。乳び胸や膿胸では開胸手術が行われることがある。癌性胸水や再発を繰り返す場合、胸膜癒着術が施される場合がある。

III 肺炎（はいえん）

　通常、肺炎（Pneumonia）というと細菌性気管支肺炎（Bacterial bronchopneumonia）を指す。これは細菌の二次感染による気管支・肺胞に発生する化膿性炎症である。また、猫では誤嚥性肺炎（Aspiration pneumonia）もよくみられる。これは胃内容の誤嚥が契機となり、急激に肺炎が進行し呼吸困難となる。

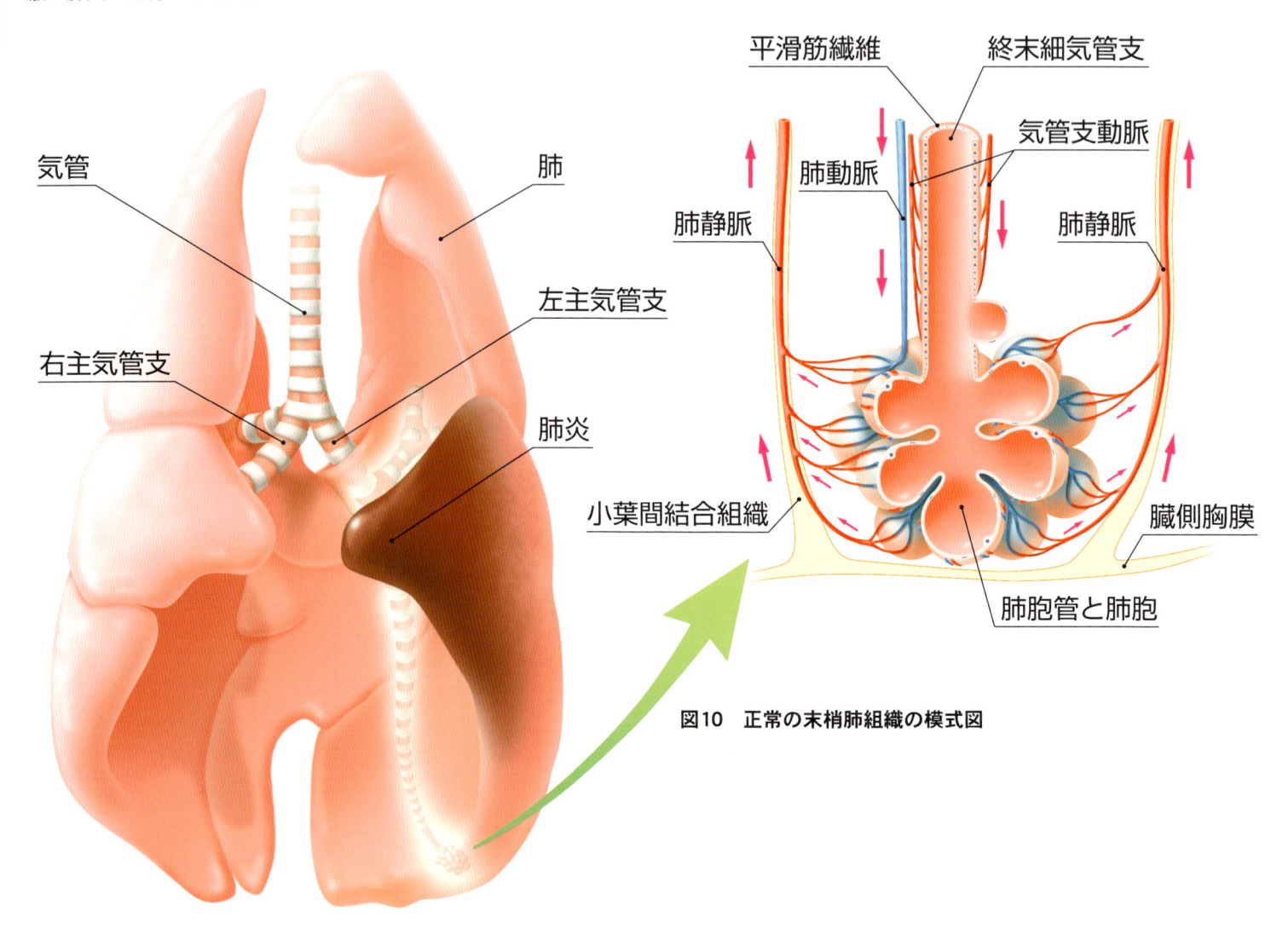

図10　正常の末梢肺組織の模式図

細菌性気管支肺炎（さいきんせいきかんしはいえん）

●**原因**：ウイルスの気道感染や宿主の免疫能低下から肺に二次感染が生じる。細菌性気管支肺炎を起こした猫の気管支からよく分離される細菌は、パスツレラ属（Pasteullera sp）、大腸菌（Escherichia coli）、肺炎桿菌（Klebsiella pneumoniae）、気管支敗血症菌（Bordetella bronchiseptica）、マイコプラズマ（Mycoplasma sp）などである。

●**特徴**：呼吸速拍、発熱、食欲元気消失がみられる。猫では咳がないことある。胸部X線写真では綿毛状の不整形な陰影が肺野全体に広がってみえる。重症例の場合、気管支鏡検査で主気管支レベルまで粘稠な化膿性滲出液が湧き出てくるようにみえる。気管支肺胞洗浄液には好中球が9割以上占め、細胞内細菌がみられる。

●**進行状況**：適切な抗生剤が投与されれば、2週間から2ヶ月で完治する。

●**予防**：猫の呼吸が早い様子や元気消失があればすぐに受診する。基礎疾患があれば充分に管理しておく。

●**治療**：適切な抗生剤を充分に投与する必要がある。ネブライゼーションも有効である。

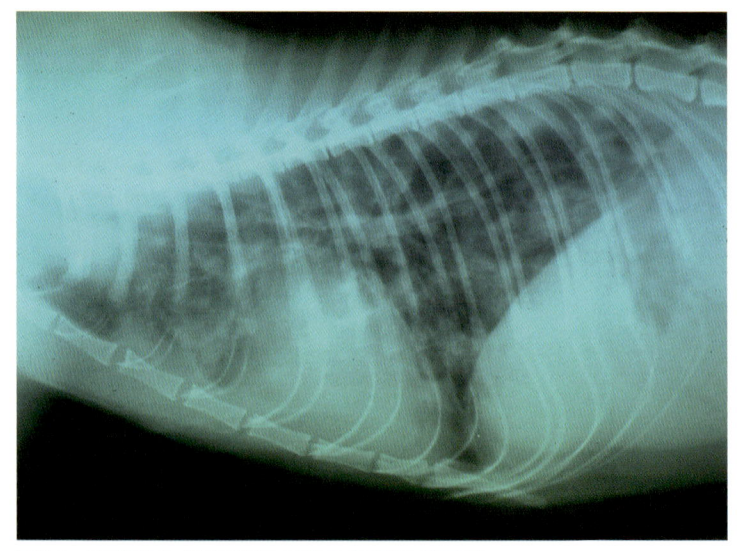

図11　細菌性気管支肺炎の猫の胸部X線写真
誤嚥性肺炎でも同様の所見がみられる。

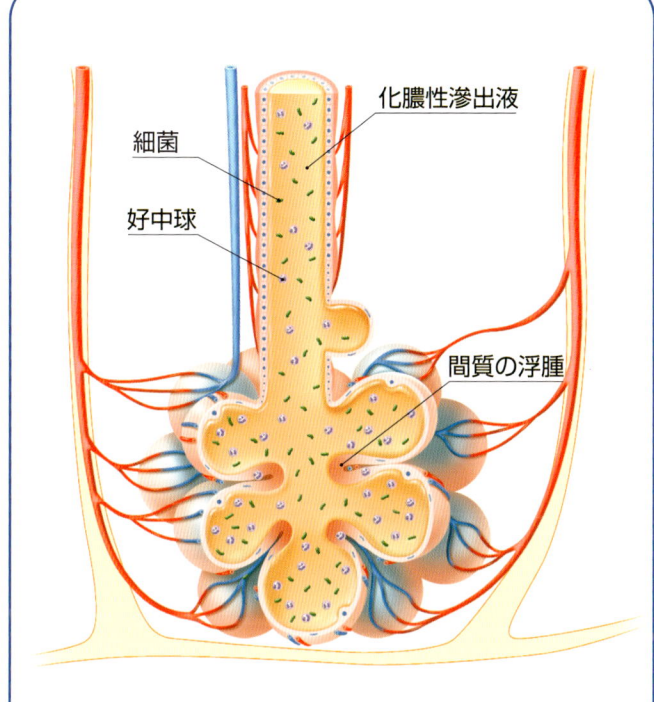

図12 細菌性気管支肺炎の末梢肺病理組織の模式図
肺胞内に細菌、好中球、滲出液、細気管支にも多量の細菌、多数の好中球、滲出液（図の黄色い部分）がみられ、間質の肥厚は軽度。この場合、中枢気道まで粘稠分泌物が貯留する。

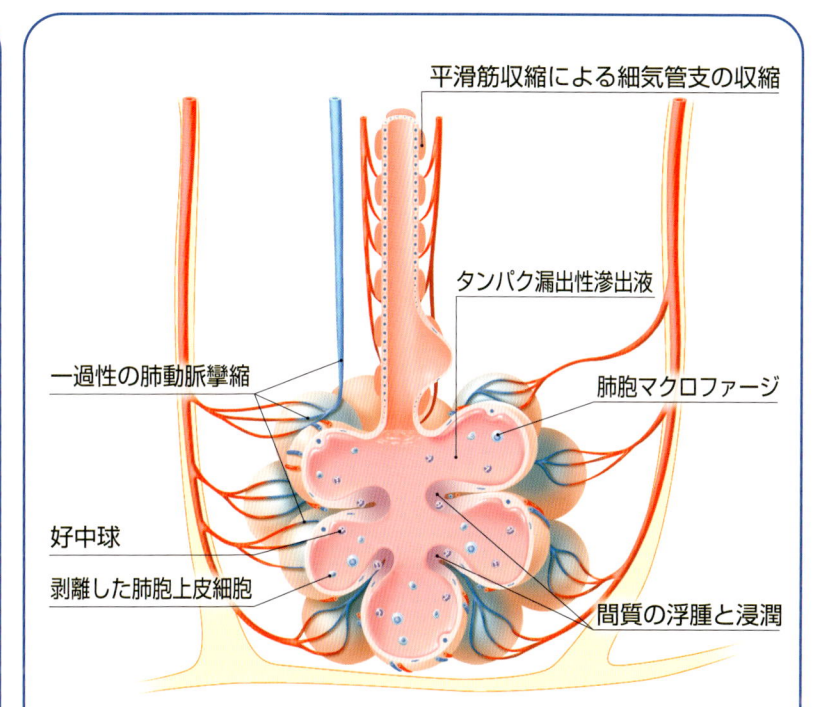

図13 誤嚥性肺炎の末梢肺病理組織の模式図
急性期（誤嚥後24時間以内）の様子を示す。平滑筋収縮による細気管支の収縮、肺胞内には肺毛細血管透過性亢進によるタンパク漏出性滲出液（薄いピンク色の部分）、肺胞上皮は一部脱落し、好中球がみられ、細菌はない。肺胞領域の低酸素血症によってここに分布する肺動脈の毛細管部が一過性の攣縮を起こし細くなっている。中枢気道に分泌物の貯留はない。

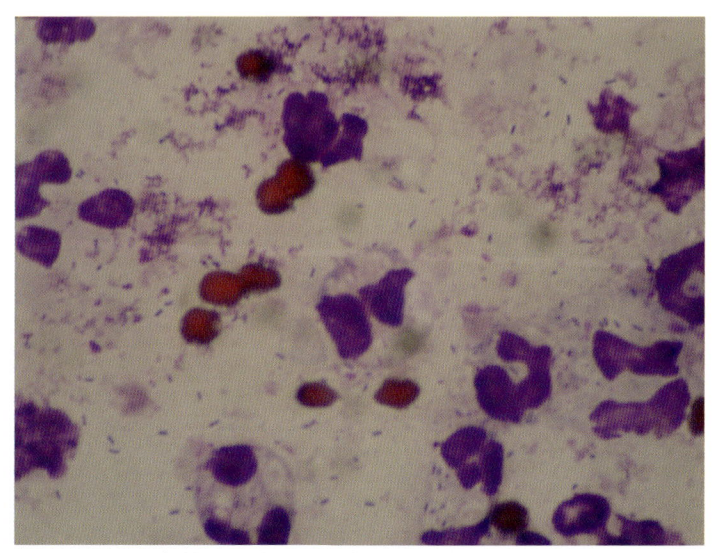

図14 細菌性気管支肺炎の猫の気管支肺胞洗浄液
大量の桿菌を背景に、多数の好中球と細胞内細菌もみられる。

誤嚥性肺炎（ごえんせいはいえん）

●**原因**：胃内容を気管に吸入することによって生じる。したがって、全身麻酔前に摂食したり、食道疾患や咽喉頭疾患を有する猫では、誤嚥性肺炎を起こす可能性がある。

●**特徴**：まず胃酸による化学傷害を受けた気道を中心に、末梢気道収縮が生じ呼吸困難となる。4〜6時間後には毛細血管透過性亢進が進展し障害部位を中心に肺水腫が広がり、胸部X線写真で異常陰影が確認できる。誤嚥時にむせるが、その後に浅速呼吸を呈し持続する。

●**進行状況**：24〜36時間後に発熱が生じるが、通常72時間後には炎症が消失する。体温が再び上昇した場合、細菌性肺炎に移行している。肺水腫が肺野全体に広がると生命に関わる。麻酔後の誤嚥性肺炎は致命率が高い。咽頭液の誤嚥もしばしばみられる。初期症状は胃内容の誤嚥と同様だが比較的早く軽快する。

●**予防**：全身麻酔の6〜8時間前には絶食させる。

●**治療**：なるべく早期に支持療法として酸素投与と気管支拡張療法を行う。1週間は酸素室で管理する。

Ⅳ 特発性肺線維症

図15　特発性肺線維症のイメージ像
線維化が進行すると肺は蜂巣状を呈するようになる。

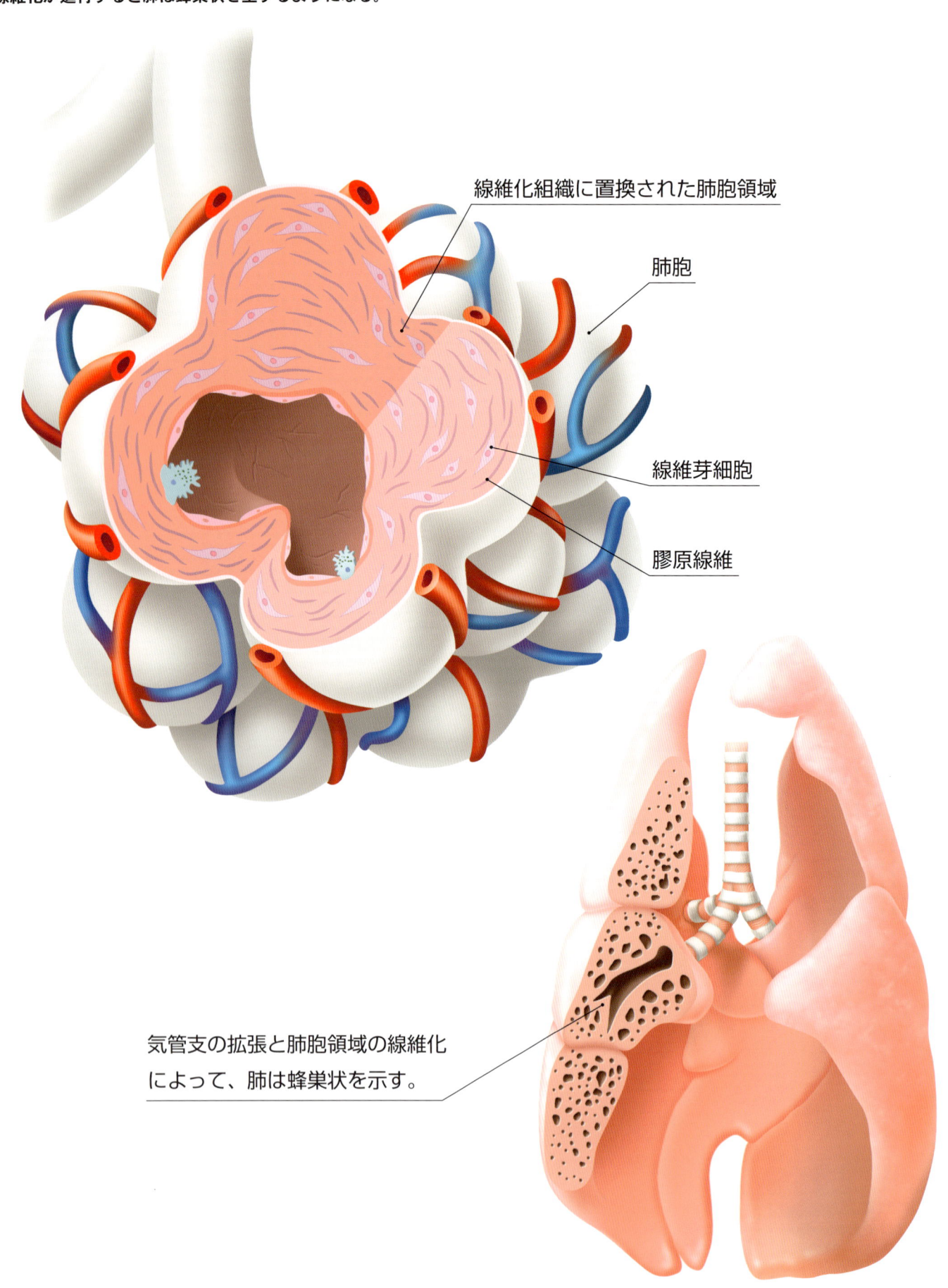

- 線維化組織に置換された肺胞領域
- 肺胞
- 線維芽細胞
- 膠原線維

気管支の拡張と肺胞領域の線維化によって、肺は蜂巣状を示す。

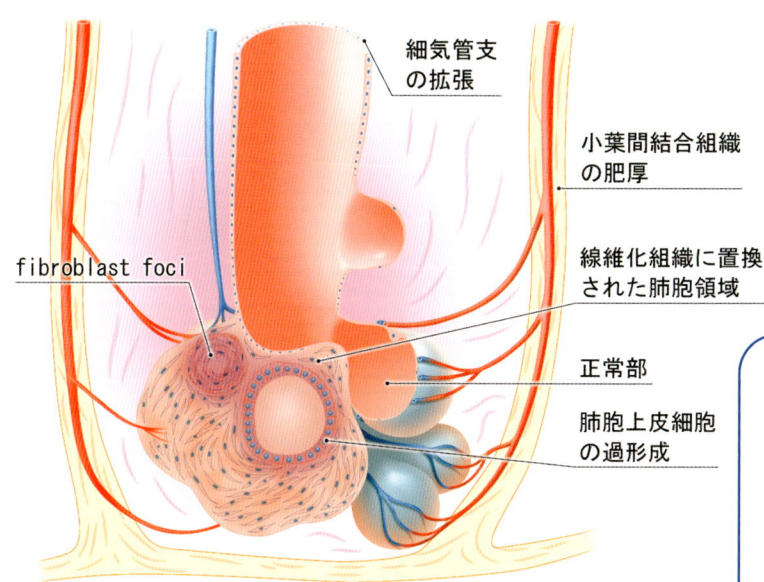

図16 特発性肺線維症の末梢肺病理組織像
肺胞は正常部分と線維化部分が隣接。正常部分では肺胞構造が保たれている。線維化部分の気腔は円柱上皮化生を示す。肺胞上皮間の間質は薄い紡錘状の線維芽細胞が密に並びそれによって著しく肥厚している。その中に線維芽細胞が同心円状に増殖中のfibroblast fociが散見される。これは比較的新しい肺傷害に対する反応を示す。一方、細気管支は大きく拡張する。

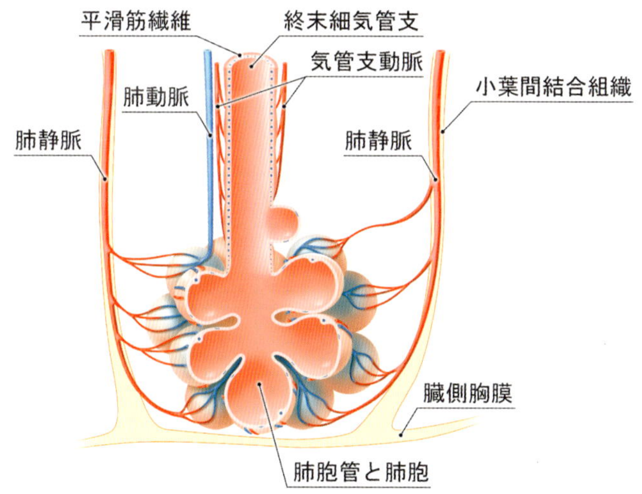

図17 正常な末梢肺組織の模式図

図18 正常な肺胞領域が線維化病変に置換されていく過程。 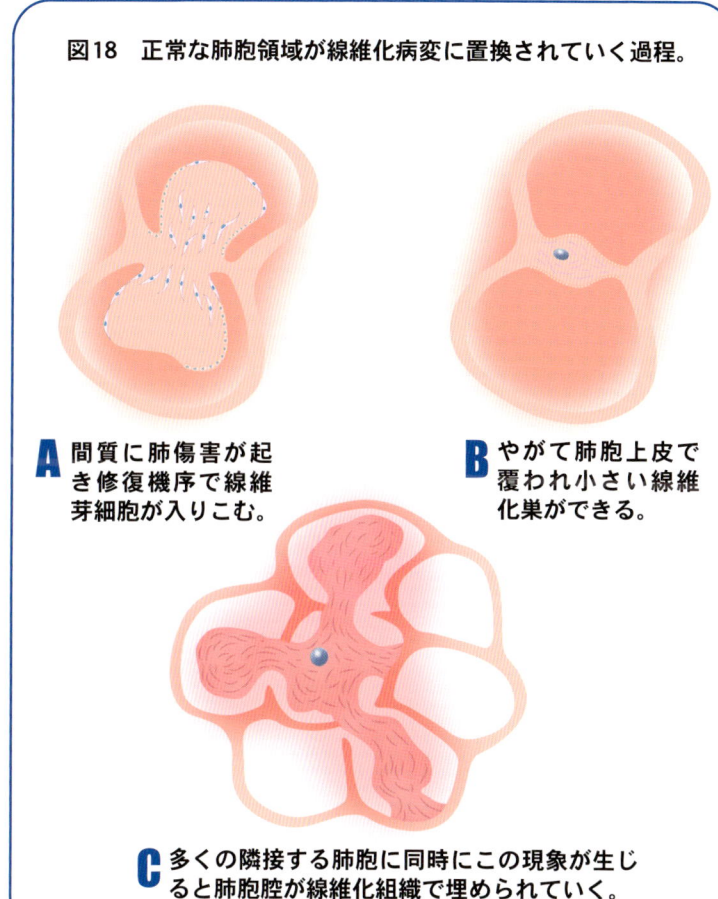
A 間質に肺傷害が起き修復機序で線維芽細胞が入りこむ。
B やがて肺胞上皮で覆われ小さい線維化巣ができる。
C 多くの隣接する肺胞に同時にこの現象が生じると肺胞腔が線維化組織で埋められていく。

特発性肺線維症（とくはつせいはいせんいしょう）

　特発性肺線維症（Idiopathic pulmonary fibrosis）は、肺胞壁の間質に線維芽細胞が増殖して線維化し、肺の間質部分が肥厚して、次第に正常な肺胞領域が線維化組織に置換されていく疾患である。細気管支は拡張する。進行した例では肺実質辺縁が蜂の巣状を呈することから、蜂巣肺と呼ばれる。線維化した肺病変は元に戻らない。原因不明の進行性肺疾患で予後不良である。特発性間質性肺炎とも呼ばれる。

●**原因**：特発性肺線維症は間質性肺疾患のひとつである。間質性肺疾患の原因には、ウイルス感染、ディーゼルエンジンの排気ガスやパラコートなどの吸入、慢性的な抗原暴露、酸素療法、ブレオマイシンなどの薬剤投与、放射線被ばく、全身性エリテマトーデスなどの免疫介在性疾患などがあり、どれも慢性的に進行し肺線維症という終末像にいたる。しかし、このような原因がわからない場合がほとんどであり、特発性肺線維症と診断される。

　人では100年以上前から特発性肺線維症が認められていたが、猫でもよく似た疾患が生じることが近年の研究でわかった。遺伝要因、免疫調節バランスの異常、受動喫煙やウイルスなどによる少量持続的な肺傷害が原因と推測されている。

●**特徴**：肺は硬化し膨らみにくくなり呼吸困難を示す。猫では中高齢になって浅速呼吸を示す呼吸困難や咳などの症状が現れ始める。性別や種類に発症傾向はない。胸部X線検査では肺野に線状、または網状の間質陰影に、肺炎のような綿毛状陰影が重なってみえる。肺腫瘍が合併することがある。報告はまだ少ないが、猫の高齢化に伴い今後増加する可能性がある。

●**進行状況**：呼吸症状が出現してからの生存期間は数週間から1年以下とされる。

●**予防**：日頃から受動喫煙を避けたり、空気清浄化、ウイルスキャリアとの接触を避けたりするなどが予防になるかもしれないが、よくわかっていない。

●**治療**：治療法はまだ確立されておらず、酸素投与などの対処療法に限られる。

Chapter 6

I 歯牙と歯周組織の解剖学的構造

●**歯牙**:歯牙は、1つの歯冠と単根もしくは複数(2、3根)の歯根で成り立っている。歯根は通常顎骨に埋まっていて見ることはできない。歯頸部は、歯冠と歯根の間にあり、歯肉縁下エナメル膨隆部の下に位置する。歯牙には2つの石灰化硬組織がある。エナメル質と象牙質である。

●**エナメル質**:エナメル質は、体の中で最も硬く水分はほとんどなく無機質的な組織であり、外部からの刺激を受けにくい。しかし、人や犬のエナメル質の堅さと比べると猫のエナメル質は柔らかい。

●**象牙質**:象牙質、エナメル質よりは柔らかく石灰化が弱く、損傷を受けやすい。そして、歯冠と歯根の大部分を形成している。象牙質は、象牙芽細胞によって増殖する。その象牙芽細胞は、歯髄組織の象牙質表面に位置する。象牙質の増殖は生後3歳半から5歳まで行われる。

　また象牙質にある多数の象牙細管は、その中に存在する神経繊維より、外部からの刺激に対して歯髄内の象牙芽細胞に伝達する。その結果として象牙芽細胞は歯髄腔内に象牙質を増殖し(第二象牙質)歯牙の強度を保とうとする。

●**歯根部**:歯根部は、象牙質、セメント質、歯髄、歯根膜、根尖部(根尖孔、根尖デルタ)から成り立っている。

●**歯髄**:歯髄は、血管と神経組織で満ちており、歯槽骨から根尖孔を通じ、歯牙そのものに栄養を与えられている。子猫の根尖部は開いていて成長すると根尖は閉鎖する。

●**歯根膜**:歯根膜は、膠原繊維や血管、リンパ管、神経細胞を含んでおり、強い衝撃から歯牙や顎骨を守るために、繊維は骨から根尖方向に向かって斜走する。

●**歯肉溝**:歯肉溝には、セメント質とエナメル質との境界線がある。この歯肉溝に外部からの刺激、あるいは食物残渣(ざんさ)や免疫学的変化が生じると歯周炎が発症する。

●**口腔粘膜**:口腔の構造を全面的に内張にしている口腔粘膜は、重要な役割を持ち、感染因子や外傷、中毒性物質、などから粘膜組織を保護するために特別な機能を有する免疫学的、解剖学的構造を持っている。

　口腔内にとって欠かせない分泌物は唾液腺から分泌される唾液である。唾液は粘膜を湿らせ、しなやかさや滑らかさを保ち、そして複数の消化酵素を含んでいる。唾液は、自ら行う被毛の手入れによって口の中に摂取される多くの腐食性物質やアレルゲン性物質を中和したり効果的に弱めたりし、生体に弊害が及ばないようにしている。唾液はまた微生物の増殖を抑制するタンパク質を含んでいる。

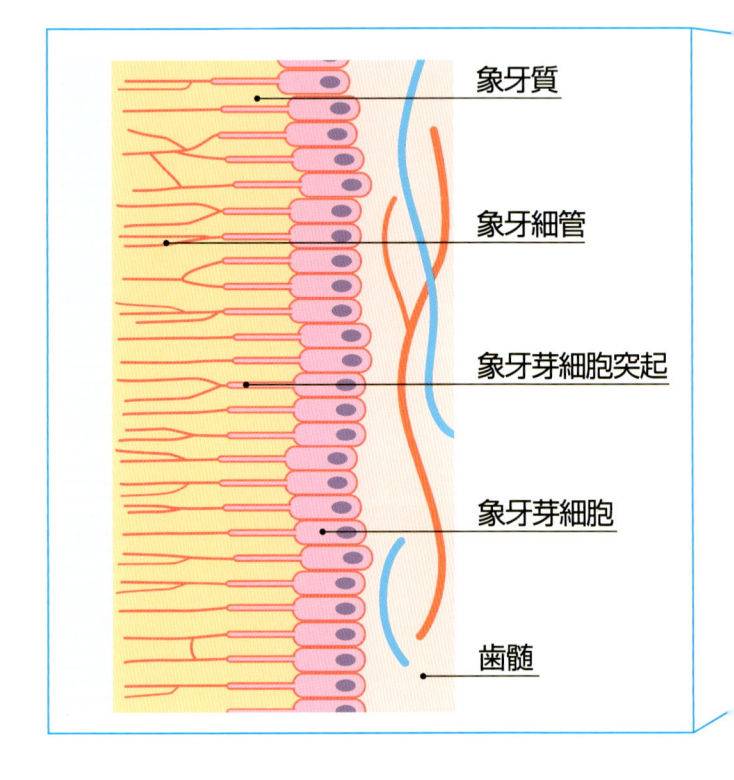

象牙質
象牙細管
象牙芽細胞突起
象牙芽細胞
歯髄

口腔内疾患

　口腔は、ネコにとって、生命を維持するため、外界と、最初に関わる大切な器官である。外部の攻撃から自己を守り、毎日、食餌や水分を摂取し、体毛の手入れを行い、その結果として、外部より多くの微生物ともふれあう重要な部分である。すなわち生命の根源はここから始まると表現しても過言ではない。不幸にももし、歯周病、口内炎、異物、外傷、免疫介在性疾患等により口腔に問題が生じた場合、大きく生命の存続に影響を及ぼすことは間違いない。

■猫の歯牙と歯周組織の解剖学的構造

エナメル質
象牙質
歯頸部
歯髄
CEJ
セメント質
歯槽骨靱帯
根尖孔
根尖デルタ
歯槽骨

エナメル膨隆部
歯肉縁
歯肉溝（歯周ポケット）
自由（遊離）歯肉
上皮内層
上皮付着
付着歯肉
粘膜歯肉境
歯槽粘膜
歯根膜の血流

口腔内疾患

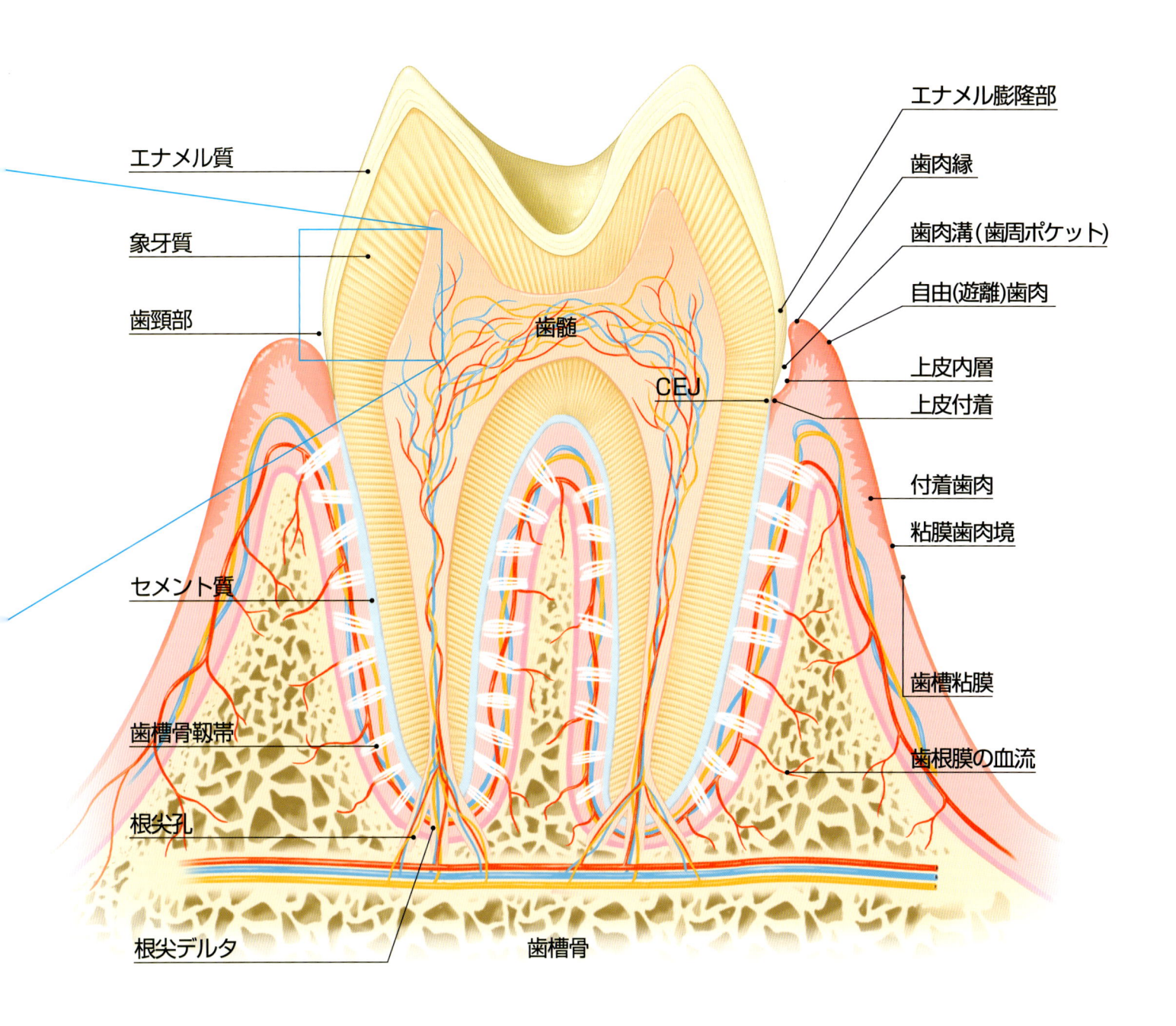

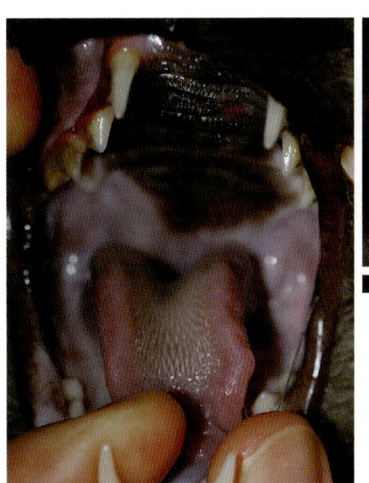

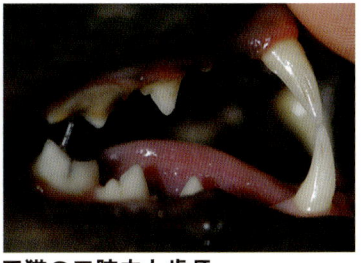

■猫の口腔内と歯牙

Ⅱ 口腔内の免疫

●**口腔内の免疫**：口腔内の免疫と体全身の免疫は、口腔内の感染と深く関わりを持っている。外敵を口腔内で抑えるために免疫グロブリンは、口腔内に拡散し生体にとって悪影響を及ぼすものに対し、これらの増殖を防ぐ。そして口腔粘膜や歯牙の表面を保護している。

歯肉溝（歯周ポケット）には、種々の感染を防ぐために防御環境が存在する。炎症に対する反応として、歯肉溝は免疫グロブリンをはじめとし、食細胞を含んでいる。歯肉溝に分泌される分泌液は、このように、抗体、食細胞そして局所に存在する形質細胞やリンパ球等が存在していて、病原体の攻撃から歯肉溝を健全環境に保持続けようとしている。しかしこのような免疫のバランスが崩れることにより、口腔粘膜並びに歯周組織に病原体の感染を受けることになる。

■歯周病を発症した猫の口腔内

切歯

犬歯

歯肉が赤く
腫れ上がっている

歯石が付着

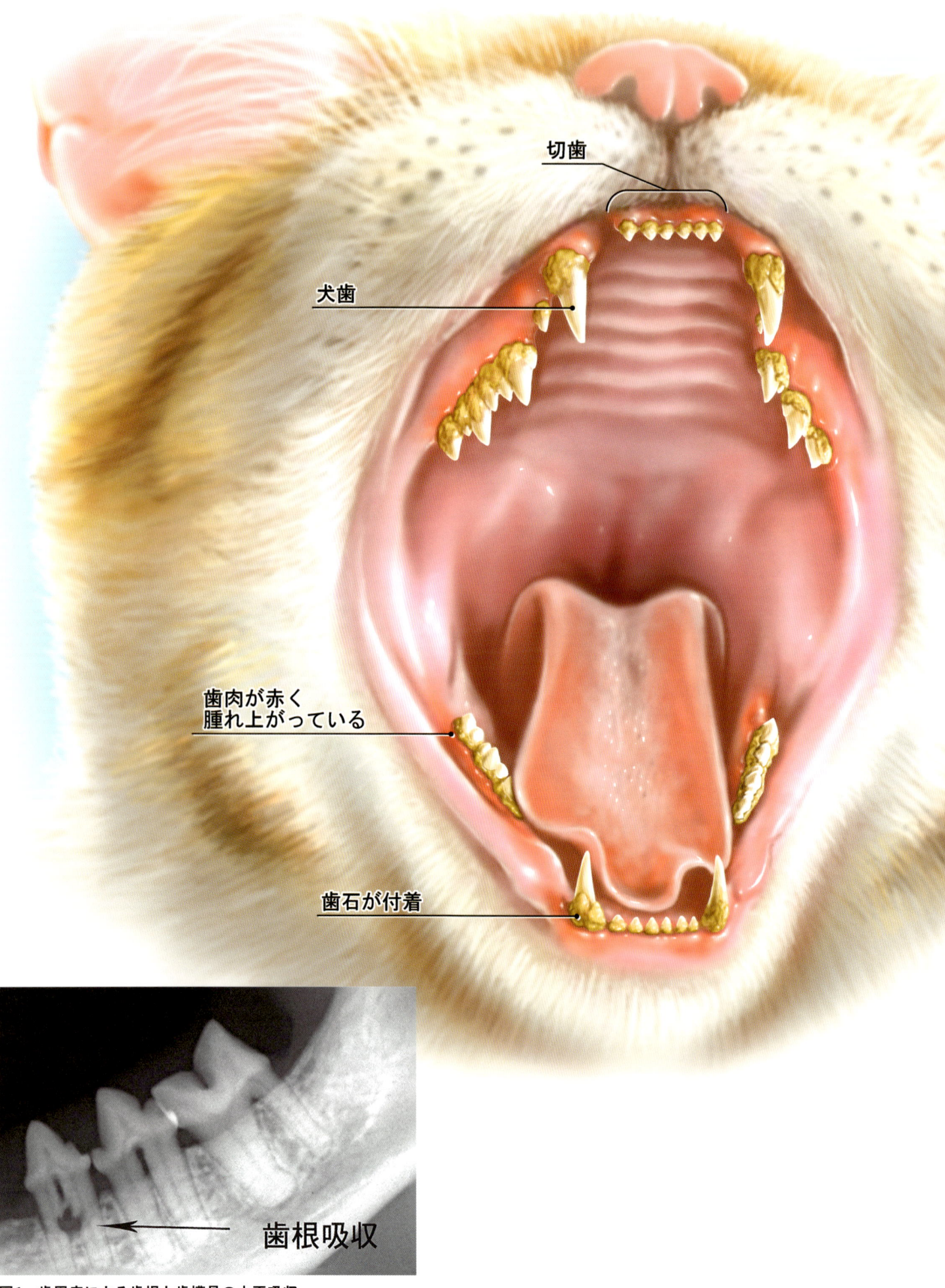

歯根吸収

図1　歯周病による歯根と歯槽骨の水平吸収。

Ⅲ 歯周病

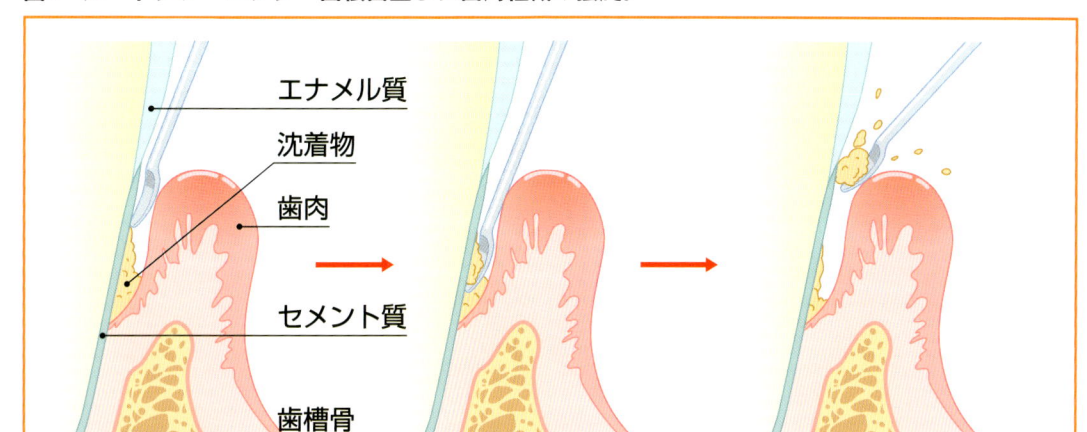

図3　ルートプレーニング　歯根面並びに歯周組織の掻爬。

エナメル質
沈着物
歯肉
セメント質
歯槽骨

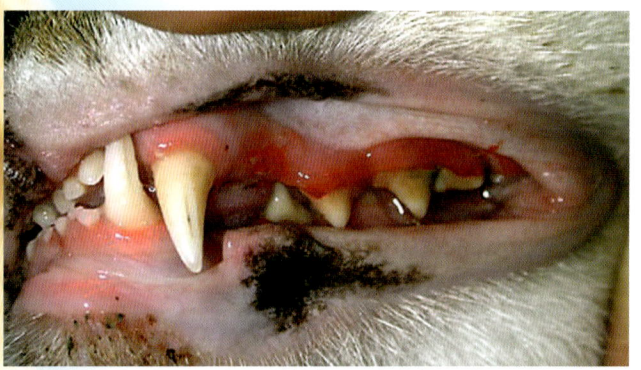

図2　歯肉炎、歯面に歯石が付着し、歯肉縁は赤く腫れ上がっている。

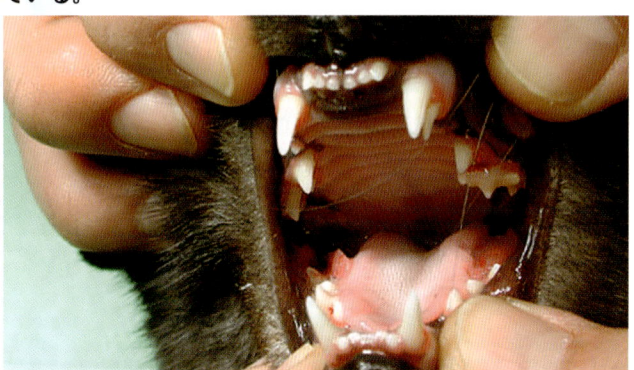

図4　難治性歯肉口内炎（若年性の歯周病生後7ヶ月齢）。乳歯遺残があり、歯肉炎はじめ、後部口腔に炎症がある。

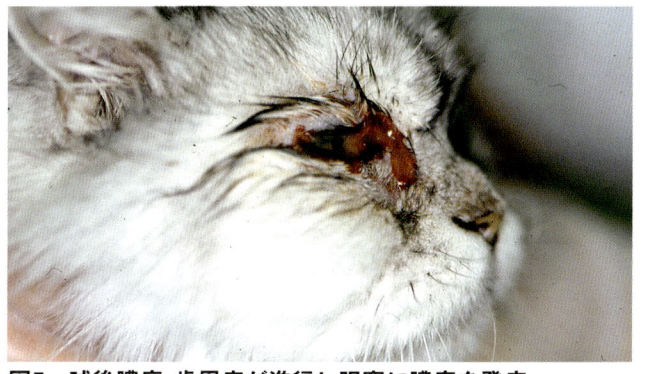

図5　球後膿瘍。歯周病が進行し眼窩に膿瘍を発症。

歯周病（ししゅうびょう）

●概要：猫の口腔内疾患といえば、まず挙げられるのは歯周病である。古くは歯槽膿漏といわれ、日本をはじめヨーロッパや米国において、生後3歳を過ぎると80％近くが歯周病に罹患しているといわれている。また、高齢になると代謝の低下により体温も下がるため、免疫力も低下し長い間、積み重ねてきた歯垢や歯石の付着により、歯肉や口腔粘膜に対する細菌感染は増殖する。

　そして、細菌の生産する毒素や酸により歯槽骨や歯牙（図1）の吸収を起こし、重篤な歯肉病（図2）に罹る。結果として、口腔内の痛みにより、食餌の摂取や飲水も困難になってくる。このような病状を作らないために、毎日のブラッシング等の手入れが必用となる。しかし、不幸にもこのような口腔内の手入れが不可能なときは、専門家による治療が必要とされる。治療後は、歯周病の再発を繰り返さないためにも予防法の指導を受けることが大切である。

●治療：一見、歯面に付着した歯石を除去すれば良いように見える。しかし、これでは不十分で、歯周ポケット内にあるバイオフィルム（細菌）や、食物残渣、そして炎症によりできた歯周ポケット内の組織を掻爬することにより完治する。このような治療が不十分であると、術後すぐに、口臭が始まる。また、歯根部まで炎症が進んでいる場合はルートプレーニング（歯根を清掃し細菌等を除去）（図3）を行う必要がある。

　猫の口腔内疾患には、歯周病の他に、歯頸部吸収病巣、難治性の口内炎、そして、口腔内腫瘍、歯性病巣感染とあるが、これらの原因として全てが歯周炎に起因するといっても過言ではない。

　通常、食餌を摂取した後に、加齢、免疫力の低下等により、徐々に口腔内の唾液等による自浄作用が弱くなると、歯周溝（歯周ポケト）に溜まった食物残渣が口腔内に存在する細菌の栄養となり歯周炎は始まる。しかし生後間もない5〜8ヶ月ほどの若齢でも歯周炎は起こる（図4）。

　猫伝染性上部気道炎（FURID）、猫エイズ（FIV）、猫白血病（FELV）、そして猫伝染性腹膜炎（FIP）等の感染により免疫力が低下すると激痛を伴う歯肉炎、口内炎を発症する。また、歯周病が進行すると、歯根部の感染から鼻腔や眼窩まで感染が進行し、鼻や眼窩から膿の排泄が見られる（図5）。

Ⅳ 歯頸部吸収病巣

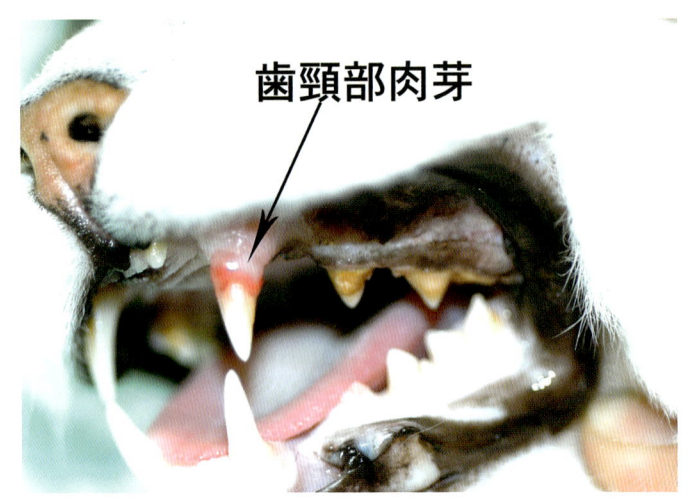

図6 犬歯歯頸部吸収病巣。歯肉縁から肉が組織に覆われている。

図8 歯頸部吸収病巣模式図
歯頸部から破歯細胞により吸収。

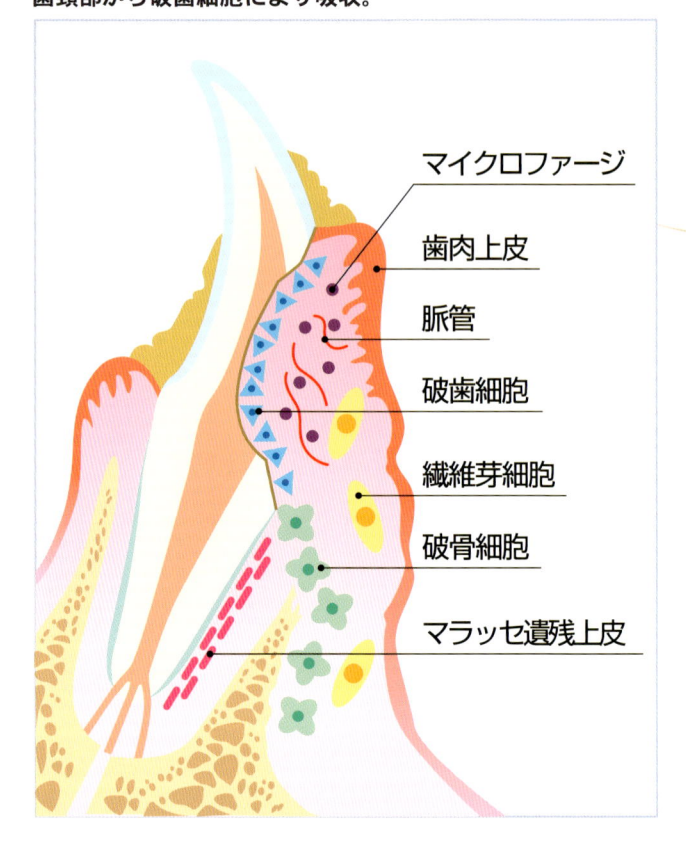

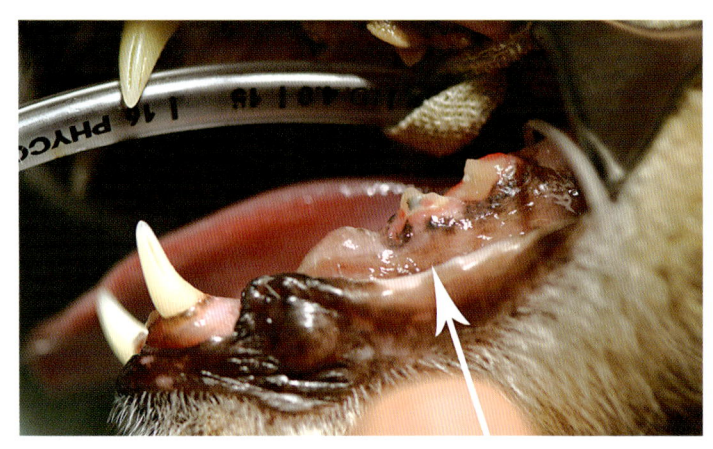

- マイクロファージ
- 歯肉上皮
- 脈管
- 破歯細胞
- 繊維芽細胞
- 破骨細胞
- マラッセ遺残上皮

歯頸部吸収病巣（しけいぶきゅうしゅうびょうそう）

●**概要**：歯頸部辺縁に（図6）、あたかも歯牙を軟部組織で囲む様にあり、歯肉炎は多少罹患していても酷くなく、軟部組織の表面には艶があった。しかし歯頸部吸収病巣には、このような症状ばかりでなく、歯肉炎や口内炎が重複し、その感染の程度により肉眼的に、症状は異なる（図7）。この欠損は、ほとんど歯頸部に限局しているため、歯頸部吸収病巣、歯肉縁下破歯細胞性吸収病巣、歯頸部病巣或いはネックリージョンと呼ばれている。また、この吸収は、歯垢歯石の付着した歯肉炎で囲まれた部位に通常発症する。

猫の歯肉炎や口内炎の処置が行われるとき、このような吸収病巣がよく見られるが、猫の歯頸部吸収病巣は、齲蝕（うしょく）ではないが、その部位に破歯細胞（図8）が並び、進行性の歯質吸収を起こしている。この吸収は、エナメル質とセメント質の境界から冠状に進行し、そこから歯冠と根尖の象牙質へと拡大してゆく。しかし、歯周病自体も破歯細胞や破骨細胞により歯質や骨質の吸収を起こすといわれている。

従って、歯周炎に罹患した組織の組織学的所見からは、原因を決定できない。歯肉溝は、猫の生態防御機構が病原性のある細菌に対して、増殖しないよう機能している部分であるが、歯肉溝の環境が免疫的問題や、物理的問題、栄養等のバランスが崩れた場合に、細菌の生産物や炎症構成因子が破歯細胞（図8、図9）を誘導し、活動させるようなことになると推測できる。特に、罹患した猫から検出される多くの細菌の中で、パスツレラ菌の検出が比較的多い。一般的には、多くの複合的因子が、歯周病の成立と、その進行に関与しているといわれている。局所のバクテリア副産物に対する組織反応が病因の1つとして考えることも重要である。

●**症状**：初期症状であまり明白な症状はない。しかし象牙質が吸収され、容易に外部から神経に堅い食べ物等が触れたとき激痛が走る。また、ドライフードなど、食餌を摂取するとき、患歯をさけるようにし飲みこむ。

●**治療**：通常、齲蝕と同じ治療を行うが、症状はわかりにくく、かなり進行し疼痛による食欲不振、流涎等が現れてから気づくことが多いため、罹患している歯牙を保存することができず、抜歯を行うことが多い。

●**X線学的所見**：視診ではわかりにくいこともあるが、X線検査をすることにより容易に発見できる。X線検査により欠損部位の吸収像は、歯冠部、歯頸部、歯根部は、高いX線透過増像として確認できる（図10）。そして歯根は、歯槽骨靭帯が吸収され、その境界は不明瞭になる。

図7 歯頸部吸収病巣

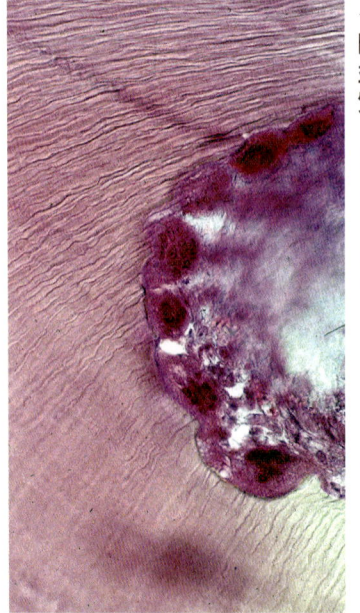

◀ 図9 歯頸部吸収病巣の標本。並んでいる破歯細胞による象牙質の吸収。

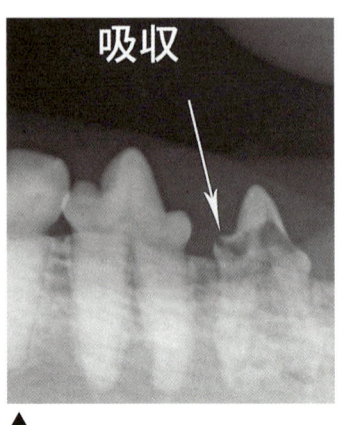

▲ 図10 歯冠部と歯頸部に歯牙の吸収病巣が見える。

Ⅴ 難治性口内炎

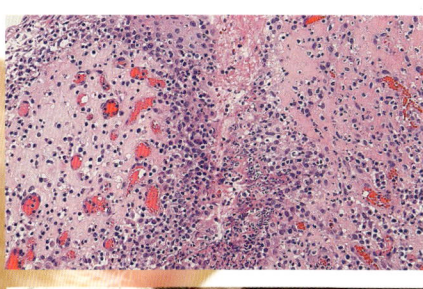

図11 好中球の浸潤。形質細胞主体の強い炎症細胞の浸潤、毛細血管の増殖、浮腫が見られる。

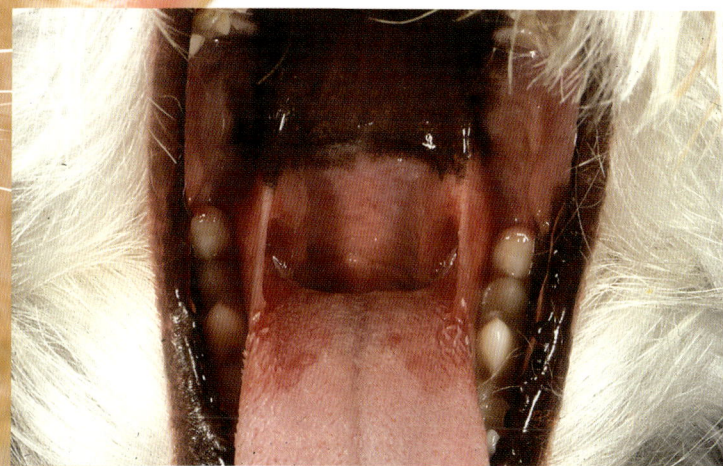

図12 正常な口腔後部。

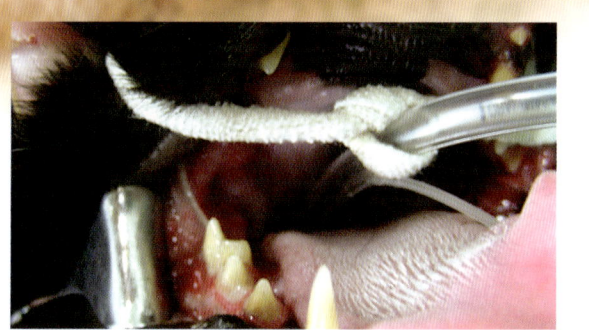

■口内炎を発症した猫の口腔内

図13 難治性歯肉口内炎。口腔後部と歯肉に炎症がある。

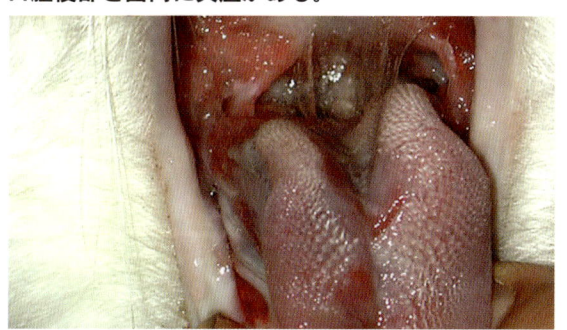

図14 難治性の口腔後部と歯肉、舌に炎症。

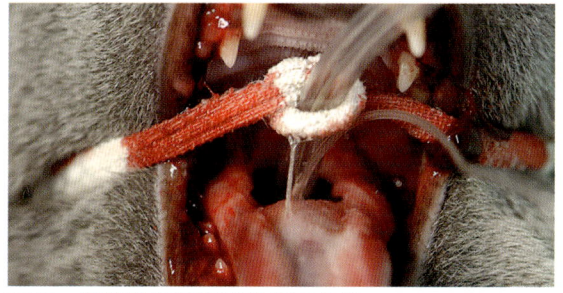

図15 難治性口腔後部歯肉口内炎。

難治性口内炎（なんちせいこうないえん）

●**概要**：口腔粘膜および歯肉に及ぼす慢性炎症は、組織病理的所見として、組織内に形質細胞並びにリンパ球が多く確認できるため、形質細胞性歯肉炎、咽頭炎、口内炎、およびリンパ球形質細胞性歯肉炎などと呼ばれている（図11-図15）。

　猫の口腔炎症性疾患は、歯肉のみの充血、浮腫、および出血を伴う歯肉炎から粘膜と歯肉の境を超え口腔粘膜まで拡大する。しばしば潰瘍と強い肉芽組織の増殖を示し、炎症病変は、口蓋や舌や口腔後部まで及んでいる。

●**症状**：歯周病が進み、そして栄養障害や免疫力が低下した個体は、細菌が分泌する酸や毒素により粘膜の炎症は激化し、その激しい痛みにより、1日に数回、あたかも狂わんばかりに両手で顔をこする動作をする。これは口腔粘膜の糜爛（びらん）が原因であるが、粘膜の神経は三叉神経の末端であり、痛みは激しい。

　初期の段階でよく見られる症状として、激痛は基より、口臭、嚥下困難、食欲不振、不透明な唾液分泌過多、そして食餌量は徐々に少なくなり、体重が減少し重度の脱水も引き起こす。この疾患の大きな問題点は、急激に症状が出現するというよりも、毎日、徐々に少しずつ悪化してくるため、全身状態がかなり悪くなってから治療を受けることが多い。

●**治療**：治療は基本的に、原因となる免疫力の低下を改善することである。高齢化すればやむをえないことではあるが、体温が低下するため免疫力は低下する。

　栄養や飼育環境の改善を行い、体温を下げないように日常の管理をする。外科的処置として抜歯を行うことも良い結果を期待することができる。抜歯を行えば、歯面に付着している細菌や、歯周ポケット内に存在するバイオフィルムを除去することができるため、炎症は軽減できる。そして、外科療法の後、免疫を高めるために内科療法として抗酸化剤等の投与が必要とされる。免疫力を向上させることにより、すべての症例ではないが、改善する。

Ⅵ 口腔内腫瘍

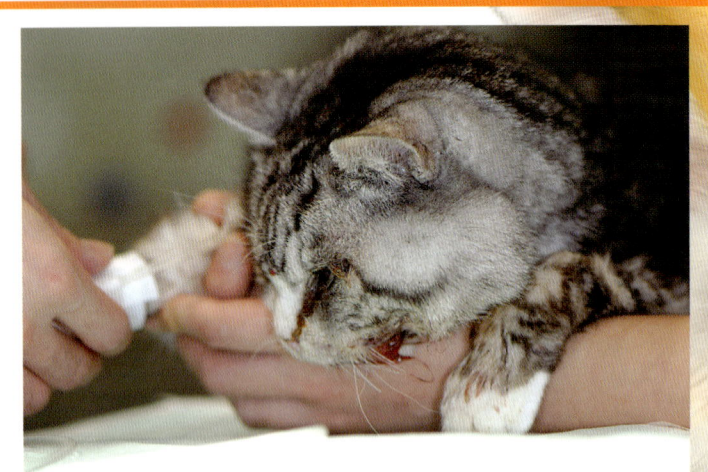

図16　口腔内に扁平上皮癌が発生した猫

口腔内腫瘍（こうくうないしゅよう）

●**概要**：猫の口腔内疾患の1つとして欠かせないのが口腔内腫瘍である。口腔内の腫瘍には良性腫瘍と悪性腫瘍がある。しかし、良性の口腔内腫瘍は比較的まれであり、悪性腫瘍の発生率が圧倒的に高い。腫瘍の発生はよく見られ、猫においては約6％以上もの発生頻度である。猫の悪性口腔内腫瘍には、線維肉腫、扁平上皮癌（図16、図17）、メラノーマ、骨肉腫等がある。

●**症状**：口腔内腫瘍による一般的な臨床症状は、初期の段階でほとんど顕著な症状はなく見つけることが難しい。良性、悪性どちらにせよ初期の段階でわかりにくく、そのため、診断は臨床症状ばかりでなく、細胞診（図18）や組織病理学的診断（図17）を行わなくてはならない。

　口腔内の腫瘍は、腫瘍がある程度進行し、腫大化してきたときに飼い主が発見することが多い（図16）。初期症状としては、口唇周囲の被毛が汚れ、皮膚病のようにも見える。いくつかの共通した臨床症状として、口に食べ物を含むことをいやがり、食べ物を落としてしまったりし、また口腔内や唇に軽度の疼痛が発生したりする。腫瘍がある程度に腫大化し、あるいは、壊死を起こしてくると、口臭はひどく、左右非対称の血液と膿様物を含んだ流涎を見ることができる。そして体重は減少し徐々に、あるいは急速に不正咬合が進み、腫瘍が明確に見えるようになる。

●**治療**：治療法は、腫瘍の種類、発生部位、組織浸潤の程度、健康状態により、選択される。治療の目標は、生理学的に機能を維持して、そして顔面の変貌が受け入れられる状況を残す方法で、腫瘍の絶滅をはかるべきである。猫における悪性腫瘍の治療法は、一種類あるいは複数の治療法を併用する。それには、外科手術、凍結外科、放射線療法、化学療法、レーザー療法、そして免疫療法がある。

　臨床上での外科手術は、ブレードや電気メスに、炭酸ガスレーザー等を使用することにより、悪性腫瘍を切除する方法が一般的な手段である。外科手術は、早期癌の治療方法とし、組織を取り去ることを目的とし、攻撃的に手術を行えば、効果的である。初期の外科手術治療法を成功させるには、広範囲に組織を切除し、また、周囲の正常組織が腫瘍で破壊されていないことを確認するべきである。

　外科的に、口腔内悪性腫瘍の治療、管理をする手段としては、基本的に腫瘍が骨を巻き込んでいる症例では、繊維肉腫やメラノーマのように放射線療法の効果は期待できない。しかし最近では、免疫療法が行われるようになってきた。また、メラノーマに関し、ワクチン療法が研究されている。いずれにせよ、早期発見ができれば治療が可能であるが、どの種類の口腔内腫瘍も悪性度は高く根治させることが難しい。

■口腔内に腫瘍が発生した猫

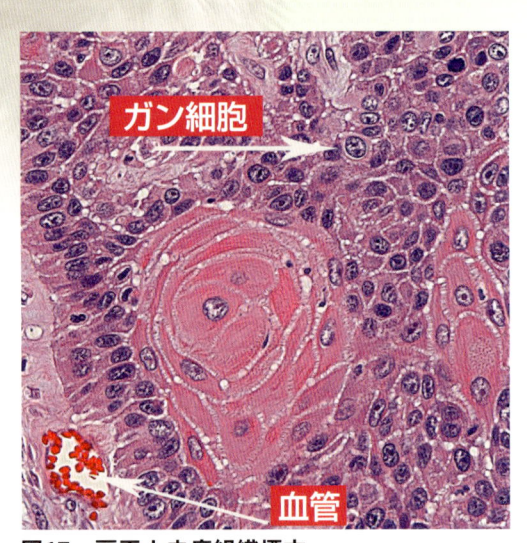

図17　扁平上皮癌組織標本。
大小不同の扁平上皮細胞に核仁が明瞭に見える。

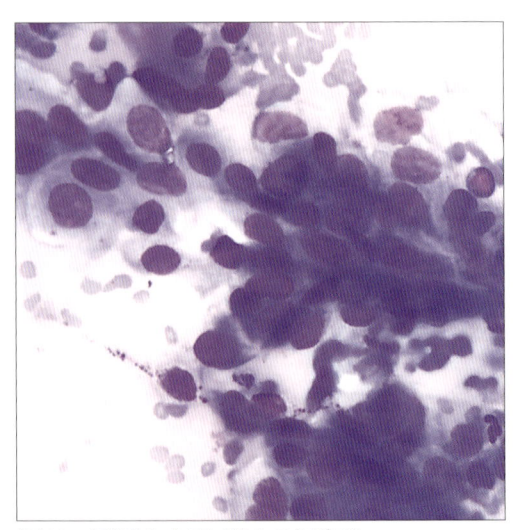

図18　扁平上皮癌-術中の細胞診。
核の大小不同、核仁が明瞭に見える。

図19 歯性病巣感染
口腔内の細菌が血流に乗って全身へ流れる。結果として、他臓器に病巣を作る。

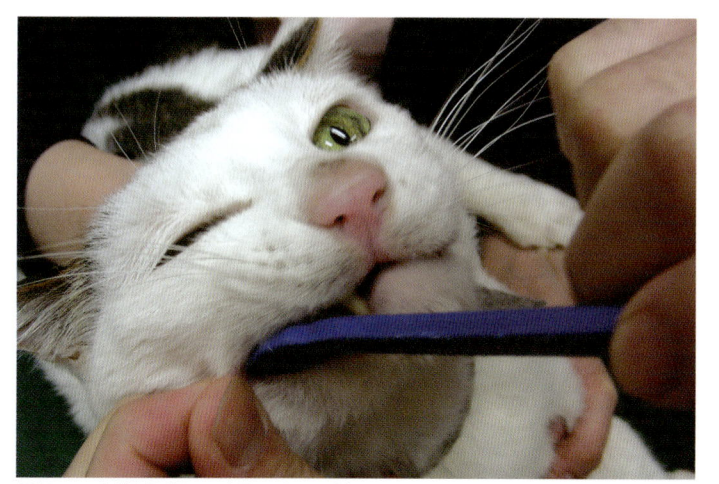

図21 上顎臼歯のブラッシング。

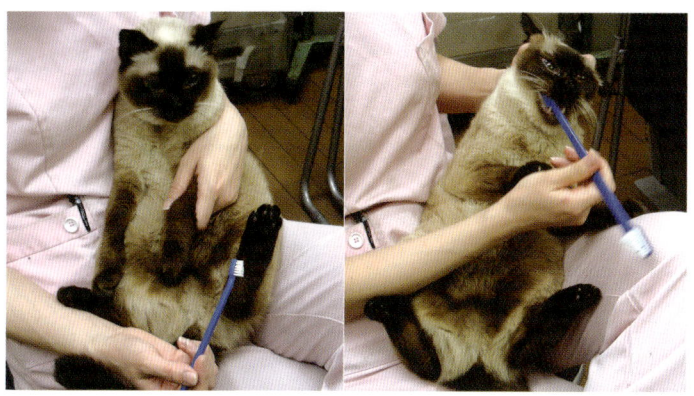

図22・図23 慣れてくると、膝の上で行えるようになる。

Ⅶ 口腔内の衛生管理

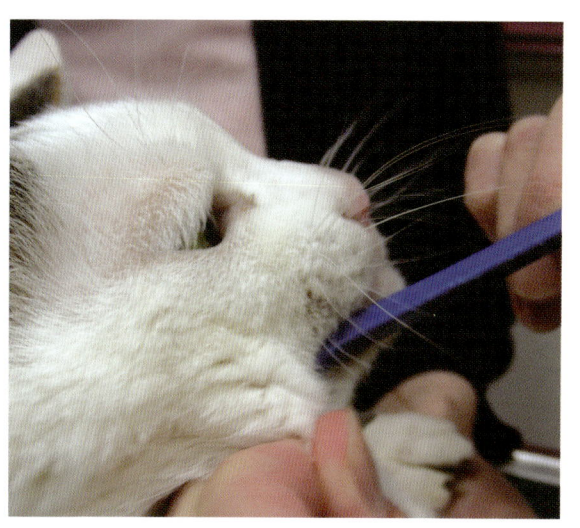

図20 テーブルの上にて2人で行う。頬を膨らませてブラシを挿入。

●**歯性病巣感染**：口腔内の衛生管理が必要な大きな理由として、歯周病巣感染（図19）を考慮しなければならない。口腔内の感染症は口腔粘膜や、歯周組織に留まらず、細菌が体循環により全身に運ばれてしまうことが最大の問題となる。歯周病が進むと菌血症や敗血症にもなる。そして、口腔内の感染症が原因で、腎臓や、肝臓、心内膜等に病巣を形成し多臓器に感染が及んでしまう。結果として、各臓器の機能不全を招く。これが歯周病を軽率に見てはいけない大きな理由である。

●**口腔内の手入れ**：自宅で行える口腔内の手入れとして、ブラッシング、歯間ブラシ、超音波ブラシ、ガーゼ等の使用や口腔内に乳酸菌やアルカリ性の薬品の投与を行うことができる。しかし、重度の歯周病がある症例では効果はない。あくまでも幼少期から行うか、歯周病の治療を受けた後に行うようにする。

　口腔内の手入れ法として、やはりブラッシングを推奨する。食後、できれば5分以内に行うことが望ましい。ブラッシングのポイントは、歯と歯の隣接面に付着している食物残渣を取り除くことである。よく、耳にする話であるが、猫に対して、ブラッシングや歯間ブラシを使用することが早々簡単には毎日習慣として行うことはできないといわれる。それは当然のことと思う。やはり少し歯ブラシ（図20-図23）に慣れるまで、工夫が必要と思われる。

　工夫とはどのようにすれば良いかということになるが、いきなり歯ブラシ等を目の前から口腔内に挿入したら、大方恐怖感で猫には拒否されてしまう。たとえば、歯ブラシで背中、あるいは腰の辺り、そして頭、首の辺り、手先等をなでた後、口唇のあたりを軽くなで、歯ブラシが猫に危害を加えないということを学習させ、口腔内にブラシを挿入するようにする。そして、もし受け入れなければ、それ以上体を押さず、絶対に強引に行わず、翌日まで待つことを推奨する。この繰り返しで徐々にブラッシングに慣れるようにする。

●**おわりに**：歯周病は、普段なかなか飼い主が気づきにくく、重度の歯周病に進行してから気がつくことが多い。歯周病の初期症状は、飼い主にとって分かりにくく、飼い主は、口臭が酷くなり、あるいは食欲はあるものの痛みで食餌の摂取が困難になってくると意識するようになる。歯周病により悪性腫瘍も発症し、また、敗血症も引き起こすため、日常生活のなかで、飼い主は猫に対し、歯周病の予防が行えるように専門家の指導を受け、口腔内の歯科衛生処置が愛猫と共に上手に行えるようになることを期待する。

Chapter 7

I 食道の疾患

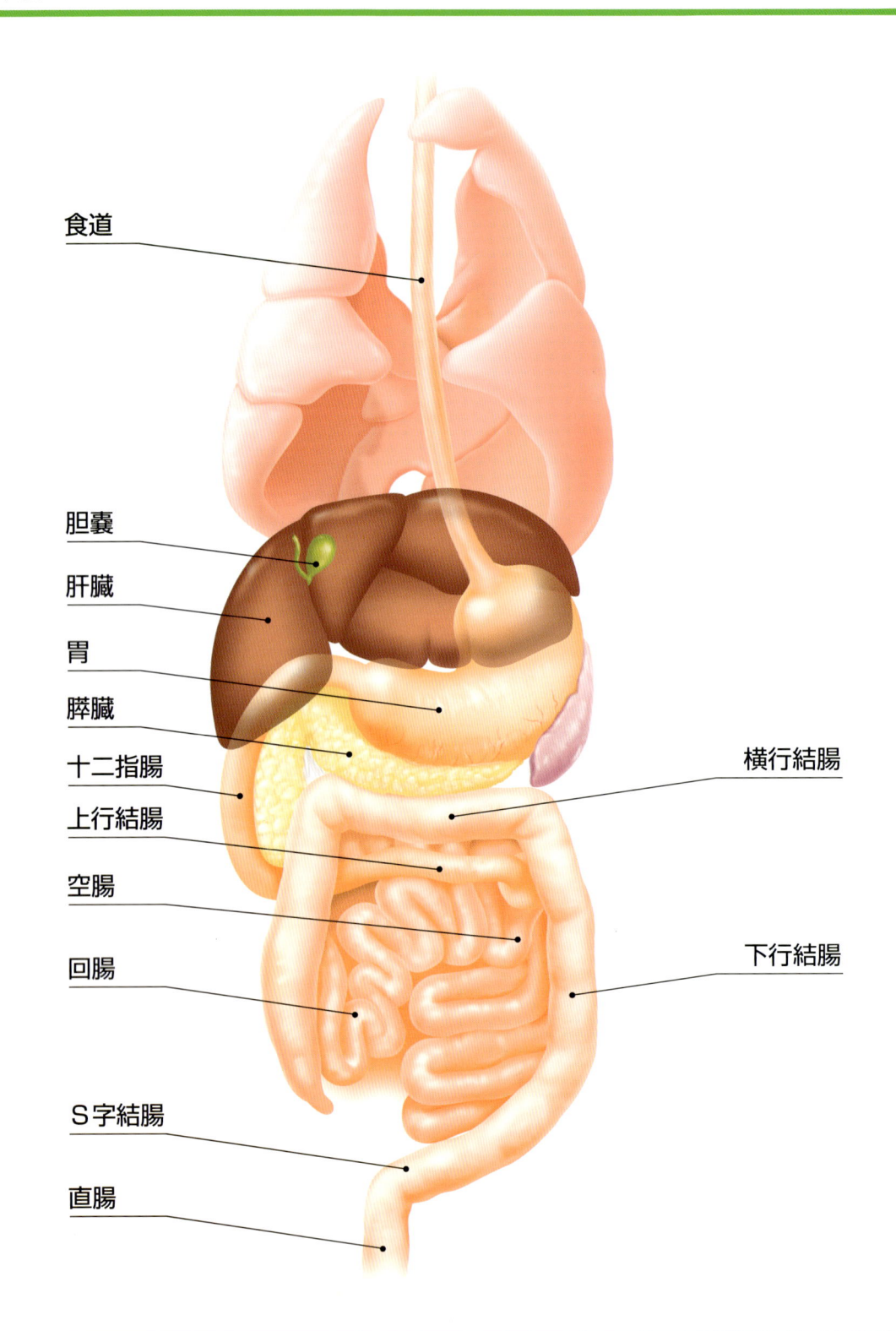

食道
胆嚢
肝臓
胃
膵臓
十二指腸
上行結腸
空腸
回腸
S字結腸
直腸

横行結腸
下行結腸

消化器の病気

　消化器疾患での症状としては食欲不振、嘔吐、下痢などがあるが、消化器以外の疾患、例えば腎臓疾患、内分泌系の異常、感染症、腫瘍など、さまざまな疾患で消化器の異常を疑う症状が見られる。
　とくに嘔吐、下痢は頻度の高い症状である。一時的に起こる軽度の場合もあるが、重篤な疾患の兆候の場合もあるので、充分な観察（原因の有無、頻度、色調など）が必要であり、吐物、糞便等を持参して、早期に獣医師の診察を受けるべきである。

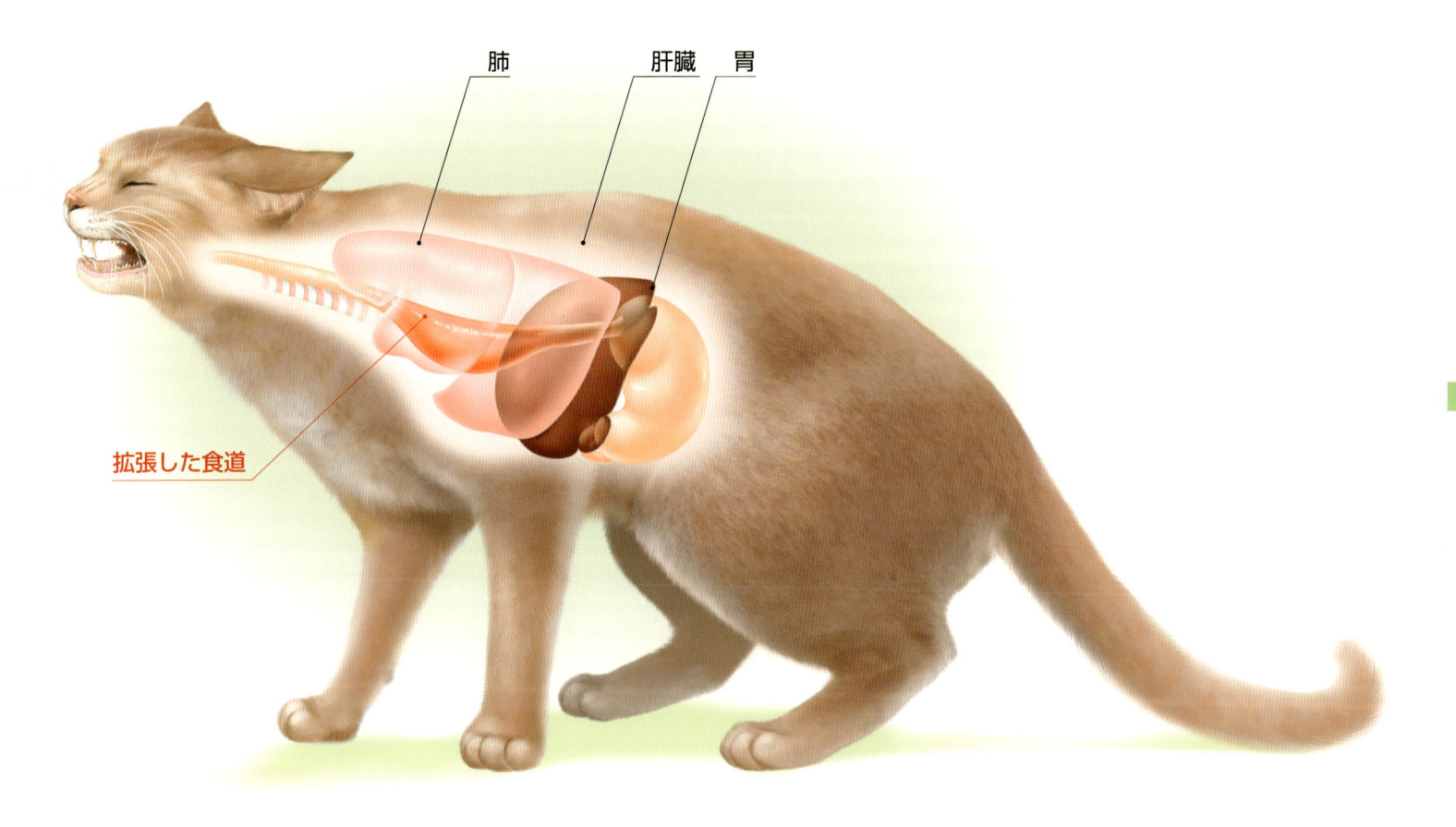

図中ラベル: 肺　肝臓　胃　拡張した食道

食道拡張症により苦しそうにあえぐ猫

食道拡張症（しょくどうかくちょうしょう）

- **原因**：食道は口から入った食物を規則的な収縮と拡張により胃に送る運動を繰り返している。この病気は食べ物を通過させる食道が拡張して運動機能を失った状態である。その原因は先天的な神経系の異常や、ほかの病気による二次的な場合がある。
- **症状**：特徴的な症状は嘔吐（吐出）であるが、食道の拡張の程度によりさまざまである。ごく軽症の場合は目立った症状はなく、時々の嘔吐として見過ごされることが多く、誤嚥性（吸引性）の肺炎などのほかの病気の原因として発見されることがある。食道の拡張がひどくなると食べた物が胃まで到達せず、食道に停滞する。そのため嘔吐（吐出）が頻繁となり、固形のものはそのままの形で吐いたり、水分さえも吐くことがある。十分な栄養や水分の摂取ができずに衰弱してしまうこともある。また、吐物を気管に吸引して肺炎を起こすことがある。
- **治療**：ほかの病気が原因の場合は、その病気を治療することによって症状が改善することもある。先天的な拡張症はその治療は難しい。食餌の際に食器を高い所に置き、後ろ足で立った姿勢で食べさせる。また、流動食を少しずつ与えることにより食道に留まらず胃内に達するように工夫することで、嘔吐を少なくさせることができる。
- **予防**：先天的な場合もあり、この病気を予防することは難しい。規則正しい食餌時間、食餌の内容などを工夫することにより、体力の消耗、症状の悪化、気管への誤嚥による肺炎などの予防は可能である。

嘔吐と下痢は病気のサイン!?

消化器症状のうち、遭遇する頻度の高い嘔吐と下痢。とりわけ激しい嘔吐や下痢が見られたら早期に動物病院で治療を受けるべきである。とくに子猫の場合は感染症の可能性もあり、衰弱が進行して死亡する確率が極めて高くなる。猫の特性としてガツガツと食べた後の過食による嘔吐、下痢にもしばしば遭遇するが、物いわぬ猫ゆえ、何か体調の異変を伝えているのかも。くれぐれも油断しないように。

食道狭窄症により吐血する猫

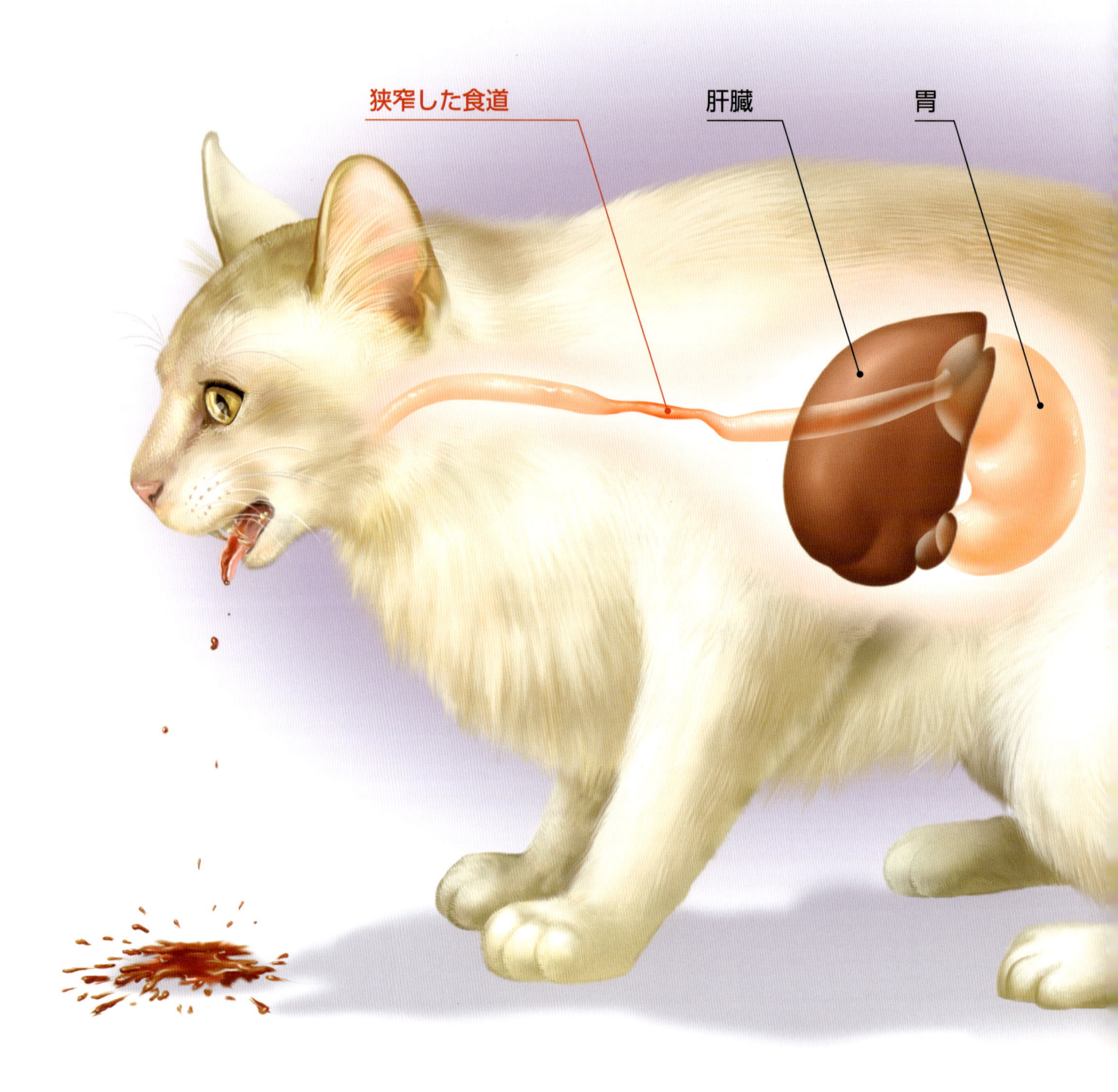

狭窄した食道　　　肝臓　　　胃

軽　度	水分や流動食は飲みこめる。固形物は吐き出す。
重　度	食道が完全閉塞し、食べ物を必ず吐き出す。よだれを流し、苦しそうにあえぐ。

食道狭窄症（しょくどうきょうさくしょう）

●**原因**：食道内で食塊や異物の停留や腫瘍（食道癌、乳頭腫など）による狭窄や閉塞、右大動脈弓遺残による食道外壁からの狭窄や閉塞が原因となる。また、嘔吐によって胃の内容物が閉塞する場合もある。

●**症状**：食後の吐出が主な症状だが、狭窄の程度により、軽度の場合、固形物は吐出するが流動食や水分は通過できる。完全狭窄（閉塞）の場合は、食後に必ず吐出し、流涎や吐気が継続し吐血が見られることもある。経過とともに食欲は廃絶し脱水を起こす。子猫の離乳時の頻繁な食後の吐出は右大動脈弓遺残が疑われる。

●**治療**：外科的な閉塞部の修復を行う。異物による場合は内視鏡による異物の除去が可能な場合もある。症状に応じて輸液などの治療が必要となる。
　動脈弓遺残や腫瘍の治療は困難を伴うことが多い。

●**予防**：異物の誤食を避けることが一番の予防となる。

食道

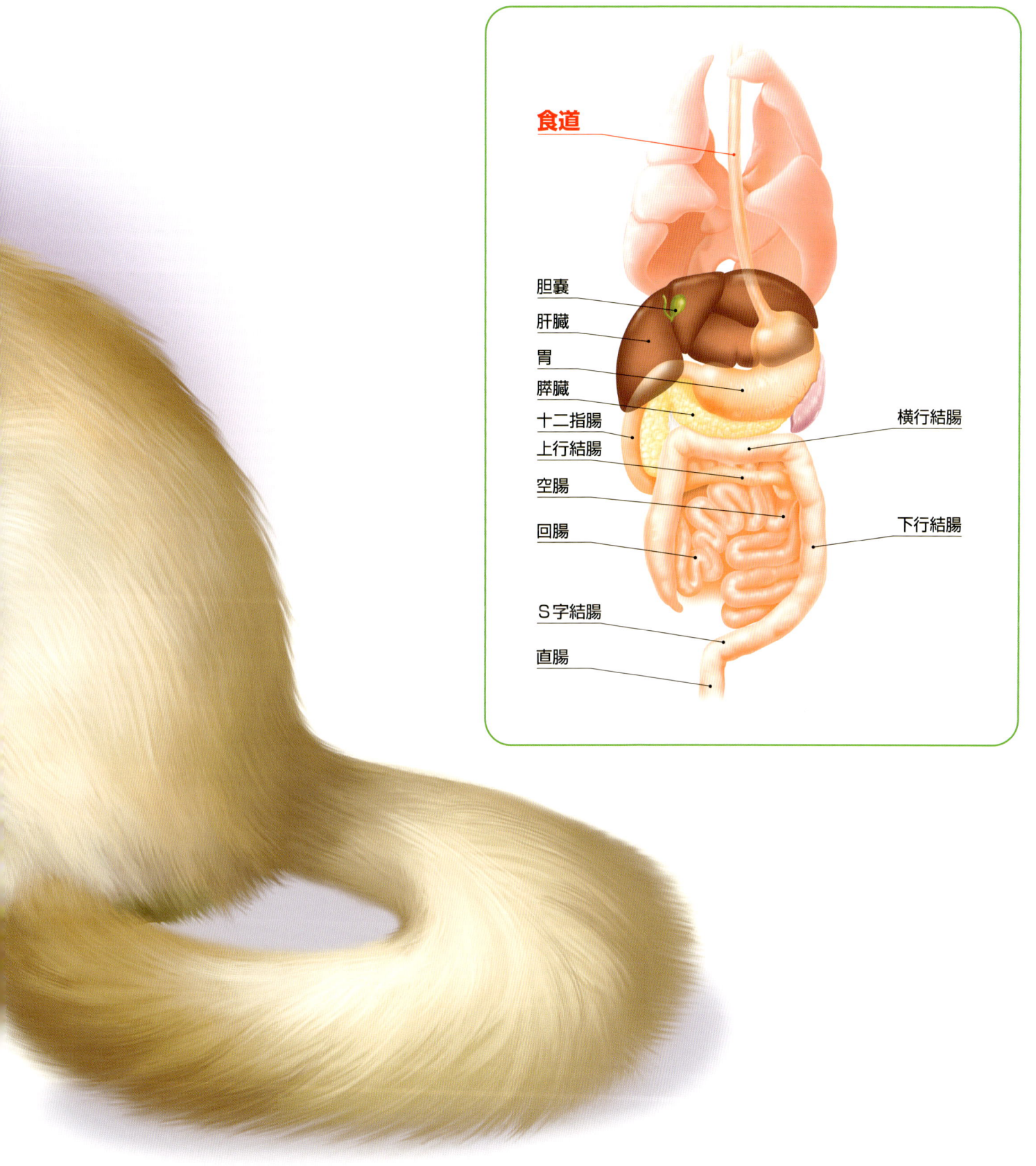

胆嚢
肝臓
胃
膵臓
十二指腸
上行結腸
空腸
回腸
S字結腸
直腸

横行結腸
下行結腸

消化器の病気

食道炎（しょくどうえん）

●**原因**：異物の摂取、食道や胃の病気の合併症から起こる。餌をつけた釣針や魚の骨などの誤食により異物が食道内に引っかかったり傷つけたりして炎症を起こす。また、感染、酸性物質や腐蝕剤などの刺激物の誤食もしばしば食道炎の原因となる。
●**症状**：食欲不振、粘稠性の高い流涎、口角の汚れ、食餌の逆流や吐出などがある。慢性に経過している場合も多く、食餌の嘔吐や不自然な嚥下の仕方など。

●**治療**：内視鏡や外科的に原因の除去及び合併症の防止など症状に応じた内科療法を行う。食餌管理も重要で、流動食の投与や絶食が必要な場合もある。
●**予防**：異物の摂取が原因となる場合が多いので飼育環境での普段の観察が重要であり、食餌の際の食べ方、嚥下の様子などの観察も早期発見につながる。

最新 くわしい猫の病気大図典

Ⅱ 胃の疾患

毛球症により食欲が低下した猫と胃の状態

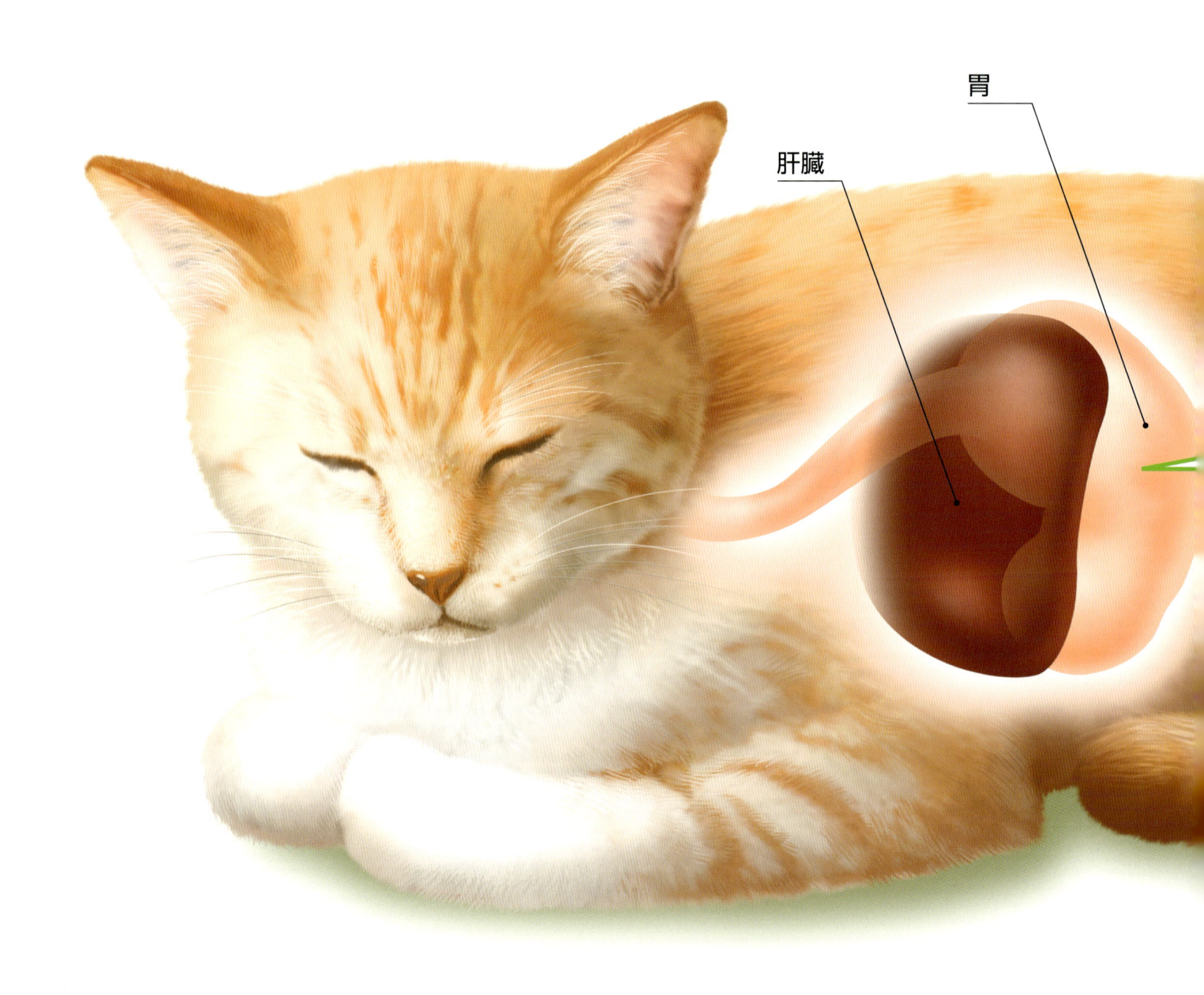

肝臓
胃

毛球症（もうきゅうしょう）

●**原因**：毛づくろいでなめ取った被毛が胃の中でボール上になり停滞し、通過障害を起こす。とくに頻繁に毛づくろいをする猫や長毛種に頻度が高い。
●**症状**：病態として重篤なケースは少ない。食欲低下、胃内のガス貯留、嘔吐が主な症状となるが、排泄できずに閉塞の原因になることがある。閉塞症になると嘔吐が激しくなり明らかな通過障害の症状が現われる。

●**治療**：胃炎があればその治療をし、また平行して胃内の毛球をやわらかくして排出を促す薬を投与する。
●**予防**：こまめにブラッシングをして胃内に取り込む毛を少なくする。最近は毛球の予防に対応したフードも販売されているので、獣医師に相談するとよい。とくに長毛種や、換毛する季節には注意が必要である。

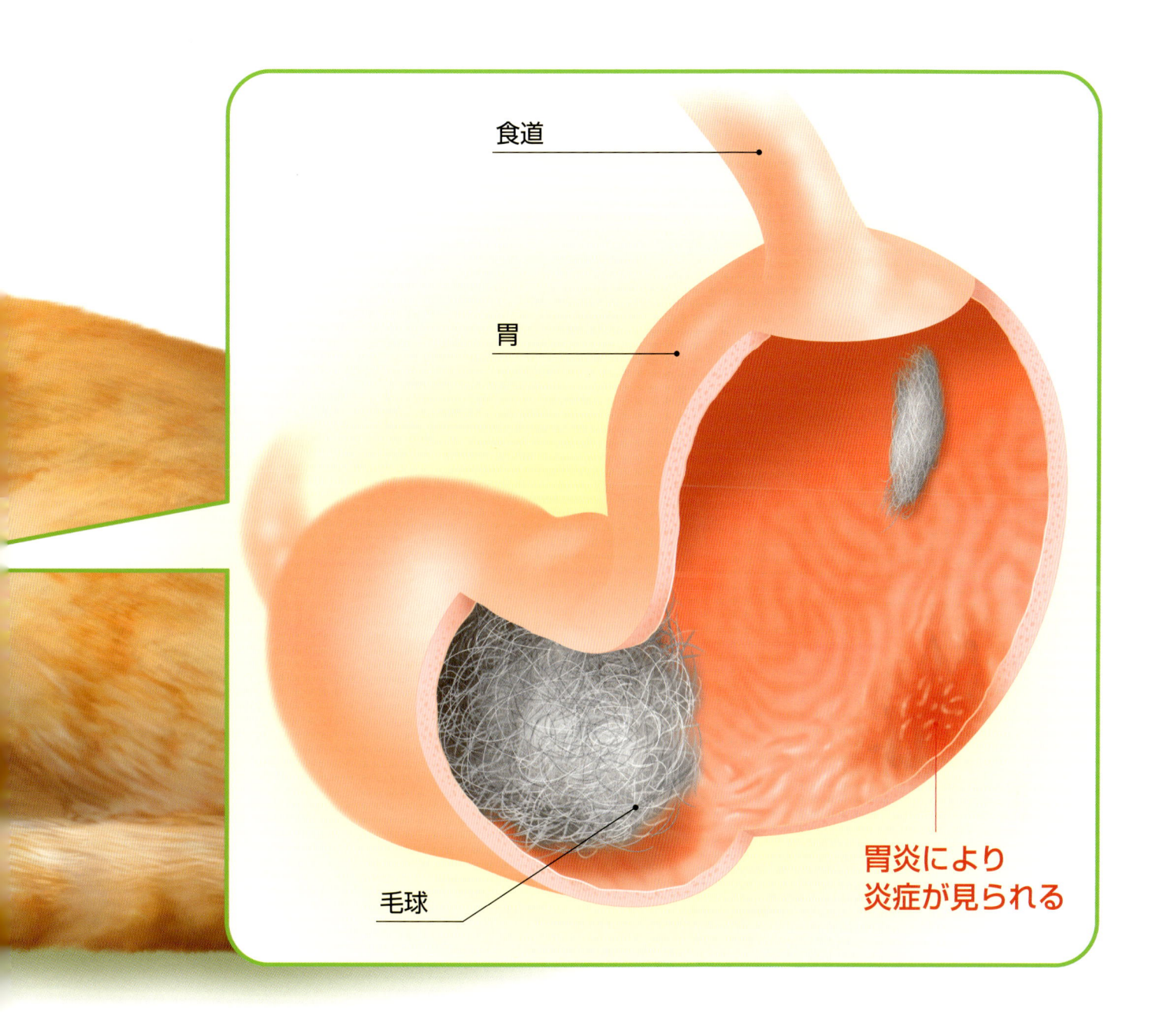

図中ラベル:
- 食道
- 胃
- 毛球
- 胃炎により炎症が見られる

縦書き見出し: 消化器の病気

胃炎(いえん)と胃潰瘍(いかいよう)

●**原因**:炎症の起こる場所によって胃炎や腸炎に分類されるが、臨床上では胃炎と腸炎は症状がよく似ているので、くわしくは胃腸炎の項を参照。胃の炎症がひどく、胃の粘膜が部分的にはがれると胃潰瘍となる。激しい嘔吐を伴う病気など、胃潰瘍にいたる原因は種々であるが、刺激の強い薬物や鋭利な異物などの誤食により潰瘍をつくることもある。

●**症状**:食欲減退、嘔吐が初期の症状になるが、吐物に赤色や黒色の血餅を認めることもある。原因にもよるが急性の胃腸炎の症状とほぼ同様となる。

●**治療**:胃腸炎の症状を伴うケースが多いので、急性胃腸炎の項を参照。症状が軽度な場合は、胃粘膜の保護、消化剤などの内科療法と食餌療法を行う。

●**予防**:猫は本来薬物に弱いので、消毒剤や消臭剤の使用に充分注意をする。オモチャなどの誤食にも注意を払う。

Ⅲ 腸の疾患

胃の炎症と十二指腸に潰瘍が見られる猫

急性胃腸炎（きゅうせいいちょうえん）

●**原因：** 炎症の起こる部位によって胃炎と腸炎に分類されるが、臨床的に区別することは難しく、症状的にも胃か腸の単独での発症は少ない。原因により早期に発見すれば胃炎でとどまる場合もある。刺激性のある薬物や異物の誤飲、あるいは猫の特性として体に付着した薬物等をなめ取ることによる摂取が急性の口内炎、食道炎、胃腸炎をおこす場合がある。腐敗した食べ物、冷たい食べ物も胃腸炎の原因となる。また、細菌やウイルス感染、中毒、アレルギーなども胃腸炎を起こす原因となる。

●**症状：** 急性胃腸炎の症状の始まりは嘔吐と下痢である。症状が軽度であれば、数回の嘔吐、便が柔らかくなる程度の場合もある。とくに激しい胃炎になると嘔吐を繰り返す。また吐き気があると食欲が無くなり、水だけを頻繁に飲みたがるがそのたびに吐いてしまう。また腸炎が進むと下痢がひどくなり、粘液便あるいは水様便になる。さらに便に血が混ざりチョコレート色や黒色、血様色になる。そして下痢のために頻繁にトイレに通うようになったり粗相をするようになる。嘔吐や下痢が激しくなると極度の脱水と電解質バランスの異常を起こす。とくに子猫の場合は感染症の可能性も高く、症状の進行が早いので注意が必要である。

●**治療：** 急性の場合は症状が重く衰弱も早く、状況によっては死にいたることもある。頻繁な下痢と嘔吐によって失われた水分を補給するために、補液療法を行うこともある。嘔吐がある場合、口からの水や薬の摂取は吐き気を誘発してかえって脱水を悪化させる。嘔吐もなく症状が比較的軽い場合は内服薬や流動食を与えることもあるが、刺激により吐き気を誘発することもあるので、その時の症状を見極めることが必要である。

感染症、異物の誤食など原因が多岐に渡るので、血液検査、X線検査も診断上必要となる。

●**予防：** 普段から食餌や生活環境に気を配ることが最善の予防になる。ウイルス感染による胃腸炎を防ぐにはワクチンの接種が重要である。また、嘔吐の有無や便の観察がこの病気の早期発見になる。とくに子猫の場合には症状の進行が早いので注意が必要である。

胃

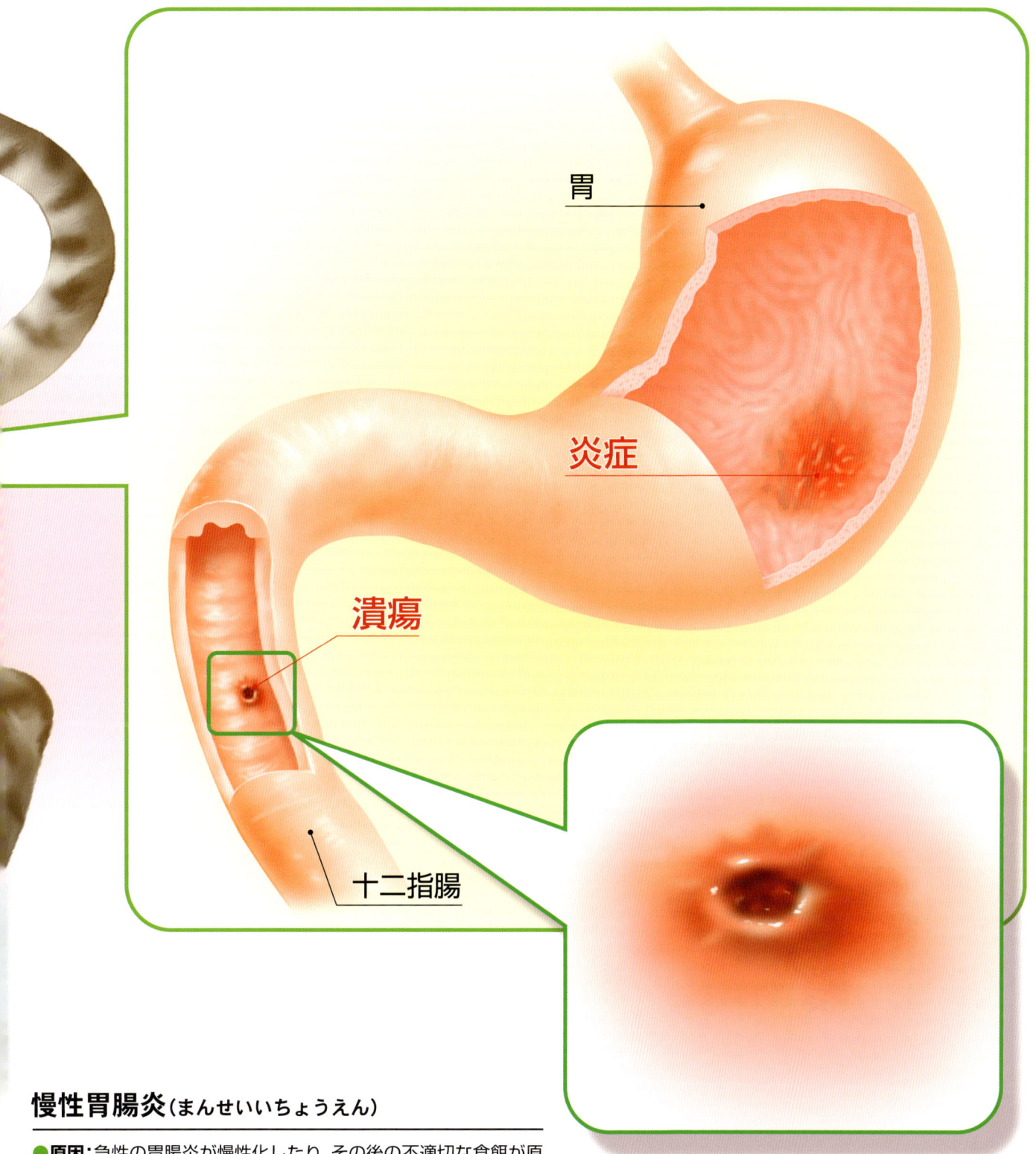

炎症

潰瘍

十二指腸

消化器の病気

慢性胃腸炎（まんせいいちょうえん）

●**原因**：急性の胃腸炎が慢性化したり、その後の不適切な食餌が原因となることがある。また、不規則な食餌も原因の一つになる。寄生虫症や毛球症も原因になると考えられる。
●**症状**：急性胃腸炎に比べると嘔吐や下痢は激しくないが、嘔吐や下痢が長期間続くため痩せて、被毛の乾燥が見られる。なんとなく痩せてきて、毛のつやが悪い、という症状である。子猫の場合は発育不良や衰弱が進むので注意が必要である。
●**治療**：食欲の低下は比較的少ないので、整腸剤などの対症療法となる。原因が寄生虫や毛球であれば、その治療が必要である。また、近年はアレルギーを含めて食餌が原因となるケースが多いので、規則正しい食餌と適切な食餌療法が重要である。
●**予防**：普段の食餌管理が予防となる。定期的な検便や診察を受けて、獣医師の指示に従うことが一番の予防である。

診断の手助けになる便

嘔吐や下痢の場合に吐物、便の様子が観察のポイントになる。果たしてどの程度の量を持参すべきか？電話口でよく相談されるが、できるだけたくさん持ってくるようにと勧めている。また、乾燥させないようにラップなどにくるんでおくこともポイントのひとつ。そして携帯電話のカメラなどで写真の撮影。診断の助けになることもある。

最新 くわしい猫の病気大図典

巨大結腸症により排便に苦しむ猫

便秘症（べんぴしょう）

●原因：高齢や病気のため、腸の蠕動運動が衰えることによる。また、ビニール、布切れ、髪などの異物の摂取、毛づくろいによる毛球、骨などのカルシウム分の過剰摂取により、硬くなった便が原因となることもある。先天的な脊椎の異常や交通事故などによる骨盤の変形が原因の場合もある。

●症状：何度もトイレに通い排便の姿勢をしたり、コロコロとした硬い便がすこしずつしか排泄できなくなる。時には排便姿勢のまま痛みで鳴いたり、肛門から便が出かかったまま出し切れないということもある。注意する点は、硬い便が少し出ることもあるが、便と腸壁の間から水様の便や粘液が排出されることがあり、下痢と勘違いすることがある。また何度もトイレに通う症状としては便ではなく尿が出にくい場合もあるので観察が重要である。また腹圧をかけるため、嘔吐があることも多い。

●治療：便秘がひどくなると食欲がなくなり、嘔吐が多くなる。腸による水分の吸収も悪くなり、脱水を起こす。そのような場合には補液などの治療が必要になる。緩下剤や適切な食餌管理も行う。重度の便秘には浣腸により排泄を促す必要がある。

●予防：普段から便の状態を観察すること。規則正しい食餌を心がけ、便の回数、便の硬さ大きさなどを観察することにより予防は可能である。骨盤等の変形による便秘に対しては、常に便を柔らかめにするような食餌内容の工夫をし、定期的な浣腸も必要となる。

拡張した結腸

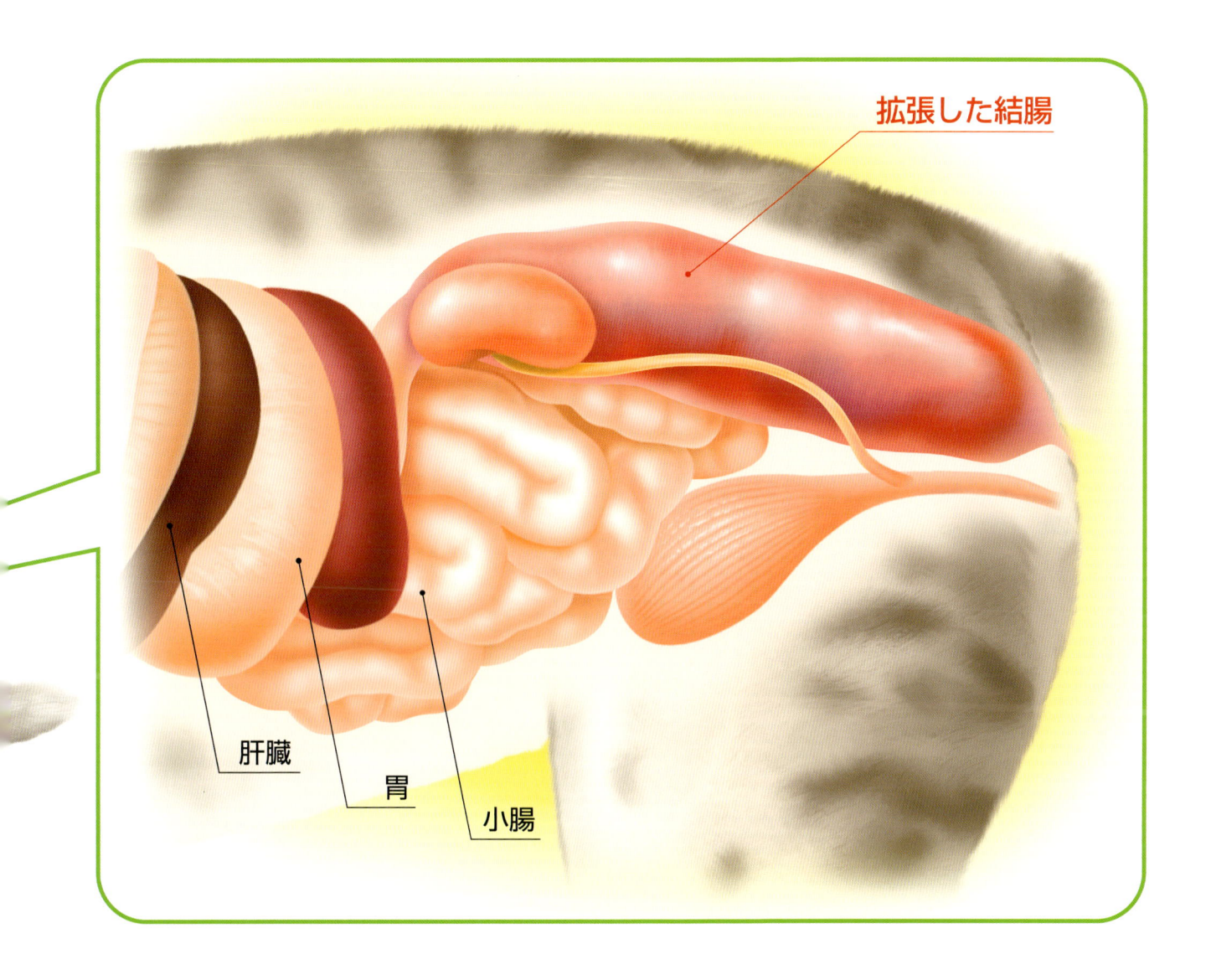

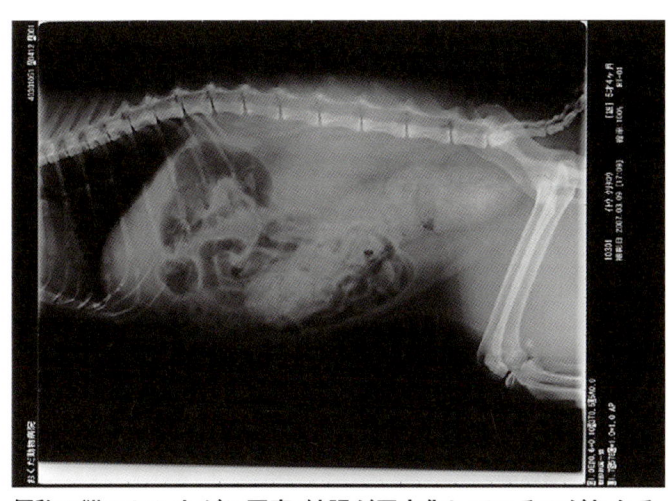

肝臓
胃
小腸

消化器の病気

便秘の猫のレントゲン写真。結腸が巨大化しているのがわかる。

巨大結腸症（きょだいけっちょうしょう）

●**原因**：便秘症による便秘を適切な管理をせず持続させると結腸が拡張したままになり、腸の蠕動運動が低下して巨大結腸症になる。また、先天的な腸の神経や骨盤の異常、交通事故などで腸の神経が傷ついたり、骨盤や脊椎などが変形することで巨大結腸症を起こす場合も多い。

●**症状**：重い便秘の症状、食欲不振、嘔吐や吐気、体重の減少、被毛のつやがなくなる、脱水などが現われる。また、トイレに何度も通うがほとんど便は出ず、排便姿勢をとりながら痛がって鳴いたり、粘液状の便を排泄し肛門付近の汚れが目立つようになる。

●**治療**：骨盤などの異常が原因と考えられるときはX線検査をし、骨盤や腸管に滞留する便の状態を把握することが必要である。便秘がひどくない場合は、食餌療法や緩下剤で便通を促す。場合によっては定期的な浣腸で便を崩しながら少しずつ出るようにすることもある。拡張した結腸を外科的に切除する場合もあるが、術後は食餌療法や内科療法による管理が必要となる。

●**予防**：先天的要因や交通事故に起因することが多いので、便秘症の早期発見と、便秘の治療と並行した食餌管理と体調管理が重要である。

直腸脱（ちょくちょうだつ）

●**原因**：腸炎などで激しい下痢をし、頻繁に力んだ排便姿勢を続けるために、腸の一部が反転して肛門の外にはみ出して起こる。下痢だけでなく、便秘症や排尿困難などの場合にも起こることがある。

●**症状**：頻繁な排便様の姿勢から始まり、しきりに肛門周囲を気にするようになる。外に出た直後の腸はきれいなピンク色であるが、肛門の括約筋で圧迫されてむくみが出る。時間が経つにつれて出血したり、脱出した腸への血流が阻害され黒色に変色したりする。腸が壊死を起こすと腸の回復は難しくなり、感染などによる全身症状をもたらすこともある。

●**治療**：脱出した腸や肛門の状態により治療の方法が決まる。早期の場合は、腸を正常の位置に戻す。再発しやすいので肛門周囲を一時的に縫合して再突出を予防する。腸の損傷がひどい場合は損傷部の切除など、外科手術が必要になる。

●**予防**：頻繁に起こす下痢や便秘が原因となるので、長引かせないように早期に治療をする。普段からの健康、食餌の管理を行う。

腸閉塞（ちょうへいそく）

●**原因**：誤って飲み込んだビニール、紙、ひも、骨などが腸内で詰まり、腸閉塞を起こす。また、腸管の腫瘍や腹腔内の腫瘍などによる腸管の圧迫、腸重積や腸捻転、激しい腸炎などで腸の内容物が通過できなくなって起こす。

●**症状**：腸内にガスがたまり、腹部がふくらんで見える。ガスで圧迫されるため、腹部を痛がるようになる。食欲はなくなり、吐気や嘔吐がひどくなると脱水や衰弱、腹膜炎などを併発して死にいたることになる。

●**治療**：閉塞の状況が軽度（不完全閉塞）だったり、腸を傷つけない柔らかい異物が閉塞の原因である場合は、内科療法を行い異物が排出されるのを待つ場合もあるが、ほとんどの場合は外科手術によって異物を摘出することになる。捻転や重積が原因の場合は、腸を正常な状態に戻すことになる。また、腫瘍があったり腸が壊死をした状態になるとその部分を切除し、腸の吻合を行うことになる。

●**予防**：猫は色々なものをオモチャにするので、与えるオモチャを吟味することと、不用意に食べ物の空袋などを置かないことである。異物を飲み込んだことに気がついた場合は、嘔吐、排便の様子、お腹の張りなどに注意して観察し、早期に獣医師に相談することである。

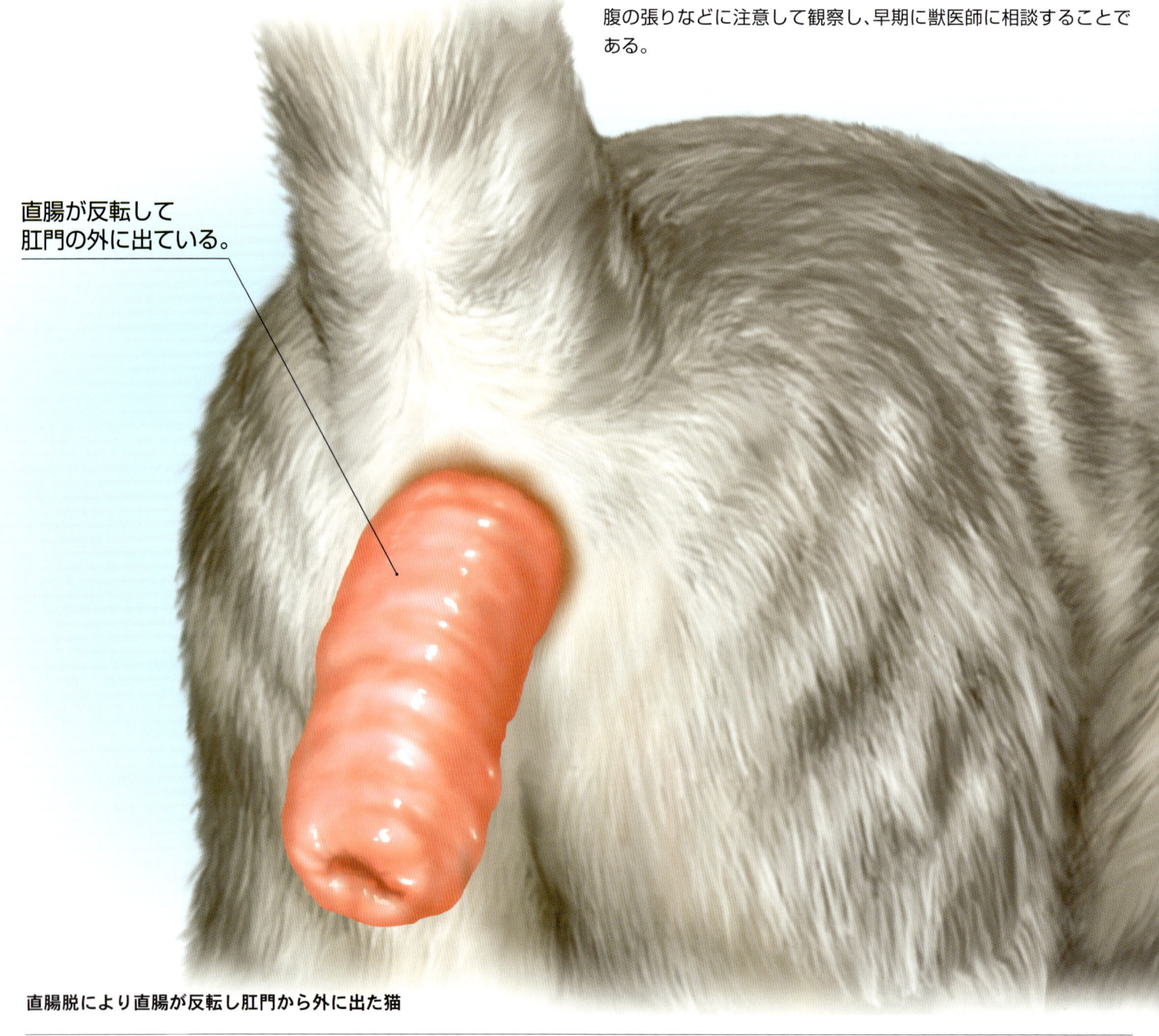

直腸が反転して肛門の外に出ている。

直腸脱により直腸が反転し肛門から外に出た猫

腸重積（ちょうじゅうせき）

●**原因：** 腸の一部が潜り込むように重なった状態をいう。原因は異物や腸管内の腫瘍、激しい嘔吐や下痢が続いたりしたときにも起こることがある。結果として腸閉塞の症状を起こす。激しい嘔吐や腹痛があり、病状の進行が早いので緊急の手術が必要となる。

反省は苦手…、だから予防を

猫は病気で苦しい思いをしてもなかなか学習してくれない生き物。以前にプラスチックの玉を誤って（？）飲み込み、嘔吐や腹痛で苦しい思いをしたうえに、お腹を切られ（開腹手術）、その後の食餌療法で空腹感を味わった猫さん。無事に元気になり通常の生活をしていたが、数ヶ月後にまた同じことを繰り返した。今は元気だが、反省もないようだ。

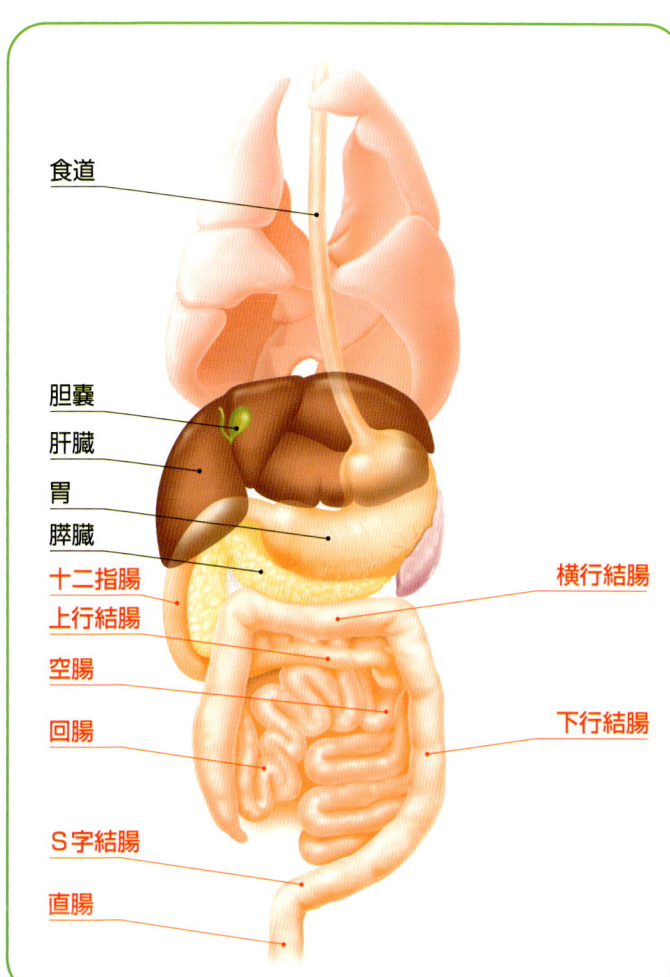

食道
胆嚢
肝臓
胃
膵臓
十二指腸
上行結腸
空腸
回腸
S字結腸
直腸
横行結腸
下行結腸

消化器の病気

Ⅳ 肝臓と膵臓の疾患

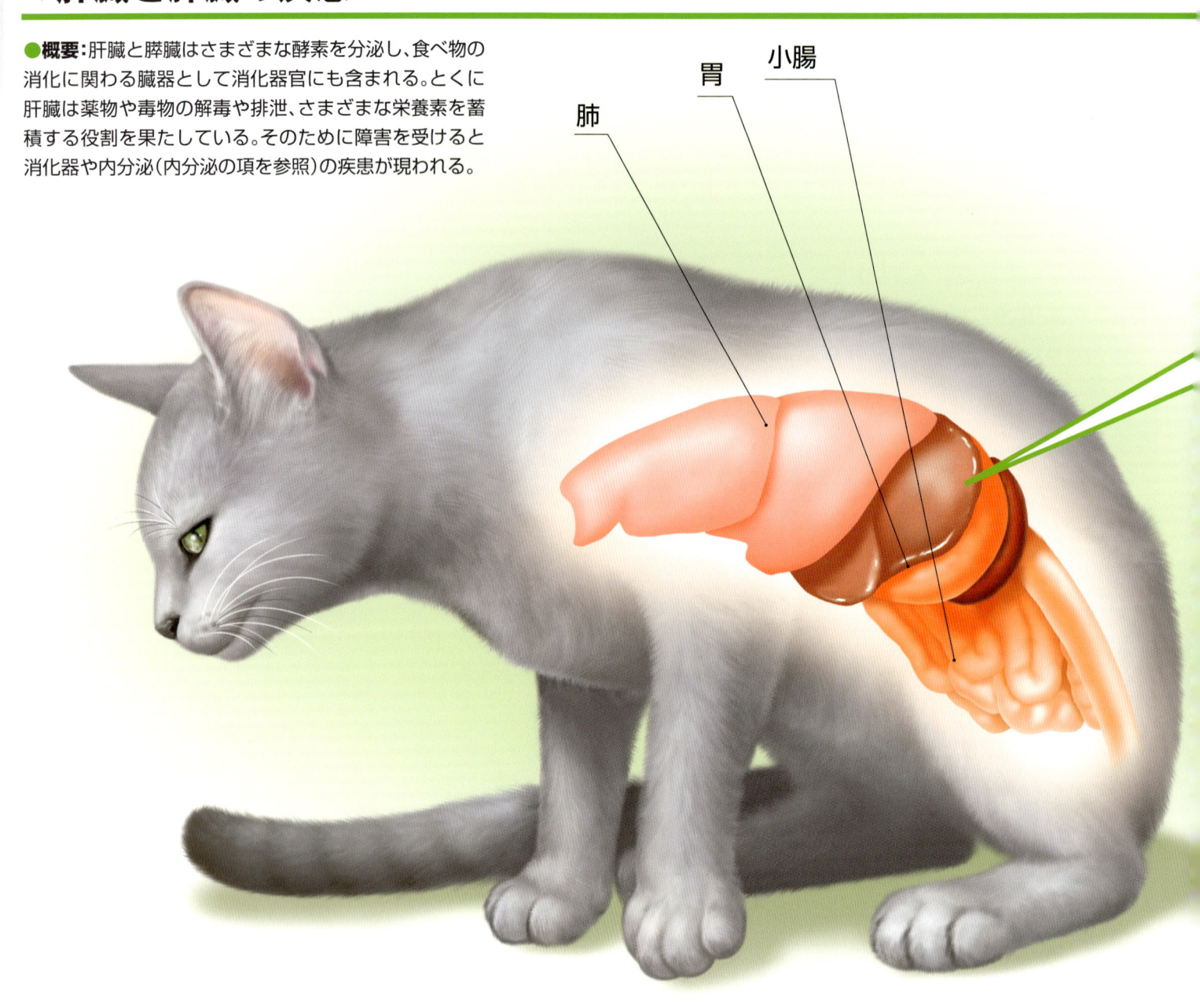

●**概要**：肝臓と膵臓はさまざまな酵素を分泌し、食べ物の消化に関わる臓器として消化器官にも含まれる。とくに肝臓は薬物や毒物の解毒や排泄、さまざまな栄養素を蓄積する役割を果たしている。そのために障害を受けると消化器や内分泌（内分泌の項を参照）の疾患が現われる。

肺　　胃　　小腸

肝炎を発症した猫と肝臓

肝炎（かんえん）と肝硬変（かんこうへん）、および胆管炎（たんかんえん）（胆管肝炎症候群）

●**原因**：さまざま原因があるが、細菌やウイルスの感染、薬物などの中毒、寄生虫による場合が多い。肝炎が進行して肝臓の細胞が変化して肝硬変となる。また、肝臓と胆管は連続するので炎症が波及して胆管炎を発症する。

●**症状**：軽度の場合は症状が目立たないことが多い。進行につれて元気や食欲がなくなり痩せ始める。また、消化器症状の下痢や嘔吐を繰り返し、発熱も伴うようになる。さらに悪化すると肝臓の機能低下や胆管の閉塞から黄疸が現われるようになる。腹水を伴う場合もある。これら症状の進行はほかのさまざまな病気と共通するので、血液検査やX線検査、超音波検査などを行うことが重要である。

●**治療**：原因に対する治療を行うと共に、輸液や強肝剤投与などの支持療法が必要となる。肝炎は病態がある程度進行しなければ症状として現われないため、発見・治療が遅れがちである。肝硬変まで進行してしまうと治療は長引き治療後の経過も悪い。胆管閉塞が起こった場合には外科手術の必要もある。

●**予防**：定期的な健康診断（血液検査など）で肝臓の機能低下を早期発見することが重要。また感染症の予防接種を行い、毒物や劇物を誤食しないように管理することも重要である。

■肝炎を起こした肝臓

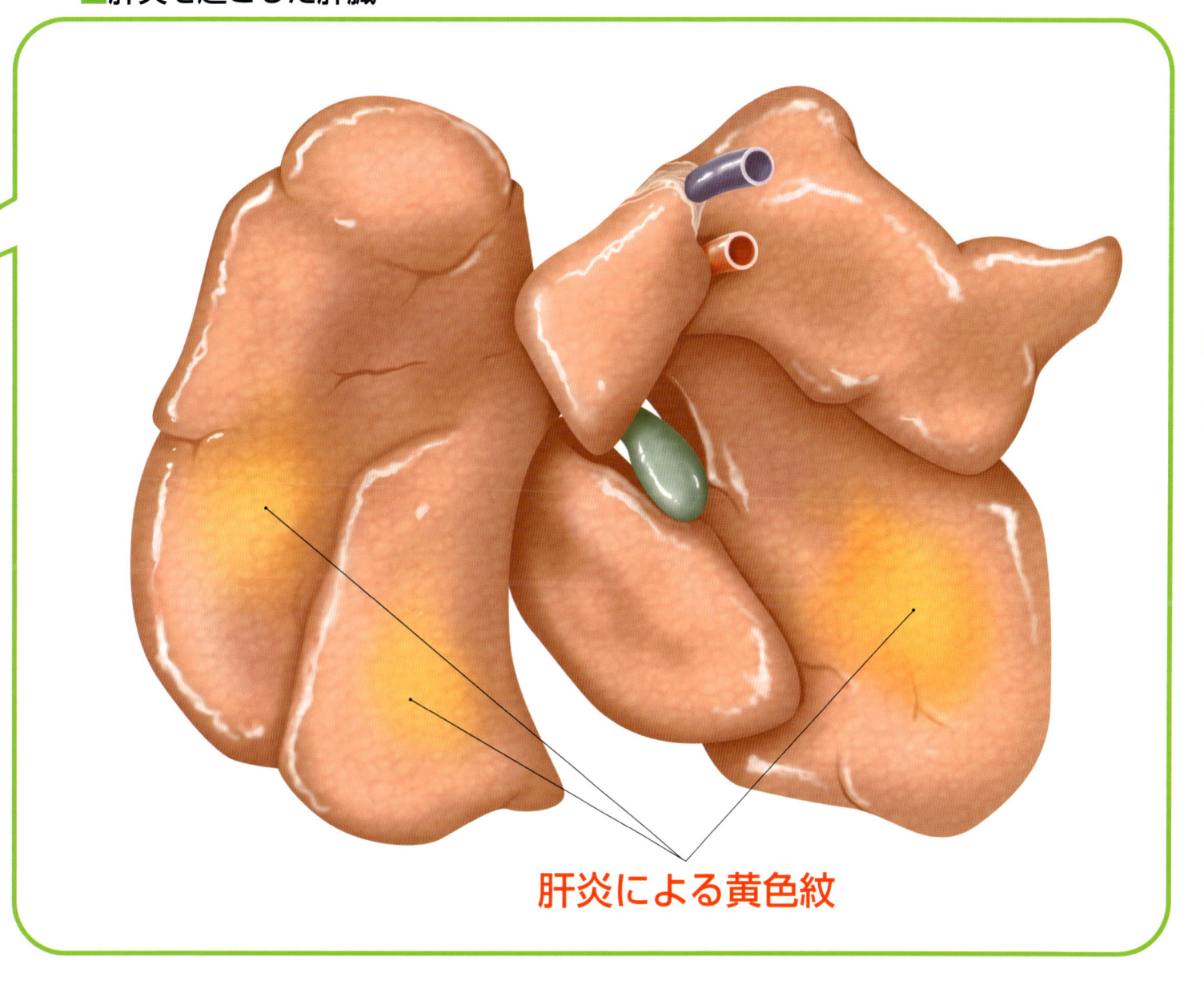

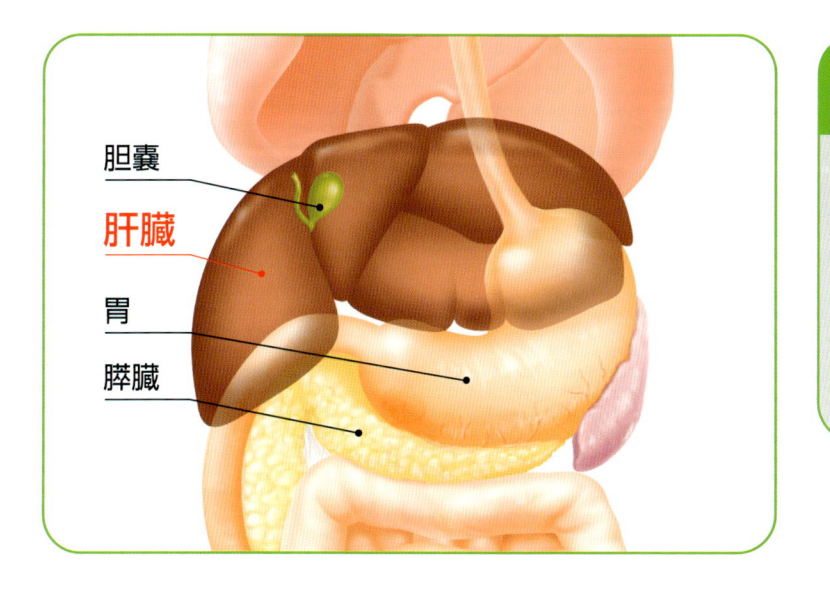

肝炎による黄色紋

消化器の病気

- 胆嚢
- **肝臓**
- 胃
- 膵臓

猫のために生活習慣の見直しを

肝臓の病気は、一面では豊かな食生活を反映する現代病ともいえる。どの病気も日ごろの健康管理はとても重要。とくに食餌管理を含めて生活習慣を見直すことで、肝臓の病気の原因の1つである肥満、偏食をなくすことに。

肝リピドーシスと膵炎

■ 肝リピドーシス

腫大した肝臓

黄褐色を示す

肝リピドーシス

●**原因**：脂質代謝の障害により肝臓に過剰な脂肪が蓄積され肝細胞が正常に働かなくなることで、その原因はホルモンの異常、栄養過多、薬物、膵炎や糖尿病、肝臓の機能低下などさまざまである。また、その原因は明らかではないが肥満の猫に特発することがある。
　引越しや、よそに預けたりなどの環境の変化の急変が誘引となる場合もある。
●**症状**：初期には明らかな症状はなく、元気や食欲の低下、時々の嘔吐が見られる。進行につれて上腹部の腫れ（肝臓の腫大）や黄疸の症状があらわれる。症状の悪化が進むと過度の流涎、意識障害、痙攣など神経症状を伴うことがある。
●**治療**：原因に対する治療が重要であるが、原因が不明な場合が多く、また食欲の減退があるため、胃食道チューブなどによる長期にわたっての強制的な給餌が必要となる。脱水の緩和や体液バランスの調整など支持療法、抵抗力低下による感染の予防を行う。
●**予防**：太り気味の猫に発症することが多いので、食生活の改善と肥満防止を心がけることが大切である。触診や定期的な血液検査なども発見の助けになる。
　とくに肥満の猫で1週間以上食べない、という場合には肝リピドーシスに移行する場合があるので要注意である。

■膵炎

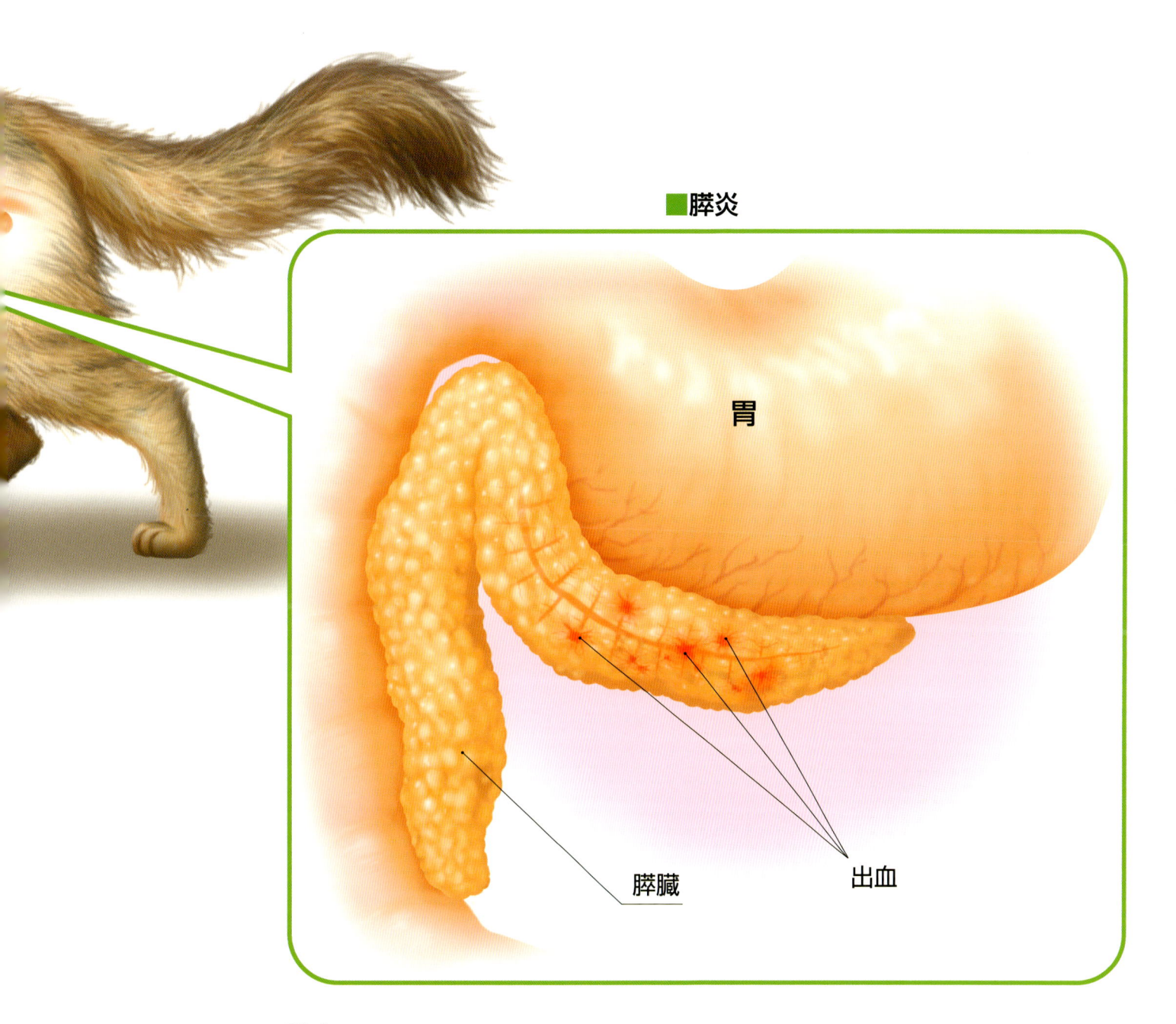

胃

膵臓

出血

消化器の病気

膵炎（すいえん）

●**原因**：交通事故や落下などで腹部を強打することにより急性の膵炎を起こす。また肝炎、十二指腸炎や、伝染性腹膜炎などの感染症でも起こる。高齢の猫の場合も多く、目立つ症状がない場合もある。
●**症状**：事故などの急性の場合は昏睡のまま死亡することがある。脱水や下痢が主な症状になるが、症状が目立たない場合が多い。糖尿病を併発することもあり、その場合は多飲や多尿の症状が現われる。炎症が肝臓に波及すると黄疸があらわれる。慢性膵炎の場合は食欲低下、体重減少、沈うつ、悪臭の強い下痢などが症状として現われる。
●**治療**：原因に対する治療が重要となるが、原因を確定するのが難しいため、体調管理のための輸液などの支持療法が中心となる。感染症や糖尿病の対応も必要となる。
●**予防**：交通事故や転落が原因となることが多いので環境の整備が予防となる。ほかの疾患からの併発もあり、ワクチン接種、検便や検尿などの定期健診や日常の健康管理が重要である。

Chapter 8

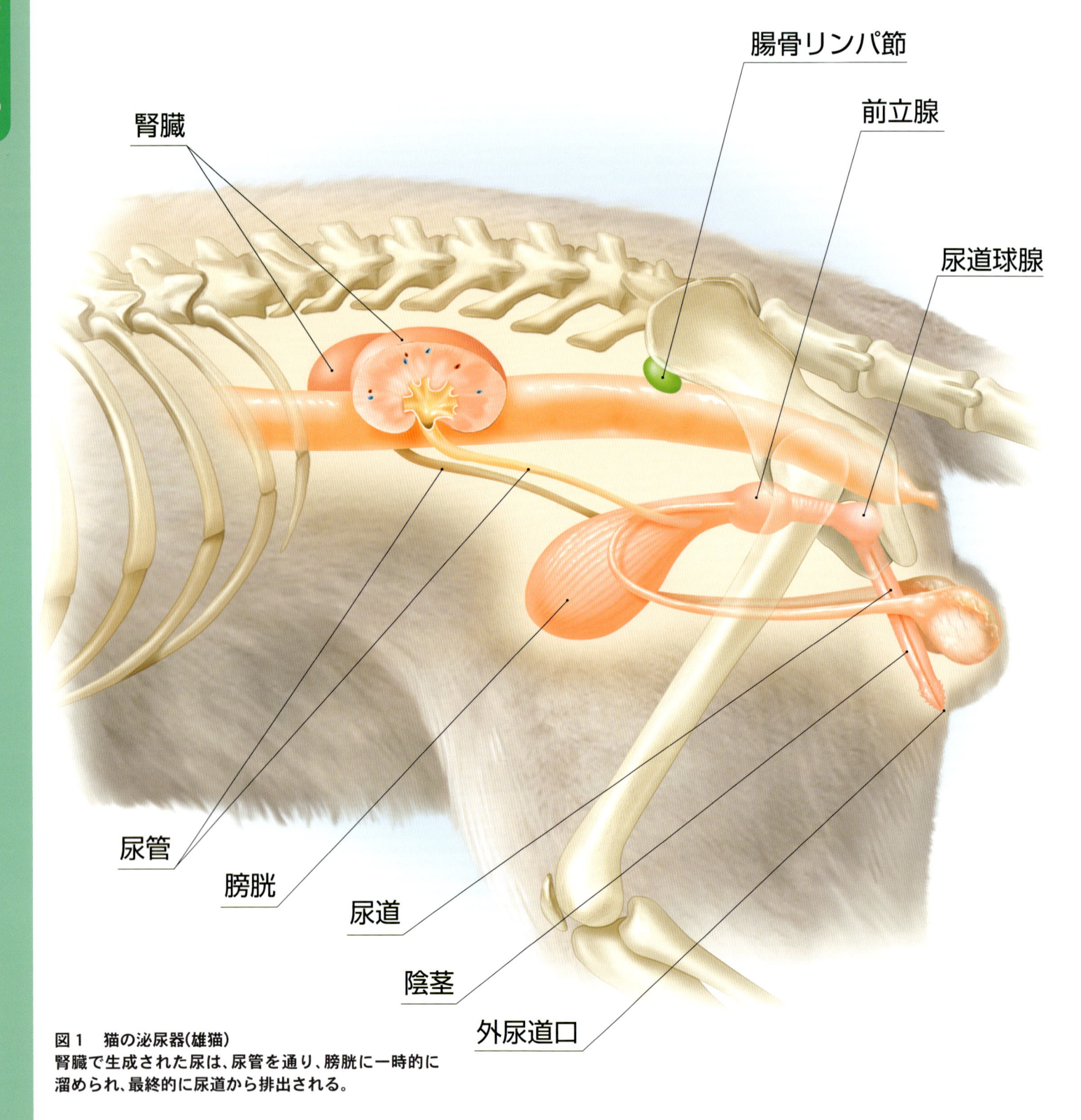

図1 猫の泌尿器（雄猫）
腎臓で生成された尿は、尿管を通り、膀胱に一時的に溜められ、最終的に尿道から排出される。

（ラベル：腎臓、腸骨リンパ節、前立腺、尿道球腺、尿管、膀胱、尿道、陰茎、外尿道口）

腎臓・泌尿器系の病気

　腎臓は血液を濾過して尿を生成することによって体内の老廃物を排泄したり、水や電解質、酸塩基平衡を調節したり、さらに造血・血圧調節・骨代謝といった内分泌機能も担っている。これらは「体の中を一定の状態に保つ」ための腎臓の重要な役割である。

　猫の腎臓は左右2つあり、腎臓で生成された尿は、尿管を通り、膀胱に一時的に溜められ、最終的に尿道から排出される。この尿の通り道は尿路（泌尿器）と呼ばれる。猫は腎臓や泌尿器系の病気に罹りやすい傾向にある。

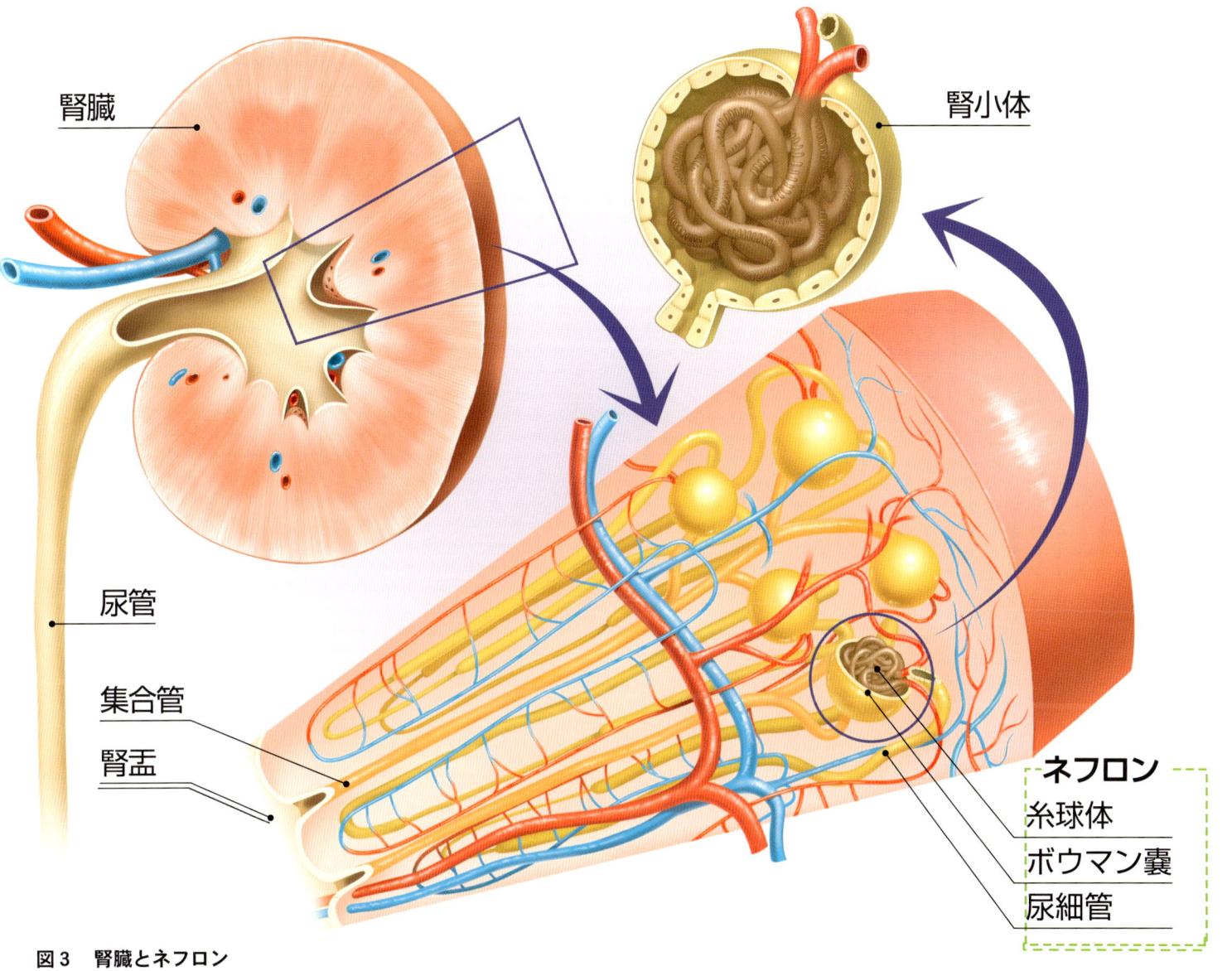

図3 腎臓とネフロン
腎臓は、糸球体、ボウマン嚢、尿細管からなるネフロンの集合体といえる。

（図中ラベル：腎臓、腎小体、尿管、集合管、腎盂、ネフロン、糸球体、ボウマン嚢、尿細管）

猫とトイレ

　猫はトイレに対して非常に神経質である。トイレの形、深さ、砂の大きさや素材、周囲の音や臭いなどにも敏感で、気に入らないとトイレ以外で排泄したり、排泄を我慢して膀胱炎を引き起こしたりすることがある。

　また、トイレが排泄物で汚れていたり、排尿状態が心配のあまり、人がジーっと観察したりしてもストレスで排尿を我慢することもあるので、充分に気をつける。

猫と水

　泌尿器系の病気の予防には、水をたくさん飲ませることが大切である。猫によって好みの水があるので、入れ物や置き場所に工夫をする。ミネラルウォーターなどは結石の素因となることがあるので避け、常温の水道水を与えるようにする（猫は冷たい水を好まない）。

I 腎不全

腎不全とは病気の名前ではなく、腎臓の機能が25％未満に低下した状態を指す。
腎不全には急性腎不全と慢性腎不全がある。

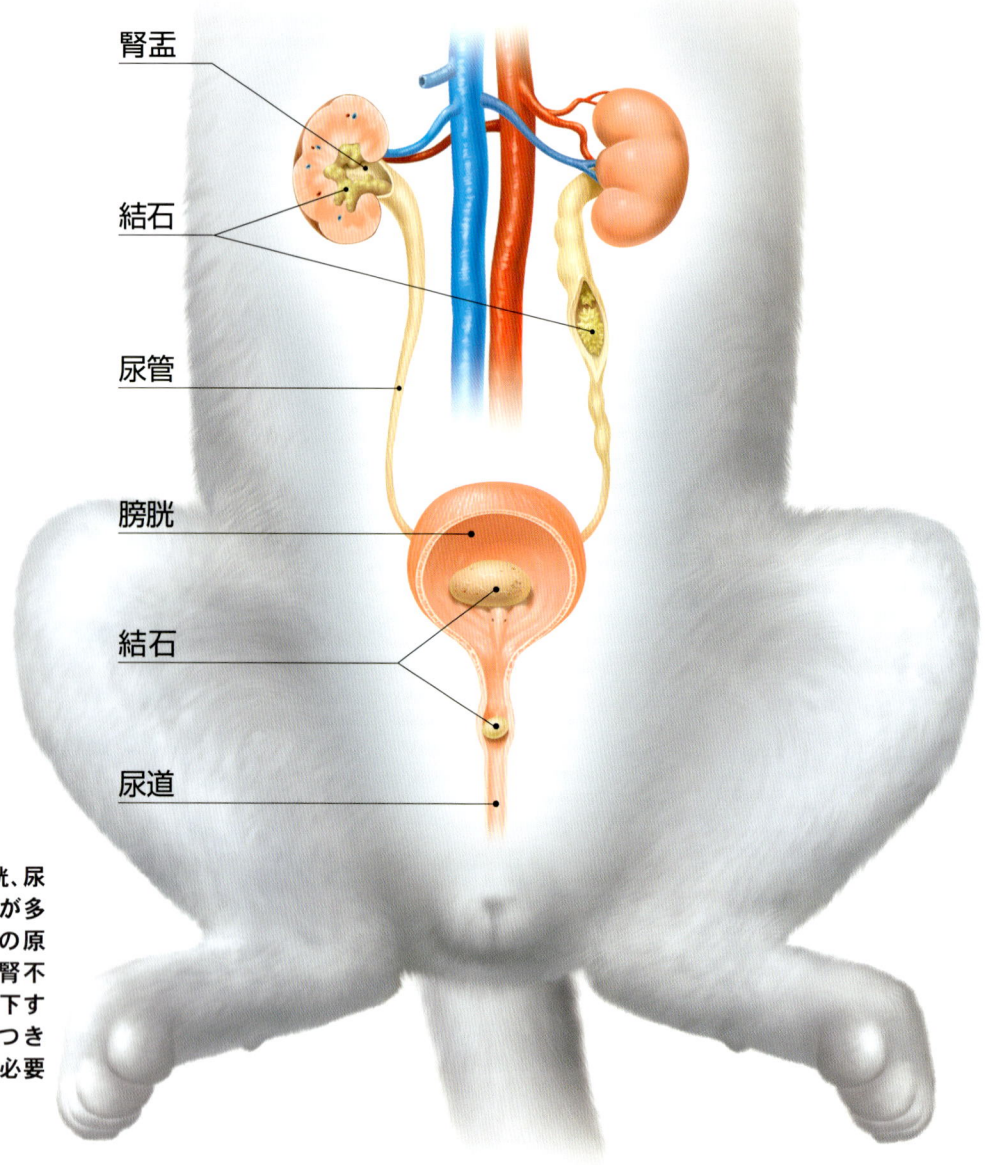

図3　腎盂や尿管、膀胱、尿道などに見られることが多い結石は、急性腎不全の原因になりやすい。急性腎不全は急激に腎機能が低下するため、早急に原因をつきとめ治療を行うことが必要とされる。

（図中ラベル：腎盂、結石、尿管、膀胱、結石、尿道）

急性腎不全（きゅうせいじんふぜん）

●**原因**：急性腎不全の原因には、重度の脱水や出血、心不全などによって腎臓に充分な血液が流れない腎前性腎不全、さまざまな感染症やリンパ腫、腎毒性物質による中毒などによって腎臓組織そのものが障害を受ける腎実質性腎不全、尿管結石や尿道閉塞、事故による尿路損傷などによって尿の流れが阻害される腎後性腎不全に分けられる。

●**特徴**：数時間〜数日単位で急激に腎機能の低下がみられるため、急に症状が現れるのが特徴である。早急に原因を突き止め、積極的な治療を行うことによって、治る可能性もあるが、治療が功を奏さないと発症して数日で死亡する。また、回復してもそのまま次に述べる慢性腎不全へ移行する場合もある。

●**症状**：排尿がみられない、または尿がでないという症状とともに、元気消失、食欲廃絶、嘔吐、虚脱（ぐったりする）や痙攣といった尿毒症症状が現れる。

●**診断**：血液検査において高窒素血症（血中尿素窒素や血清クレアチニンの上昇）、電解質異常（高カリウム血症や高リン血症）、酸塩基平衡異常（代謝性アシドーシス）の程度を判断する。また、画像検査（レントゲン・超音波検査）によって急性腎不全の原因が発見されることもある。

●**治療**：急性腎不全の原因が特定できれば、それを排除するような治療を行う（たとえば、尿道閉塞が原因であれば、速やかに閉塞原因を解除する）。一過性に悪化した腎機能が回復するまで、適切な輸液療法や利尿剤の投与を行う。特に脱水が存在する場合や尿路閉塞を解除した後は、充分な輸液療法を行わないとさらに急性腎不全の病態を悪化させることがあるので注意が必要である。適切な輸液治療や利尿療法を行っていても尿の生成がなされない場合には、透析療法が検討される場合もある。

●**予防**：急性腎不全を完全に予防することはできないが、感染症を防ぐために適切なワクチネーションや完全室内飼い、ウイルス感染猫との接触を避け、尿石症や尿閉が起きないように適切な食事療法や充分な飲水を心がける。また、市販の人体薬には猫にとって腎毒性物質であるものもあるので、自己判断で与えないようにする。

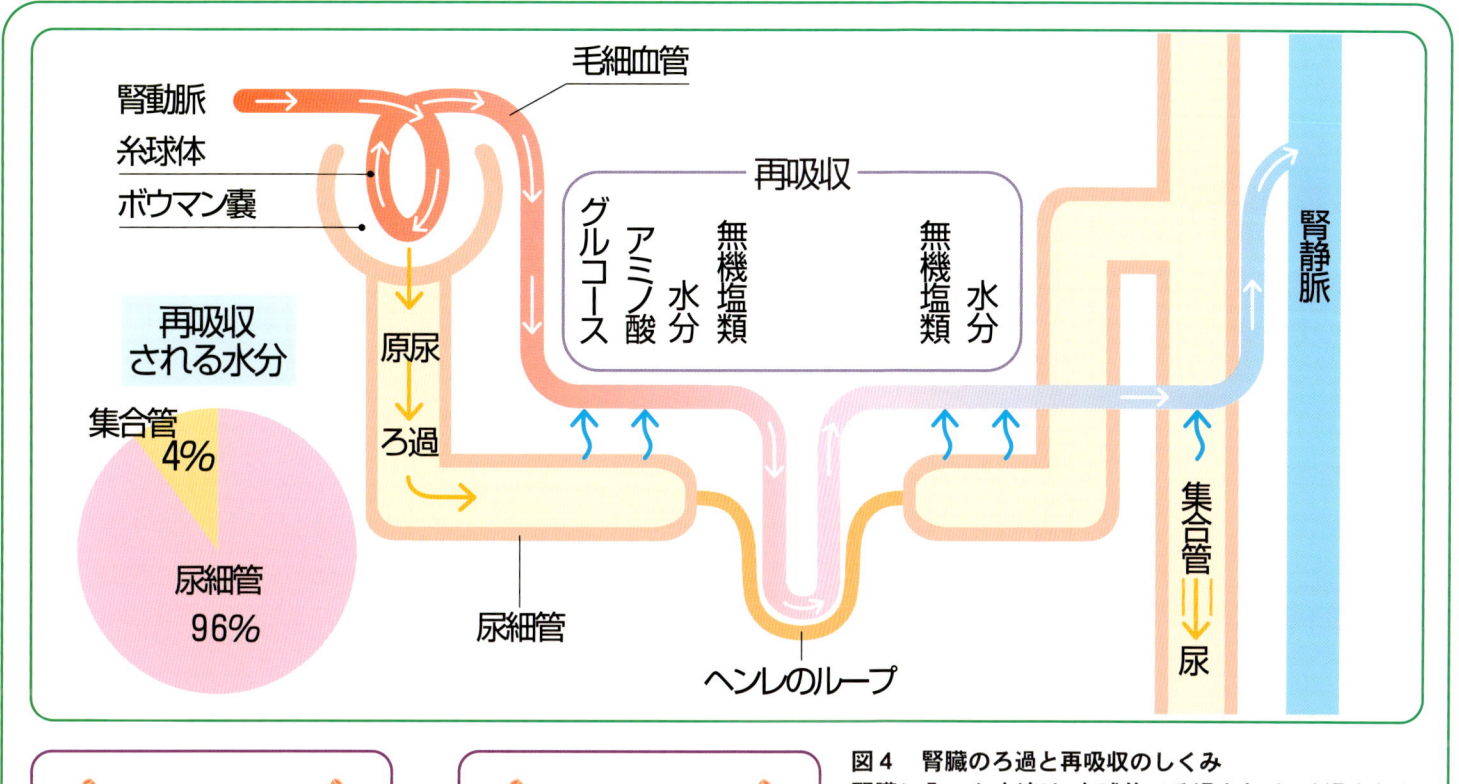

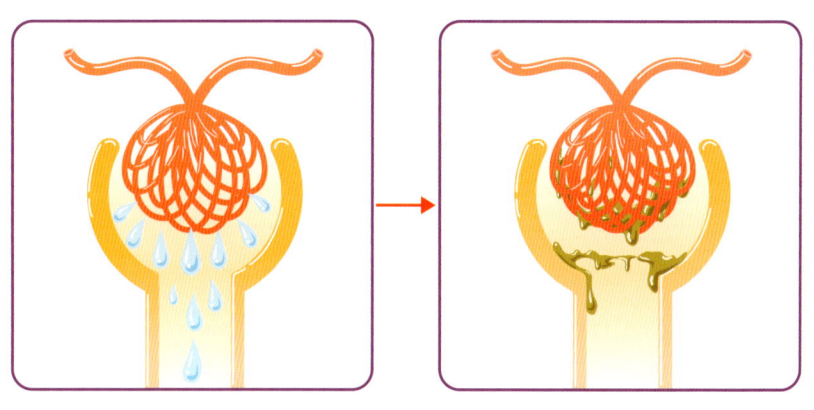

図4 腎臓のろ過と再吸収のしくみ
腎臓に入った血液は、糸球体でろ過される。ろ過された原尿は、尿細管に流される間に、グルコース、アミノ酸、ナトリウムやカリウムなど無機塩類や水分が再吸収される。

←2つの図はろ過の機能を持つ糸球体の拡大図。正常な場合には「ざる」のような機能でろ過を行い（左図参照）、続く尿細管で必要な物質を吸収する。そうすると血液はきれいになり、老廃物や毒素のあるものを体外に放出できる。しかし、腎不全の場合には、血液をろ過する機能が落ちるので、老廃物や水分がうまく排泄できなくなる（右図参照）。

慢性腎不全（まんせいじんふぜん）

●原因：過去のウイルス感染や細菌感染、尿石症などに伴う慢性腎炎（糸球体腎炎、間質性腎炎、腎盂腎炎）、尿路閉塞や先天性・遺伝性腎臓病（腎形成不全や多発性嚢胞腎）、加齢に伴う腎機能低下などもあげられる。また、急性腎不全の治療後、充分に腎機能が回復しないと慢性腎不全に移行するので、急性腎不全の原因は全て慢性腎不全の原因となりうる。

●特徴：数ケ月～数年単位でゆっくりと腎機能の低下がみられる。腎臓は予備能力が高いため、腎臓機能の75％以上が障害されないと目立った症状が現れにくく、血液検査などの結果も異常値が見つからない場合もある。慢性腎不全は進行性であり、一度失った腎機能の回復は不可能である。

●症状：よく見られる初期症状は、「多飲多尿」である。薄い尿が大量にでるので、猫独特の尿臭もなくなってくる。必要以上に尿がでるため、飲水量が増えていても脱水状態になっていることも多い。病態が進んでくると少しずつ元気消失、食欲低下、被毛粗剛、体重減少などがみられるようになる。さらに病態が進行すると、よく寝ていることが増え、体内に老廃物がたまって嘔吐や口腔内潰瘍、下痢や便秘、痙攣といった尿毒症症状がみられる。また、造血ホルモンの低下による貧血、高血圧に起因する網膜はく離による失明といった直接腎臓とは関係ない症状もみられる。最終的には腎機能が廃絶し、死亡する。

図5 慢性腎不全の一例。
慢性的にダメージを受けた腎臓（左側）が回復することは難しい。

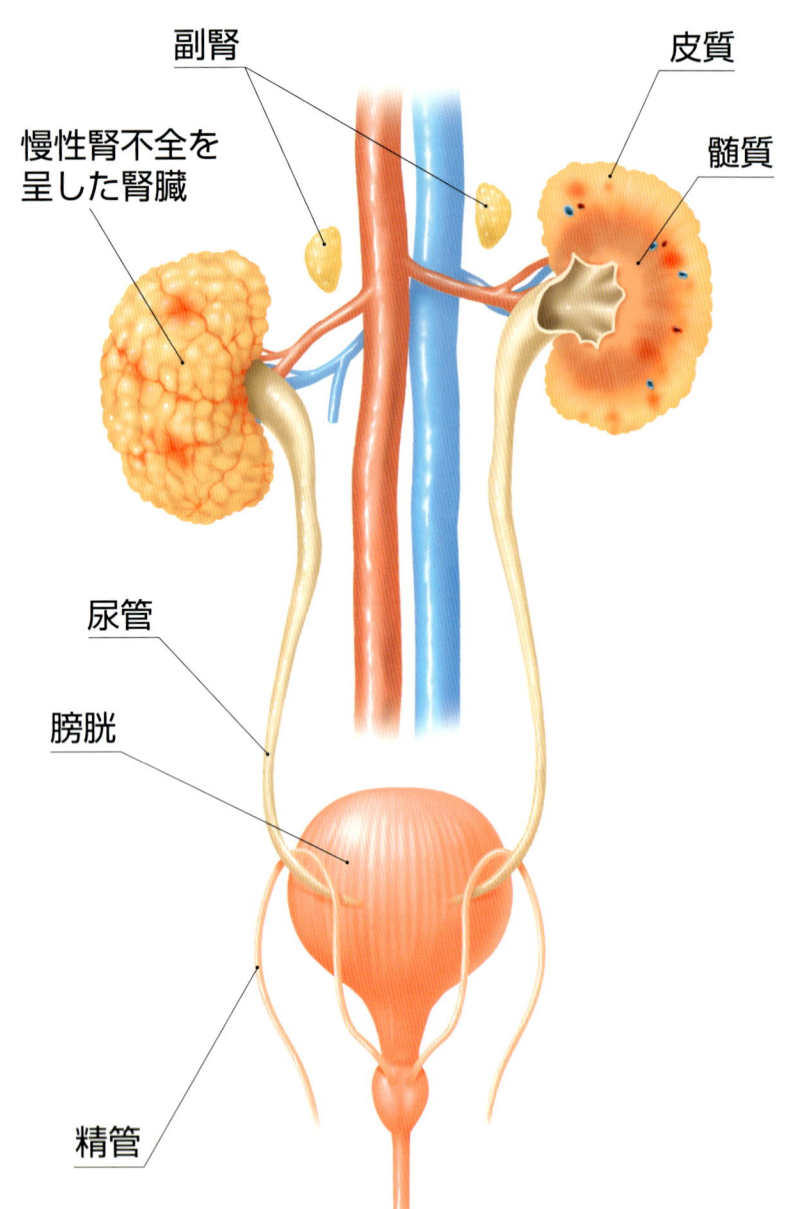

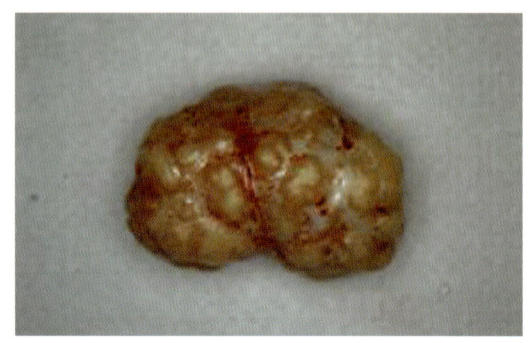

図6 慢性腎不全の腎臓

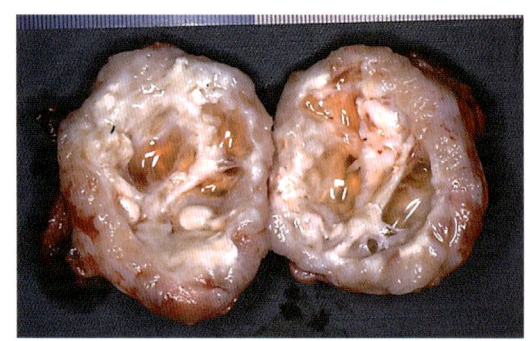

図7 腎異型性

●**診断**：身体検査、尿検査、血液検査、画像検査などを組み合わせて診断する。通常、腎臓機能が75％以上障害されてからでないと血液検査結果は異常値を示さない。尿検査で比重低下や蛋白を調べることによって血液検査よりも早期に腎臓の異常を検出できることもある。血液検査では、高窒素血症の進行、電解質異常（低カリウム血症、高カリウム血症や高リン血症）、酸塩基平衡異常、貧血などが病態の進行とともにみられる。画像診断によって慢性腎不全の原因を特定したり、腎臓の状態を把握したりする。必要に応じて眼底検査や血圧測定も行う。

●**治療**：急性腎不全と異なり、慢性的にダメージを受けた腎臓組織が回復することは難しい。慢性腎不全の初期治療の目的は、残っている正常な腎臓組織にできるだけ負担をかけないようにすることにある。まず、食事は、腎臓の負担になりやすいタンパク質やリン、塩分などを抑えたものがよい。ただし、ネコはもともとタンパク質の要求量が多いので、極端な制限は避けるべきであり、適切な脂肪酸、ビタミン、ミネラルなどを添加しておく必要もある。そのため、慢性腎不全の猫に対しては、信頼のある腎臓療法食に切り替えることが推奨される。適切な食事療法を行えば、尿毒症になるまでの期間や生存期間を延ばすことができる。

慢性腎不全の症状や高窒素血症が出始めてきたら、体に蓄積する老廃物の一部を腸管で吸着し、便とともに排出する吸着剤を投与し、尿毒症症状が軽減されるようにする。その他、高血圧やタンパク尿がみられる場合には、ある種の降圧剤や免疫抑制薬などを投与する。貧血がみられるようになれば、造血ホルモン製剤の注射や輸血が必要となる。このような治療を行っていても慢性腎不全は少しずつ進行し、さらに症状が顕著になってきた場合は、対症療法が中心となる。慢性腎不全の猫は容易に脱水状態に陥りやすく、それによって腎機能がさらに悪化するため、適切な輸液治療が行われる。

●**予防**：急性腎不全と同様に原因となる病気にかからないようにすることが大切である。そのためには、適切なワクチン接種、猫にとって快適な生活環境、ライフステージにあった食事、充分な飲水を心がける。また、早期発見・早期治療のために年に1〜2回の健康診断の実施が推奨される。

II 囊胞性腎疾患

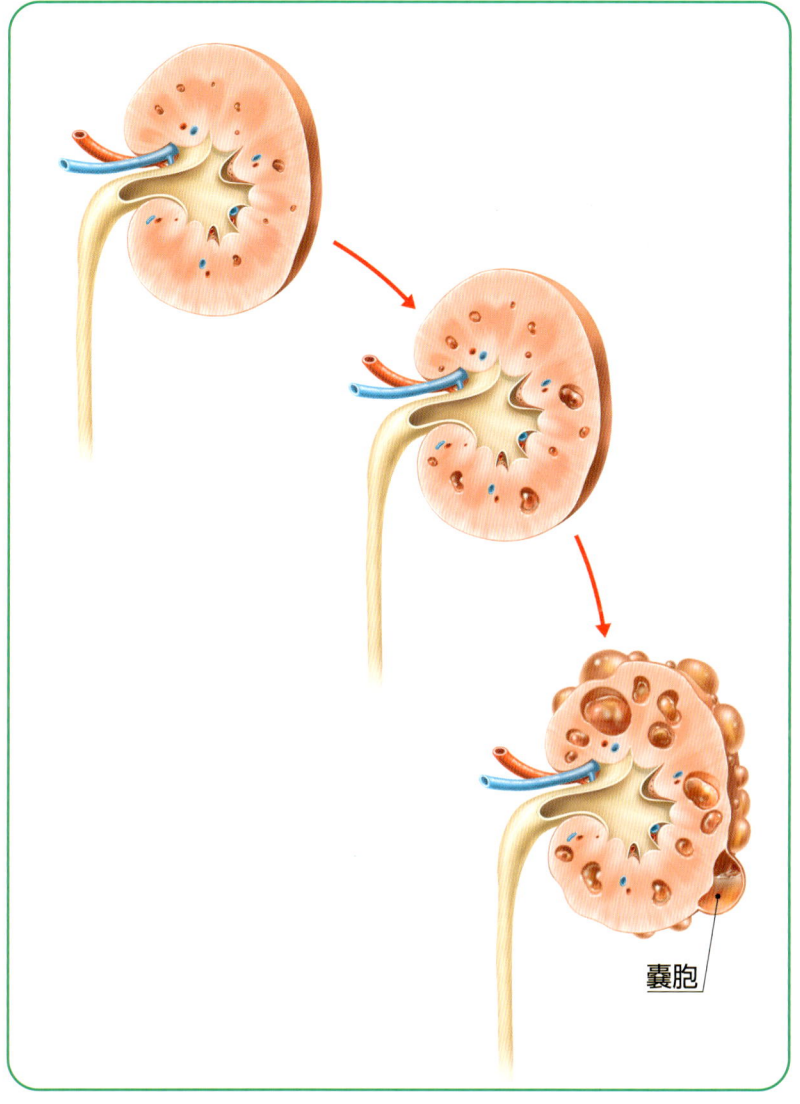

図8　囊胞性腎疾患
腎臓の中に現れる液体の入った袋が囊胞。図は囊胞がしだいに数を増やしていく様子を表している。状態が悪化すると周囲の臓器までも圧迫することになる。

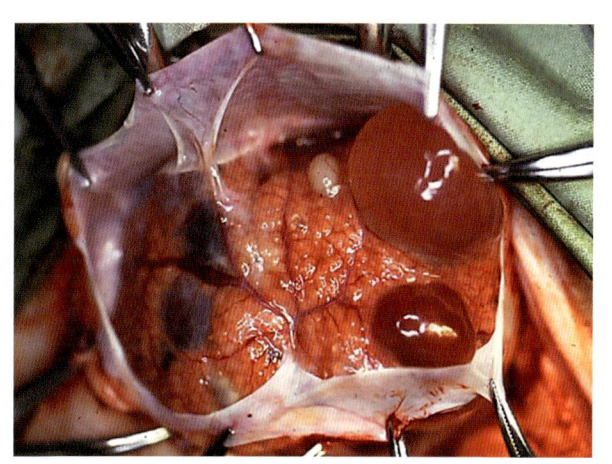

図9　囊胞性腎疾患。囊胞がよくわかる。

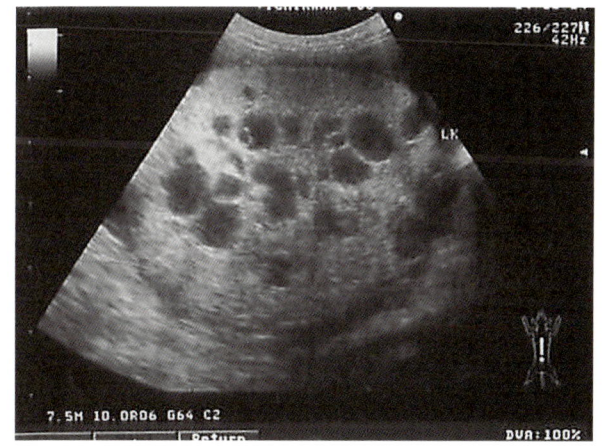

図10　超音波エコーで囊胞が見える。

囊胞性腎疾患（のうほうせいじんしっかん）

● **原因**：囊胞性腎疾患は、腎臓に液体が溜まった袋（囊胞）ができる病気であるが、猫では大きく、加齢に伴うもの（単胞性・多胞性囊胞腎）、先天性・遺伝性（多発性囊胞腎）、外傷や腎臓病に続発するもの（腎周囲囊胞）に分けられる。特に遺伝性の多発性囊胞腎はペルシャやエキゾチック・ショートヘアにおいて常染色体優性遺伝によって発症する病気であることが知られている。

● **特徴**：多発性囊胞腎では時間の経過と共に両方の腎臓の囊胞の数や大きさが増し、発見されたときには大小さまざまな大きさの囊胞が存在する。囊胞の増殖と増大とともに腎臓のサイズは大きくなるが、囊胞周囲の腎臓組織は圧迫されるため、正常な組織は減っていく。腎周囲囊胞では、腎臓と被膜の間に液体が貯留し、腎臓は萎縮していることが多い。

● **症状**：囊胞の大きさや数によっては無症状で経過する。多発性囊胞腎と腎周囲囊胞は脇腹が腫れてきて気づくことが多い。囊胞性腎疾患の症例は、初期には無症状であるが最終的には慢性腎不全と同様の症状がみられる。

● **診断**：通常、超音波検査によって確定診断される。生後数ケ月から診断が可能である。

● **治療**：多発性囊胞腎の場合、特別な治療法はなく、慢性腎不全の治療を行う。腎周囲囊胞では、周囲臓器の圧迫を軽減するために定期的に貯留した液体を抜く場合もある。

● **予防**：遺伝性疾患であることが判明している多発性囊胞腎の猫は、交配に用いない。

III 尿路結石症

図11　MAP結石。
マグネシウム、アンモニア、リン酸から構成され、割面が層状を呈する。

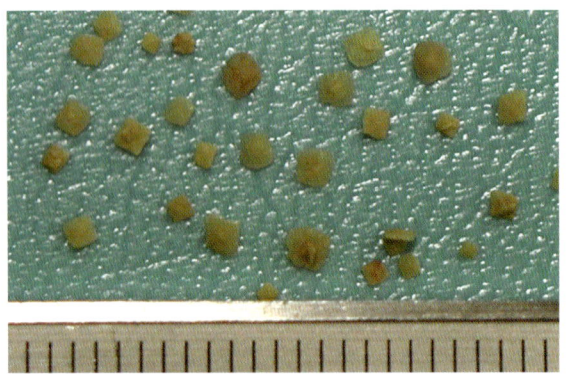

図12　シュウ酸カルシウム結石。
尿路結石のなかでもよくみられ、金平糖状あるいは表面がギザギザな形になるので、小さくても尿管に引っかかりやすく、排出されにくいのが特徴。

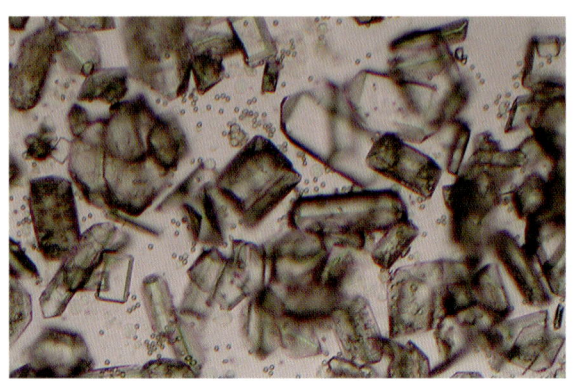

図13　尿中の結晶。
尿検査によって結石の前段階の結晶が顕微鏡下で検出されるかどうかを判定するのも重要な検査である。

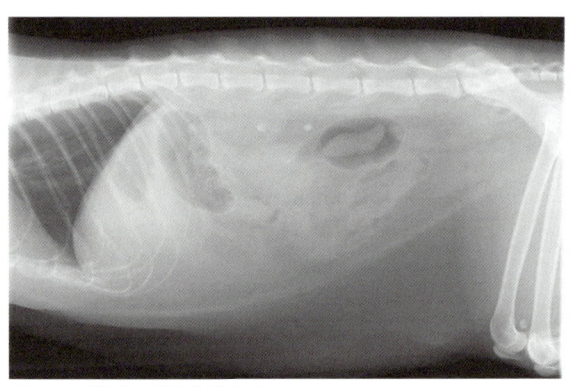

図14　腎盂に結石がみられる。

尿路結石症（にょうろけっせきしょう）

　尿路結石は、腎臓から尿管、膀胱、尿道の尿路にかけて結石が存在している状態を指す。
●**原因**：結石形成の原因や機序にはまだ不明な点もあるが、尿のpHがアルカリ性や酸性に傾き過ぎたり、尿中に排泄されるマグネシウムやリン、カルシウムなどのミネラル成分が増加したり、水分摂取量が少なく尿濃縮により尿量が減少したりすることによって、尿中に結石の基となる結晶が析出しやすくなることに起因すると考えられている。これには猫の食事内容や生活習慣が大きく関わってきている。その他、基礎疾患（先天性代謝異常、肝臓病、腎臓病、尿路感染症など）の存在が、結石の素因となる場合もある。
●**特徴**：猫の尿路結石成分で最も多いのは、リン酸アンモニウムマグネシウム（ストルバイト）とシュウ酸カルシウムの2つである。ほかにも尿酸アンモニウム、シスチンといった結石もある。尿路結石が形成される部位は、腎臓（腎盂）もしくは膀胱であり、尿管結石は、腎臓で形成された結石が尿管に移動し（中には膀胱まで移動するものもある）、また、尿道結石は膀胱結石が排尿とともに尿道に移動した状態である。
　結石のサイズは、存在する部位にもよるが、1mm以下の非常に小さなものから数cmもある大きなものまでさまざまである。尿管や尿道が結石により閉塞すると尿の流れが滞り、その上部（尿管であれば腎臓、尿道であれば膀胱）に損傷を与える原因となる。猫の尿路結石は下部尿路（膀胱と尿道）結石が多いとされていたが、最近では、腎結石や尿管結石の発生も増加傾向にあり、その成分のほとんどはシュウ酸カルシウム結石である。
●**症状**：尿路結石が存在している場所によって異なる。腎結石の場合には持続した血尿がみられる程度で大きな臨床症状はみられない場合が多いが、尿管結石でもあまり目立った症状がみられないで経過する場合も多いが、結石による尿管閉塞の場合には、腹囲を触ると嫌がったり、元気消失や嘔吐・吐き気がみられたりすることもある。
　膀胱結石の場合は、頻尿や血尿が主な症状であるが、あまり症状が目立たないこともある。尿道結石の場合は、血尿、頻尿に加えて、

表1. 動物病院で行う猫の尿検査について

項　目	正　常	検査結果からわかること
尿比重	前の晩から絶食絶水した早朝尿で＞1.030	●尿の濃縮能力、他の検査値への影響
尿pH	5.5～7.5	●結石のできやすさ、他の検査値への影響
尿糖	陰性	●糖尿病や腎性糖尿の有無
尿ケトン体	陰性	●糖尿病性ケトアシドーシスの有無
尿ビリルビン	陰性～1＋（尿比重＞1.020以上の場合）	●黄疸の有無
潜血	陰性	●尿中の赤血球、ヘモグロビンおよびミオグロビンの有無
尿タンパク	陰性	●尿中タンパクの有無
尿タンパク/クレアチニン比	＜0.5	●尿中タンパクの有無
尿沈渣検査	陰性	●尿中の赤血球、白血球、上皮細胞、異型細胞、円柱、結晶、および微生物の有無
尿培養検査	陰性	●尿中微生物の有無

尿検査

泌尿器疾患の診断には尿検査が重要となる。多飲多尿は病気のサインであることが多いので、気になるようであればお家で採取した尿で尿比重だけでも検査してもらうとよい。尿検査はできるだけ新鮮な尿で行う必要があるので、お家で採取した尿だけでは正確な判定ができない尿検査項目がある。特に細菌感染の有無を検査する場合には、自然に排泄した尿ではなく、病院内で膀胱穿刺によって採取された尿を用いる必要がある。

不適切な場所での排尿、排尿困難（排尿しようとしても尿が出ない）、排尿に伴う痛みといった排尿に伴う症状とともに膀胱内に大量の尿が貯留するため腹囲が張ってきたり、下腹部を触ると非常に嫌がったりといった症状もみられる。全く排尿できない時間が長く続き、発見・処置が遅れると腎後性急性腎不全の病態に陥り、死に至る場合もある。結石による尿道閉塞は、若い雄猫に多い疾患であるので、特に注意が必要である。

●診断：尿路結石の存在は、通常レントゲン検査や超音波検査によって診断することが可能である。結石による尿路の閉塞状態や粘膜損傷程度をみるために尿路造影検査を行うこともある。尿検査によって結石の前段階の結晶が顕微鏡下で検出されるかどうかを判定するのも重要な検査である。ただし、結晶の存在＝異常とは限らない（ストルバイト結晶は正常でも多少存在する）。結晶の有無と結石の存在が必ずしもリンクしない場合もあるので、その判定には注意が必要である。

その他、血液検査などによって結石ができやすい基礎疾患がないかどうかを検査する。

●治療：小さなストルバイト膀胱結石は適切な食事療法によって溶解する可能性もあるが、シュウ酸カルシウム結石は内科療法で溶解することができない。膀胱結石は、手術によって摘出することが推奨される。尿道結石も一度膀胱に押し戻して膀胱から摘出するが、その際、尿道が強く損傷を受け場合には、尿道を広げたり、開口部を変更したりする手術を行う可能性もある。猫の腎結石は、手術対象にならないが、尿管結石はその数や尿管の閉塞状況などによって手術によって結石を摘出することもある。

●予防：尿路結石は再発しやすい病気であるため、予防が重要となる。予防には、適切な食事管理（結石の成分となる物質を制限し、尿のpHを結石のできにくい範囲にするなど）、充分な水分摂取（水を絶やさない、数カ所に置くなど）、トイレを常に清潔にして快適な排尿をさせる、肥満防止（運動不足や肥満は尿石症の原因の1つとされている）を心がける。

Ⅳ 猫下部尿路疾患／FLUTD

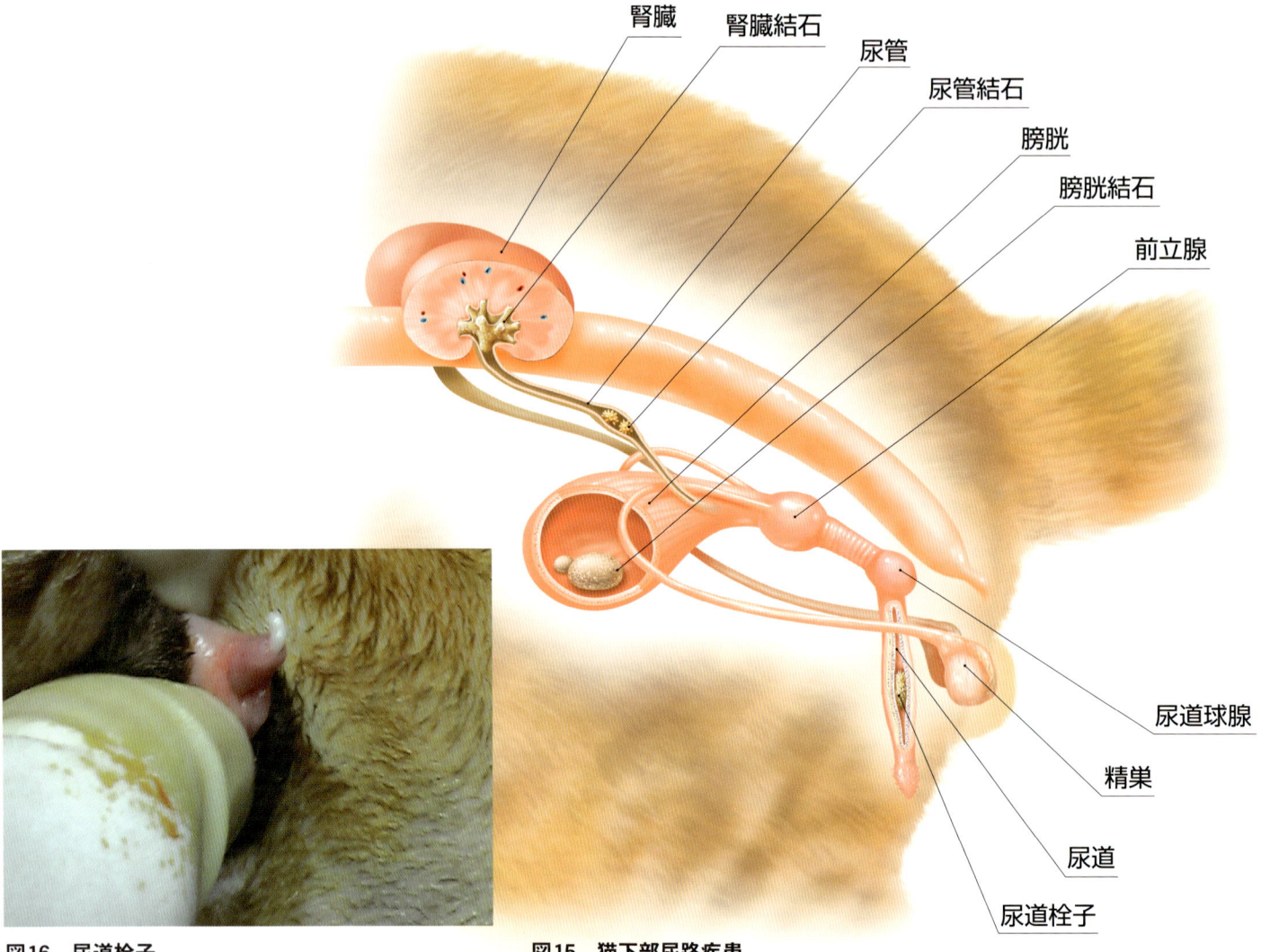

図16　尿道栓子
膀胱炎で脱落した上皮細胞や炎症に伴い分泌した粘性物質などに結晶や小さな結石が付着し、尿道に「栓子」が作られる。

図15　猫下部尿路疾患
猫下部尿路疾患は、尿路結石や尿道栓子、細菌性尿路感染、膀胱炎や尿道炎などの膀胱や尿道に何らかの病変が1つ、もしくは複数存在することによって引き起こされる。

(図15ラベル：腎臓、腎臓結石、尿管、尿管結石、膀胱、膀胱結石、前立腺、尿道球腺、精巣、尿道、尿道栓子)

猫下部尿路疾患／FLUTD（ねこかぶにょうろしっかん）

●**原因**：尿路結石や尿道栓子、細菌性尿路感染、膀胱炎や尿道炎、解剖学的異常、膀胱やその周辺の腫瘍、尿道閉塞といった膀胱や尿道に何らかの病変が1つ、もしくは複数存在することによって引き起こされる。はっきりした原因が特定できない場合は、特発性膀胱炎と診断される。

●**特徴**：膀胱や尿道に病変が存在すると下部尿路症状（後述）と呼ばれる症状がみられる。猫では比較的多く見られる疾患である。猫下部尿路疾患の中では、特発性膀胱炎が最も多いといわれている。次いで、結石や栓子が最も一般的な疾患であるが、雄猫の場合には、これらによって尿道閉塞を引き起こす危険性が高い。正常な猫の尿性状では通常細菌は繁殖できないため、尿路感染は比較的少ないといわれているが、尿路に損傷がある場合や、10歳以上の老齢猫、基礎疾患（腎臓病、糖尿病など）が存在によって感染のリスクが高まる。猫の尿路腫瘍や解剖学的異常は稀である。

●**症状**：頻尿、排尿時間の延長、不適切な場所での排尿、排尿痛（排尿時に鳴く）、血尿、膿尿、失禁といった排尿に伴うさまざまな下部尿路症状がみられる。

●**診断**：身体検査、尿検査、画像診断などを組み合わせて診断する。尿検査では必要に応じて、細菌培養検査を行い、尿路感染の有無を確認する必要がある。尿路結石であれば、レントゲン検査で確認できるが、膀胱内の腫瘤性病変や粘膜の状態をみるには、他に超音波検査も必要である。また、尿道の閉塞を疑う場合には尿道造影を行って確認する。

●**治療**：病気の種類によって異なるが、細かな結石や栓子による尿道閉塞が存在する場合は、早急に閉塞を解除し、腎後性腎不全に陥っているようであれば、充分な輸液療法を行う。尿道閉塞を何度も繰り返し、尿道の炎症がひどい場合は、尿道を広げるような手術も検討する。尿路感染が存在する場合には、適切な抗生物質の投与が重要である。特発性膀胱炎の場合には、無治療でも数日後に良化することが多いが再発率も高い。食事療法や生活改善、さまざまな薬物療法が検討されている有効な治療法が存在しない。

●**予防**：特発性膀胱炎の場合では、水分を充分に摂取させる（フードをウェットに変更することも検討）、生活環境の改善（清潔なトイレ、安全場所の確保）などが提唱されている。

Ⅴ その他の関連する病気

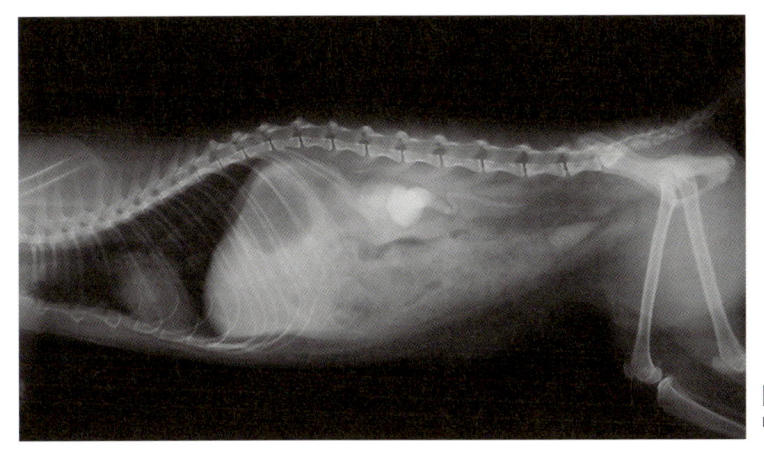

水腎症(すいじんしょう)

腎臓からの尿の流れが妨げられ、腎盂とよばれる部位が尿で拡張した状態。原因には結石や炎症産物による尿管閉塞、先天性異常、腫瘍による尿路圧迫、尿管炎、手術の後遺症などがあげられる。早期に原因が判明し、排除できれば、回復する可能性もあるが、通常はゆっくりと進行し、腎機能を低下させる場合が多い。慢性化した水腎症の場合でも可能であれば治療を行う。

図17 水腎症のレントゲン写真。
腎盂が尿で拡張しているのがわかる。

特発性腎出血(とくはつせいじんしゅっけつ)

原因不明の腎臓から尿路への出血(血尿)。血尿はさまざまな原因でみられる(腎臓や尿路の炎症、腫瘍、結石など)が、血尿以外にまったく症状がなく、さまざまな検査によっても血尿の原因が特定されない場合には、特発性腎出血と診断される。健康診断などで偶然に発見されることもある。特に治療は必要ないが、稀に尿路結石や炎症、感染などが潜んでいる場合もあるので、定期検査が必要となる。

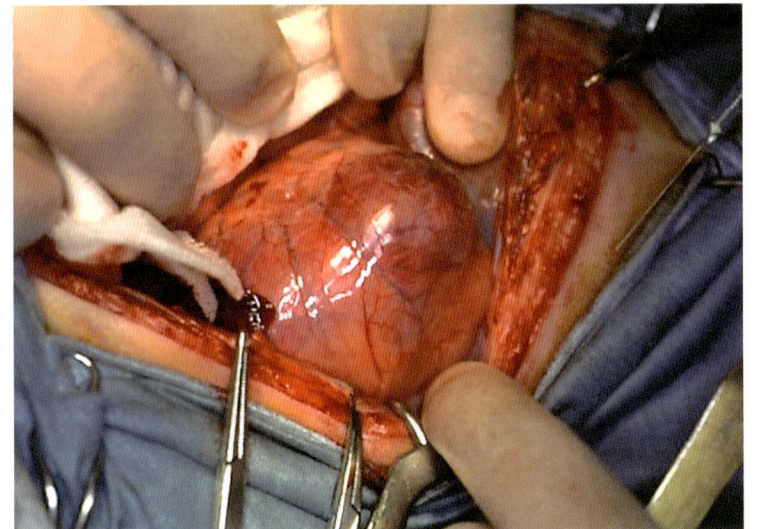

腎臓腫瘍(じんぞうしゅよう)

猫で腎臓の腫瘍はそれほど多くはないが、その中で最もよくみられるのは、腎臓リンパ腫である。その他には腎腺癌や腎芽腫などがある。腎臓リンパ腫の場合には、両方の腎臓に発生することもあり、脇腹を触って大きくなった腎臓に気がつくこともある。腎臓腫瘍では、元気消失や食欲不振、多飲多尿などの症状がみられるものの、血尿や排尿に関連した症状はあまりみられないこともある。腎臓リンパ腫であれば、化学療法(抗がん剤)によって治療される。

図18 大きく腫れた腎臓腫瘍。

Chapter 9

■猫の内分泌器官

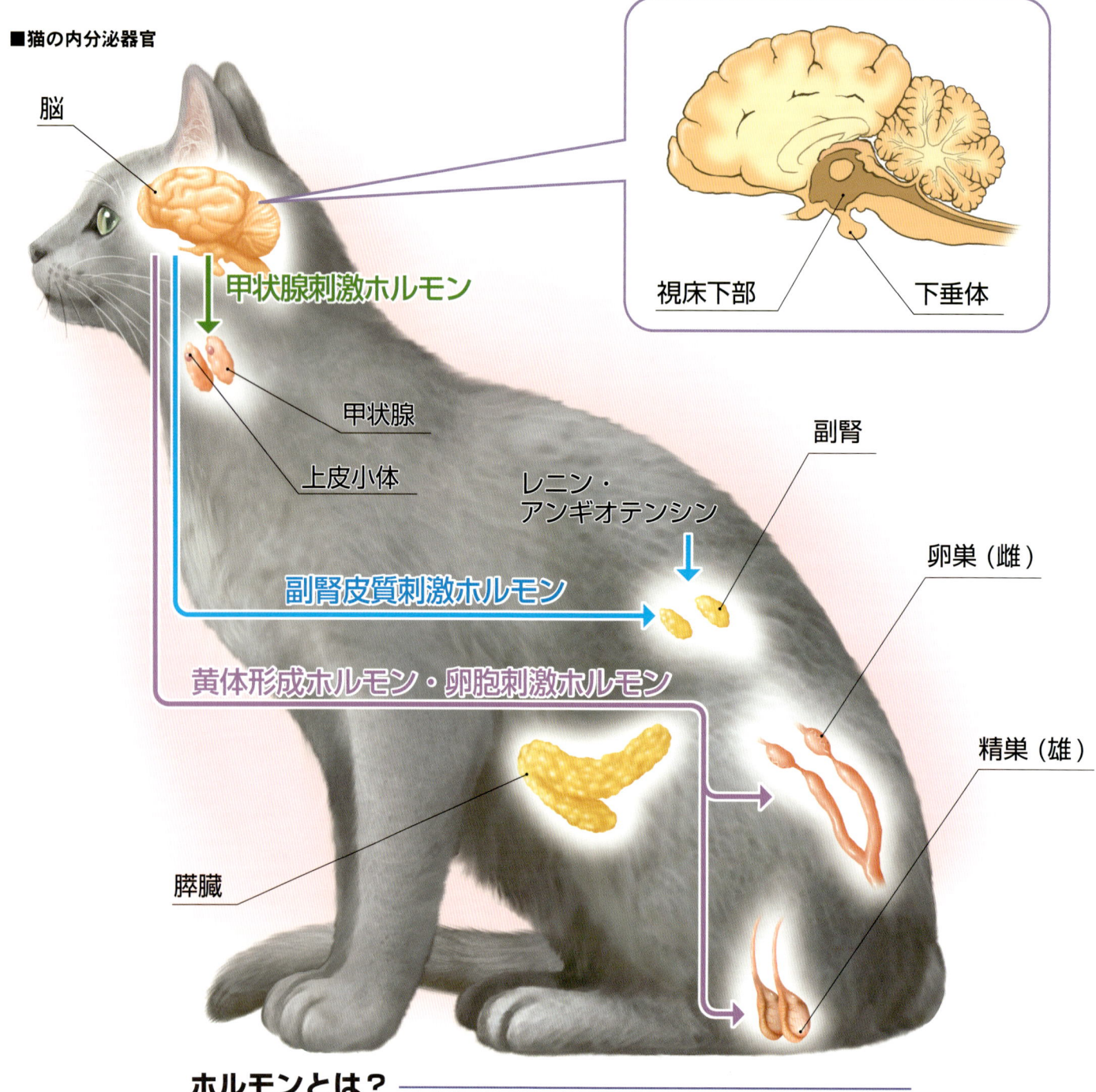

脳

視床下部　下垂体

甲状腺刺激ホルモン

甲状腺
上皮小体

レニン・アンギオテンシン

副腎

副腎皮質刺激ホルモン

卵巣（雌）

黄体形成ホルモン・卵胞刺激ホルモン

精巣（雄）

膵臓

ホルモンとは？

外貨から生体を一定に保つ役割をもつ物質。生体のさまざまな細胞から分泌され、直接あるいは間接的に情報を伝達し、目的臓器（あるいは細胞）の機能を強めたり、弱めたりする。

そもそもホルモンとは内分泌腺と呼ばれる臓器から分泌されたものだけをさしていたが、最近では、神経、消化管、心臓、血管、脂肪組織などから分泌される伝達物質も広義のホルモンととらえる動きがある。

内分泌器官の病気

内分泌器官は、生体のさまざまな機構を調整する器官である。内分泌器官はホルモンと呼ばれる物質を分泌し、さまざまな臓器のさなざまな機能を調整している。その内分泌器官に異常を来たした状態を内分泌疾患という。さらに内分泌疾患は、内分泌器官そのものの異常だけではなく、さまざまな身体の変化が内分泌器官の調整機序を狂わせた場合に生じる異常をも含んでいる。猫で一般的な内分泌疾患は、糖尿病と甲状腺機能亢進症が最も一般的だろう。

表1 下垂体前葉のホルモン調節の流れ

CRH:副腎皮質刺激ホルモン放出ホルモン、
AVTH:副腎皮質刺激ホルモン、
TRH:甲状腺刺激ホルモン放出ホルモン、
TSH:甲状腺刺激ホルモン、
GHRH:成長ホルモン放出ホルモン、
GH:成長ホルモン、
GnRH:ゴナドトロピン放出ホルモン、
LH:黄体形成ホルモン、FSH:卵胞刺激ホルモン。

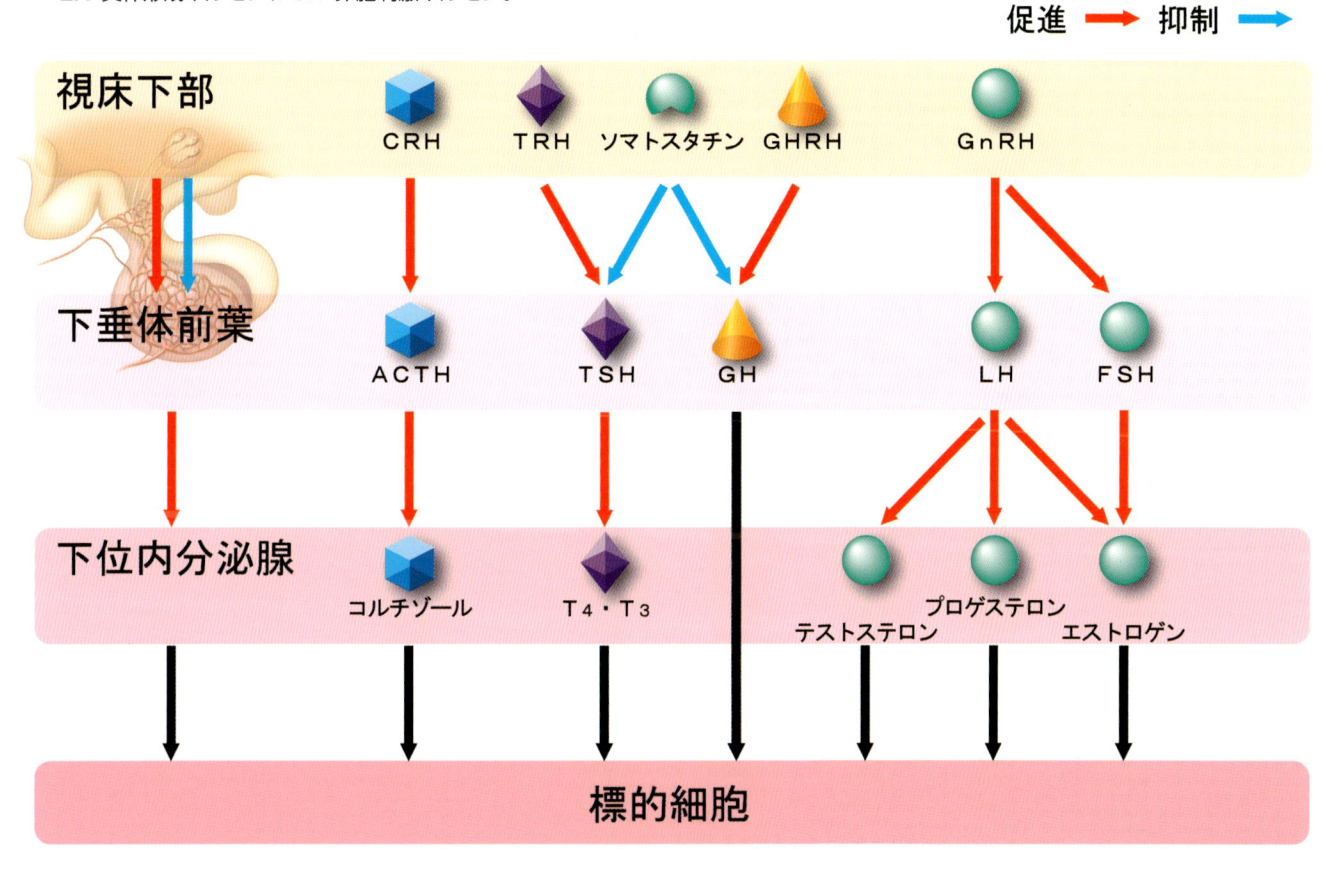

促進 → 抑制 →

視床下部: CRH、TRH、ソマトスタチン、GHRH、GnRH

下垂体前葉: ACTH、TSH、GH、LH、FSH

下位内分泌腺: コルチゾール、T4・T3、テストステロン、プロゲステロン、エストロゲン

標的細胞

図2 甲状腺ホルモンの制御系

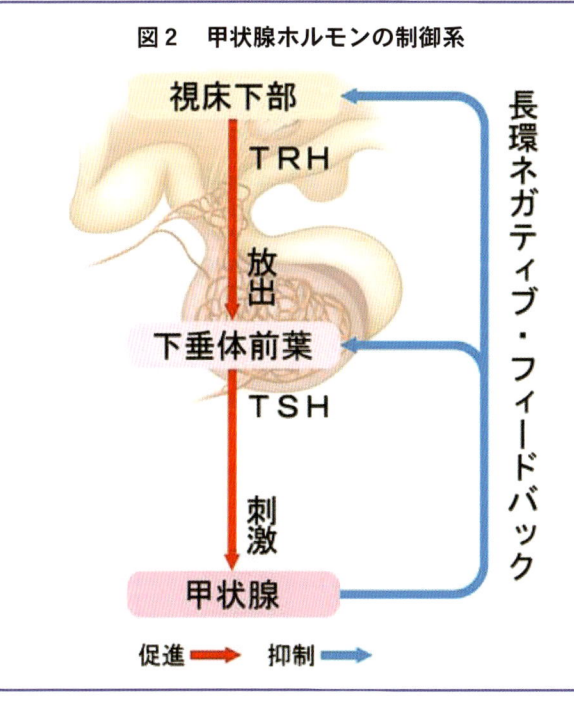

視床下部 → TRH → 放出 → 下垂体前葉 → TSH → 刺激 → 甲状腺

長環ネガティブ・フィードバック

促進 → 抑制 →

視床下部の神経核で作られたTRH(甲状腺刺激ホルモン放出ホルモン)は、下垂体前葉細胞に作用し、TSH(甲状腺刺激ホルモン)の分泌を調節している。このTSHの分泌は、甲状腺を刺激して、ホルモンの分泌を促進する。甲状腺から分泌されるホルモンは、視床下部、下垂体前葉にフィードバックし、TSHの分泌を抑制している。

これらのフィードバック機構は、甲状腺のほか、副腎皮質、精巣・卵巣の下位内分泌腺にもみられ、この働きを長環ネガティブ・フィードバックと呼んでいる。

I 糖尿病

図3 膵臓、ランゲルハンス島の構造

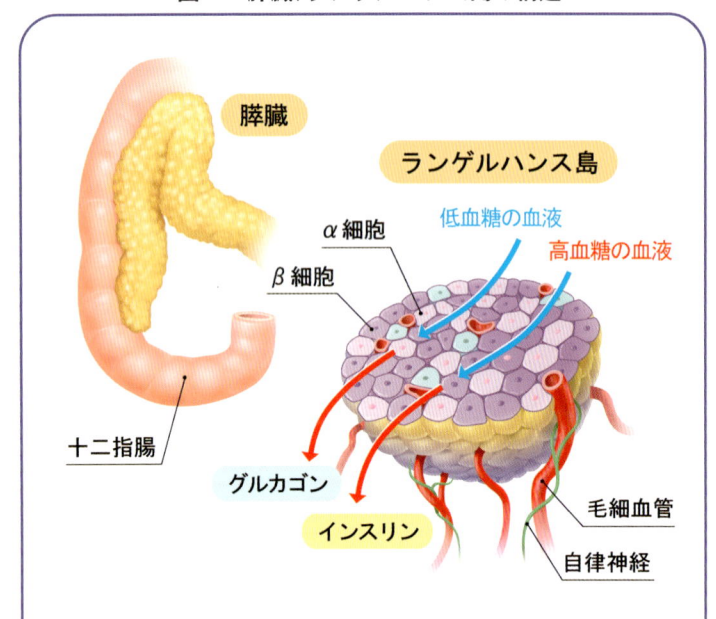

膵臓の内部にある内分泌器官をランゲルハンス島と呼ぶ。グルカゴンを分泌するα細胞、インスリンを分泌するβ細胞、ソマトスタチンを分泌するδ細胞および膵ポリペプチドを分泌するPP細胞の4種の細胞からなる。

図4 インスリンの働きとインスリン抵抗性

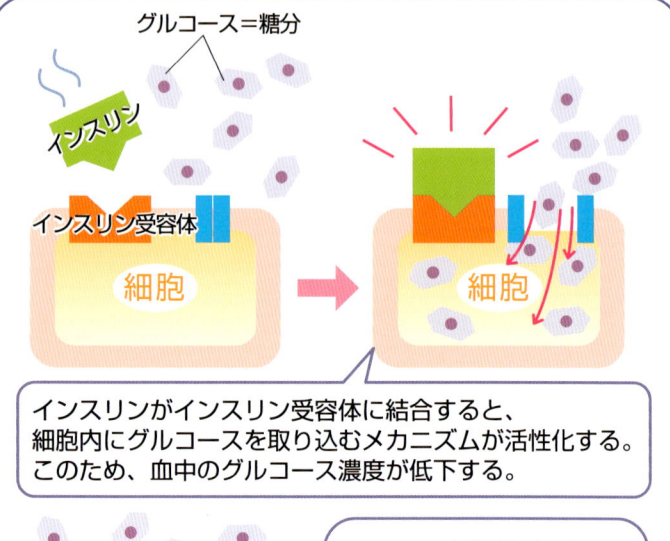

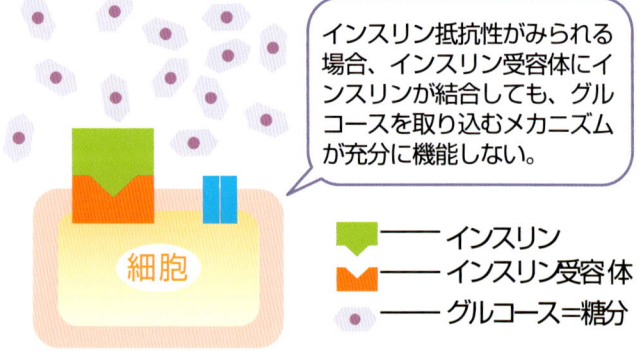

インスリンがインスリン受容体に結合すると、細胞内にグルコースを取り込むメカニズムが活性化する。このため、血中のグルコース濃度が低下する。

インスリン抵抗性がみられる場合、インスリン受容体にインスリンが結合しても、グルコースを取り込むメカニズムが充分に機能しない。

同じ量のインスリンでは、血中のグルコースが充分に細胞内に取り込まれず、高血糖になる。(インスリン抵抗性)

糖尿病(とうにょうびょう)

　糖尿病とは、膵臓β細胞から分泌されるインスリンと呼ばれるホルモンの作用が不充分な状態から、高血糖、尿糖排出などの症状を示す疾患である。治療は原則としてインスリン製剤の投与と適切な食事を与えることであるが、症状・病型によっては食事療法だけで血糖コントロールを行うこともある。未治療で放置しておくと病状が進行し、全身臓器に対して重篤な合併症を引き起こすことがあるので、早期発見・早期治療が重要である。

　猫の内分泌疾患の中で最も多いものは糖尿病であろう。糖尿病は、膵臓のβ細胞から分泌されるインスリンと呼ばれるホルモンが充分に効果を発揮できなくなっている疾患で、高血糖や尿糖の出現を主な症状としている。インスリンの効果が発揮できないという現象は、インスリンの分泌が絶対的に減少してしまう場合と、インスリンが効きにくくなっているという状態の2通りがある。

　インスリンの作用とは、細胞内にグルコースを取り込ませるというもので、これにより血糖値を下げる効果を示す。同時に、インスリンの作用によって、細胞はグルコースという効率よく代謝できるエネルギー源を細胞が利用できるようになるが、インスリンの効果が不充分だと、細胞はエネルギー不足となり、糖質以外のエネルギー源を利用しようとする。糖質以外のエネルギー源として、代表的なものが脂肪である。脂肪はそのままではエネルギー源として利用しにくいため、体脂肪が分解されると肝臓などでケトン体と呼ばれるエネルギー原性物質に変換される。ケトン体はグルコースと比べ、効率よくエネルギー変換されないばかりか、それ自体毒性を持っているため、大量のケトン体が合成されるとケトアシドーシスと呼ばれる危険な状態となる。糖尿病が原因となって発生するケトアシドーシスは糖尿病性ケトアシドーシス(略してDKA)と呼ばれている。

　糖尿病に罹患する猫の多くが9歳を超えた高齢猫であるが、それよりずっと若齢で発症することもある。去勢したオスでの発症が多いとも言われている。猫の糖尿病は犬や人の糖尿病に比べ、複雑な病態であることが多い。このため、治療も一筋縄ではいかないことも多い。これは猫の代謝がヒトや犬と違い、糖質をエネルギー代謝の中心においていないためと説明されている。つまり、糖の利用効率が悪いため、高血糖状態になりやすく、容易に糖尿病のような状態になると考えられている。このため、他の動物に比べ高血糖状態が生理的なものなのか病的なものなのかの判断が付けづらく、診断・治療を困難にしている。

　糖尿病の発症させる要因として、肥満・長期にわたるストレス、膵炎、他の内分泌疾患、高血糖を引き起こす薬物の摂取、感染症、高脂血症、遺伝的要因、自己免疫疾患など数多く挙げられるが、決定的な要因はわかっておらず、いくつかの素因が複合して発症するようである。特に遺伝的な素因と環境素因が大きく関与しているものと考えられている。

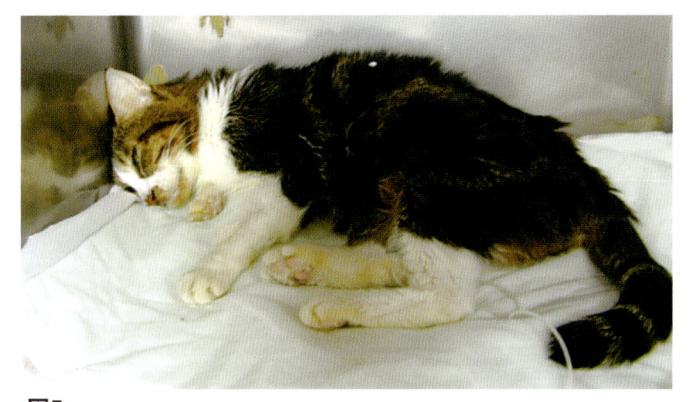

図5
糖尿病性ケトアシドーシス(DKA)を起こし、昏睡状態にある猫。インスリン不足から糖質をエネルギーとして利用できず、脂質をエネルギーとして利用した場合、ケトン体という物質が大量に作られる。このケトン体が生体内に大量に溜まり、体液が酸性側に傾いている状態をケトアシドーシスと呼ぶ。

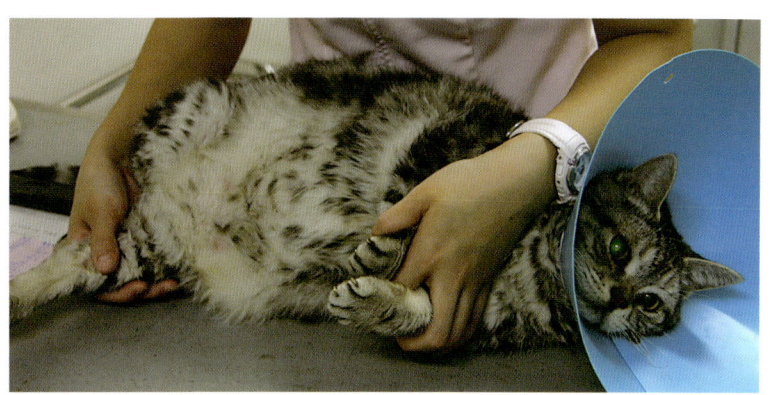

図6　糖尿病を発症させる要因のひとつに、肥満が挙げられる。

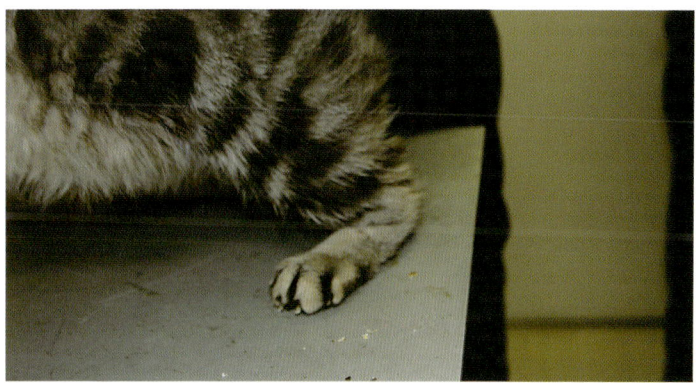

図7(左)/図8(右)
糖尿病の合併症である糖尿病性ニューロパシー。典型的な猫の糖尿病性ニューロパシーの症状として、かかと部分を地面につける独特の歩様がある。

●**症状**：典型的な糖尿病の症状は、多飲多尿(おしっこをたくさんするとともに、引水量が多くなること)を示し、多食傾向(食いしん坊になること)があるものの痩せてくるというものであるが、猫の糖尿病の場合、必ずしも多食傾向が認められないこと、肥満している個体が多いことなど、他の動物の糖尿病と異なる特徴がある。さらにかなり悪化した状態になるまではっきりした症状を示さないこともある。

　糖尿病に伴う重篤な症状の中で、最も危険な状態の1つに糖尿病性ケトアシドーシス(DKA)というものがある。元気消失・食欲不振といった軽度の症状から始まり、重篤なものでは意識の消失や虚脱が認められる。呼気や尿から独特の臭い(ケトン臭)がするなどの臨床症状を示す。この状態を放置しておくと生命の危険性があり、一刻も早い治療を必要とする。糖尿病の猫が必ずしもDKAに陥る訳ではないが、早期に糖尿病が発見されず、DKAの状態になって、初めて糖尿病と認識されるケースも多々ある。

　猫で多く見られる糖尿病の合併症に、糖尿病性ニューロパシーと呼ばれる状態がある。神経細胞のタンパク質部分に糖が反応して、正規の神経細胞の機能が損なわれた状態を指すのだが、人では手指のしびれのような軽度の状態で自覚症状として表れる。しかしながら猫の場合、下半身の麻痺などの重度の症状を示すようになって初めて気づかれるケースも多い。典型的な猫の糖尿病性ニューロパシーの症状として、かかと部分を地面につける独特の歩様がある。

●**診断方法**：糖尿病かどうかの判断は、病名の通り、尿に糖が現れているかをチェックする。糖尿病の場合、高血糖からくる尿糖の出現が見られる。猫の場合、尿中に糖が検出されたとしたら、1つ前の排尿時から検査を行った排尿時までの間に、血糖値280mg/dlを超える時間があったことを表している。さらに空腹時の血糖値を確認する。人の場合、血糖値105mg/dl以上が糖尿病の予備群であるという明確な基準があるが、猫の場合、明らかな基準は作ることは難しいため、診察を行った獣医師の判断にゆだねられるところが大きい。

　空腹時高血糖、尿糖の出現で多くの場合、糖尿病であるという診断は可能であるが、さらに長期血糖コントロールマーカーを測定することで、一時的な高血糖であるか、持続的な高血糖状態であるかを判断し、糖尿病をより確実に診断できる。最近では糖化アルブミンという長期コントロールマーカーが一般に利用されるようになり、高精度に血糖コントロールの状態を把握できるようになってきている。

　空腹時高血糖、尿糖出現、血糖コントロールマーカーの高値、この3点を確認することで、糖尿病であるかの確認は可能である。

内分泌器官の病気

表2 猫の糖尿病の発症前後の経過

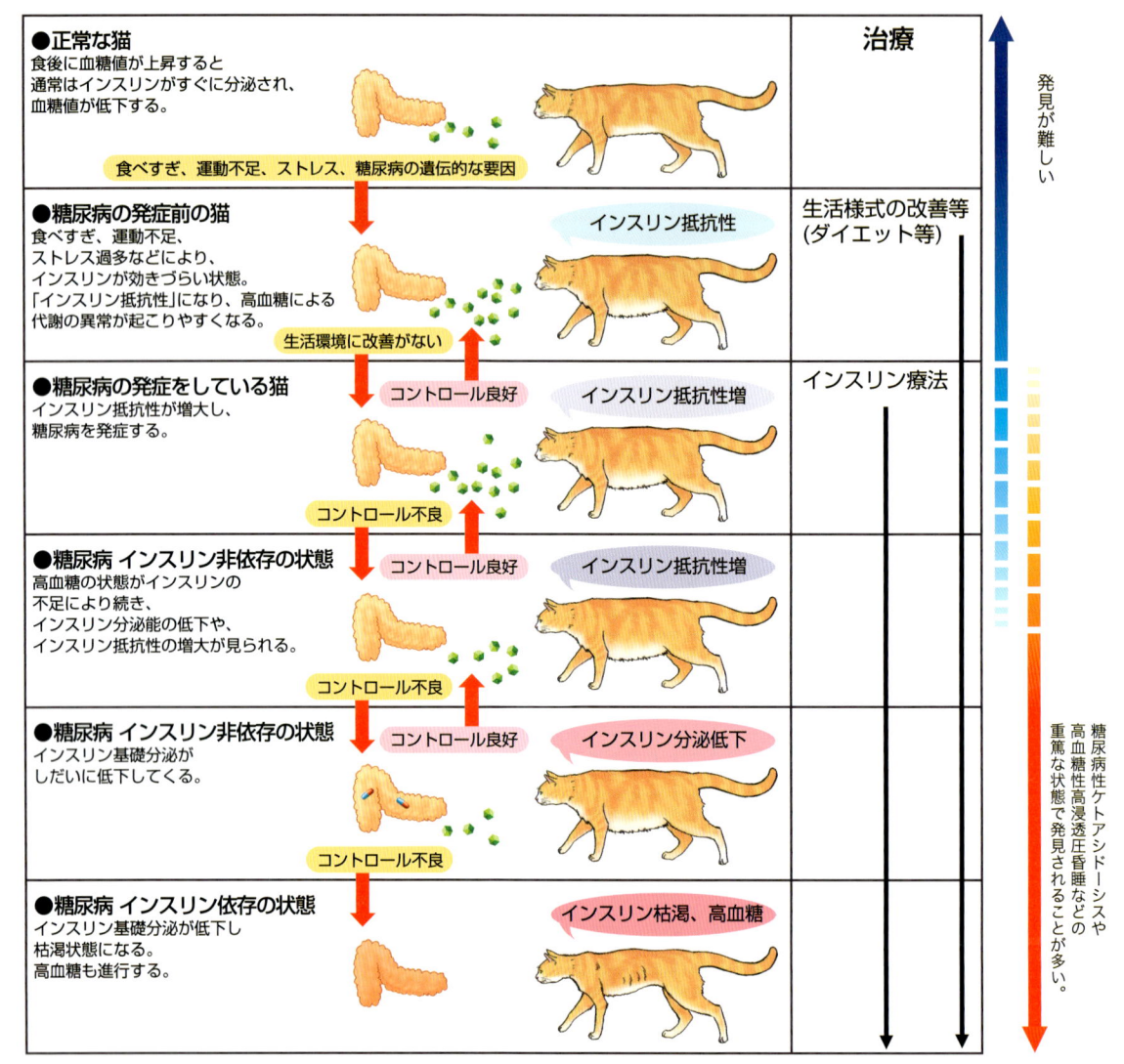

状態	膵臓/猫の状態	治療
●正常な猫 食後に血糖値が上昇すると通常はインスリンがすぐに分泌され、血糖値が低下する。		
↓ 食べすぎ、運動不足、ストレス、糖尿病の遺伝的な要因		
●糖尿病の発症前の猫 食べすぎ、運動不足、ストレス過多などにより、インスリンが効きづらい状態。「インスリン抵抗性」になり、高血糖による代謝の異常が起こりやすくなる。	インスリン抵抗性	生活様式の改善等（ダイエット等）
↓ 生活環境に改善がない ／ ↑ コントロール良好		
●糖尿病の発症をしている猫 インスリン抵抗性が増大し、糖尿病を発症する。	インスリン抵抗性増	インスリン療法
↓ コントロール不良 ／ ↑ コントロール良好		
●糖尿病 インスリン非依存の状態 高血糖の状態がインスリンの不足により続き、インスリン分泌能の低下や、インスリン抵抗性の増大が見られる。	インスリン抵抗性増	
↓ コントロール不良 ／ ↑ コントロール良好		
●糖尿病 インスリン非依存の状態 インスリン基礎分泌がしだいに低下してくる。	インスリン分泌低下	
↓ コントロール不良		
●糖尿病 インスリン依存の状態 インスリン基礎分泌が低下し枯渇状態になる。高血糖も進行する。	インスリン枯渇、高血糖	

（右側縦軸）発見が難しい ／ 糖尿病性ケトアシドーシスや高血糖性高浸透圧昏睡などの重篤な状態で発見されることが多い。

猫の糖尿病の進行：猫の代謝がヒトや犬と違い、糖質をエネルギー代謝の中心においていないため、猫は高血糖状態になりやすい。肥満や運動不足が糖尿病の発症要因としては大きい。これ以外にも感染症や重度のストレス等から、糖尿病状態に陥いることがある。治療当初はインスリン治療を必要とする場合がほとんどだが、良好なコントロールを得ることによって、インスリンの投与が不要になるほど回復する例もある。

●**治療法**：筆者らの動物病院では、初診で血糖コントロールを行っていない糖尿病猫が来院した場合、ほとんどが入院治療となる。前述のDKAのように重篤な症状が出ている場合は、集中治療室での治療となるが、それほど重症ではない場合、あるいは高血糖からくる様々な障害から立ち直った場合、すぐに家庭での管理を念頭に置いた血糖値コントロール方法の模索に入る。

まず、食事の内容と量を決定する。食事は、基本的に決められたものを与えていくようになる。人のように市販の糖尿病食のバリエーションは多くないため、ある程度限られた食事になってきてしまう。現在、糖尿病に用いられている猫用の療法食は、高繊維・低エネルギータイプのものが主流であるが、低炭水化物・高タンパク質のいわゆるインスリン節約型（低インスリンダイエット）のものも使われるようになってきている。これらの療法食の利用に当たっては、担当の獣医師とよく相談してから用いていく必要がある。良い飼料として評判の療法食も、食べてくれなければ意味がないので、猫の好みも含めて、綿密な検討が必要である。

続いて、食事に合わせたインスリンの種類と量を決定である。猫の糖尿病の治療は、基本的にインスリン治療を行う。人の場合、インスリン療法を行うのはごく一部の重症な患者だけであるが、残念なことに、猫の場合、糖尿病と発見された時点で、人でいうインスリン療法が必要な重症な症例であることがほとんどである。一般的にインスリン製剤は、長時間タイプ、または持効タイプのインスリンが用いられることが多い。多くの場合、1日2回の投与を指定されるが、場合によっては、長時間タイプのインスリンを1日1～2回、即効型のインスリンを1日2～数回といった複数の製剤を組み合わせた療法をとることもある。インスリン療法の詳細に付いては、担当の獣医師から説明を受け、よく理解した上で実行しないといけない。患猫のQOL向上のためにも、正しい知識と技術を身につける必要があり、そのためにも担当の獣医師とよく話し合い、もっとも適切と思われる方法を模索していくことが重要になってくる。

ところで、猫の場合、ストレス等から、一時的な糖尿病状態に陥っているだけのことがある。こういった場合にも、治療当初はインスリン治療が必要な場合がほとんどである。しかしながら、ストレス状態から脱し、安定してくるとインスリンの投与が不要になるほど回復する例も多々ある。このインスリン療法からの離脱は多くの糖尿病猫でその可能性があるため、糖尿病と診断されても、悲観せずにインスリン療法からの離脱ができるように、日々の管理に力を入れていただきたいと思う。

Ⅱ 甲状腺機能亢進症

図9 甲状腺の構造

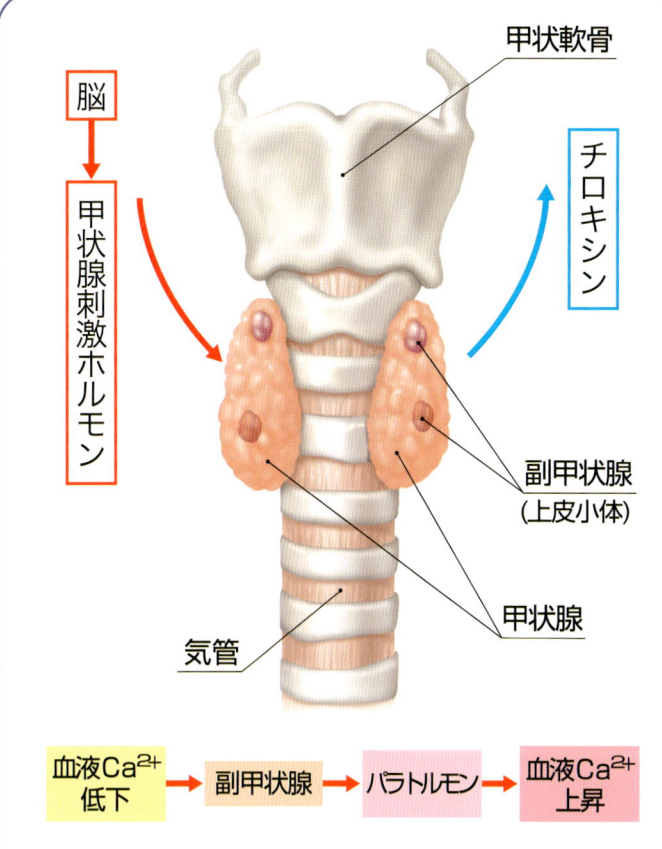

[図:脳→甲状腺刺激ホルモン→甲状腺→チロキシン、甲状軟骨、副甲状腺（上皮小体）、甲状腺、気管]

血液Ca²⁺低下 → 副甲状腺 → パラトルモン → 血液Ca²⁺上昇

甲状腺とは、動物の体の発育や新陳代謝を促進するホルモンを出す内分泌腺で、喉の気管の両脇にある。分泌された甲状腺ホルモンは、体の代謝を促進させるための触媒のような働きがある。甲状腺の機能が低下することで、基礎代謝量が低下し、元気がなくなったり、皮膚の新陳代謝が悪くなったりする。また、副甲状腺は血液中のカルシウムの量を上昇させるホルモンを分泌する。

図10 甲状腺機能亢進症の症状の一例
多くの症例に性格の変化が見られるが、怒りっぽくなったり、中には極端に攻撃的になるものもある。

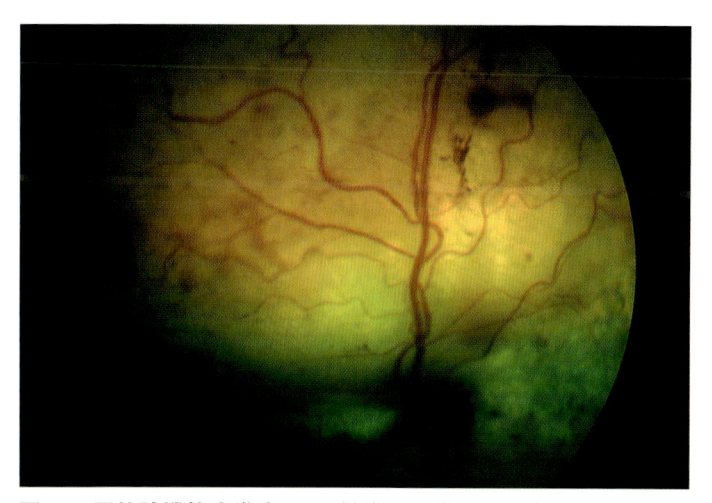

図11 甲状腺機能亢進症では、併発して発生する高血圧や腎不全から網膜剥離を起こすことがある。写真は剥離した網膜とそれに伴う出血が認められる（写真提供 日本獣医生命科学大学 余戸拓也先生）。

甲状腺機能亢進症（こうじょうせんきのうこうしんしょう）

　高齢猫でよく見られる内分泌異常症で、甲状腺ホルモンが過剰に分泌される病気である。甲状腺ホルモンを動物の活力を増進させるホルモンであり、多くの場合、猫の活性が上がり、元気がよいを通り過ぎて怒りっぽくなり、さらには凶暴性を見せることもある。

　食欲も旺盛になるが、いくら食べても太らず、かえって痩せてくることが多い。放置しておくと、心疾患や、腎疾患、さらには失明など、多くの症状を示しながら衰弱死する。このため、甲状腺ホルモンを低下させる治療を実施しなくてはならない。

　甲状腺機能亢進症は糖尿病に次いで猫に多い、内分泌疾患である。高齢なわりに元気の良い猫は、甲状腺機能亢進症罹患の可能性がある。特に歳をとってから性格が短気になったり、怒りっぽくなったりといった性格の変化があった猫に関しては要注意である。甲状腺機能亢進症は名前の通り、甲状腺と呼ばれる内分泌臓器が異常亢進を起こし、甲状腺ホルモンを大量に分泌している疾患である。

　甲状腺ホルモンは生体内で代謝を促進し、体温を上げ、動物の活性を上げさせるホルモンであるため、過剰に分泌されると、代謝が促進されすぎ、動物が衰弱していく。

●**症状**：多くの症例が性格の変化が見られる。おとなしい子が活発になったり、短気で怒りっぽくなったりする程度のものから、極端に攻撃的になるものまで様々である。筆者らの病院では、性格の変化が全くない症例も多々いるので、怒りっぽくなってないから、甲状腺機能亢進症はないと断言することはできない。

　基本的に多食傾向が見られるが、よく食べる割に痩せてくる。また、便秘や下痢と言った消化器症状を示す症例も多い。さらに、水をよく飲み尿が多いといった症状を示す個体もいる。病院での検査では高血圧が見られ、眼底出血等が起こっていることもある。また、心臓に負担が掛かることから心疾患を併発することもある。腎不全を併発することも多い。

●**治療法**：治療法には外科的な対応と内科的な対応がある。外科的な対応は、甲状腺が大きくなっていることを確認した症例に有効で、甲状腺そのものを摘出してしまう方法である。一方、内科的な方法は、甲状腺ホルモンの産生を抑制する方法で、毎日の投薬が必要になる。内科的な治療法で用いられる薬剤には、肝臓に負担をかけたり、顆粒球（白血球の一種）の減少を引き起こしたりするという重大な副作用があるため、定期的な診察を受けながら継続していく必要がある。

Ⅲ その他の内分泌疾患

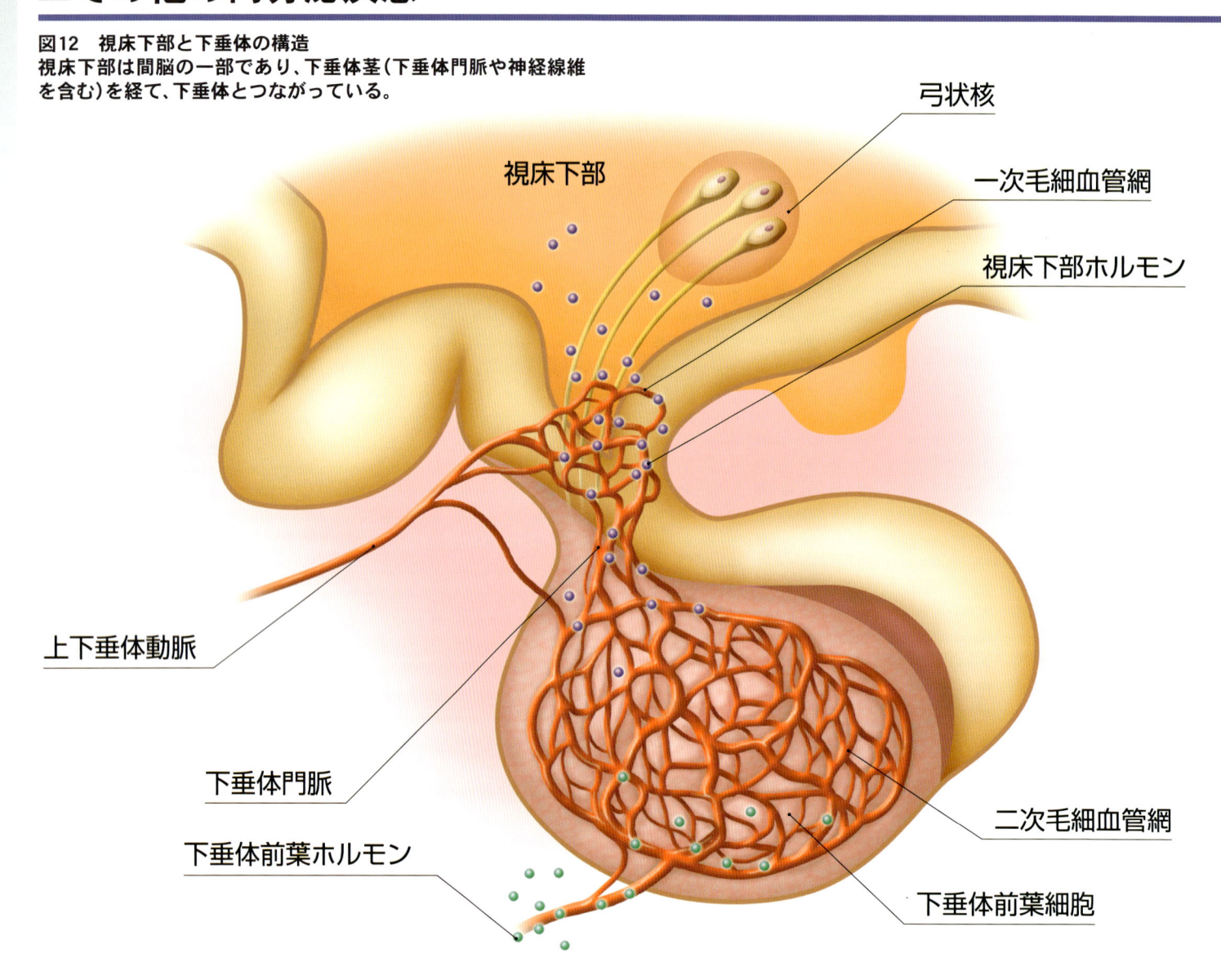

図12　視床下部と下垂体の構造
視床下部は間脳の一部であり、下垂体茎（下垂体門脈や神経線維を含む）を経て、下垂体とつながっている。

- 視床下部
- 弓状核
- 一次毛細血管網
- 視床下部ホルモン
- 上下垂体動脈
- 下垂体門脈
- 下垂体前葉ホルモン
- 二次毛細血管網
- 下垂体前葉細胞

末端肥大症（まったんひだいしょう）

　末端肥大症とは成長しても成長ホルモンの分泌が過剰なことで起こる疾病であり、猫でも稀に発生する。猫では中年から高齢の猫で見られ、雌より雄の方が、発見頻度が高いと考えられている。外見上の変化は頭部が大きくなること、下顎が前に出ること、肥満気味であることなどの特徴がある。一般に過食傾向が認められ、多飲多尿になっている。猫の場合、糖尿病が併発していることが多く、糖尿病のコントロールさえつけば、短期的には予後良好である。

視床下部ホルモン、下垂体前葉ホルモンの分泌の流れ

視床下部は上位の中枢から刺激を受けて視床下部ホルモンを作り出す。

視床下部ホルモンは、毛細血管網から下垂体門脈を通じて、下垂体前葉細胞に到達する。

視床下部ホルモンが下垂体前葉細胞と作用し、下垂体前葉ホルモンの分泌を促す。

下垂体前葉ホルモンが、全身の標的器官・細胞に運ばれる。

図13 副腎の体内の位置と構造

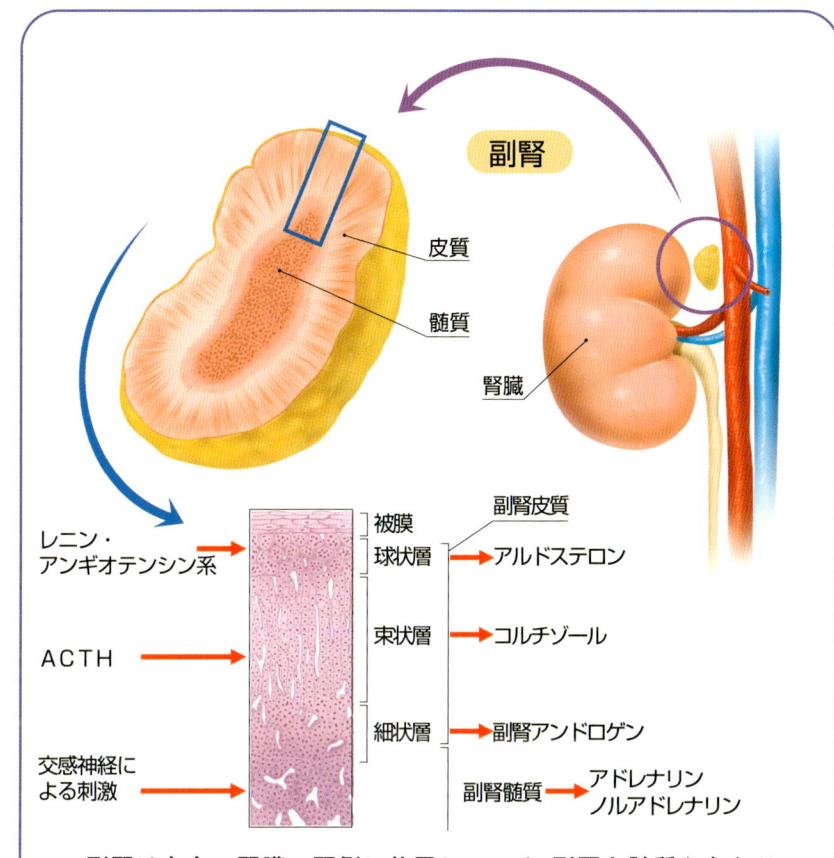

副腎は左右の腎臓の頭側に位置している。副腎と髄質からなり、ACTH（副腎皮質刺激ホルモン）によりコルチゾールが、レニン・アンギオテンシン系により、アルドステロンや副腎アンドロデン、また交感神経による刺激により髄質からはアドレナリンやノルアドレナリンが分泌される。副腎皮質からのホルモン分泌が過剰となる病気がクッシング病（副腎皮質機能亢進症）である。

クッシング症候群（くっしんぐしょうこうぐん）

副腎と呼ばれる内分泌腺からコルチゾールというホルモンが過剰に分泌される疾病で、多飲多尿、過食傾向、脱毛、腹部膨満等の体型異常が主な症状である。

犬では最もポピュラーな疾患であるが、猫では珍しい疾患である。猫の場合、特に皮膚症状が強く表れるケースが多い。また、犬の場合、診断法が確立し、様々な治療法が行われているため、罹患動物のQOLもある程度確保できる疾患になってきているが、猫の場合、まだまだ未知の部分が多く、診断治療が難しい疾病の1つでもある。

上皮小体機能低下症と亢進症
（じょうひしょうたいきのうていかしょう　こうしんしょう）

猫で稀に見られる内分泌疾患。カルシウム代謝に関与する上皮小体と呼ばれる内分泌腺の異常で、上皮小体ホルモン（PTH）の分泌が低下した状態を上皮小体機能低下症と呼び、低カルシウム血症を主な症状とする。一方、過剰に分泌されている場合を上皮小体機能亢進症と呼び、高カルシウム血症となる。

低カルシウム血症が起きた場合、初期段階では虚脱や元気消失が主な症状だが、極端に進むと痙攣や麻痺が現れる。一方、高カルシウム血症の場合、長期に及ぶと腎不全を引き起こす。

上皮小体機能低下症の治療は低下しているPTHの代わりに、活性型ビタミンDを投与することである。亢進症の場合、基本的に外科的に上皮小体を除去し、分泌量を低下させる。

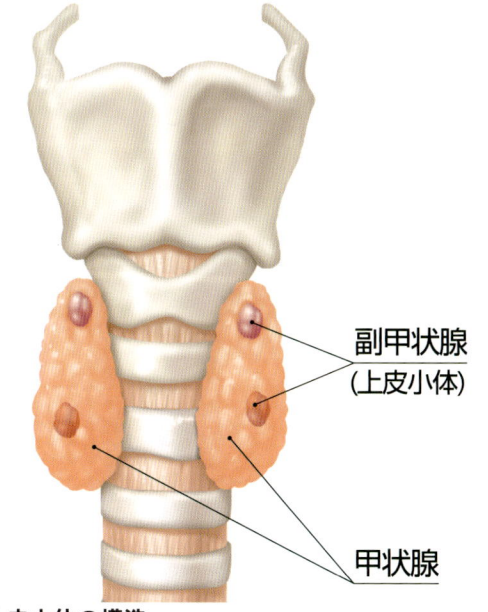

図14　甲状腺と上皮小体の構造
上皮小体は甲状腺に隣接している。猫では2対存在し、上皮小体ホルモンを分泌し、カルシウムおよびリン酸の調節を行う。

雌猫の生殖器

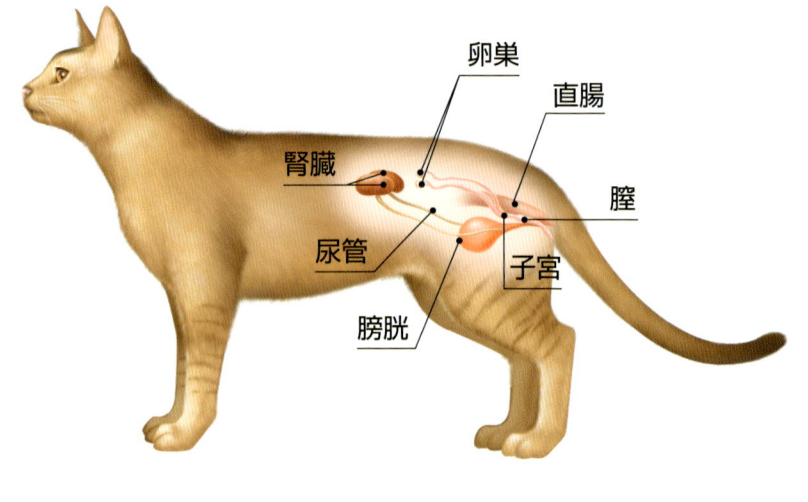

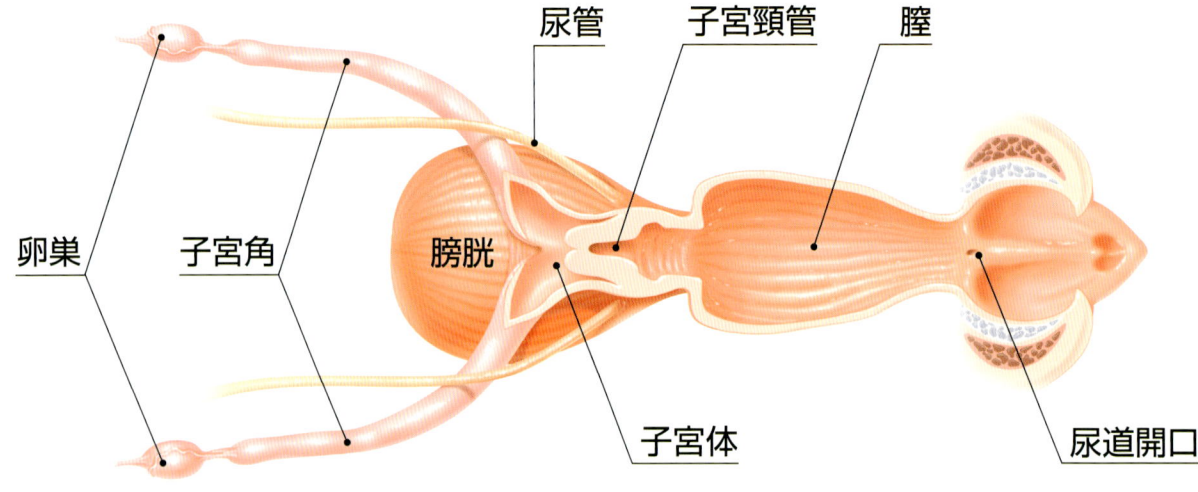

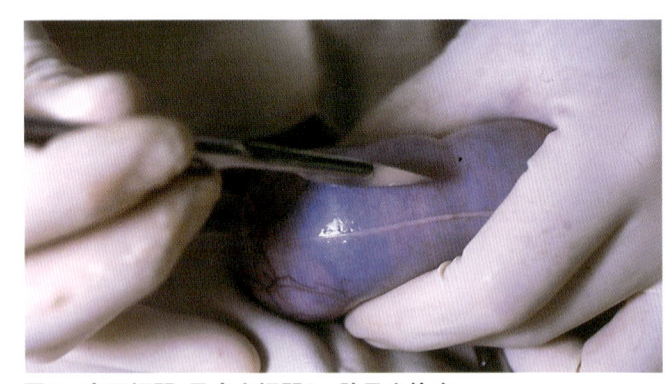

（図：雌猫の生殖器の位置）
- 腎臓
- 卵巣
- 直腸
- 膣
- 尿管
- 子宮
- 膀胱

（図：生殖器の詳細）
- 卵巣
- 子宮角
- 尿管
- 子宮頸管
- 膣
- 膀胱
- 子宮体
- 尿道開口

図1　帝王切開。子宮を切開し、胎子を娩出。

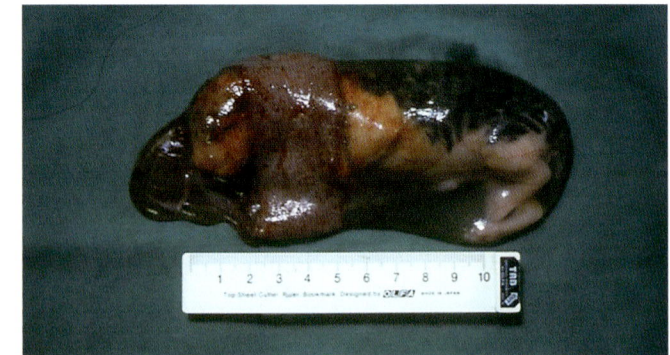

図2　取り出した胎子。羊膜に包まれ、胎盤が付着。

生殖器の病気

　猫の性成熟は雌猫で生後6〜10ヶ月、雄猫は生後6〜7ヶ月で精子は作られるが、交尾可能になるのは生後1年くらいである。猫の生殖器は、雄雌とも構造上は他の哺乳類と大差はないが、排卵に特徴がある。交尾排卵といい、交尾した刺激で排卵するので、ほとんどの場合妊娠する。多くの生殖器の病気は、避妊・去勢手術をしていない成猫や、妊娠中の猫に発症する。性成熟に達していない猫、避妊・去勢手術をしている猫には、生殖器の病気はあまり発症しないといえる。

雄猫の生殖器

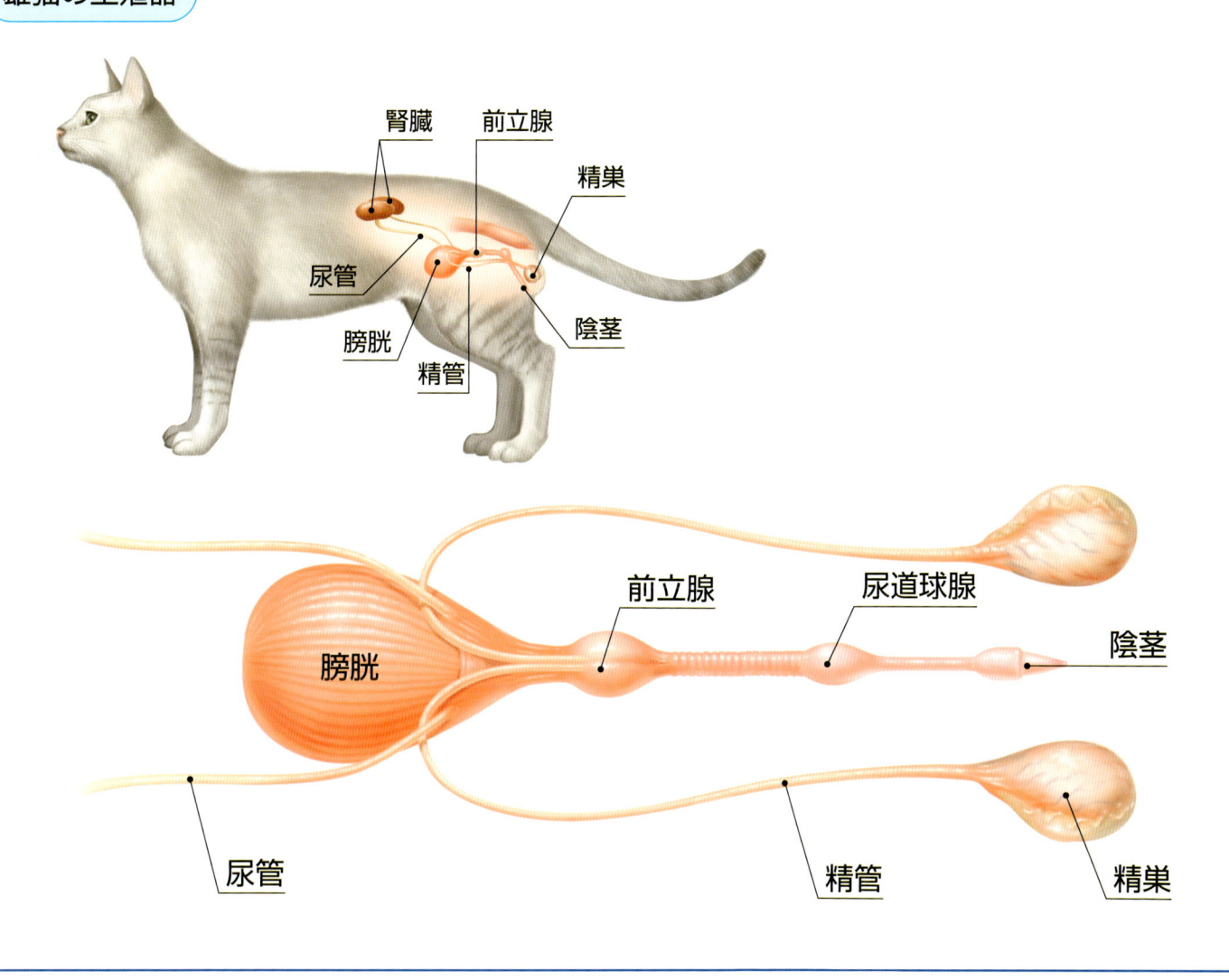

図中のラベル：腎臓、前立腺、精巣、尿管、膀胱、精管、陰茎

下図のラベル：膀胱、前立腺、尿道球腺、陰茎、尿管、精管、精巣

生殖器の病気

I 異常分娩

難産(なんざん)

- ●概要：時間のかかる困難な出産を難産という。
- ●胎子側による難産：過大胎子(胎子の育ち過ぎ)や奇形(水頭症、単眼症など)で、胎子が産道を通過できずに難産になる。
- ●母体側による難産：
- ◆陣痛微弱：慢性の病気や栄養状態が悪い時や繁殖適齢期を過ぎた猫に見られる。子宮の収縮が弱いために胎子を産道に送り出せない。
- ◆子宮無力症：老齢や栄養状態の悪い猫に見られ、分娩に時間がかかり、腹筋や子宮筋が疲労したために陣痛微弱になる。
- ◆その他：子宮捻転(子宮のねじれ)、骨盤骨折の治癒後の骨盤狭窄、鼠径部への子宮のヘルニアなどがある。

帝王切開(ていおうせっかい)

- ●概要：帝王切開は、難産で胎子を娩出できないときに、子宮を切開して胎子を取り出し、母子ともに救命する緊急手術である。難産の時は、帝王切開に移行することが多い。時間の経過とともに母子の救命率が下がるので、外科処置のタイミングが大切だ。
- ●獣医師による処置が必要な場合：
- ◆陣痛が始まっているのに、1時間以上経過しても子猫の娩出がない。
- ◆産道に子猫が留まり、介助をしても分娩できない。
- ◆一部を分娩し、その後分娩兆候がなくなり、2時間以上経過しても子宮に胎子が残っている。
- ◆第一子が生まれる前に、陰部から出血したり膿が出ている。

> **異常分娩**　最近、早期避妊手術や完全室内飼育が増えたために、一般家庭で出産に遭遇することはあまりない。室内外自由にしている猫が、飼い主が気づかないうちに初めての発情で妊娠することがある。生後7ヶ月位で出産ということもある。まだ若齢で体の成長過程であり、経験不足のために異常分娩になることが多い。出産させる予定のないときは、生後5～6ヶ月位で避妊手術をした方がいい。予期せず妊娠したときは、暖かく見守りたいものだ。

産後の病気と乳房の病気

一般に猫は人間の介助なしで分娩し、気づいたら子猫に授乳していた、というケースが多い。しかし、母猫が健康でなければ、母子ともに生命の危険にさらされることになりかねない。母乳不足や育児放棄になった子猫は、低体温で、空腹で鳴くので飼い主が気づくことが多い。このようなときは、子猫は人工哺乳に切りかえて、早急な母猫の治療が望まれる。猫と信頼関係を結んだ飼い主は、ときどき母子の状態を確認することが、産後の病気の早期発見につながる。

II 産後の病気

子宮脱（しきゅうだつ）
- **概要**：分娩中や分娩後48時間以内に強い陣痛が持続して発症する。陣痛で子宮が産道から外に反転して脱出する。
- **治療**：緊急に外科的に処置する必要がある。

胎盤停滞（たいばんていたい）
- **概要**：娩出時に臍帯が切れると胎子だけ娩出され、胎盤が子宮内に残ることがある。残った胎盤は次の娩出時に胎子に押されて出たり、数日後には自然に出るので治療の必要はない。

子宮炎（しきゅうえん）
- **概要**：分娩に長時間かかったり、難産などで子宮内膜の組織が傷ついて起こる感染症である。陰部から膿汁が出たり、発熱、元気・食欲低下、乳汁の分泌減少などの症状が出る。
- **治療**：程度により内科治療や、子宮の損傷が激しいときには外科治療で子宮摘出を行う。初期治療が大切である。

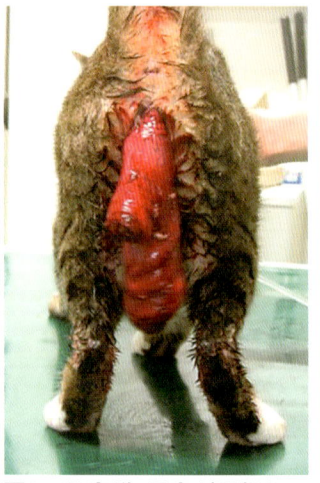

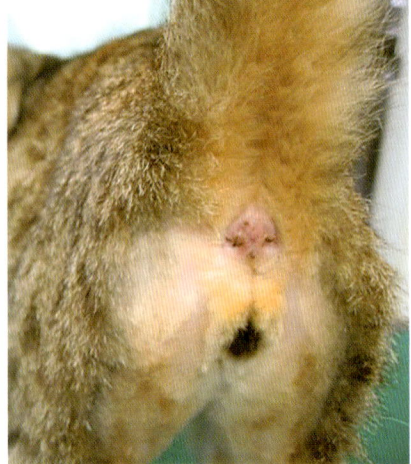

図3　子宮脱。子宮が反転して脱出。

図4　子宮脱手術後10日目。

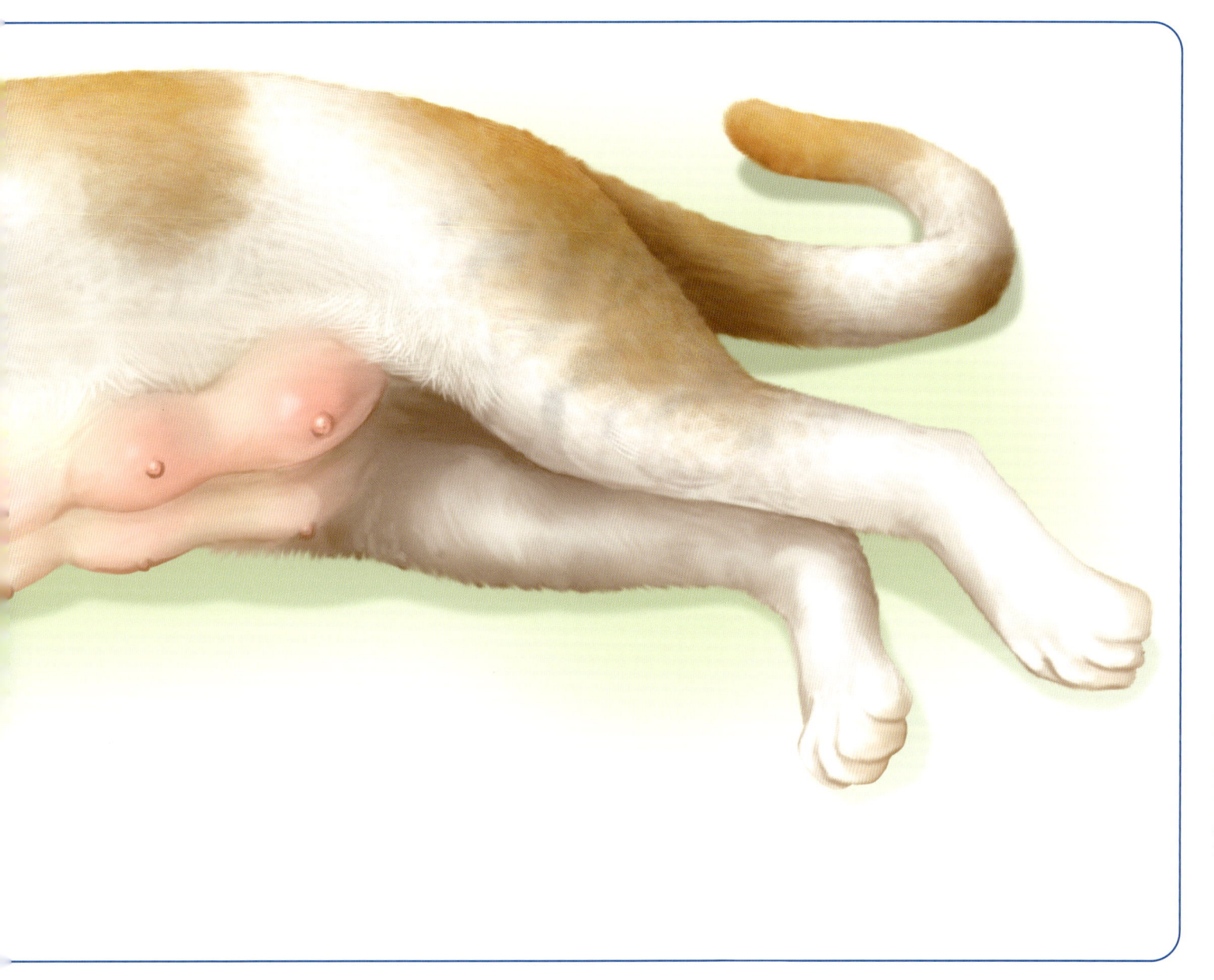

III 乳房の病気

●概要：乳房の病気は腫瘍以外に扱う項目がないので、ここでは生殖器に準ずるものとして述べる。乳腺の病気は早期発見・治療をしないと母子猫ともに生死にかかわることがある。偽妊娠では犬と違い猫は乳腺組織の発育はない。

急性乳腺炎（きゅうせいにゅうせんえん）

●概要：猫は犬に比べると乳腺炎の発症は少ないが、特に産後は注意したい病気である。細菌の感染により発症し、一部の乳房が熱をもち、腫脹し、疼痛がある。乳汁は粘性をおび、血液や膿が混じり、黄色から褐色まで変化する。
●治療：子猫はただちに人工哺乳に切りかえ、母猫の治療をする。慢性乳腺炎として、自身の乳房をサッキング（吸飲。154ページ参照）し続けたために発症した例もある。内科治療と腹帯を使用することで解決する。重症になると、外科的処置が必要になる。

無乳症（むにゅうしょう）

●概要：分娩後に泌乳がないことで、若齢や神経質な猫の初産時、帝王切開、ストレスなどで発症する。
●治療：頻発するものではないが、有効な治療法はない。子猫は人工哺乳に切りかえる。

うつ乳症（うつにゅうしょう）

●概要：乳頭の奇形のために子猫が吸飲しなかったり、子猫の死亡などの急激な哺乳停止などで発症することが多い。乳房が腫大し硬くなり、熱感があり、乳汁分泌が停止する。
●治療：40℃くらいに温めた蒸しタオルでマッサージをして軽く搾乳し、改善されなければ、子猫を人工哺乳に切りかえ、薬物による内科療法になる。

乳腺腫瘍（にゅうせんしゅよう）

●概要：乳腺腫瘍は猫に多発する腫瘍だが、80％以上が悪性で転移しやすい（詳しくは130ページ参照のこと）。

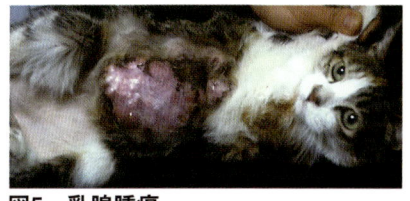

図5　乳腺腫瘍。

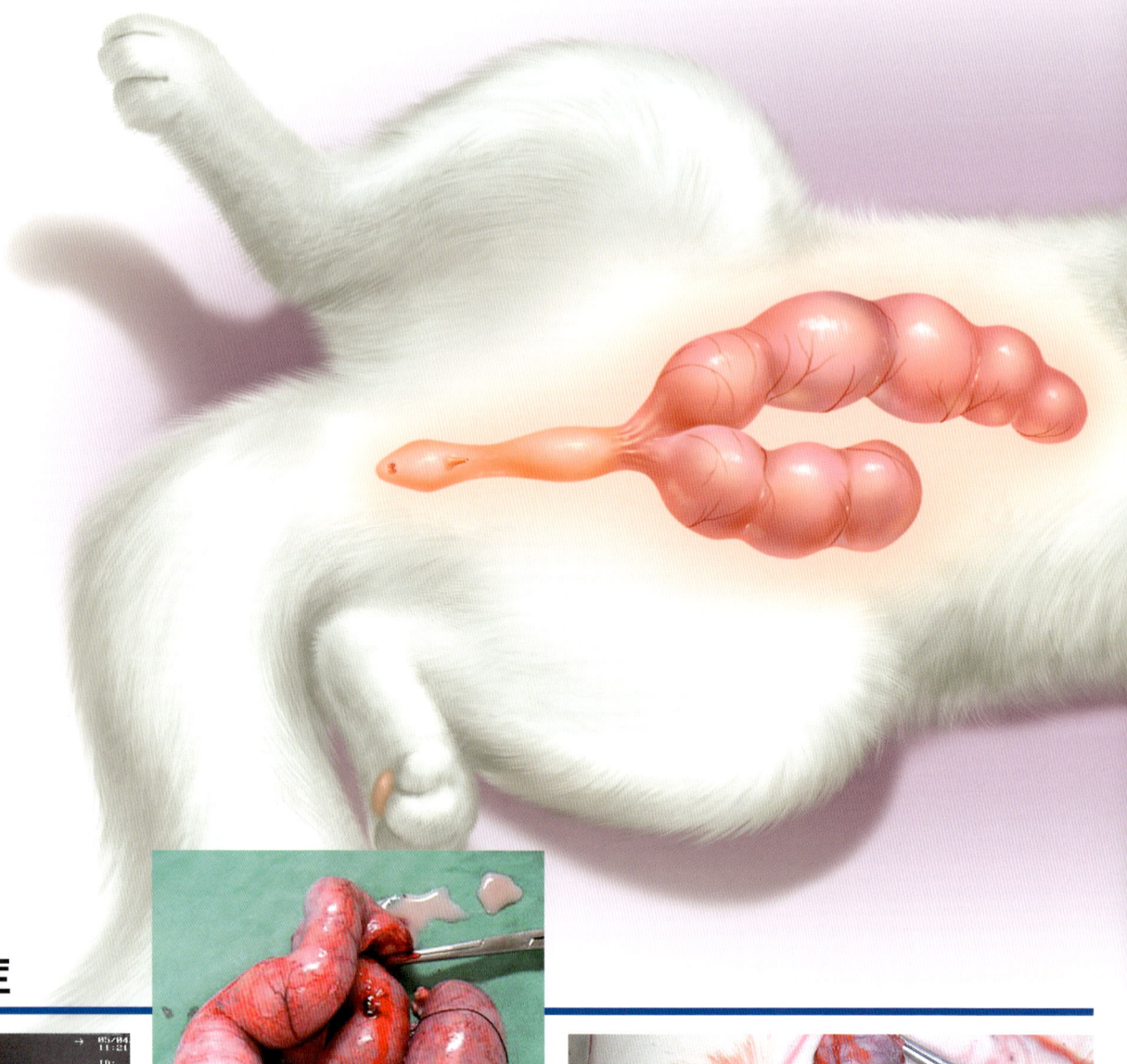

Ⅳ 子宮蓄膿症

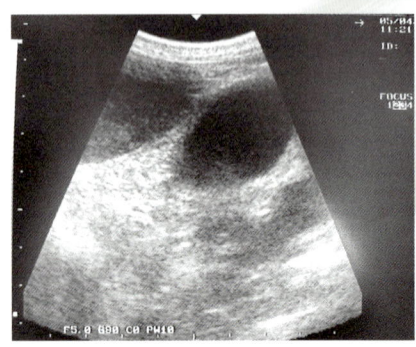

図6　子宮蓄膿症のエコー画像。黒く見える部分に膿が貯蓄

図7　摘出した子宮。

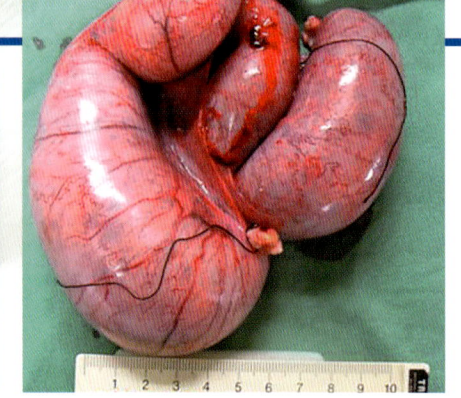

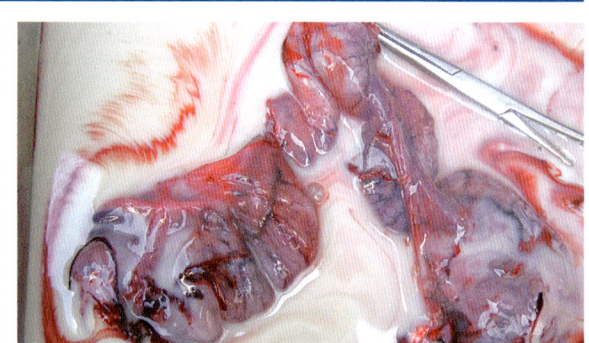

図8　貯留した膿瘍物と、子宮内膜の過形成。

子宮蓄膿症（しきゅうちくのうしょう）

- **概要**：子宮蓄膿症は子宮内に膿が貯留し、子宮内膜に嚢胞性増殖が見られる病気である。発情終了後始まり、どの年齢の雌猫にも発症する。
- **原因**：雌猫に発情がくると、黄体から産出されるプロジェステロン（女性ホルモン）の作用で、子宮内膜が肥厚し受精卵を着床しやすくしたり、子宮頸管が拡張したりする。膣や外陰部に存在する細菌（80％が大腸菌）が、拡張した子宮頸管を通って子宮に達し、細菌感染が起こる。発情が終わると子宮頸管が閉鎖し、子宮に閉じこめられた細菌の増殖で発症する。
- **症状**：進行の程度により異なるが、一般的に食欲不振、元気消失、発熱、腹部膨満、まれに陰部の汚れなどが見られる。重症の場合は嘔吐、脱水、貧血、体温の低下などが見られ緊急処置が必要だ。
- **治療**：外科的に卵巣と子宮の摘出手術が第一選択である。脱水や低体温などに対する対症療法は外科処置と並行して行う。麻酔に耐えられない重症例には、一時的にホルモン療法を行い、排膿させることもある。
- **その他**：予防は避妊手術しかない。発情後に発症することが多いので、腹部の膨満を妊娠と間違えないこと。特に早期発見が大切だ。猫用発情抑制剤をインプラントしている猫は、発情がこなくてもインプラント後1年以内に摘出して交換しないと、子宮蓄膿症になりやすいので注意すること。

子宮蓄膿症と生殖器の腫瘍

雌猫の乳腺腫瘍は、臨床上たびたび遭遇する。雌犬は最初の発情の前に避妊手術をすれば、90％以上乳癌の発症を抑えることができるが、猫には当てはまらず、現在まで学術報告はない。筆者の伴侶だった猫は生後6ヶ月で避妊手術をしたが10才で乳癌が発症し、摘出後肺への転移で亡くなった。長寿化する現在では、ますます発症が増加するので、飼い主は日頃のスキンシップで早期発見に心がけ、早期治療につなげたいものである。

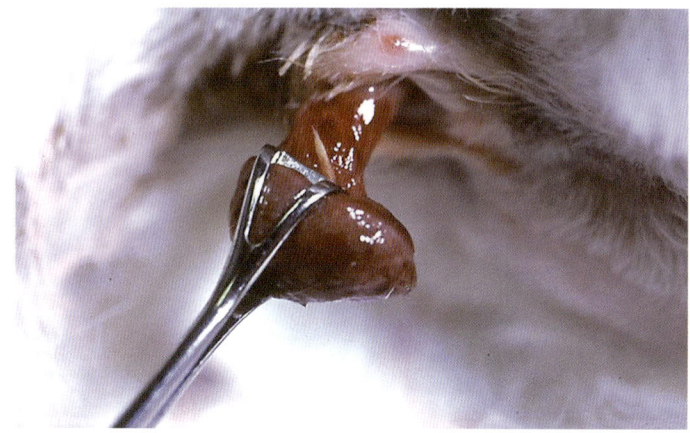

Ⅴ 生殖器の腫瘍

図9　膣に発生した平滑筋腫。

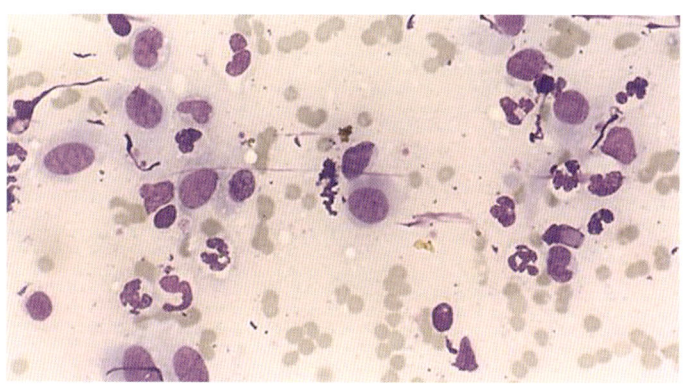

図10　平滑筋腫の細胞診。

生殖器の腫瘍（せいしょくきのしゅよう）

●**概要**：腫瘍は良性腫瘍と悪性腫瘍（癌）に分けられ、体のほとんどの部分に発症する。猫の腫瘍は、犬に比べると悪性のことが多い。最近、猫の寿命が延びたので、腫瘍の発症率は上がっている。生殖器の腫瘍は雌猫に発生が多く、子宮、卵巣、膣などに発症する。卵巣の腫瘍は、顆粒膜細胞腫が最多で腺腫、腺癌などがある。子宮の腫瘍は平滑筋腫が最多で、線維腫、腺癌、腺腫、脂肪腫などがある。膣は、平滑筋腫、肉腫、線維腫、脂肪腫などがある。

●**原因**：遺伝的要因、ホルモン、紫外線、寄生虫、ウイルス、外傷、食品添加物、化学物質、ストレス、免疫力の低下などさまざまな原因が挙げられる。

●**症状**：初期には症状はほとんどない。避妊手術をしたときに偶然見つかることがある。進行すると陰部から出血することがあるが、猫はグルーミングできれいにしてしまうので、日常の観察が大切だ。進行すると、食欲不振、元気喪失、削痩、貧血、腹水、腹部膨満、排尿排便困難、血尿などさまざまな症状が見られる。

●**治療**：早期発見・早期治療が大切だ。外科的に切除し、抗癌剤を使うのが基本だが、転移の有無、腫瘍の種類、猫の年齢などを考えて、いかにして楽に余生を過ごすことができるか、快適な生活環境の提供などを考え、対症療法を行うことも大切だ。

卵胞嚢腫（らんほうのうしゅ）

- **概要**：卵胞嚢腫とは多数の卵胞が発育して、卵巣が肥大する病気で、片側または両側の卵巣に発症する。猫での発症はまれだが、子宮内膜炎や子宮蓄膿症と併発することがある。
- **原因**：加齢やホルモンの異常が原因と考えられる。発情が持続するので飼い主が気づくことが多いが、避妊手術をして見つかることもある。
- **治療**：治療は外科的に摘出する。

卵巣腫瘍（らんそうしゅよう）

- **概要**：最も多いのは顆粒膜細胞腫で、腺腫、腺癌などがある。初期はほとんどの場合無症状で、X線やエコーなどで検査したときに見つかることが多い。
- **治療**：治療は外科的に摘出し、抗癌剤を使用する。

卵巣遺残症候群（らんそういざんしょうこうぐん）

- **概要**：避妊手術をしているのに、卵巣の一部を残したので、発情がくることがある。残存卵巣に卵胞が発育して、術後1～2年に見られることが多い。その後正常な発情を繰り返す。
- **治療**：治療には再手術で、遺残した卵巣を取り除く。

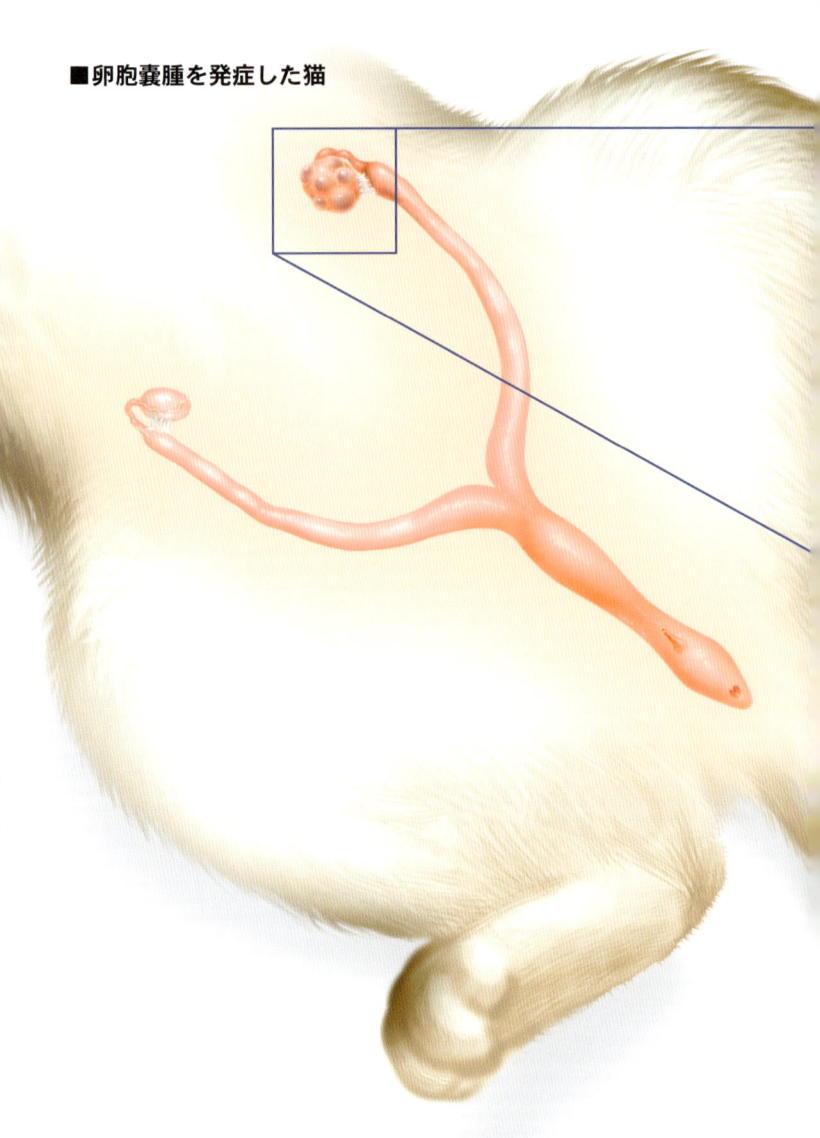

■卵胞嚢腫を発症した猫

Ⅵ その他の重要な生殖器の病気

潜在精巣（せんざいせいそう）

- **概要**：片側もしくは両側の精巣が陰嚢内に降りてこないことを潜在精巣という。片側潜在精巣の時は、下降している精巣では精子が作られているので、雌猫を受胎させることは可能だが、遺伝疾患なので、繁殖に供用しないこと。腹腔内に両側の精巣が停留している場合は、精子は作られないがホルモンは分泌されているので、発情はくる。
- **治療**：精巣を外科的に摘出する。

陰茎の血腫（いんけいのけっしゅ）

- **概要**：猫には下部尿路疾患（FLUTD。76ページ参照）が多発する。特に雄猫は尿道閉鎖になると、しつこく陰茎を舐めるので、陰茎が腫れて炎症が起こり、血腫になりやすい。
- **治療**：原病の治療を行い、舐めなくなると改善する。

精巣炎（せいそうえん）

- **概要**：精巣炎は、主として外傷からの細菌感染で発症する。
- **症状**：両側または片側の精巣が腫大し、発熱、倦怠感、疼痛がある。
- **治療**：急性では冷湿布を施し薬物療法になる。慢性では根治しにくく、外科的処置になることがある。

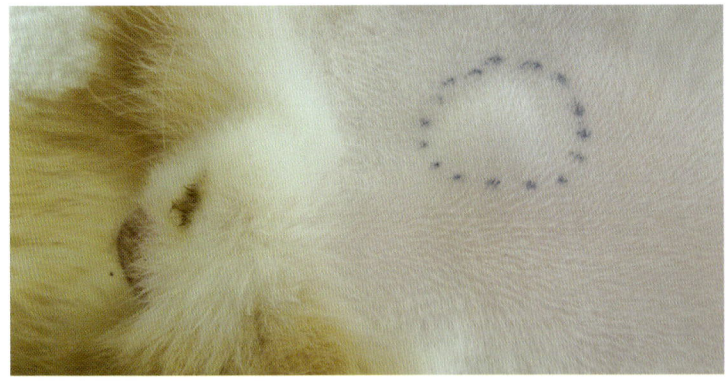

図11　鼠径部にある潜在精巣。○で囲んだ場所に精巣停留。

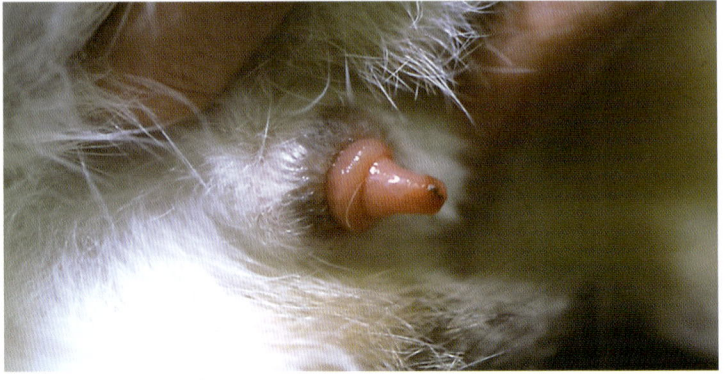

図12　陰茎の血腫。血腫により先端が腫脹。

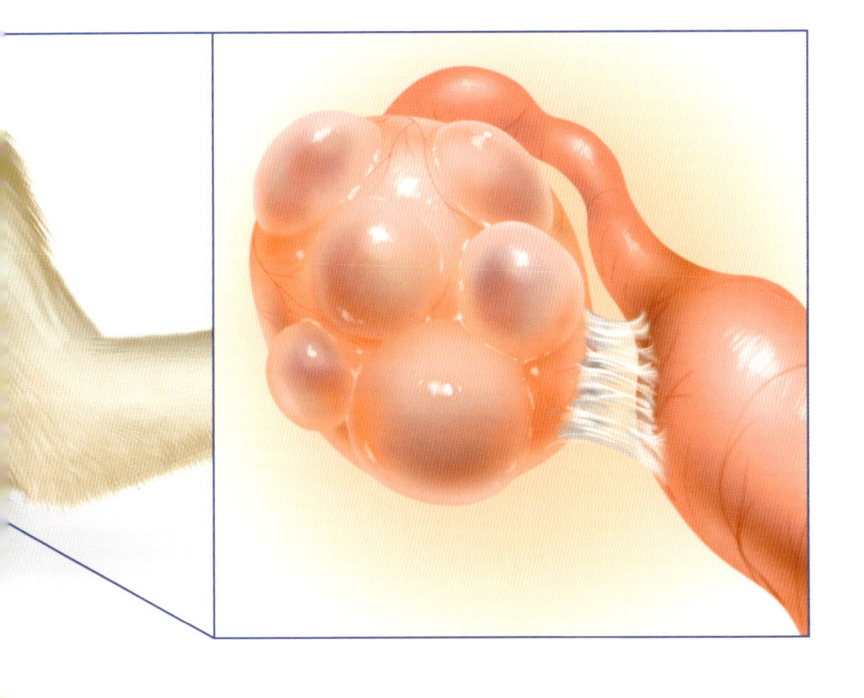

卵巣と精巣

　雄犬はシニアになると、副生殖器である前立腺の肥大・膿瘍・腫瘍の発症が多くなる。ホルモンが関与しているので、去勢した犬には前立腺肥大は発症しないが、猫は去勢手術をしてもしなくても発症しない。雄猫に発症しない理由は、まだ解明されていないようだ。いずれにしても、シニアになってから多発する前立腺肥大に悩まされることがないのは、雄猫の飼い主の特権とでもいえるのかもしれない。

包皮の癒着による尿閉

●概要：母猫のいない離乳前の複数の子猫を育てる時に、母猫の乳頭と間違えて他の雄の子猫の陰部を吸う（サッキング）子猫がいる。サッキングのために包皮に傷がつき、その部分が癒着してしまい尿閉を起こすことがある。外科的に包皮形成を施し、尿閉の改善をさせなければ生命にかかわる。複数の子猫を育てる時にサッキングをしているならば、1頭ずつ分けて飼育する必要がある。

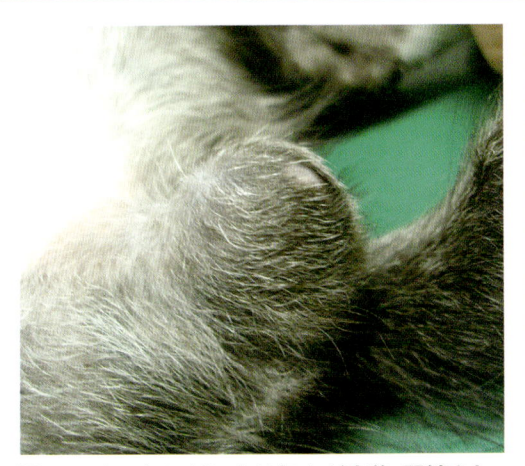

図13　サッキングにより包皮が癒着・閉鎖され、包皮内に尿が充満。

図14　排尿できるように外科的に包皮を形成。

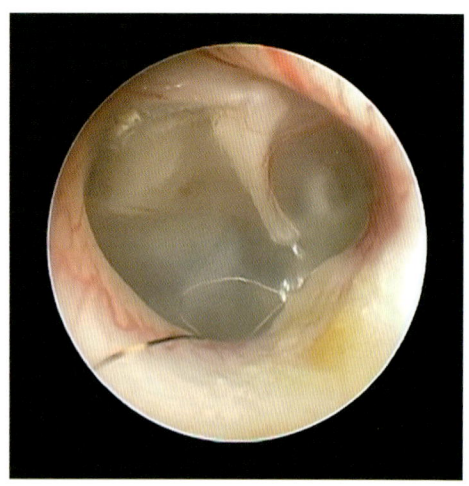

正常な鼓膜(右)。

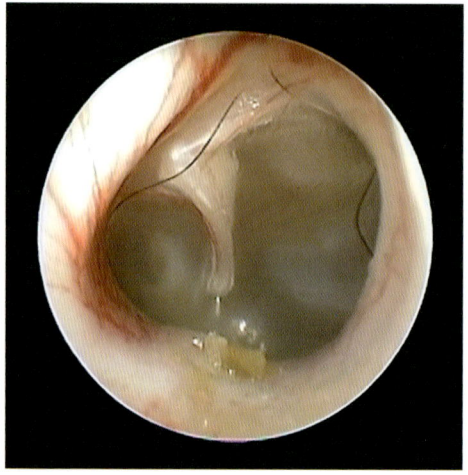

正常な鼓膜(左)。

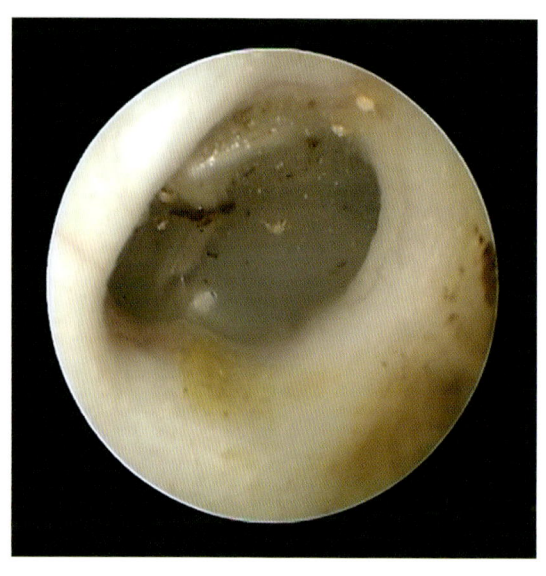

鼓膜をはうミミヒゼンダニ。

I ミミヒゼンダニ(*Otodectes cynotis*)による耳炎

●**原因**：ミミヒゼンダニ(0.3〜0.4mm)が外耳道の皮膚の表面に寄生し外耳炎を起こす。罹患動物との接触により容易に伝播する。とくに新生仔は、授乳中に母猫からうつされる。また同居猫も容易にうつされる。

●**特徴**：たくさんのミミヒゼンダニが寄生している場合は、耳垢を注意深く観察するとダニを確認することができる。ミミヒゼンダニが耳垢腺を刺激するため、外耳道にはたくさんの黒褐色の耳垢がたまる。猫は痒みのために、耳介を後肢で掻き、治療が遅れると耳血腫を起こすこともある。

●**進行状況および治療**：不適切な耳処置により慢性化するので初期治療が大切である。外耳道および鼓膜からミミヒゼンダニを完全に除去し、鼓膜周辺を徹底的に清潔にする。あわせて薬物療法(殺ダニ剤)が必要である。イベルメクチンやフィプロニル＋メトプレンなどが有効である。また抗生物質の投与も行う。鼓膜周辺の処置が不十分だと、慢性的な外耳炎へと進行し炎症が続き中耳炎に発展するケースも多い。鼓膜周辺の処置はVideo Otoscope(耳内視鏡)を用いると安全で確実である。

●**予防**：ミミヒゼンダニに感染している動物と接触させないことが大切。猫が耳を掻き耳介や耳道に黒褐色の耳垢が認められたら、早めに獣医師の診察を受ける。もしもミミヒゼンダニの感染が確認されたら、他の同居動物も同時に治療を開始し隔離する必要がある。

耳の病気

　耳炎は、炎症が起こる部位により外耳炎、中耳炎、内耳炎に大別される。外耳炎はミミヒゼンダニ(*Otodectes cynotis*)、マラセチア(真菌)、細菌などの感染に起因する。再発し慢性化するものは、基礎疾患としてアレルギーやアトピーおよび食物有害反応などが関与していることが多い。中耳炎は鼻腔や咽頭の炎症が耳管をへて中耳炎を起こす場合が多い。またミミヒゼンダニなどによる慢性外耳炎が悪化し鼓膜を破り、中耳炎へと進行することもある。内耳炎では、斜頚、眼振、運動失調などが認められる。

■猫の耳の構造

- 外耳
  - 耳介
  - 耳介軟骨
  - 垂直耳道
  - 水平耳道
  - 輪状軟骨
- 側頭筋
- 頭蓋骨
- 脳
- 内耳
  - 半規管
  - 前庭
  - 蝸牛
- 側頭骨錐体部（側頭骨岩様部）
- 耳管
- 中耳
  - 鼓室中隔
  - 鼓室胞
  - 耳小骨
    - アブミ骨
    - ツチ骨
    - キヌタ骨
  - 鼓膜

耳の病気

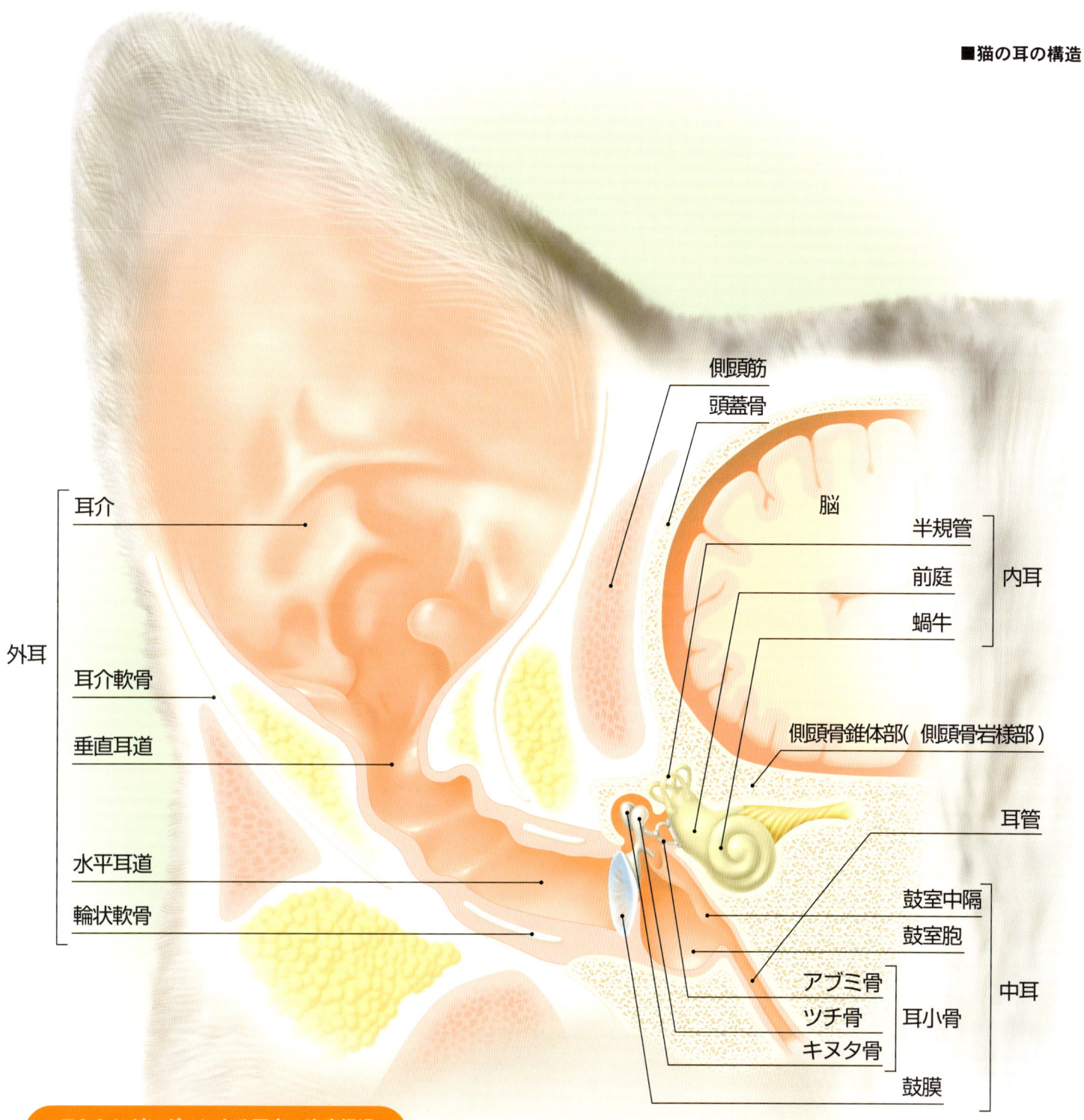

■ミミヒゼンダニによる耳炎の治療経過

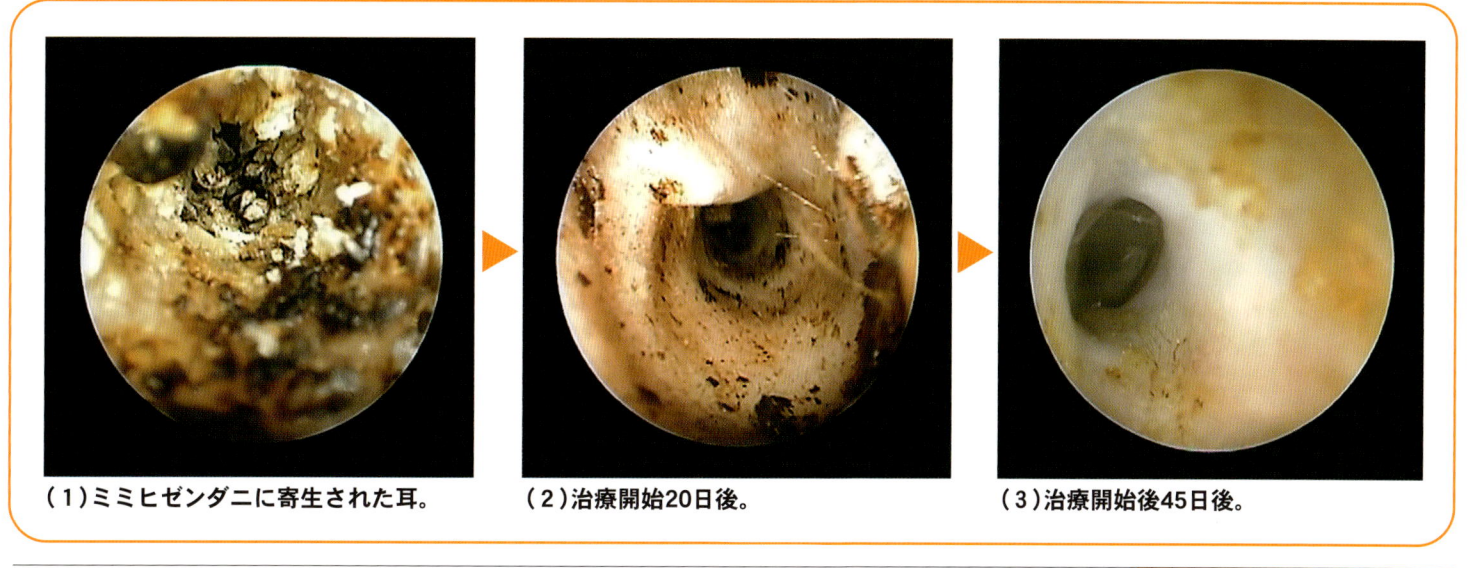

（1）ミミヒゼンダニに寄生された耳。

（2）治療開始20日後。

（3）治療開始後45日後。

II 食物有害反応による耳炎

- **原因**：食物有害反応(食事不耐性、食事アレルギー)に起因する耳炎。ある特定の食物を摂取することで、耳道や鼓膜周辺に炎症が起こる。
- **特徴**：特定の食物を食べると、耳介や耳道に黒褐色や茶褐色の耳垢がたまり、通常の外耳炎処置だけでは改善しない。耳垢の細胞診ではマラセチアを多数検出することが多い。
- **進行状況および治療**：除去食を与える。また原因となる食物をつきとめ、それらを除いた食餌を与える。食餌を改善すると徐々に快方に向かうが時間がかかるため、飼い主の理解と努力が必要となる。あわせて、耳道内および鼓膜周辺を徹底的に清潔にする。鼓膜の治療は、Video Otoscopeを使うと可視下で安全に確実に治療できる。同時に抗真菌剤と抗生物質を投与する。抗真菌剤はイトラコナゾールが有効である。猫にはケトコナゾールは肝毒性があるので使用すべきではない。原因となる食物が確定できない期間は、加水分解タンパク食などに変更し、他の食品をいっさい摂取しないようにする。食物有害反応は下痢や吐き気などの消化器症状が目立つが、耳だけに出現する場合もある。
- **予防**：アレルギー検査を実施し、原因となる食物を探し出す努力をする。原因となる食物が特定できれば、いっさいの食餌からその食物を排除する。また、このような体質の猫は、ハウスダストや草花など他の環境要因にも感受性が高いことが多いので、生活環境を含め対策を講じる必要がある。

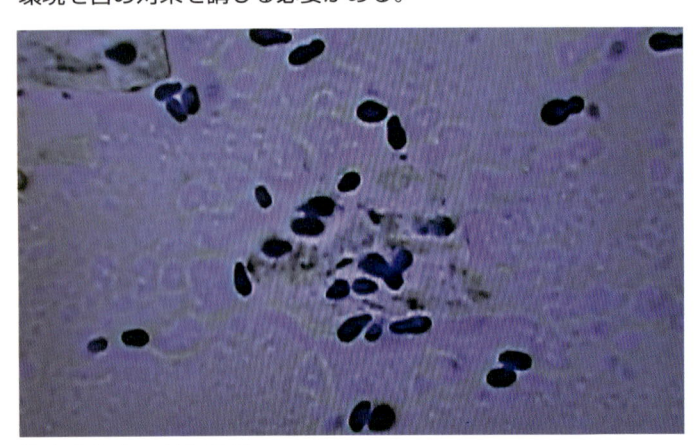

■中耳炎を発症した猫

検出されたマラセチア。

■食物有害反応による耳炎の治療経過

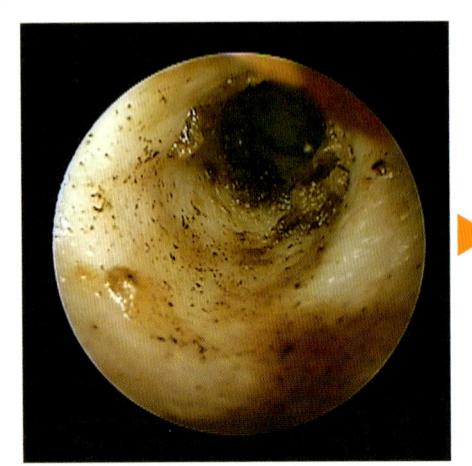

食物有害反応による耳炎。 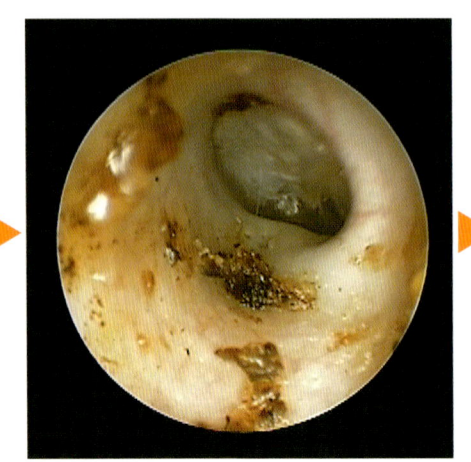 ▶ 洗浄中。 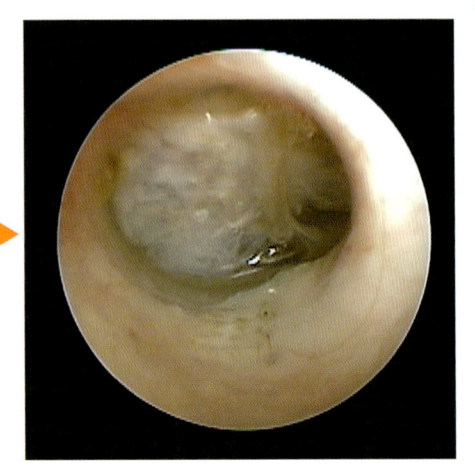 ▶ 洗浄後。鼓膜は厚い。

Ⅲ 中耳炎（ちゅうじえん）

- **原因**：慢性の鼻腔炎や咽頭炎が原因で炎症が耳管をへて中耳炎を起こす。ウイルス性呼吸器感染症などが悪化し誘引となる。また、ミミヒゼンダニの寄生などで外耳炎が慢性化し、鼓膜が破れ中耳炎を併発することもある。
- **特徴**：鼓室が炎症性物質などで満たされ鼓膜が破れ外耳に溢れる。また外耳炎が悪化し、鼓膜が破けて鼓室まで炎症が進行する。患猫は、初期には痛みと痒みのために耳を振ったり掻いたりするが、症状が進むと、じっと耐えて不機嫌になる。頭部を触られると攻撃的になる。
- **進行状況および治療**：鼓膜がある場合は、Video Otoscopeを使い、必要に応じて鼓膜を切開し、鼓室にたまった炎症物質を除去し細胞診および細菌培養を実施する。検査結果により適切な抗生物質を使う。鼓室は安全な洗浄液や生理的食塩水などで慎重に洗浄する。
　また、慢性外耳炎から中耳炎を併発した場合にも、同様に中耳の分泌物を精査する。Video Otoscopeを使い、耳道内にたまった分泌物を取り除き、丁寧に洗浄し鼓室内を清潔に保つことが肝要である。中耳は呼吸細胞なので定期的に洗浄するとコントロールできる。
- **予防**：鼻腔炎や咽頭炎が悪化し慢性化しないように早めに適切に治療する。ミミヒゼンダニなど外耳炎の早期発見と適切な治療が大切である。

Video Otoscope（ビデオ耳鏡・耳内視鏡）

Video Otoscopeは、耳道や鼓膜や鼓室を精査し、洗浄して耳垢などの汚れを徹底的に排除するのに優れた耳鏡である。とくに鼓膜周辺の死角となる部分の汚れや盲目的な洗浄では取れない耳垢などを撤収するのに便利である。また慢性化した耳炎では、耳道や鼓膜は脆弱で出血しやすく、Video Otoscopeによる可視下での処置は極めて安全で確実である。

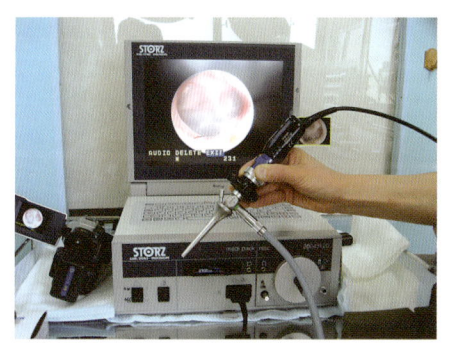

耳の中をリアルタイムで見られる。

■中耳炎の治療経過-1

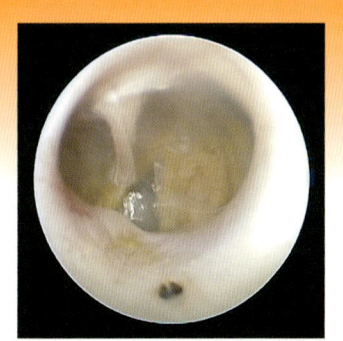

鼻炎から中耳炎を併発（左耳）。 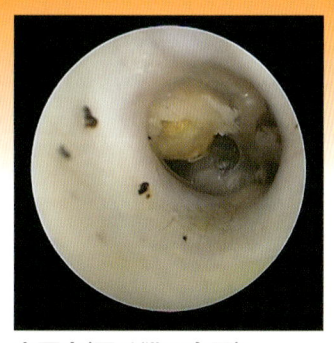 | 中耳炎（同じ猫の右耳）。 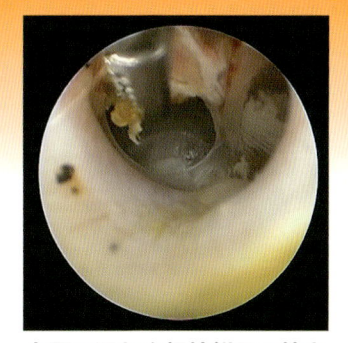 | 中耳の汚れを把持鉗子で摘出。 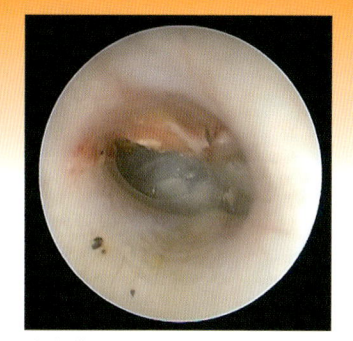 | 洗浄後の中耳。

■中耳炎の治療経過-2

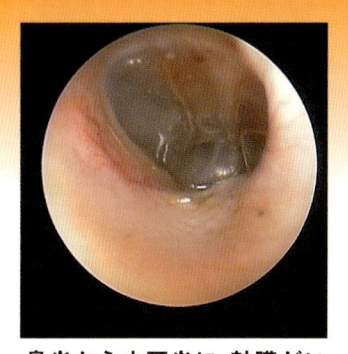

鼻炎から中耳炎に。鼓膜がいびつ。 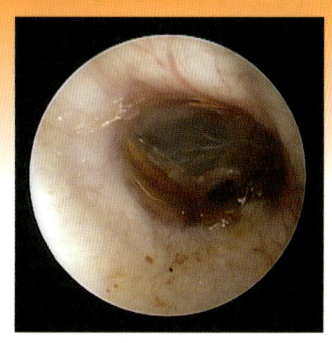 | 鼓膜切開後8日。 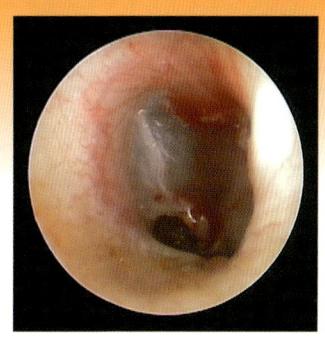 | 同日洗浄後の鼓膜。 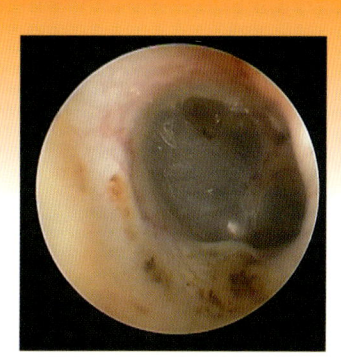 | 切開後22日。鼓膜が再生。

■耳の先端に扁平上皮癌を発症した白猫

Ⅳ 日光性皮膚炎（にっこうせいひふえん）/扁平上皮癌（へんぺいじょうひがん）

- **原因**：毛が薄くメラニンが少ない白い耳介が、日光の刺激を受けることで発症する。
- **特徴**：痂皮（かひ）を形成して潰瘍性病変を伴い増殖性を示す。日光性皮膚炎から扁平上皮癌に移行しやすい。耳介のほか、色素をもたない鼻や眼瞼の皮膚や口唇周囲にも発症する。
- **進行状況および治療**：紫外線の繰り返しの暴露により、初期には表皮の肥厚と表在性の血管周囲炎が見られる。前癌性病変（光線角化症、表皮内有棘細胞癌）や扁平上皮癌に移行しやすく、白色の老齢猫に多い。早めに発見し外科的に患部の耳介を切除する。
- **予防**：紫外線への暴露をさけ室内飼育とする。日光浴を禁止する。

耳のそうじは危険!?

　自宅で猫の耳介を拭くことは危険である。通常、耳垢の色は薄く少量で、耳道内や鼓膜はきれいである。耳介の汚れがめだつときは外耳炎の疑いがあり、汚れは鼓膜周辺におよんでいる。すなわち目に見える範囲の清拭だけでは、効果が乏しい。猫の耳道は、垂直耳道と水平耳道に分かれ、水平耳道は短くすぐに鼓膜に行き当たる。不適切な処置で鼓膜を傷つけることもまれではない。猫は痛みのために抵抗するが、鼓膜を損傷しても気づかない飼い主も多い。したがって耳介が汚れている場合、ガーゼや綿棒やティッシュなどを使い清拭することは慎むべきであり、早めに獣医師の診察を受け適切に処置することが望ましい。

Ⅴ 関連する病気

耳道内の腫瘍(じどうないのしゅよう)

●概要:慢性耳炎が続き完治しない場合は、耳垢腺腫や耳垢腺癌や扁平上皮癌の可能性もある。

耳垢腺癌(じこうせんがん)

●概要:慢性耳炎がある老齢猫に見られる。悪臭のある化膿性で血の混じった分泌物がある。侵された部位により症状はさまざまで、顔面神経麻痺、斜頸、瞳孔不同、運動失調などが認められることがある。多くは浸潤性であり血管への浸潤やリンパ節への転移も見られる。レントゲンやCT検査が必要である。全耳道切除や鼓室骨切除など外科的治療が必要である。外科切除後に放射線治療も行われる。あわせて消炎剤や抗生物質なども投与する。

耳垢腺腫(じこうせんしゅ)

●概要:慢性耳炎がある中年から老齢猫に見られる。Video Otoscopeを用いて徹底した耳洗を行い、細胞診や生検により診断する。レントゲンやCT検査も必要である。洗浄を繰り返した後、レーザーによる処置や外科処置も考慮する。あわせて消炎剤や抗生物質なども投与する。

扁平上皮癌(へんぺいじょうひがん)

●概要:慢性耳炎がある老齢猫に見られ、臨床的には耳垢腺癌とよく似ている。急激に運動失調、瞳孔不同、斜頸、流涎などが見られる。レントゲンやCT検査が必要である。治療は耳垢腺癌と同様、全耳道切除や鼓室骨切除など外科的治療が必要であり、外科切除後に放射線治療も行われる。あわせて消炎剤や抗生物質なども投与する。

ポリープ(非腫瘍)

●概要:ミミヒゼンダニなど慢性外耳炎が続いている猫の耳道にポリープが認められることがある。比較的老齢猫に多い。治療法はVideo Otoscopeにより耳道内腔が健康的にきれいになるまで複数回洗浄を実施する。耳道内がきれいになってからレーザーでポリープを処置する。完全に処置できれば3〜4週間後ぐらいには、きれいな耳道に回復する(写真)。

■ポリープの治療経過

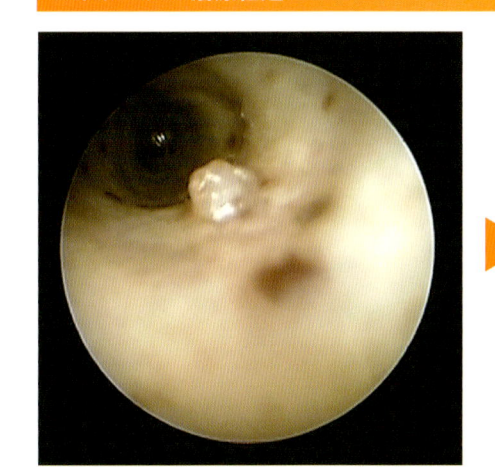

耳道にポリープが認められる。 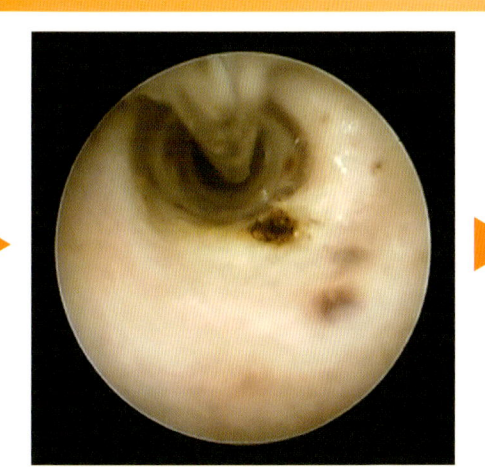 ▶ レーザー処置後の耳道。 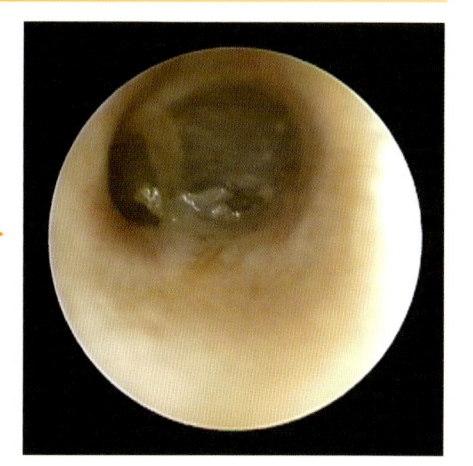 ▶ 処置後1ヶ月のきれいな耳道。

参考文献

1. LOLA C. HUDSON, WILLIAM P.HAMILTON (1993): Atlas of Feline Anatomy for Veterinarians.W.B. SAUNDERS COMPANY,230-231.
2. STEPHEN G. GILBERT,(監訳 牧田登之)(1991):Pictorial Anatomy of the Cat 猫の解剖図説.学窓社.

Chapter 12

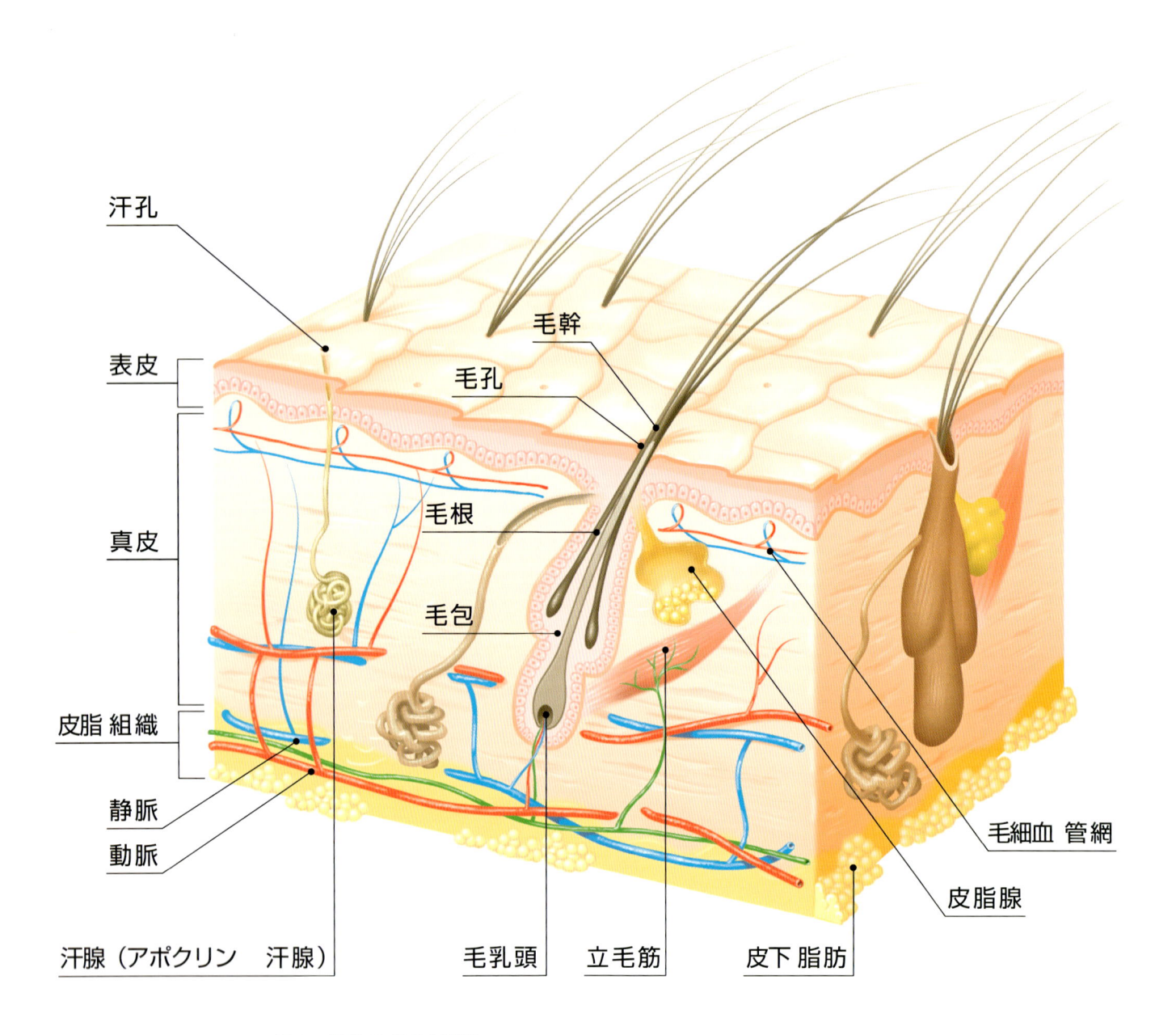

汗孔	
表皮	
	毛幹
	毛孔
真皮	
	毛根
	毛包
皮脂組織	
静脈	
動脈	
	毛細血管網
	皮脂腺
汗腺（アポクリン　汗腺）	毛乳頭　立毛筋　皮下脂肪

図1　動物の皮膚の構造
皮膚は表面から表皮、真皮、皮下組織に分けることができる。表皮には、外界から体を守る防御層があり、毒物や微生物の侵入を防いだり、また水分や電解質の喪失を防いでいる。表皮の下層の真皮には、汗腺や脂腺などの排泄のための構造物が備わっていて、さらに皮膚の張力を支えるコラーゲン線維がある。これによって外部からの強い力に対して、皮膚が傷つかないように守っている。毛包の下部はここまで達し、毛包には脂腺（皮脂腺）が開口している。立毛筋も発達し、攻撃時や驚いた時に頸や背の毛を立てることができる。

皮膚の病気

　猫の皮膚は、体の中でもっとも大きな器官である。その働きはさまざまで、体外の刺激からの保護、汗や皮脂を出す、角質・毛・爪をつくる、感覚を司る、脂肪・水分・栄養の維持、正常な血圧の維持、抗体の産生などの重要な役割を果たしている。したがって皮膚に病気が起こることは、体にさまざまな影響が現れる。近年では皮膚病は増加の傾向にある。その原因として大気の汚染、紫外線の影響、環境の恒常化、栄養障害、体質の弱化さらに薬物の過剰な投与などが挙げられる。しかし、幸いなことに猫は犬に比べて皮膚病は少ない。

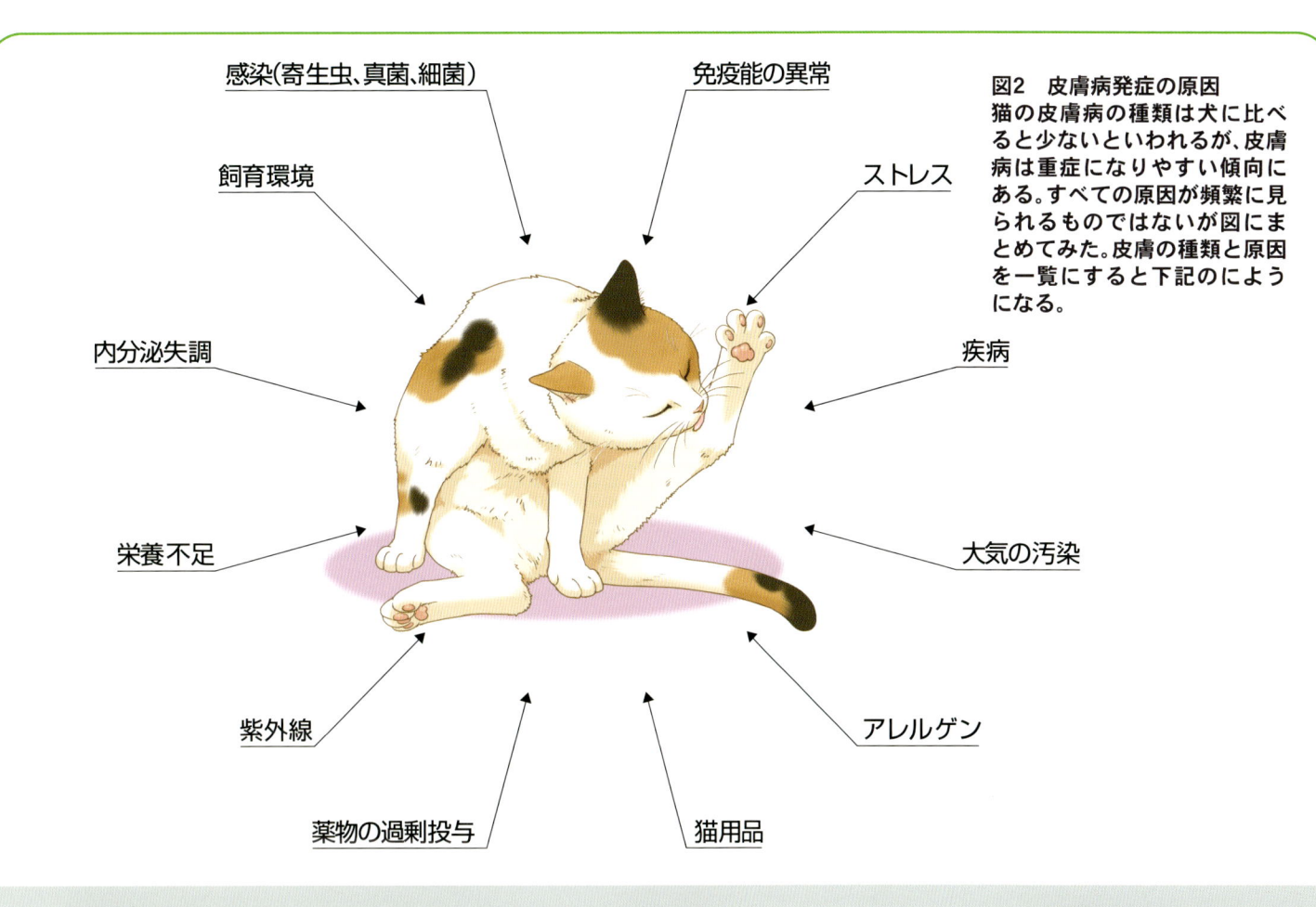

図2　皮膚病発症の原因
猫の皮膚病の種類は犬に比べると少ないといわれるが、皮膚病は重症になりやすい傾向にある。すべての原因が頻繁に見られるものではないが図にまとめてみた。皮膚の種類と原因を一覧にすると下記のようになる。

（図中ラベル）
- 感染（寄生虫、真菌、細菌）
- 免疫能の異常
- 飼育環境
- ストレス
- 内分泌失調
- 疾病
- 栄養不足
- 大気の汚染
- 紫外線
- アレルゲン
- 薬物の過剰投与
- 猫用品

● **感染症**
- 外部寄生虫感染症
  ネコショウセンコウヒゼンダニ（ネコ疥癬虫）、ミミヒゼンダニ（耳疥癬虫）、ツメダニ、ハジラミ、ニキビダニ（毛包虫）、ノミ
- 真菌感染症
  犬小胞子菌、マラセチア、カンジダ、クリプトコッカス
- 細菌感染症
  パスツレラ・マルトシダ、ブドウ球菌

● **栄養障害**
- 栄養不良
  必須脂肪酸、ビタミンA、ビタミンE

● **アレルギー**
- 食事性アレルギー
- 接触性アレルギー
- 吸引性アレルギー（アトピー）

● **自己免疫性疾患**
- 天疱瘡（てんぽうそう）

● **腫瘍**
- 扁平上皮癌、肥満細胞腫

● **全身性脱毛**
- スフィンクス、カナディアン・ヘアレス

● **心因性**
- 心因性脱毛

● **内分泌性／代謝性**
- 代謝性脱毛症
- 副腎皮質機能亢進症
- 性ホルモン分泌異常

● **光線過敏症**
- 紫外線過敏症

● **原因不明、複雑な原因**
- 好酸球性肉芽腫症候群
- 痤瘡（ざそう）
- スタッド・テイル
- 形質細胞腫

ネコの皮膚病の複雑化の原因

①動物に原因している場合
・患部を引っかく、なめる
・自己治癒能力の低下

②飼い主に原因している場合
・放置（手遅れ）
・あきらめ
・転医の繰り返し

皮膚病の予防

ブラッシング：過度にしない
シャンプー：体質に合ったもの、適度な回数
早期診断：毛が抜ける、かゆがる、皮膚が赤くなる、黒くなる、くさい

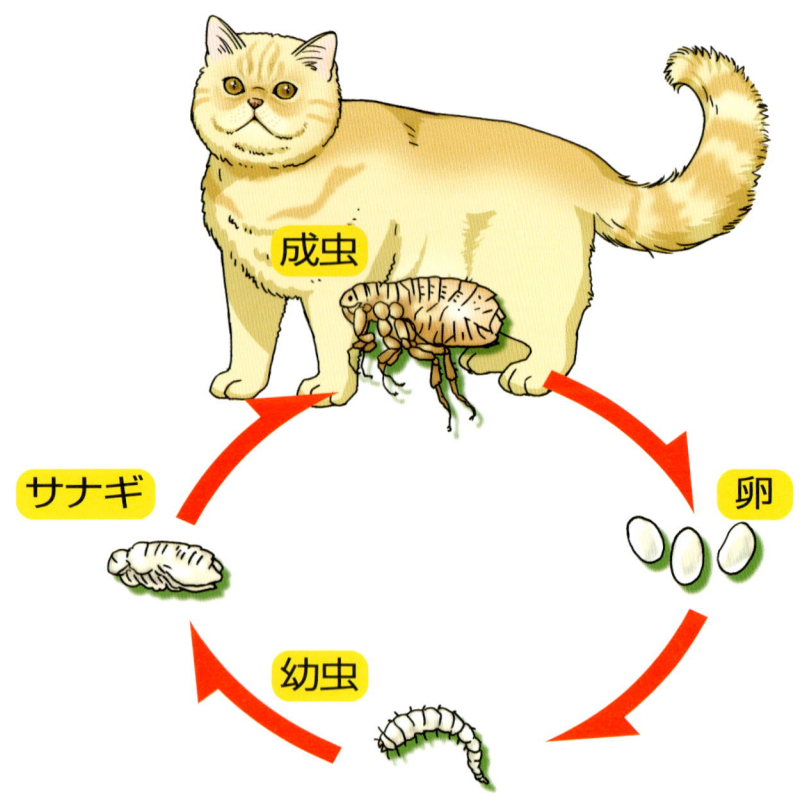

I ノミによる皮膚病（ノミアレルギー）

図3　ノミのライフサイクル
環境下では、成虫の10〜20倍の卵、幼虫、サナギがいるといわれている。

図4　ノミの成虫

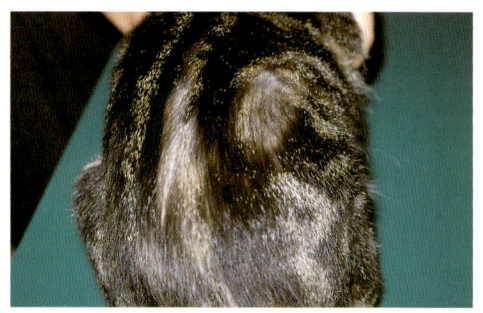

図5　ノミによる腰背部の脱毛

- ●**原因**：ネコノミが主な寄生種である。
- ●**特徴**：ノミは繁殖には高温多湿の環境を好む。室内においては年間を通して繁殖する。ノミの生活環は卵、幼虫、サナギ、成虫の4期で通常は2〜3週間を要するが、環境によってはそれ以上の期間を要する。ノミは家族にも感染し、皮膚炎を起こす。
- ●**症状**：皮膚炎は単に飼い主のノミが刺咬したことによるものと、過敏反応によるものとがある。皮膚病変としては主に腰背部に脱毛が生じる。ただ、その部位にノミの多く寄生するとは限らない。
- ●**予防**：猫の体表と周囲環境の双方からのノミの駆除が必要である。獣医師に相談すると有効性が高く、副作用の少ない駆虫剤を紹介してくれる。環境下にはノミの成虫だけでなく、多数の卵やサナギがいる。掃除機などでの頻回の清掃が有効である。
- ●**治療**：ノミの駆除、殺卵効果。

猫に付くネコノミの特徴

　日本で70種以上のノミがいるといわれ、生活環は卵—幼虫—サナギ—成虫の4期がある。猫には、ネコノミとイヌノミが寄生することが多いが、そのほとんどはネコノミの感染といえる。
ネコノミの特徴は、まとめると次のようになる。

- ・ネコノミの頭部は細く前方に突き出ている（イヌノミの頭部は太く丸い）
- ・猫の体表で産卵する。
- ・最適環境は、温度18〜27℃、湿度75〜85%。
- ・産卵は1日4〜20個。
- ・瓜実条虫（うりざねじょうちゅう）の中間宿主となる。
　また、ネコノミの生活環は、次のようになる。
- ・卵は1〜10日で孵化。
- ・幼虫は9〜10日間で3回脱皮。
- ・サナギは5〜10日間で成虫に。
- ・成虫は3〜4週間生息する。

II 白癬【皮膚糸状菌症】

脱毛部と発毛部との境目にふけが出る

円形の脱毛を発症

皮膚糸状菌

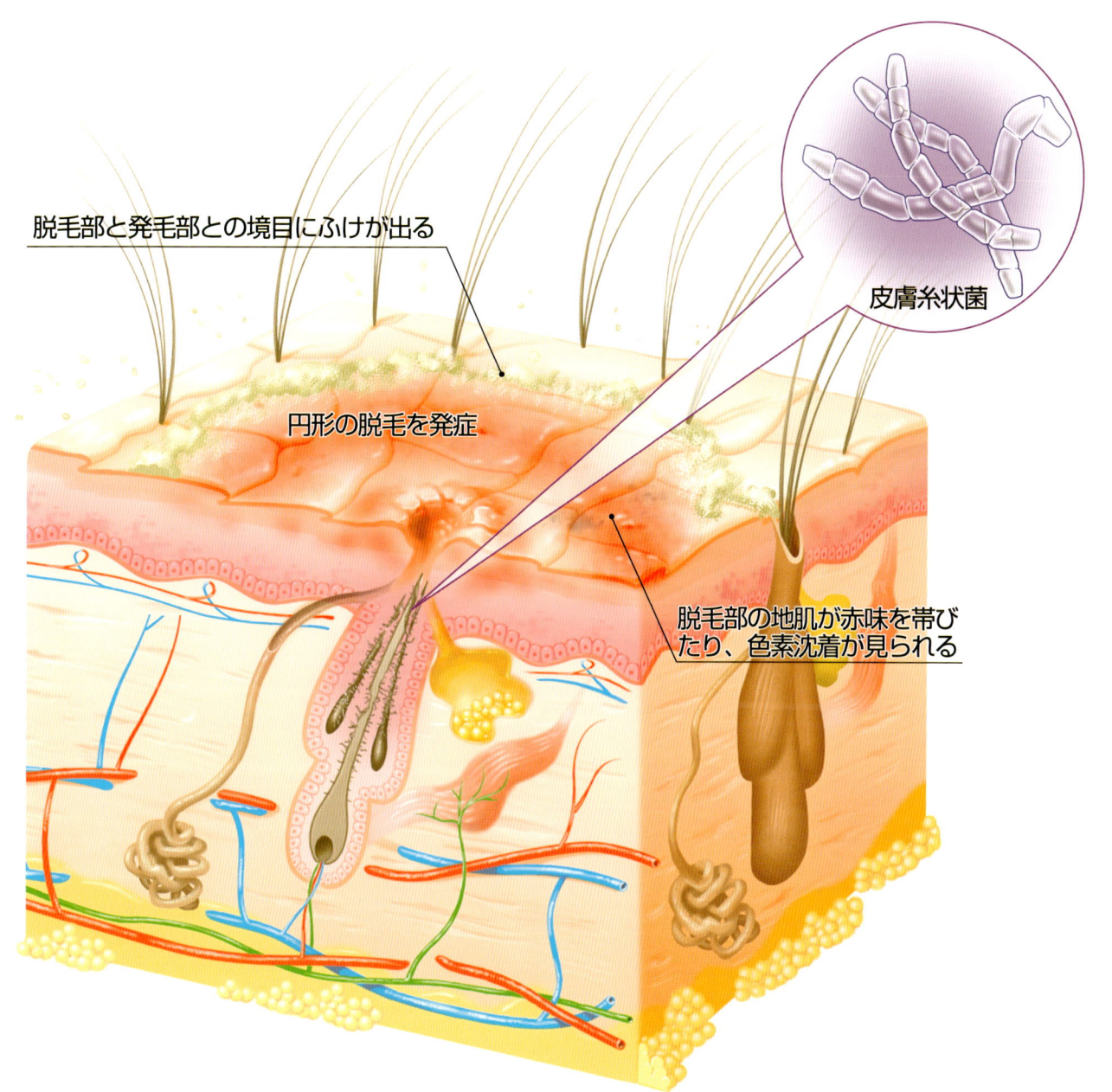

脱毛部の地肌が赤味を帯びたり、色素沈着が見られる

図6　白癬【皮膚糸状菌症】
皮膚糸状菌という真菌（カビ）によって起こるのが皮膚糸状菌症である。猫ではその1種である犬小胞子菌の感染がほとんどで、顔面をはじめ全身に小さな円形の軽い痒みをもつ脱毛を発症する。毛のある部位では、円形の脱毛が見えづらいことがあるが、毛を刈るとリング状の皮膚病変がはっきりする。時に人にも感染する。

図7　顔面・四肢に円形の脱毛を発症する白癬。写真では右眼下部にみられる。

白癬【皮膚糸状菌症】（はくせん、ひふしじょうきんしょう）

●**原因**：原因は皮膚糸状菌というかび（真菌）で犬小胞子菌が代表的である。人の水虫も皮膚糸状菌の一種である。

●**特徴**：通常は若い猫に感染するが、最近では5、6歳齢以上の比較的年齢の高い猫でも発症する。このような猫では栄養、免疫、ホルモン異常などの病気をもっている恐れがある。犬にも感染する。人に感染すると痒みのあるリング状の皮膚炎を起こす。

●**症状**：顔面・四肢に円形の脱毛を発症し、軽度の痒みがある。円形の脱毛部にはフケが多く、カサブタがみられる。

●**予防**：感染猫はケージなどに入れ同居犬、猫との接触を避ける。猫の環境下に菌が落下することがあるので、普段のまめな掃除や消毒が大切である。消毒のための薬液は獣医師と相談して入手するとよい。

●**治療**：抗真菌剤を外用するか飲ませる。被毛に菌が感染しているので、重症の場合には患部あるいは全身の毛を刈るのが効果的である。薬浴剤での洗浄も有効であるが、嫌う猫が多い。治療には数ヶ月かかる。

Ⅲ 猫対称性脱毛症／クッシング症候群

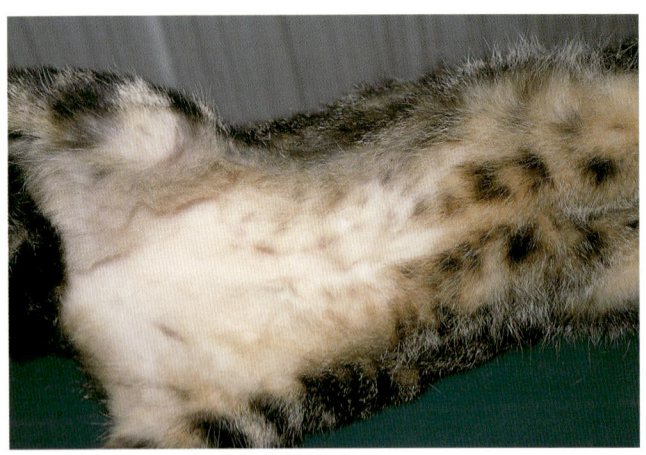

図8 腹部にみられる対称性脱毛。
体の毛が対称性に抜け落ちるので、この名前がつけられている。

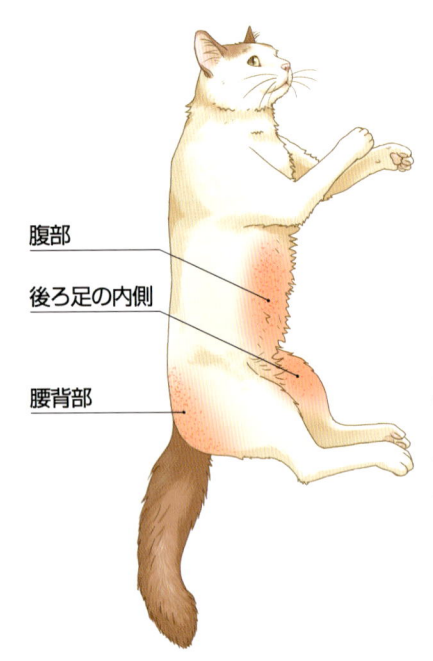

図9 猫対称性脱毛症で脱毛しやすい部位
体の右側と左側が同じように脱毛するのが特徴。後ろ足の内側から脱毛が始まり、次第に腹の方に広がる。さらに進行すると腰や背中、尾の下側などにも広がる。

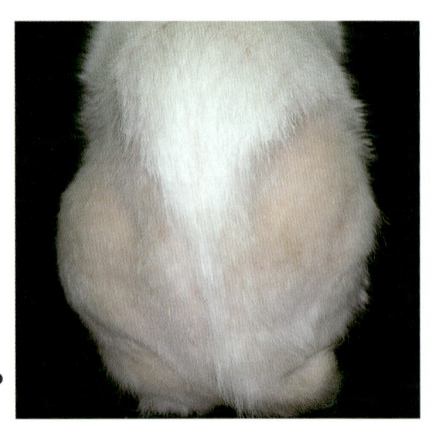

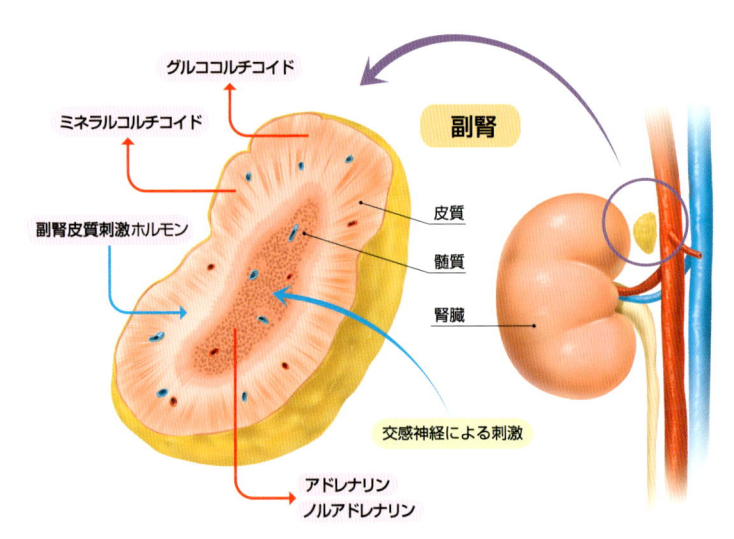

図10 クッシング症候群は、腹部の膨満と対象性のある脱毛が見られる。

図11 副腎の体内の位置と構造
副腎は左右の腎臓の頭側に位置し、副腎皮質と髄質からなる。副腎皮質からのホルモン分泌が過剰となる病気がクッシング症候群である。

猫対称性脱毛症（ねこたいしょうせいだつもうしょう）

- **原因**：原因ははっきりしていない。原因のひとつとしてホルモンのアンバランスが影響していることが予想される。かつて、この病気はホルモン性脱毛症と呼ばれたことがあるが、ホルモンが原因であるという確証が得られないため、現在ではこの名称が用いられている。
- **特徴**：去勢や不妊手術を受けた猫がその数年後に発症することがあるが、手術を受けていないものでも症状がみられる。
- **症状**：体の毛が左右対称性に抜け落ちるのでこの名前がつけられている。しばしば体を舐めることで脱毛が進行する。舐める理由ははっきりしていないが、必ずしも痒みのためとはいえないようである。
- **予防**：確実な予防法はない。
- **治療**：性ホルモン剤を与えることで改善することがあるが、むしろ悪化を招くことも少なくない。ホルモン剤の投与には獣医師の慎重な判断が求められる。

クッシング症候群／副腎皮質機能亢進症
（くっしんぐしょうこうぐん／ふくじんひしつきのうこうしんしょう）

- **原因**：血中の副腎皮質ホルモンの過剰な上昇によって起きる疾患である。副腎からのホルモンの過剰な分泌によるものと、副腎皮質ホルモン剤を多量あるいは過剰に与えることで発症するものとがある。
- **特徴**：犬では多く見られる疾患であるが、猫では少ない。
- **症状**：一般的には5、6歳齢以上で発症する。初期では食欲亢進、多飲・多尿、腹部膨満などの症状が現れる。その後、次第に痒みのない対称性の脱毛を体に起こす。脱毛部では皮下の血管が見えるほど皮膚が薄くなることがある。
- **予防**：副腎皮質ホルモン剤の過剰投与による場合は、投薬を制限する。
- **治療**：副腎皮質ホルモン剤の投薬量を少しずつ減少する。急に投薬を止めるのは副作用が起こる恐れがあり危険である。副腎からホルモンが過剰に分泌している場合は、それを抑える薬を与える。ただし、完全な治療は難しい。

Ⅳ 猫痤瘡／尾腺炎

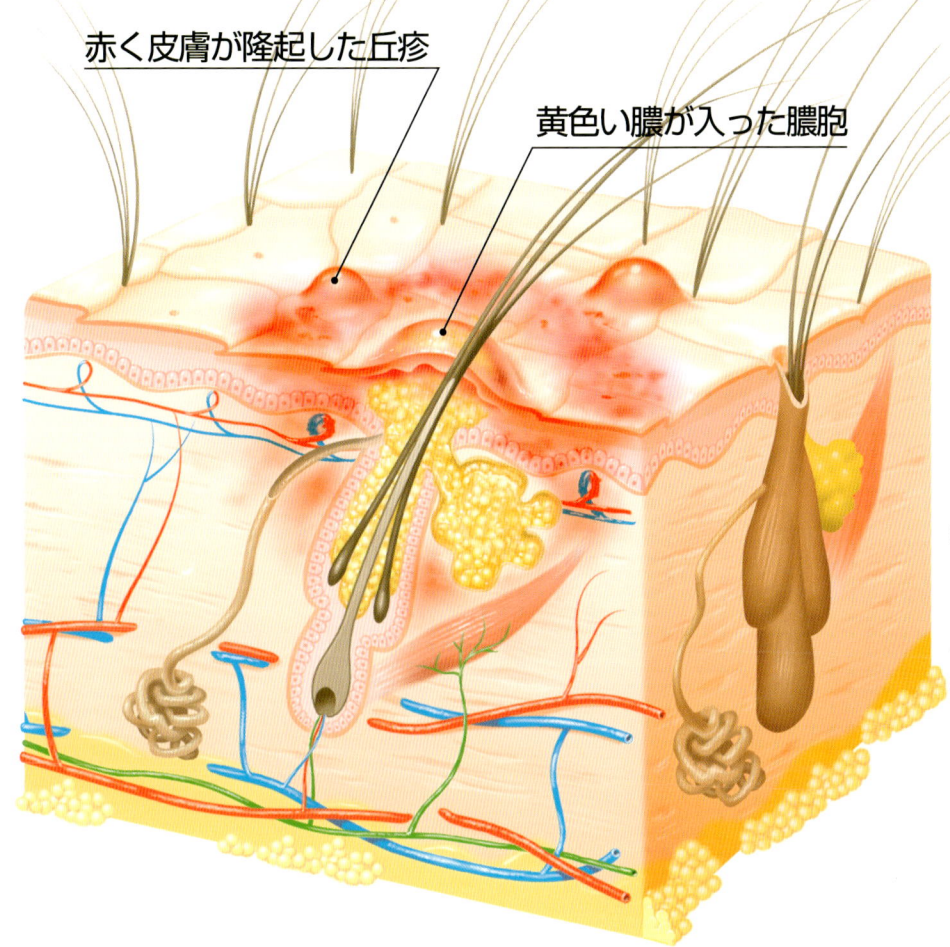

赤く皮膚が隆起した丘疹

黄色い膿が入った膿胞

図12　痤瘡になった皮膚の状態
痤瘡は分泌腺の炎症だが、原因は明確ではない。症状としては、顎に脱毛、腫れ、発赤などを発症する。しばしば痒みを伴う。顎には、赤色病変した丘疹（きゅうしん）や膿疱がみられる。

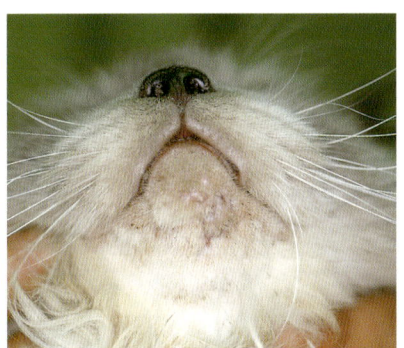

図13　痤瘡による顎の脱毛

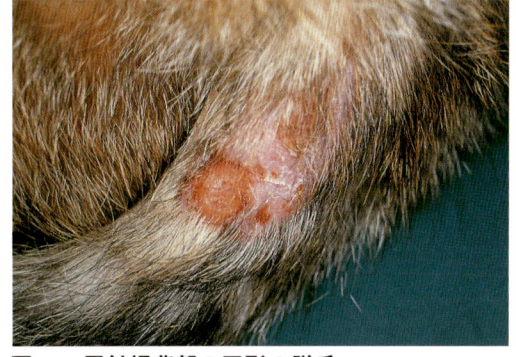

図14　尾付根背部の円形の脱毛

猫痤瘡（ねこざそう）

- **原因**：はっきりした原因はわかっていないが、毛孔に脂やフケが詰まって起こると考えられている。
- **特徴**：かかりやすい体質がある。
- **症状**：顎（あご）の部分の皮膚が汚れ、毛が抜ける。その周辺には炎症の産物である黒いゴミのようなものがよく見られる。顎を床や物に擦り付けることがある。
- **予防**：顎が汚れているようなときには、微温湯で拭く。
- **治療**：微温湯や抗菌シャンプーで毎日１、２回拭く。

尾腺炎、スタッド・テイル（びせんえん、すたっど・ている）

- **原因**：尾の付け根の背面に尾腺があり、脂を分泌する。ここに炎症を起こしたものを尾腺炎という。細菌の増殖が悪化の原因となる。
- **特徴**：去勢していない、雄猫に多いようだが、去勢が必ずしも予防や治療になるとはいえない。
- **症状**：尾の付け根の背面が丸く腫れ脱毛する。炎症による痒みや痛みを示すことが比較的多い。猫が舐めたり咬んだりしやすい箇所であり、それにより病変が広がりやすい。
- **予防**：現在のところ確かなものはない。
- **治療**：早期に抗生物質を与えることがある。患部を軽く絞りながら、薬用シャンプーで週２、３回洗うのもよい。根治の難しい病気である。

Ⅴ 猫好酸球性肉芽腫症候群／食事性アレルギー

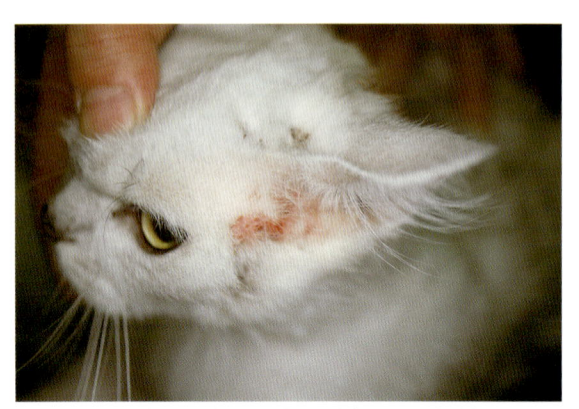

図15　猫好酸球性肉芽腫症候群（顔面の病変）

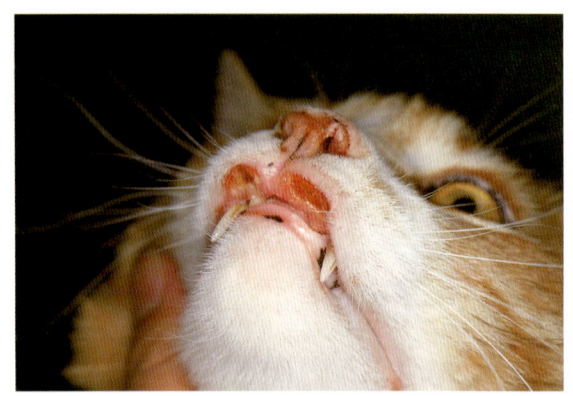

図16　猫好酸球性肉芽腫症候群（口唇の潰瘍）

図17　食事性アレルギーにより痒みを起こす部位

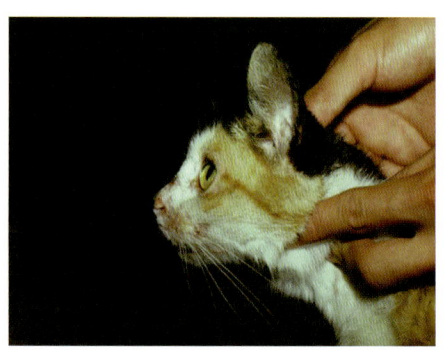

図18　顔面の皮膚病変

猫好酸球性肉芽腫症候群
（ねここうさんきゅうせいにくがしゅしょうこうぐん）

● **原因**：よくわかっていないが、過敏症（ノミ、食事）などに関連して起こるともいわれる。
● **特徴**：さまざまな猫に発症する。血液あるいは病変部から多くの白血球の一種である好酸球が見つかる。
● **症状**：体表のどこにでも発症するが、大腿の尾側、顎、口唇に見られるタイプもある。口唇を除いては痒みが強い。口唇では潰瘍を伴う。
● **予防**：わかっていない。
● **治療**：ステロイドによる治療が一時的に有効であるが、完治は難しい。口唇にできるものは手術をすることがある。

食事性アレルギー（しょくじせいあれるぎー）

● **原因**：食物に対して異常な過敏反応を示すものをいう。過敏反応を起こす食事を繰り返し与えることで重症化する。
● **特徴**：猫のアレルギーではノミアレルギーの頻度が高いが、次いで食事性アレルギー発症率が高い。発症年齢は早いものでは3カ月齢で、また10歳齢以上になって発症することがある。季節に関わりなく症状が現れるのも食事性アレルギーの特徴である。
● **症状**：初期では食後に顔面や頸の痒みを示す。同じ食事を繰り返し与えることで、全身性の皮膚炎に拡大する。脱毛、フケの増加などが見られ、また引っかき傷による外傷も目立つ。
● **予防**：現在与えている食事を他のものに変えて症状の変化をみるのがよい。
● **治療**：アレルギーの原因を特定することは困難な場合が多い。食後に過敏反応を起こす食事を避ける。また、アレルギーを起こしにくい市販の療法食を獣医師と相談の上で与え、数日後から症状の変化を観察する。症状が軽くなる食事を選択して与える。抗アレルギー剤や抗ヒスタミン剤を与えても治療効果はほとんど見られない。

VI 猫疥癬

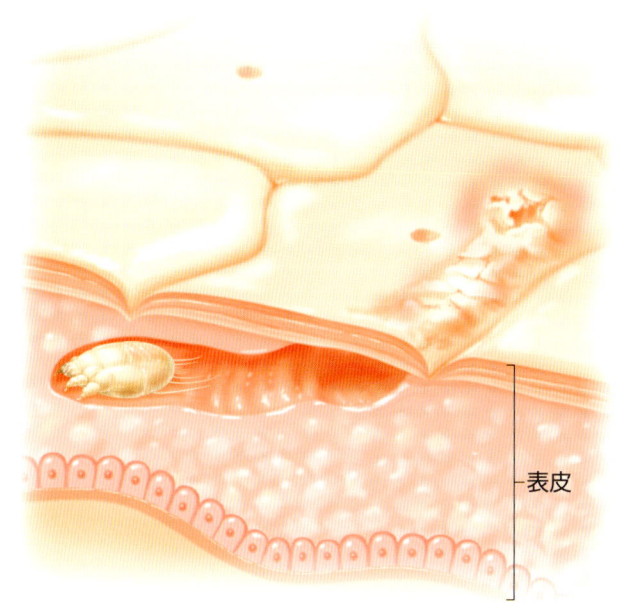

図19　ネコショウセンコウヒゼンダニ（猫疥癬虫）は円盤状で脚が短く、皮膚表面の角質層にトンネルを作って生息している。

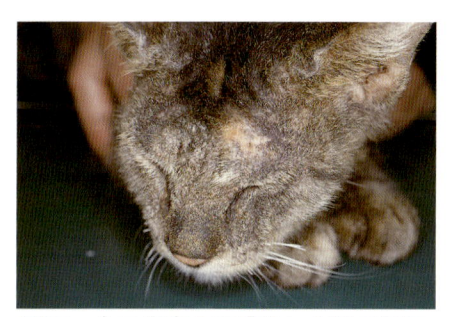

図20　ネコ疥癬虫に感染した猫の顔面

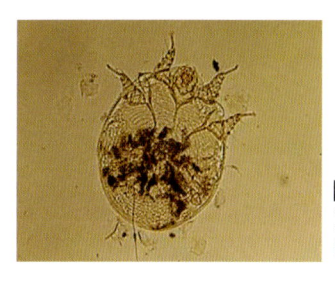

図21　ネコショウセンコウヒゼンダニ（ネコ疥癬虫）の成虫

猫疥癬（ねこかいせん）

- **原因**：微小なネコショウセンコウヒゼンダニ（猫疥癬虫）が寄生し発症する。このダニは感染力が強く、治療が遅れると悪液質に陥り致命的となる例もある。表皮内にトンネルを造り生息する。したがって病巣の皮膚を掻き取り、顕微鏡でダニや卵、糞などを確認する
- **特徴**：
- **症状**：頭部を主に皮膚炎を発症する。次第に全身に病変が伝播する。痒みは顕著で、皮膚は肥厚し、落屑や痂皮を形成する。慢性化すると皮膚の化膿や潰瘍がみられ、元気・食欲が消退し沈うつな状態が続くようになる。しばしば飼い主にも痒みや皮疹が認められる。
- **予防**：感染猫と接触しないことである。
- **治療**：ダニ駆除剤を外用するか薬浴剤でのシャンプーで治療をする。慢性化し体力の低下した猫ではダニの駆除剤による副作用が起きやすいので注意する。

VII その他の皮膚の病気

ミミヒゼンダニ感染症（みみひぜんだにかんせんしょう）

耳疥癬虫感染症とも呼ぶ。ミミヒゼンダニの感染が原因で発症する。症状は耳道の痒みが強く、耳道内に臭いのある黒褐色の分泌物が蓄積する。診断は、耳垢からダニの検出を見つけ出す。薬には弱いダニで、たいていのダニ駆除薬で駆除できる。

ツメダニ症（つめだにしょう）

ツメダニの感染が原因で発症する。ツメダニの中でも、ネコツメダニ、イヌツメダニ、ウサギツメダニなどが、犬や猫に感染する。名前のとおり、頭側に大きなツメを持っている。症状は軽度な痒みのある皮膚病で、背中や耳翼の背面によく見られる。診断はフケを集めて顕微鏡で検査を行う。シャンプーやダニ駆除薬を使い治療をする。猫では、水を嫌う場合が多いので、薬浴はしづらいが、可能であればお勧めしたい。

パスツレラ・マルトシダ感染症（ぱすつれら・まるとしだかんせんしょう）

咬傷、掻傷などによるパスツレラ・マルトシダの感染が原因。症状はひどい化膿性の病変。人が猫に引っ掻かれると、この菌により高熱を発症する。細菌検査により診断される。治療は排膿、消毒し、抗生物質を投与する。

ブドウ球菌感染症（ぶどうきゅうきんかんせんしょう）

細菌の一種であるブドウ球菌の感染が原因。皮膚や全身の抵抗力が低下した時に、菌の増殖が起きる。化膿性の病変。診断は病変部の細菌検査により行われる。治療は消毒と抗生物質の投与による。

紫外線過敏症（しがいせんかびんしょう）

320～400nmの紫外線の影響や遺伝的な素因が原因。光線活性化物質や疾患が体の光線への感受性を増加させ、臨床症状を誘発する。紫外線の強い時期に白色毛の耳に好発する。耳介のほか、頭部、眼周囲、鼻梁部、口周囲に見られやすい。痒みは軽いか、ほとんどないのが普通。局所的に脱毛、紅斑が見られる。治療は強い紫外線からの防御が何よりだが、実際には難しい面がある。時に病変部が腫瘍化することがあり、早期の診断が必要である。

Chapter 13

図1　骨折の分類

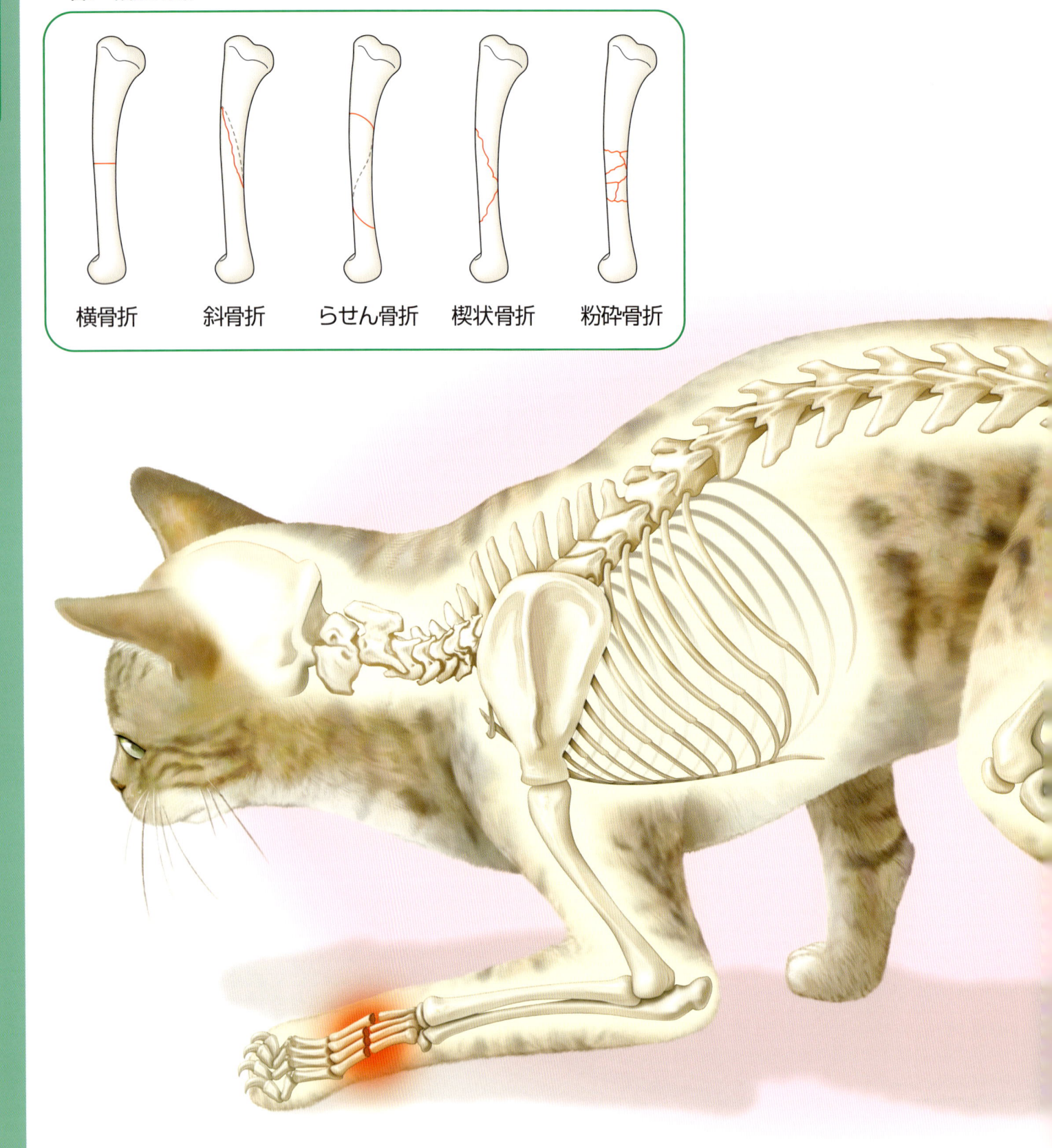

| 横骨折 | 斜骨折 | らせん骨折 | 楔状骨折 | 粉砕骨折 |

骨折・骨の病気

　猫の骨折は、交通事故や高所からの落下など強い外力により骨の正常な形がそこなわれた状態をいう。猫は強い外力を身体に受けることになり、骨折と共に、脳神経、内臓、筋、血管などに重大な異常が起こっている可能性がある。痛みが激しく、歩行が不自由となり、ショック状態が続き全身状態が悪化して死に至る場合もある。

骨盤・大腿骨・中足骨・中手骨・下腿骨に骨折が見られる猫

I 四肢の骨折

●**原因**：野外や戸外で暮らす猫はもちろん、戸内外で自由に飼われている猫では交通事故に遭って骨折することが多い。戸内でのみ飼われている内猫では、高層住宅が増加していることにより、落下による骨折も多く見られる。これは高所落下症候群といって、ベランダの手すりに干した布団などに飛び乗って、布団と共に落下することがあるので注意が必要である。

●**特徴**：症状は、歩行できない、肢をあげたまま、あるいは引きずって歩く、痛み、患部の腫れ・熱感、内出血、肢の変形などが見られる。骨折は外傷により折れた骨が皮膚から出ている状態を開放性骨折、皮膚から骨が出ていない状態を非開放性骨折という。いずれの場合でも骨折部の筋肉、血管、神経などの損傷が激しく、さらに内臓に障害を受けていることが多く見られる。事故直後はショック状態になっていることが少なくないので、鎮痛剤、輸液、抗生剤などの投与を行い、安静、保温など全身的な看護、治療が必要になる。

骨折の状態により、横（おう）骨折、斜骨折、らせん骨折、楔状骨折、そして粉砕骨折に分類される（図1参照）。その他、亀裂骨折、剥離（はくり）骨折、陥凹（かんおう）骨折、複雑骨折と呼ばれる骨折がある。また、関節内の骨折もあり、診断はレントゲン検査によって詳しく調べる必要がある。

骨盤の骨折は複雑骨折になりやすく、骨盤内臓器の損傷が多く認められる。膀胱破裂、尿道断裂、尿管断裂などがないか診断しなければならない。また、筋断裂による会陰ヘルニアなども起こる。

骨折と共に脱臼が起こりやすい。これは関節を形成する骨どうしが正常な位置関係でなく、外れた状態をいう。程度による分類では、完全脱臼、不完全脱臼または亜脱臼という。脱臼は、四肢関節、股関節、仙腸関節、上・下顎縫合、脊椎などに起こる。

●**進行状況**：全身的な状態が落ち着けば骨折の状態により、ギプスやシーネなどの補助固定（外固定）のみの治療を継続するか、ピン、プレート、スクリュー、ワイヤーなどを用いて手術により骨の接合・固定を行うか治療法の選択が必要になる。

粉砕骨折や複雑骨折では手術が選択される。たとえ複雑骨折でなくても手術を選択しなければならない骨折の例が多く見られる。

事故後は身体に強いストレスを受けるため、潜在していた余病が発現することがあるので注意が必要である。例えば、猫エイズ、ヘモバルトネラ症、白血病などがあり、骨折の治療と共にこれらの治療を行わなければならないこともある。また、大量出血を伴って出血性ショックが起こることがあり輸血を行う場合もある。

●**予防**：猫を戸外に出さないこと、高層住宅ではベランダに猫が出ないようにすることが予防につながる。

●**治療**：事故直後のショック状態から回復したら、骨折した骨を整復する。骨の接合・固定手術は、レントゲン写真を詳しく診断してピン、プレート、スクリューのサイズ・形状など最も適した材料が選ばれる。ギプスなどの外固定は、あるときは有効であるが、安静を保てないあるいは猫自身が固定具を外してしまう場合では失敗に終わることが多い。

手術が行われれば、骨折部位や骨折の状態により異なるが、うまくいけば通常2～3ヶ月で骨折部位は治癒する。安静を保てない場合や開放性骨折により感染が起こっている場合では、骨癒合不全といって、いつまでも骨が癒合しないこともあるので注意が必要である。

骨折の整復

●骨盤骨折の整復

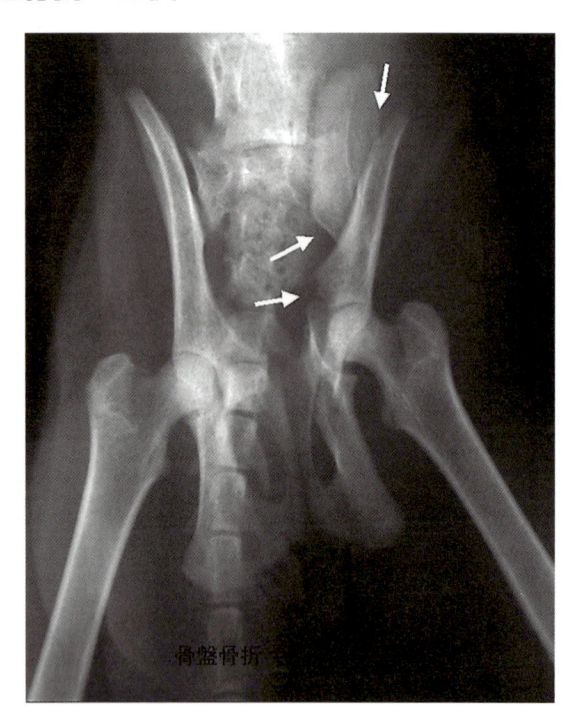

骨盤骨折手術前
　この猫は原因不明の事故に遭って帰宅しました。骨盤は多くの骨で構成されていますが、そのうち腸骨、寛骨臼それに坐骨が骨折しています（矢印）。全身の異常を調べて安静を保ち、痛み止め、点滴それから抗生物質を投与して様子を見ます。

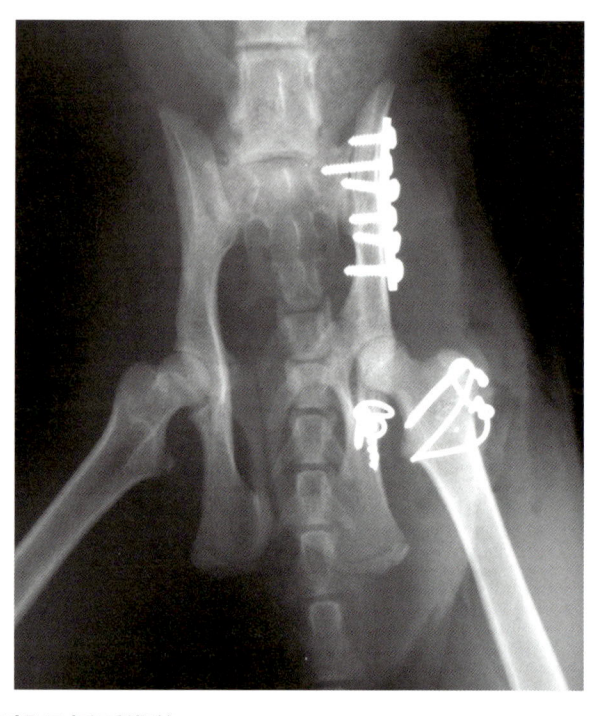

骨盤骨折手術後
　腸骨は普通斜骨折で、ステンレスプレートとスクリューで固定します。寛骨臼は奥深い場所にありますので大腿骨大転子と呼ばれる部位を切断してアプローチしました。寛骨臼をステンレスワイヤーで固定した後、大転子を元に戻してキルシュナーピンとワイヤーで固定しました。

●骨盤・大腿骨骨折の整復

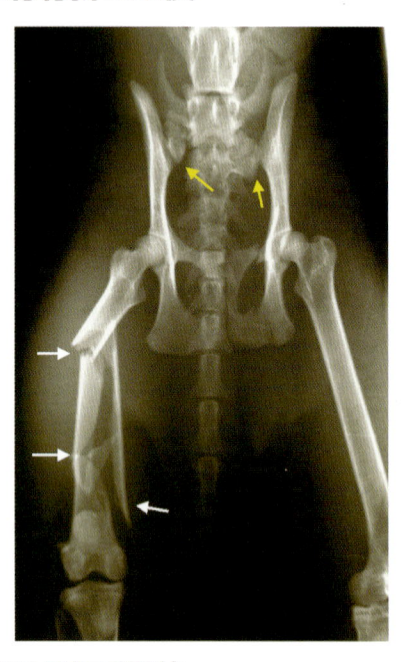

骨盤・大腿骨骨折手術前
　交通事故に遭って、大腿骨粉砕骨折（白の矢印）ならびに両側の仙腸関節の骨折・分離（黄色の矢印）を起こしています。足、腰以外にも強い打撲を受けて猫は必死に堪えている状態です。事故の場合は体が安定するまでケージに入れて安静にする必要があります。数日間他の部位に障害がないか注意深く様子を見ながら痛み止め、抗生物質、点滴など治療を行います。

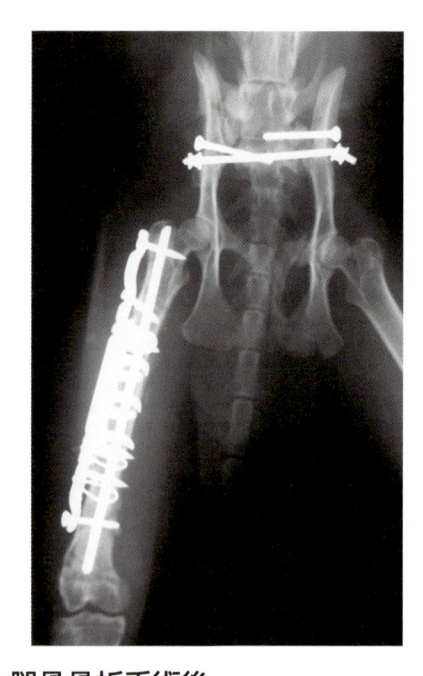

骨盤・大腿骨骨折手術後
　全身状態が安定したら手術を行います。仙腸関節は左右からスクリューをねじ入れ、さらにキルシュナーピンを刺入して固定しました。大腿骨は粉砕骨折なので大変難易度の高い困難な手術です。先ずキルシュナーピンを骨髄内に通して骨の破片を集めて1本の骨に整復して、その後ステンレスワイヤーで固定します。次にステンレスプレートを骨に当ててスクリューをねじ入れ強固な固定が完成しました。

●中足骨骨折の整復

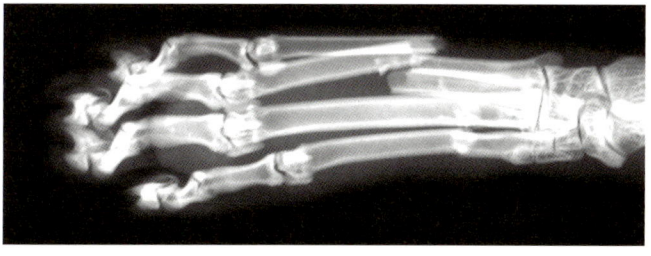

中足骨骨折手術前
中足骨は4本ありますが、このレントゲン写真では全て横骨折または斜骨折しています。このような場合、猫は足を着地できず常に浮かせています。強い痛みもあります。手術で骨を固定しなければならない例です。

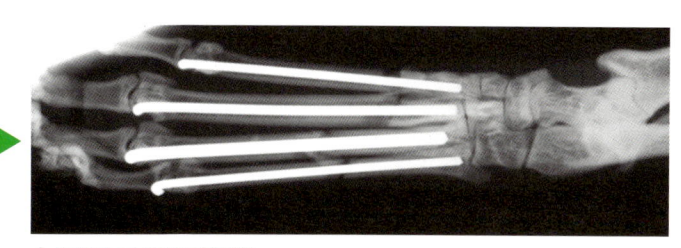

中足骨骨折手術後
キルシュナーピンといわれるステンレス製の医療材料を4本の中足骨に刺入して骨折した骨を固定しました。手術後は高いところに登ったりしないようにできるだけ安静にさせる必要があります。また、定期的にレントゲン撮影を行い骨の癒合（骨が繋がること）の状態を調べなければなりません。通常、手術してから2ヶ月から4ヵ月後にキルシュナーピンを抜きますが、高齢の猫では抜かない場合もあります。

スコッティッシュ・フォールドに発症する骨軟骨異形成症（SFOCD）

歩きたがらないスコッティッシュフォールドは、足に異常が生じている可能性も考えられる。

- ●**原因**：骨の成長や関節軟骨の構造に異常が生じ、進行性の四肢遠位、尾の変形を示す遺伝性の疾患。発症には「たれ耳」遺伝子（Fd）との関連があり、とくにホモ接合（Fd/Fd）で症状が重度である。
- ●**特徴**：跛行、歩きたがらない、ウサギ跳び歩行。
- ●**診断**：レントゲン検査。
- ●**進行状況**：徐々に悪くなる。
- ●**予防**：ない。
- ●**治療**：治療目的は疼痛の緩和と症状の軽減であり、完治は望めない。骨切り術、関節固定法、増生骨の除去や放射線治療などの報告がある。

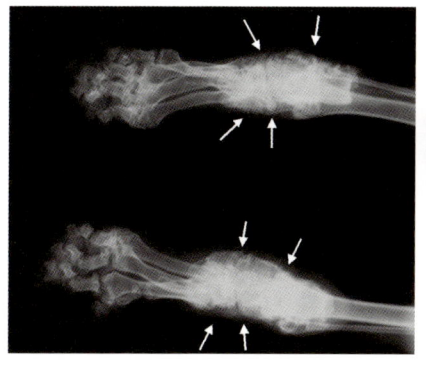

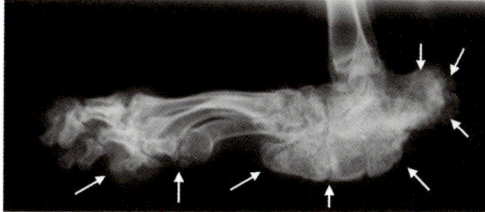

スコッティッシュフォールドのかかとのレントゲン写真。
矢印部分に異常に大きくなった骨（増骨）が見られる。

スコッティッシュフォールドの前肢のレントゲン写真。
関節軟骨の構造に異常が見られる。

参考文献

1. 「Textbook of Small Animal Surgery 2nd ed. (1993) Slatter W.B.SAUNDERS COM.」
2. 「Small Animal Surgery 2nd ed. (1997) Thersa Welch Fossum Moby Inc.」
3. 「イラストでみる 猫の病気(1998)小野憲一郎 講談社」

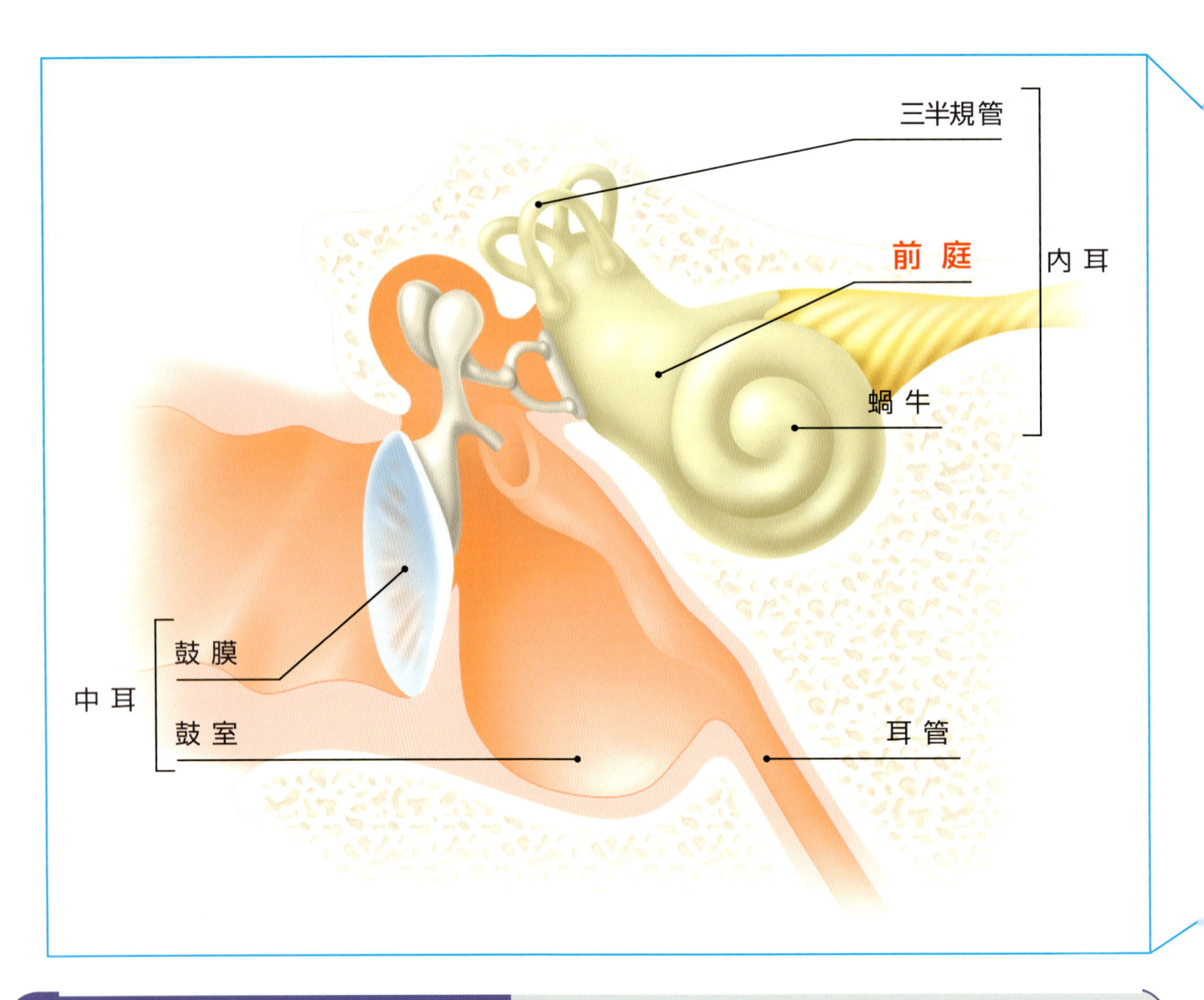

図中ラベル: 三半規管／内耳／前庭／蝸牛／鼓膜／鼓室／中耳／耳管

斜頸と捻転斜頸について

　人の病気でも斜頸という症状がある。頭と首が側方に傾いてしまう点では、前庭障害の猫と良く似ているが、人の斜頸の原因が、左右の首の筋肉の可動域のアンバランス（筋性斜頸）や、首の筋肉の異常な緊張亢進（痙性斜頸）であるのに対して、猫の斜頸は、主に内耳にある前庭と呼ばれる部位に原因がある。このため、これらの用語の混同を防ぐため、前庭の障害に原因する斜頸については人の斜頸（torticollis）と区別して「捻転斜頸（head tilt）」という用語を用いるようにしている。

脳と神経の病気

　猫の神経・筋の異常に原因して見られる代表的な症状として、けいれん・発作があげられる。しかしながら、このような症状は、他の内科疾患に付随して見られることも多い。患者が示す症状から、その原因が神経・筋に由来するのか、あるいは他の内科疾患に由来するのかを判断することは非常に困難である。このため、神経・筋疾患の診断では、臨床検査（血液検査、レントゲン検査、超音波検査など）を駆使して、他のあらゆる原因を除外しながら、症状の原因が神経あるいは筋に由来しているという裏付け作業をすすめることが非常に重要である。

外耳
耳介　外耳道

■捻転斜頸の見られる猫と耳の構造

I 前庭障害

前庭障害(ぜんていしょうがい)

●**病気の特徴**：突然、首をかしげた姿勢をとったり、眼が左右に揺れたりする。重症だと、姿勢が維持できず、体が回転してしまったり、立っていることができなくなる。

●**原因**：前庭障害は、病気になる原因ではなく、(病気の原因となる)障害を受けた部位により末梢性前庭障害、中枢性前庭障害に分類される。耳道の奥にある内耳が障害されて発症するのが末梢性前庭障害であり、脳幹(橋、延髄)が障害されて発症する場合を中枢性前庭障害という。内耳あるいは脳幹が障害される主な原因として、共に細菌感染があげられる。これらの部位に腫瘍が発生し、前庭障害を発症することもある。そのほかの原因として、真菌(カビの仲間)、ウイルスや寄生虫の感染、ホルモンやビタミンの欠乏、薬物による中毒などがあげられる。また、原因となる病気が特定できない特発性前庭障害と診断されるケースも多い。

●**症状**：左右どちらかの方向に首をかしげる姿勢(捻転斜頸)が特徴的な症状である。ぐるぐると一方向に歩き回ったり(旋回運動)、眼が上下左右に揺れる動き(眼振、眼球振盪)、斜視や嘔吐が見られることもある。首の捻りが重度の場合には、猫が立っている姿勢を維持できず、ゴロゴロと回転し続けることもある。中枢性前庭障害では、これらの症状に加え、脳幹の障害による意識障害や運動、知覚の異常が見られる。

●**検査と診断**：捻転斜頸の方向、眼振の向きやリズム、神経学的検査の結果より、末梢性前庭障害あるいは中枢性前庭障害を大まかに判断する。MRI検査が必要になるケースもある。

●**治療**：前庭障害に対する特異的な治療方法はない。一般に抗ヒスタミン剤などの制吐剤が用いられることが多い。確定はできていないが、前庭障害の原因として疑われる病気に対して、試験的に治療を行うことも多い。例えば、内耳の細菌感染による末梢性前庭障害が疑われる猫に対して抗生物質を投与したり、脳腫瘍が疑われる猫に対して浮腫や炎症の抑制を目的に利尿剤や抗炎症剤が用いられる。

●**予後**：原因となる病気により予後は大きく異なる。特発性前庭障害の予後は良好であることが知られている。

脳と神経の病気

II 髄膜腫

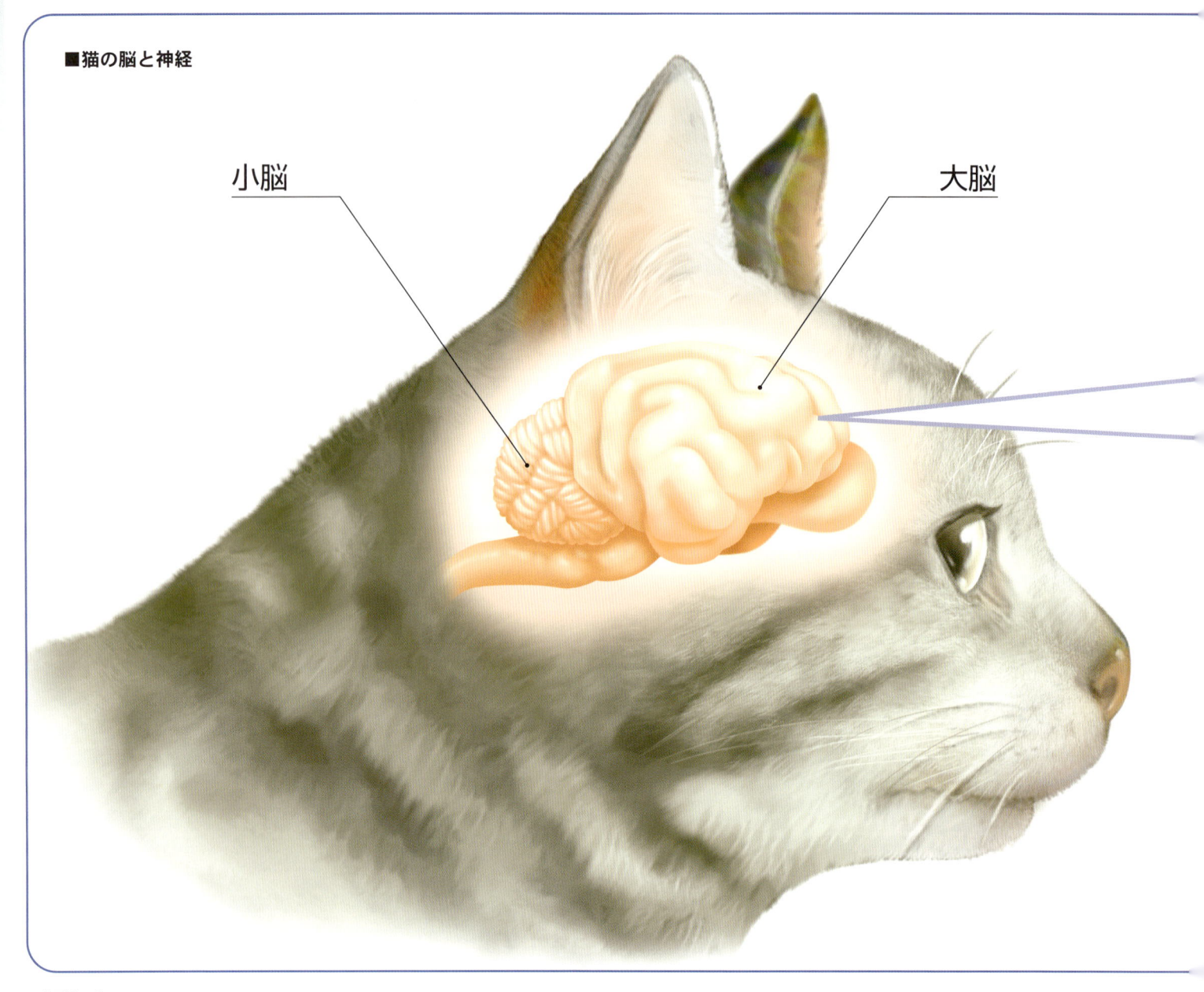

■猫の脳と神経

小脳　　　大脳

髄膜腫（ずいまくしゅ）

●**病気の特徴**：突然、けいれん発作を起こして動物病院を受診し、脳腫瘍の疑いがあると診断されるケースが最も多い。けいれん発作を起こしていない間には、外見上、健康な猫と変わりなく生活している猫も少なくない。脳腫瘍は10歳前後の高齢の猫に多く発生することが知られている。10万頭に3頭の割合で脳腫瘍が発生するという報告もある。猫の脳腫瘍のうちでは、髄膜腫が最も多く発生する。

●**症状**：最も一般的に見られる症状は、けいれん発作である。その他、性格の変化、ふらつき、片側の手足の麻痺、目が見えないなどの腫瘍の発生する部位によりさまざまな症状が見られる。

●**検査と診断**：猫の年齢、症状および神経学的検査の結果から脳腫瘍が疑われる際には、MRI検査による脳内の画像診断が必要である。

●**治療**：手術による腫瘍の摘出により、長期に渡って良好な状態を維持することが可能であると考えられている。近年、猫や犬におけるMRI検査の普及により数多くの髄膜腫が診断、治療されるようになり、猫の髄膜腫は脳への浸潤が見られず脳との境界が明瞭で、腫瘍自体が良性の傾向があることが知られてきており、完全な摘出および長期的な予後の維持が十分に可能であると考えられている。

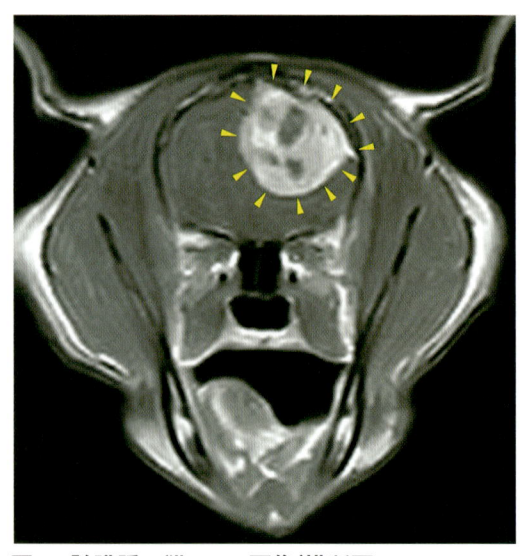

図1　髄膜腫の猫のMRI画像（横断面、造影T1強調画像）
大脳を圧迫する腫瘍が認められる（矢頭）
（協力／動物検診センターキャミック）

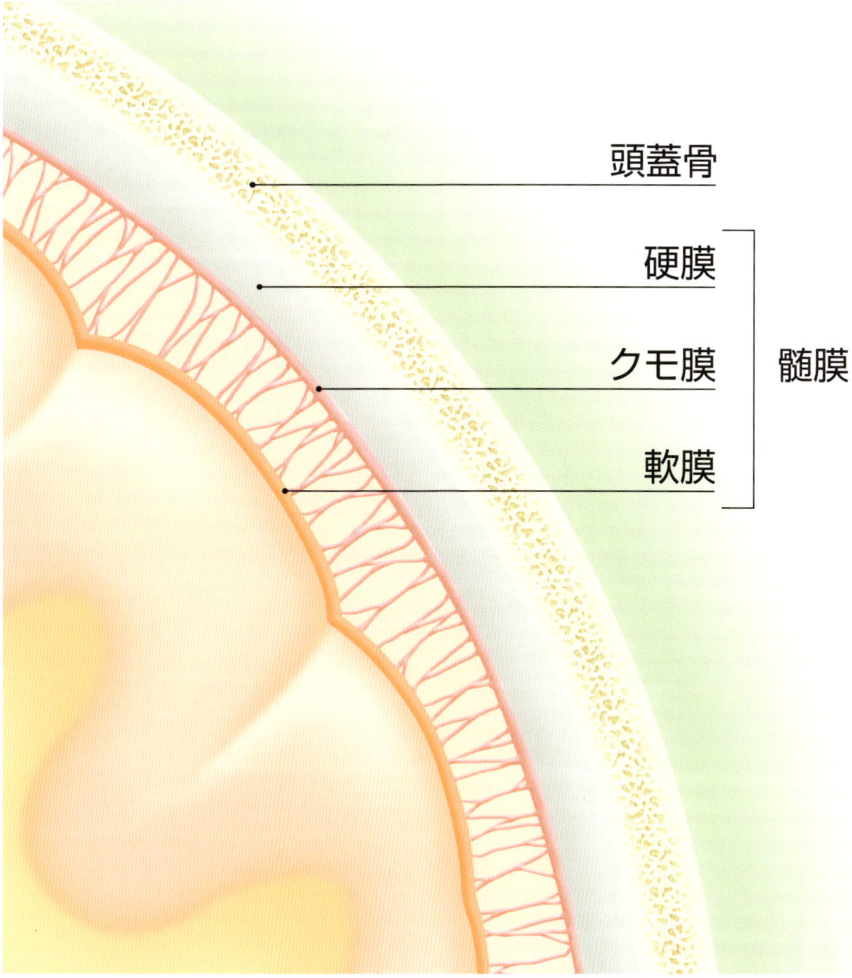
頭蓋骨
硬膜
クモ膜
軟膜
髄膜

発作の記録

脳腫瘍に限らず、さまざまな脳の病気に原因して「けいれん」「発作」が見られる。例えば骨や関節の病気では、診察室内でも自宅にいる時と同じ症状を示していたり、触診することで症状の有無を確認することができるのだが、神経に関連した症状を診察室の中で確認できる機会は、これまで多くの患者を診てきた中でもほとんどない。とりわけ「てんかん」の猫や犬の場合、けいれん発作を起こしていない時は、外見上も神経学的にもまったく正常な状態であることがほとんどだ。

こういったケースでは、ご家族の皆さんから伺ったさまざまな客観的な情報が、診断の際に非常に重要になってくる。ただし、発作を起こした日時、持続時間、具体的にどのような発作だったのか、これらの情報を詳しく、正確に獣医師に伝えることは、なかなか難しいことだと思われる。ご自身の家族が発作を起こして苦しんでいる姿を見て、慌ててしまうのは無理もない。そこで、発作の様子を詳細にかつ手軽に獣医師に伝えるツールとしてご家族の皆さんに動画撮影をおすすめしている。近年、携帯電話やデジタルカメラが高機能化し、誰でも気軽に動画を撮影することが可能になった。私たちが診断をすすめる際、発作の様子を動画で実際に確認することは非常に有用だ。機会があれば、是非利用してみてほしい。

Ⅲ 他の病気に随伴して見られる筋肉や神経の病気

■低カリウム血症性ミオパチーの症状を見せる猫
頚部を腹側へ屈曲させている。

大動脈血栓塞栓症（だいどうみゃくけっせんそくせんしょう）

●**病気の特徴：**突然、腰が抜けたように後肢が麻痺し立てなくなる。腹部に激しい痛みを伴い、普段は温厚な猫が泣き叫んだり、暴れたりすることも少なくない。

●**原因：**大動脈の末端(腹部から左右の後肢に向かって分岐する辺りのケースが多い)に血栓が詰まることで、後肢に血液が供給されなくなり、後肢の麻痺が生じる。血栓が形成される原因はさまざまであるが、猫の場合、肥大型心筋症(30〜31ページ参照)と呼ばれる心臓の病気が原因となり血栓が形成されるケースが圧倒的に多い。

●**症状：**後肢の麻痺や、腹部に強い痛みが見られるケースがほとんどである。後肢の冷感、パッドの色が黒くなるといった症状が見られることもある。

●**検査と診断：**特徴的な症状から、ある程度診断が可能である。超音波検査による血栓の確認、および心臓の状態をチェックする。

●**治療：**遮断された後肢への血液供給を回復させることが必要である。大動脈に詰まった血栓を取り除く治療として、薬物により血栓を溶解させる内科的な治療法と、手術により詰まった血栓を取り除く外科的な治療法が挙げられる。激しい痛みのため、強力な鎮痛薬が必要となることも多い。血栓に対する治療と同時に、血栓の原因となった心臓疾患(多くの場合、肥大型心筋症)の治療を行っていくことも重要である。呼吸状態によっては、酸素吸入などが必要になるケースも多い。摘出および長期的な予後の維持が十分に可能であると考えられている。

低カリウム血症性ミオパチー

●**病気の特徴：**うなだれた様に、頚部を地面に向かって曲げる特徴的な姿勢が見られる。長期に渡る食欲不振の猫に、このような症状が見られることが多い。

●**原因：**尿中への過剰なカリウムの排泄により体内のカリウム濃度が低下(低カリウム血症)を起こし、全身の筋力低下が生じる。猫では、慢性腎不全(70〜72ページ参照)に伴って見られるのがほとんどである。

●**症状：**全身の筋力が低下する。頭部の重量を支えることができず、特徴的なうなだれた姿勢をとる。まれに筋肉の痛みが見られることもある。

●**検査と診断：**特徴的な症状と、血液検査から診断が可能である。

●**治療：**カリウムの補給が重要である。食欲がない場合には、点滴による治療が必要となる。慢性腎不全のような内科疾患を抱えているケースがほとんどであるため、その病気に対する治療を同時にすすめる必要がある。

■糖尿病性ニューロパチーの症状を見せる猫
飛節(かかとの部分)を床につけて起立している。

糖尿病性ニューロパチー

- **病気の特徴**：かかとを床に落とした特徴的な姿勢が見られる。
- **原因**：糖尿病(80〜82ページ参照)が原因して、全身の末梢神経に障害を生じる。
- **症状**：飛節(かかとの部分)を床につけた特徴的な姿勢が見られる。

神経の障害は全身の末梢神経に生じているが、猫の場合、脛骨神経の障害のみが症状として表れることが多く、このような特徴的な症状が見られる。全身の筋力低下や、ジャンプが困難になるなどの症状が見られることもある。

参考文献

Dr. Bagleyのイヌとネコの臨床神経病学．徳力幹彦　監訳．2008年9月．ファームプレス．

Chapter 15

I 猫の内部寄生虫

猫の体内にはさまざまな種類の寄生虫が寄生する。その多くは消化管、とくに小腸に寄生するが、胃や肝臓に寄生するものもあり、さらに消化器系以外、たとえば肺や膀胱、心臓、眼などに寄生するものもある。

肺
ウエステルマン肺吸虫
肺に寄生。第1中間宿主が淡水に生息する巻貝のカワニナ、第2中間宿主がモクズガニやサワガニ、アメリカザリガニ。人間にも成虫が寄生。

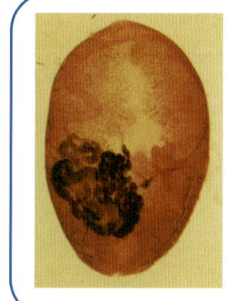

眼
東洋眼虫
眼の瞬膜の下に寄生。ある種のショウジョウバエが中間宿主で、それが猫の涙液を吸うときに感染。人間にも成虫が寄生。
（写真は犬における寄生例）

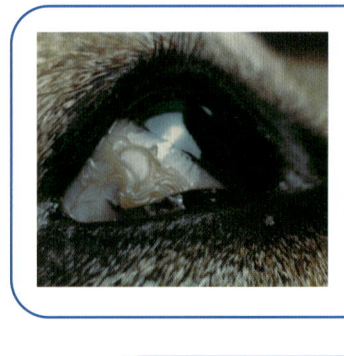

心臓
犬糸状虫
心臓の右心室とそれに続く肺動脈に寄生。蚊が中間宿主で、その吸血を受ける際に感染が成立。人間にも感染し、多くは肺に寄生（121ページ参照）。

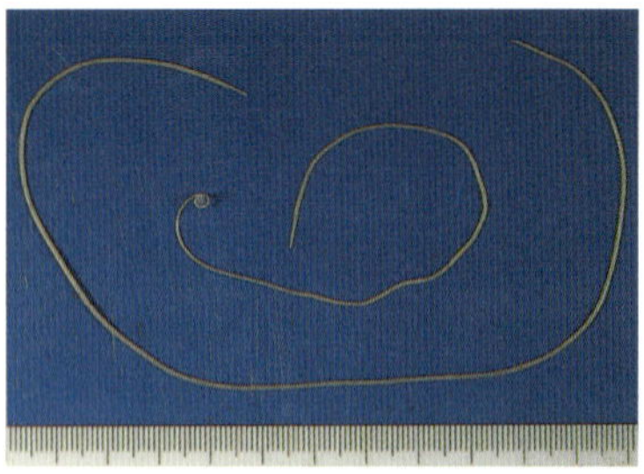

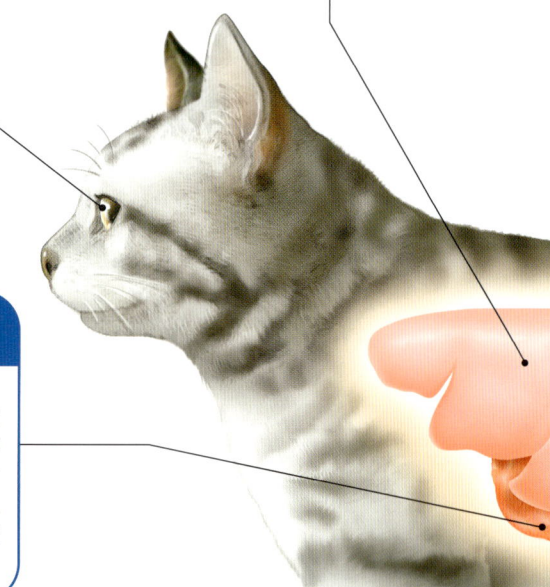

寄生虫の宿主

寄生虫の寄生を受ける生物のことを宿主という。寄生虫の種類によって、成虫の時期だけに他の生物、すなわち宿主に寄生するタイプもあれば、成虫の時期に加えて幼虫の時期にも別の種類の宿主に寄生するタイプもある。このとき、成虫が寄生する宿主のことを終宿主、幼虫が寄生する宿主のことを中間宿主という。さらに幼虫にも何段階かがあり、幼虫のステージによって2種類の別々の生物に寄生する寄生虫がある。こうした場合、初めの中間宿主を第1中間宿主、次の中間宿主を第2中間宿主とよんでいる。

また、中間宿主のほか、幼虫が寄生する宿主として待機宿主といわれるものがある。中間宿主は、これを必要とする寄生虫の場合、成虫に発育する前に必ず寄生しなければならないものであるが、待機宿主は、成虫に発育するために絶対に必要というわけではない。待機宿主を利用することによって、寄生虫は、食物連鎖などの点から終宿主への感染の機会を増していると考えられる。

内部寄生虫症

寄生虫とは、他の種類の生物の体表に付着したり、あるいは体内に侵入し、そこで生活を行い、相手の生物に被害を与える動物のことをいう。そのうち、体表または皮膚のごく表層に寄生するものが外部寄生虫、体内に寄生するものが内部寄生虫である。

内部寄生虫は、細胞1個が1個体となっている単細胞動物と複数の細胞で1個体が構成されている多細胞動物の2つのグループに大きく分けることができる。単細胞動物の寄生虫による病気では、寄生虫が猫の体内で増殖し、急性の症状を示すことが多いが、一方、多細胞動物の寄生虫には猫の体内で増殖する種類はほとんどなく、その感染症は慢性的に経過することが多い。ただし、明確な症状が認められなかったり、慢性症状を示しているのみの場合であっても、猫がある程度の被害を受けていることは明らかであり、また、ときに急性に転化することがあるため、いずれの寄生虫も早急に適切な駆除を心がけるべきである。

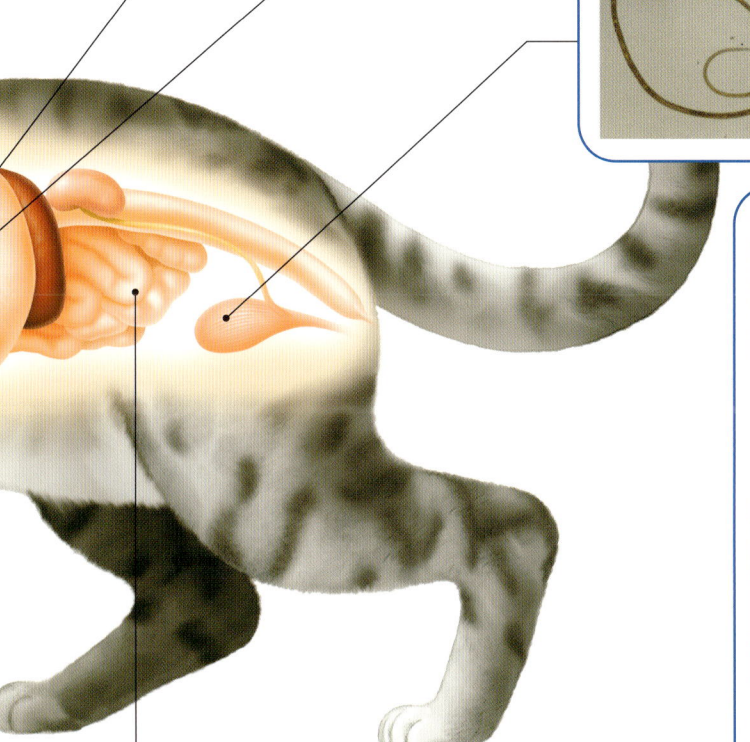

肝臓

肝吸虫
肝臓の内部の胆管に寄生。第1中間宿主が淡水に生息する巻貝のマメタニシ、第2中間宿主がモツゴなどのコイ科の魚類。人間にも成虫が寄生。

胃

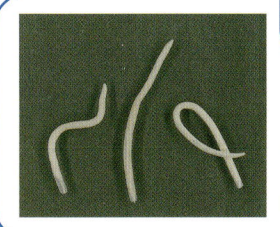

猫胃虫
胃に寄生。中間宿主はチャバネゴキブリやコオロギ類、バッタ類。

膀胱

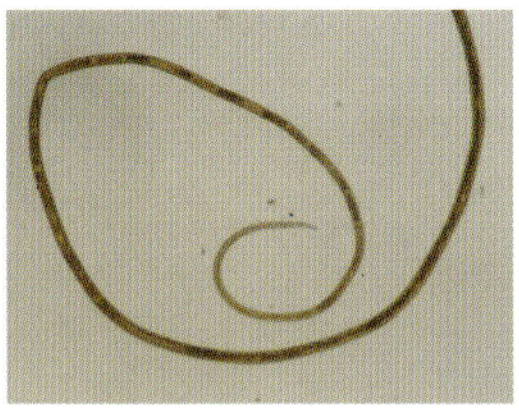

毛細線虫の一種
膀胱に寄生。中間宿主はミミズ類。

横川吸虫
小腸に寄生。第1中間宿主が淡水に生息する巻貝のカワニナ、第2中間宿主と待機宿主がアユなどの魚類。人間にも成虫が寄生。

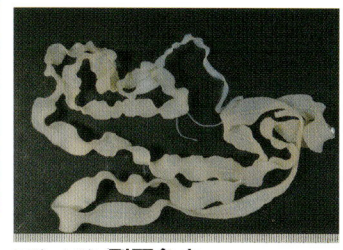

マンソン裂頭条虫
小腸に寄生。第1中間宿主が淡水に生息する甲殻類のケンミジンコ、第2中間宿主と待機宿主がカエル類やヘビ類。人間は第2中間宿主と待機宿主になる（124ページ参照）。

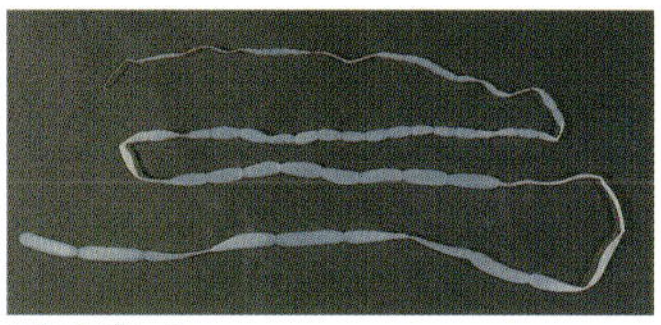

瓜実条虫
小腸に寄生。中間宿主はノミ類など。人間にも成虫が寄生（125ページ参照）。

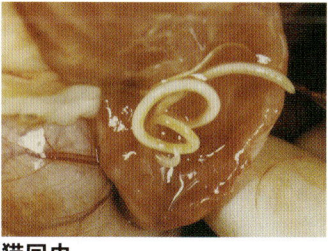

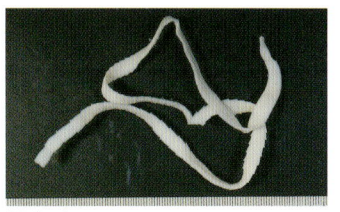

猫条虫
小腸に寄生。中間宿主はネズミ類など。人間にも成虫と幼虫が寄生。

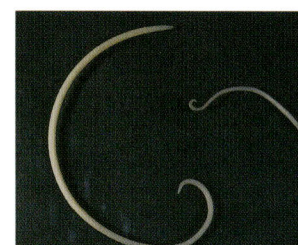

猫回虫
小腸に寄生。中間宿主は不要だが、ネズミ類を待機宿主とする。人間も待機宿主になる（122ページ参照）。

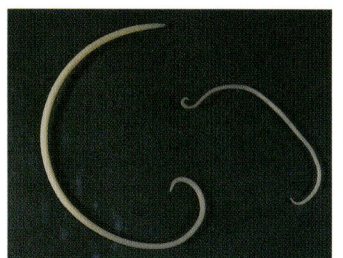

小腸

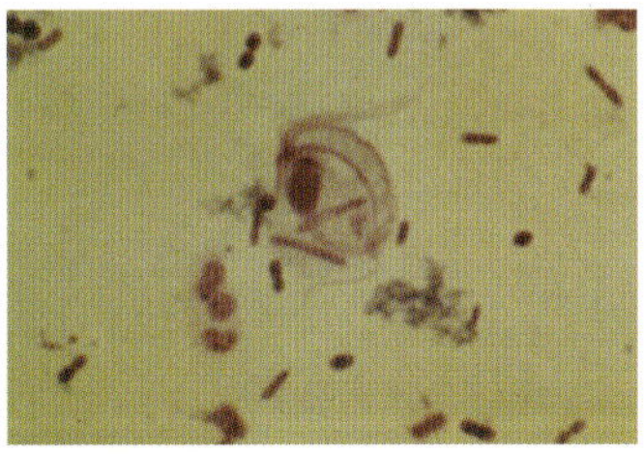

腸トリコモナス
小腸に寄生。中間宿主は不要。

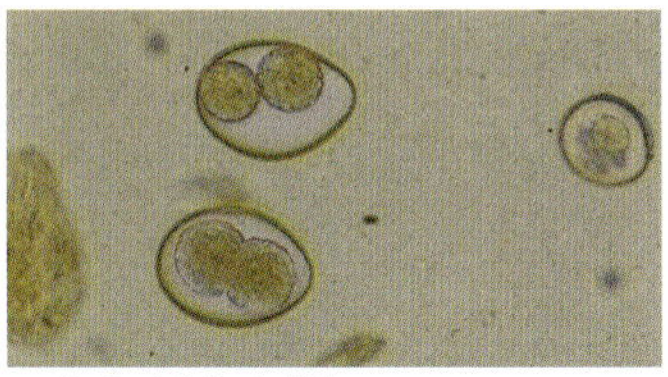

コクシジウム類
多くの種類があり、小腸に寄生。中間宿主は不要だが、ネズミ類を待機宿主とする。クリプトスポリジウム類やトキソプラズマもコクシジウム類に属する（120ページ参照）。

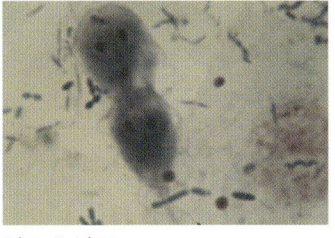

ジアルジア
小腸に寄生。中間宿主は不要。

壺形吸虫
小腸に寄生。第1中間宿主が淡水に生息する巻貝のヒラマキガイモドキ、第2中間宿主と待機宿主がカエル類やヘビ類（124ページ参照）。

単包条虫・多包条虫
（写真は多包条虫）
ともに小腸に寄生。中間宿主は単包条虫では多種の哺乳類、多包条虫では主にネズミ類だが、人間は両種の条虫の中間宿主になる。

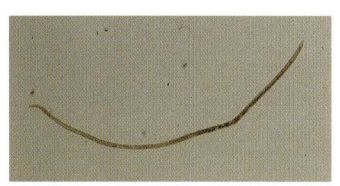

糞線虫・猫糞線虫
（写真は猫糞線虫）
ともに小腸に寄生。中間宿主は不要。糞線虫は人間にも成虫が寄生（123ページ参照）。

犬小回虫
小腸に寄生。中間宿主は不要だが、ネズミ類を待機宿主とする。

猫鉤虫
小腸に寄生。中間宿主は不要（123ページ参照）。

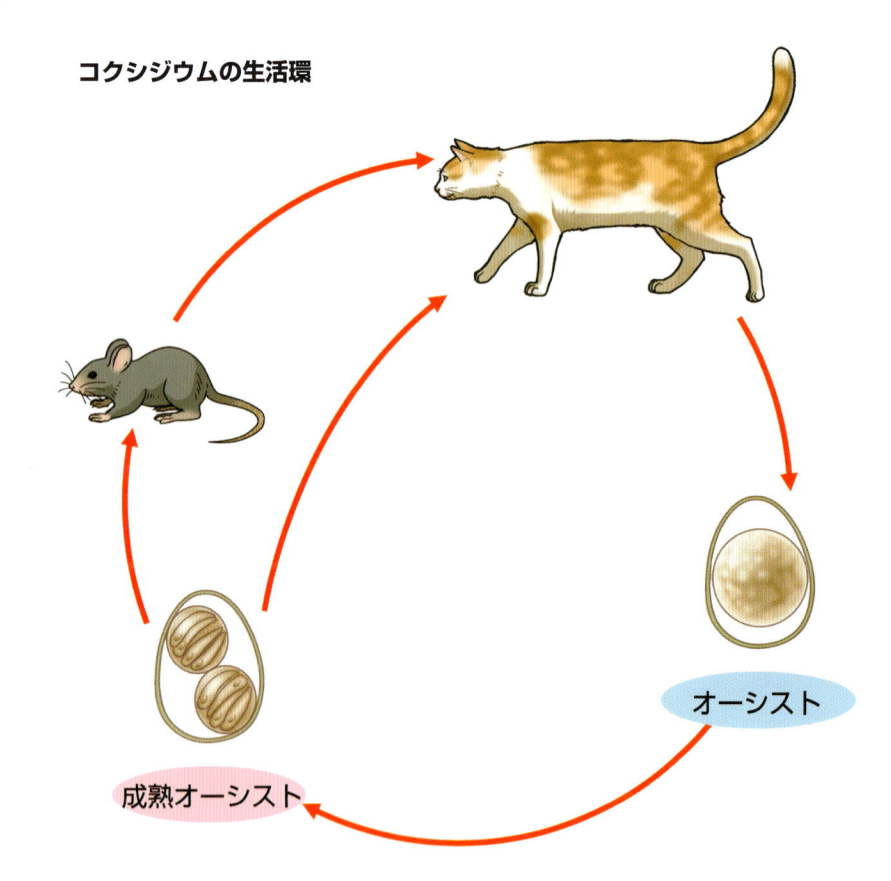

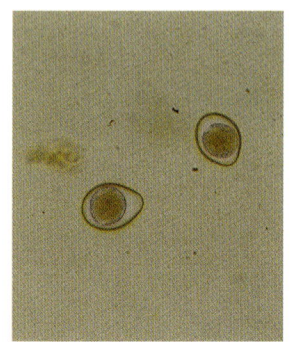

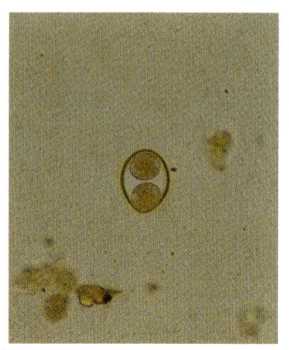

コクシジウムの生活環

コクシジウムのオーシスト（顕微鏡写真）
写真左：糞便中に排出直後のオーシスト。この状態ではまだ感染力はない。
写真右：成熟したオーシスト。感染力を有する。
オーシストの大きさはコクシジウムの種類によって異なるが、一般的には、小さい種類で長径が21～29μm、短径が18～26μm、大きい種類で長径が32～53μm、短径が26～43μmである。

II コクシジウム症（こくしじうむしょう）

●**原因**：コクシジウム症は、コクシジウム類の寄生を受けることによって発症する。コクシジウム類は、寄生虫のグループの1つであり、単細胞の動物で、細胞1個で1匹の体ができている。コクシジウム類には、猫に寄生するものだけでも多くの種類が知られている。

　コクシジウム類は猫の小腸で増殖するが、その過程でオーシストといわれる発育段階のものが出現し、糞便中に排出される。オーシストは外界で発育して成熟し、その成熟したオーシストを猫が経口的に摂取することによって、次の猫へと感染していく。また、成熟したオーシストをネズミなどが摂取した場合には、コクシジウム類はその体内に寄生し、それらの動物が猫に捕食されたときにも猫に感染することができる。

●**症状**：コクシジウム症は、生後数ヶ月までの幼い猫に認められることが多い。原因の寄生虫が猫の小腸に寄生するため、下痢が主な症状となる。重症例では、粘液や血液が混ざった下痢を起こしたり、下痢にともなって痩せたり、発育不良がみられ、死亡することもまれではない。

　一方、成長した猫はコクシジウム類に感染しても無症状で経過することがほとんどである。

●**診断**：糞便検査を行い、オーシストを検出することによって診断する。

●**治療**：サルファ剤などを用いて駆虫を行うとともに、下痢を発症している場合には、止瀉薬（下痢止め薬）を投与する。

●**予防**：コクシジウム症の予防に限ったことではないが、猫の糞便は排泄後にすみやかに処理し、飼育環境を清浄に保つことが重要である。また、猫がネズミなどを捕食しないような飼育方法を心がけるべきである。

クリプトスポリジウム症とトキソプラズマ症

　クリプトスポリジウム類は、コクシジウム類に属するが、一般的なコクシジウムとは異なり、糞便中に出現したオーシストがその時点で感染力を有している。また、猫に寄生するクリプトスポリジウムは、人間にも感染する可能性がある。

　一方、トキソプラズマもコクシジウム類の一種である。猫の小腸に寄生し、そこで増殖するが、小腸への寄生は一時的であり、その後は全身に分布し、さまざまな部位にとどまっている。また、オーシストが糞便中に排出され、成熟したオーシストをネズミなどが経口的に摂取すると、その体内、とくに心臓や脳などに寄生する。猫への感染は、成熟オーシストを経口的に摂取するか、トキソプラズマの寄生を受けているネズミなどを捕食することによって成立する。また、成熟オーシストを人間が経口的に摂取すると、人間もトキソプラズマ症に罹患する。人体内では、トキソプラズマ原虫は全身の組織に分布するが、一般に症状は軽微であり、リンパ節の腫脹や発熱、倦怠感などを呈する程度である。しかし、眼症状、とくに脈絡網膜炎を発症することもあり、免疫が低下している人では重症化する傾向がある。さらに妊娠中にトキソプラズマの感染を初めて受けた場合、ごくまれにではあるが、胎児に寄生虫が移行して先天性のトキソプラズマ症を発症する。猫の糞便中に排出されたオーシストが成熟するまでには通常は24時間ほどが必要であるため、本症を予防するには、それ以前に糞便を適切に処理することが重要である。

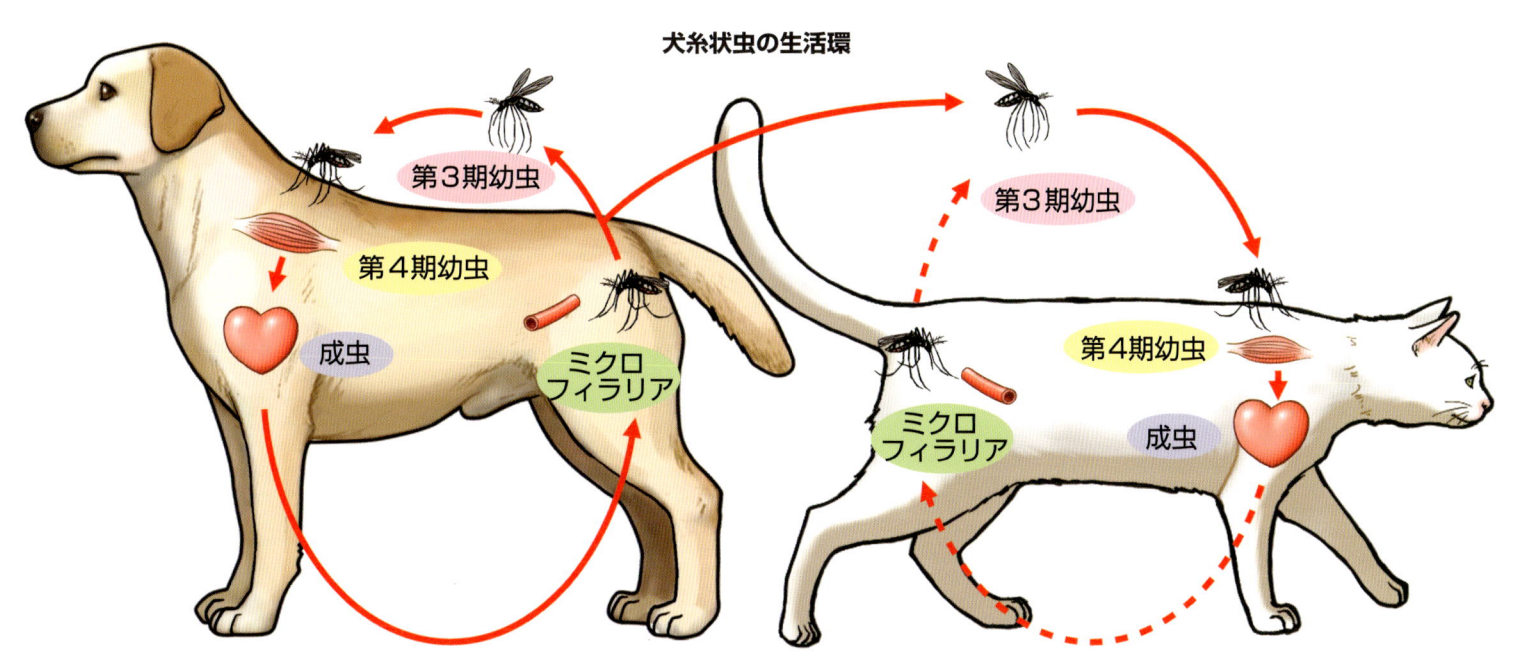

犬糸状虫の生活環

犬糸状虫の成虫
（上：雄虫、下：雌虫）
犬糸状虫の成虫は、乳白色半透明で、素麺のように見える。雌成虫の体長は25〜30cm、雄成虫の体長は10〜20cmである。雄虫の尾端はコイル状に巻いている。

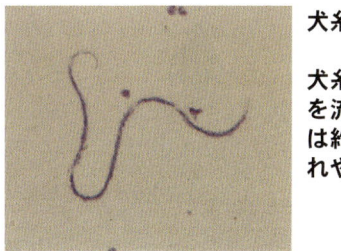

犬糸状虫のミクロフィラリア
（染色標本の顕微鏡写真）
犬糸状虫のミクロフィラリアは血液中を流れている。体長は約300μm、体幅は約6μmと非常に細長く、血管内を流れやすい体形をしている。

Ⅲ 犬糸状虫症（いぬしじょうちゅうしょう）

●**原因**：犬糸状虫という線虫（寄生虫のグループの1つ、多細胞動物）を原因とする。この線虫は、犬の寄生虫として有名であるが、猫やその他の食肉類、さらにそれ以外にもさまざまな哺乳類に寄生する。

　線虫類は雌雄異体で、雌虫と雄虫がある。犬の心臓や肺動脈に犬糸状虫の雌雄の成虫が寄生すると、交尾が行われ、雌成虫はミクロフィラリアといわれる幼虫を産む。ミクロフィラリアは犬の血液中を流れているが、蚊が吸血した際に、蚊の体内に取り込まれ、そこで第3期幼虫という段階にまで発育する。そして、その蚊が犬や猫を吸血するときに、蚊の刺し傷を通って犬、猫に感染する。こうして犬や猫の体内に侵入した犬糸状虫の第3期幼虫は、しばらくは皮下組織や筋肉内で発育するが、その後に心臓や肺動脈に移行して成虫になり、繁殖を行うようになる。

　ただし、猫の体内ではミクロフィラリアが産生されることは少なく、また、産生された場合にもその寿命は短い。そのため、猫は、次の動物への感染源としては、犬ほどの重要性はない。

●**症状**：猫の犬糸状虫症は、一般に無症状であるか、あるいは特徴的な症状を示さずに慢性的に経過することが多い。

　しかし、あるとき突然に急性に転化して重症化し、食欲がなくなるとともに、心臓の拍動が早くなったり、呼吸困難になったりするほか、虚脱状態となって死亡することがある。

　猫に寄生する犬糸状虫は、犬に寄生するものと同一種であり、犬に寄生しても猫に寄生しても、その体の大きさに変わりはない。したがって、犬に比べて体サイズが小さく、心臓も小さい猫の場合には、たとえ1個体の犬糸状虫の寄生を受けただけでも、死に至ることがある。

●**診断**：血液検査によりミクロフィラリアや犬糸状虫抗原（犬糸状虫成虫から排泄または分泌された物質）を検出したり、さらに心臓の超音波検査や胸部X線検査などを行うことにより診断する。

●**治療**：猫の犬糸状虫症の治療は困難である。駆虫薬によって犬糸状虫の成虫を死滅させることは可能であるが、死滅した虫体は肺動脈に栓塞（詰ること）し、それによって猫も死亡することになりかねない。また、手術による虫体の摘出が可能な場合もあるが、そうした例はきわめて少なく、たとえ実施可能であっても、その手術には大きな危険をともなう。

　猫の犬糸状虫症の治療は、対症療法を行う以外に方策がないことが多く、したがって、この病気に関しては、その他の寄生虫症以上に予防が大切である。

●**予防**：犬糸状虫症を予防するには、蚊の吸血を避けることが第一である。しかし、これは常に確実に行えることではない。

　そこで、犬糸状虫の感染を受けることは避けられないと考え、寄生した犬糸状虫が成虫になる前に殺滅するための薬物を定期的に投与する。こうした薬物を犬糸状虫症予防薬という。現在、犬用のほか、猫用の犬糸状虫症予防薬も開発されている。

人間の犬糸状虫症

　ごくまれに人間も犬糸状虫症に罹患する。犬糸状虫は、人体内では心臓や肺動脈ではなく、たいていは肺に寄生する。肺に寄生した場合の主な症状は、発咳や発熱などである。

　人間への犬糸状虫の感染は、犬や猫から直接的に起こるのではなく、犬糸状虫の幼虫が寄生している蚊の吸血を受けることによって成立する。そのため、予防法は蚊の吸血を避けることであるが、実際には、犬糸状虫が人間に感染したとしても、通常はただちに死滅する。そのため、犬糸状虫の人体寄生について、あまり神経質になる必要はない。

猫回虫の生活環

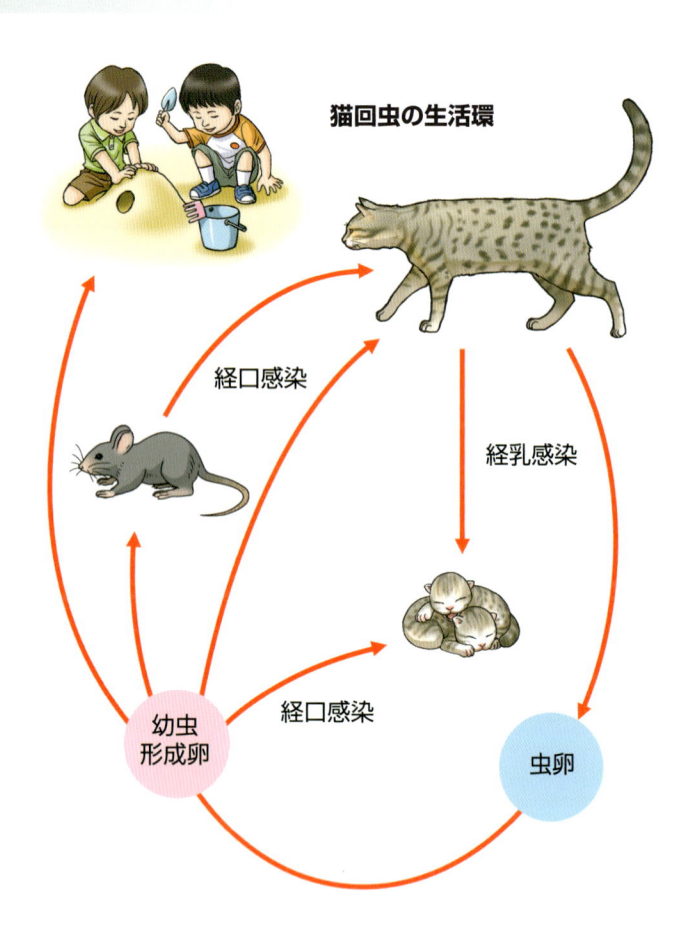

経口感染
経乳感染
経口感染
幼虫形成卵
虫卵

猫の小腸に寄生する猫回虫の成虫
猫回虫の成虫は、白色ないし黄白色で、体長は雌虫が4～12cm、雄虫が3～7cmである。

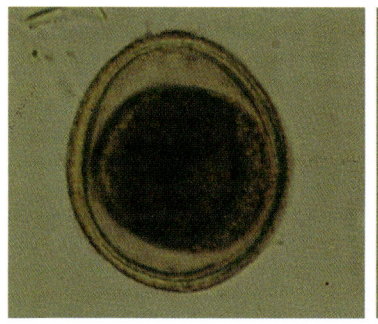

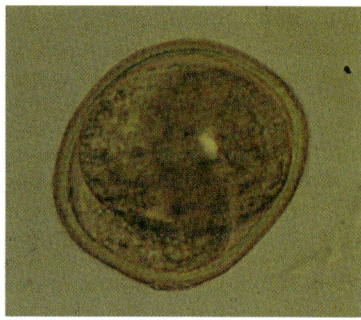

猫回虫の虫卵（顕微鏡写真）
左：糞便中に排出直後の虫卵。この状態ではまだ感染力はない。
右：成熟した虫卵。内部に幼虫が形成され、感染力を有する。
猫回虫の虫卵はほぼ球形を呈し、その径は60～75μmである。

Ⅳ 猫回虫症（ねこかいちゅうしょう）

●**原因**：猫回虫という線虫の寄生を受けることによって発症する。猫回虫の雌成虫と雄成虫は猫の小腸に寄生し、雌成虫が産卵を行う。虫卵は猫の糞便中に排出された後、外界で発育して内部に幼虫を形成する。そして、幼虫を形成した虫卵が猫に経口的に摂取されると、その猫に感染し、一部は成虫に発育する。

また、幼虫形成卵がネズミなどに摂取された場合、猫回虫は幼虫の状態でその体内に寄生する。このような状態のネズミなどを捕食した場合にも、猫はこの寄生虫の感染を受けることになる。

なお、猫に感染した猫回虫は、すべてが小腸に寄生する成虫にまで発育するわけではない。幼虫のままで猫の全身の組織に分布するものもある。その猫が雌であり、分娩を行った場合、猫回虫の幼虫は乳汁に出現し、哺乳時に子猫に感染していく。そのため、猫回虫症は、子猫にもしばしば発生が認められる。

●**症状**：無症状のことが多いが、多数の猫回虫の寄生を受けた猫は下痢を発症する。とくに子猫は、乳汁を介してしばしば多数の寄生を受けているため、下痢を起こしがちであり、それにともなって脱水状態になったり、さらに発育不良が認められることがある。

また、非常にまれではあるが、きわめて多数の虫体が寄生した際には小腸が閉塞し、猫が生命の危機にさらされることがある。

●**診断**：糞便検査を行い、虫卵を検出することによって診断する。ただし、糞便検査で診断できるのは、成熟した雌雄の成虫が小腸に寄生しているときに限られ、未成熟虫が寄生している場合や、雌雄の一方のみが寄生している場合には、虫卵は検出されない。また、全身の組織に分布している猫回虫を確認することは難しい。

●**治療**：小腸に寄生する成虫は、駆虫薬の投与によって簡単に駆除することができる。しかし、全身の組織に寄生している幼虫を駆除することはきわめて困難である。

なお、下痢やその他の症状を示している場合には、止瀉薬（下痢止め薬）の投与など、それぞれの症状に合わせた治療も実施する。

●**予防**：猫の糞便を排泄後にすみやかに処理し、飼育環境を清浄に保つとともに、猫がネズミなどを捕食しないように留意する。

また、乳汁を介しての母猫からの感染は避けられないため、子猫については生後2～3ヶ月を経過した頃に糞便検査を行い、虫卵が検出された場合には早期に駆虫を実施する。

人間の猫回虫症

猫回虫は、幼虫がネズミなどに寄生するが、人間もネズミと同様に、この線虫の寄生を受ける。すなわち、人体内では、猫回虫は幼虫の段階でとどまり、全身のさまざまな組織に分布する。症状はまちまちで、無症状のことがある一方、肺炎や眼症状を発することも多い。

人間への猫回虫の感染は、猫の糞便中に排出された後、発育して幼虫を内蔵する状態になった虫卵を経口的に摂取することによって成立する。したがって、予防のためには、猫の糞便をすみやかに処理することが重要である。また、公園の砂場などに猫が糞便をしないような措置を講ずる必要もある。

V 猫鉤虫症（ねここうちゅうしょう）

●**原因**：猫鉤虫という線虫が原因である。猫鉤虫は、雌雄の成虫が猫の小腸に吸着し、吸血を行っている。雌成虫が産出した虫卵は、猫の糞便中に排出され、発育してその内部に幼虫を形成し、さらに外界で孵化して幼虫が出現する。この幼虫は外界で第3期幼虫といわれる段階にまで発育する。

猫への感染は、この第3期幼虫を経口的に摂取した場合のほか、第3期幼虫が猫の皮膚を穿孔して経皮的に侵入することによっても成立する。また、猫の体内において猫鉤虫の一部の個体は幼虫の段階で全身の組織に分布し、その猫が雌であり、分娩を行った場合、胎盤を介して胎子に移行したり、あるいは乳汁を介して子猫に感染したりする。

猫鉤虫症は、かつては猫に普通に認められる寄生虫症であったが、近年は日本における発生は著しく減少している。

●**症状**：無症状に経過する例もあるが、下痢を発症することもあり、重症例では下痢による脱水が認められる。また、猫鉤虫は吸血を行うため、非常に多数の虫体の寄生を受けた場合には貧血を起こす。

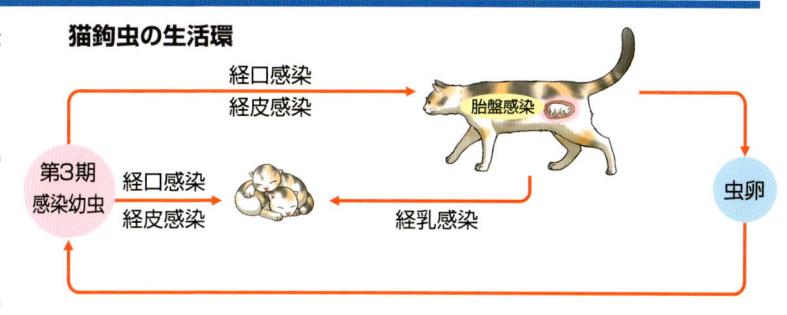

●**診断**：糞便検査を行って虫卵を検出することにより診断する。

●**治療**：猫鉤虫は、駆虫薬の投与によって容易に駆除することが可能である。また、下痢を発症している例に対しては、止瀉薬（下痢止め薬）などを投与する。

●**予防**：猫の糞便を排泄後にすみやかに処理し、飼育環境を清浄に保つように心がける。

猫鉤虫の生活環

経口感染／経皮感染／胎盤感染／第3期感染幼虫／経口感染／経皮感染／経乳感染／虫卵

VI 糞線虫症（ふんせんちゅうしょう）

糞線虫と猫糞線虫の生活環

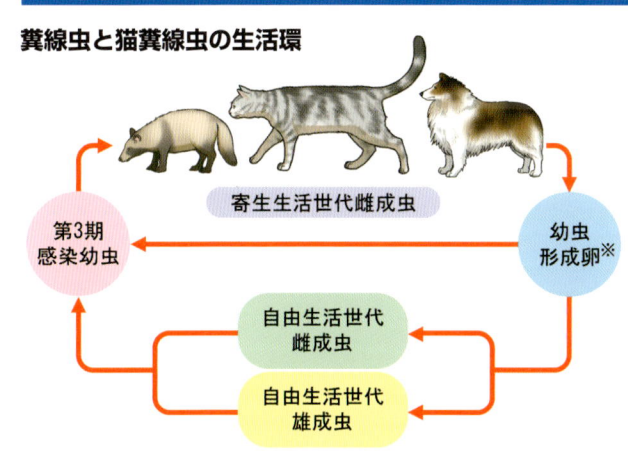

寄生生活世代雌成虫／第3期感染幼虫／幼虫形成卵※／自由生活世代雌成虫／自由生活世代雄成虫

※猫糞線虫は宿主の糞便中に幼虫形成卵を排出するが、糞線虫の場合は幼虫（第1期幼虫）が出現する。

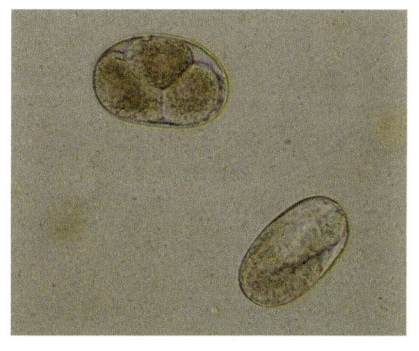

猫鉤虫の虫卵（上）と猫糞線虫の虫（下）（顕微鏡写真）
糞便中に排出された直後の猫鉤虫の虫卵は内容が多細胞だが、猫糞線虫の虫卵は内部に幼虫が形成されている。虫卵の大きさは、猫鉤虫では長径が55〜70μm、短径が35〜45μm、猫糞線虫では長径が50〜70μm、短径が30〜40μmほどである。

寄生生活を行う時期の猫糞線虫の雌成虫（顕微鏡写真）
糞線虫類は雌成虫のみが寄生する。寄生生活を行う時期の猫糞線虫の雌成虫の体長は約2mmである。

●**原因**：猫の糞線虫症の原因となる寄生虫には、単に糞線虫といわれる線虫と猫糞線虫といわれる線虫の2種類がある。糞線虫は猫のほかに犬や人間に、猫糞線虫は猫と犬、タヌキなどに寄生する。

どちらの種も雌雄異体であるが、猫に寄生するのは雌成虫のみである。雌成虫は、猫の小腸に寄生し、単独で生殖を行い、糞線虫は幼虫、猫糞線虫は幼虫を内蔵する虫卵を産出する。これらの幼虫や虫卵は猫の糞便中に排出され、発育して外界で生活する。この外界での生活の時期には、雌雄の成虫が出現して生殖を行う。しかし、併せて猫への感染力を有する感染幼虫といわれる段階の幼虫も現れ、この感染幼虫を経口的に摂取したり、あるいは感染幼虫に皮膚を穿孔されることによって、猫は糞線虫や猫糞線虫の寄生を受けることになる。

なお、糞線虫は、猫の繁殖施設などに蔓延していることが多々あるが、一方、猫糞線虫は、本来はタヌキなどの野生食肉類の寄生虫であり、こうした野生動物と間接的にも接触する機会がある地域で飼育されている猫に寄生がみられることが多い。

●**症状**：無症状のこともあるが、しばしば下痢を起こす。とくに子猫は、激しい下痢を発症しがちであり、それにともなって脱水を起こしたり、また、発育が不良となる。子猫の場合、適切な治療を行わないと、死亡することもまれではない。

●**診断**：糞便検査を行い、幼虫や虫卵を検出することによって診断する。

●**治療**：糞線虫および猫糞線虫の駆除は困難であり、1回の駆虫薬の投与では確実に駆除できないことが多い。投薬の1週ないし10日後に糞便検査を行い、必要に応じて駆虫薬投与を繰り返す。また、いったん幼虫や虫卵が検出されなくなっても、数週間または数ヶ月を経過した後に再び排出が認められることがあるので、その頃に改めて糞便検査を行うとよい。

そのほか、必要に応じて下痢に対して止瀉薬（下痢止め薬）を投与するなどの処置を行う。

●**予防**：猫の糞便を排泄後にすみやかに処理し、感染源を断つことが重要である。また、タヌキなどの野生動物が生息している地域では、そうした動物の糞便に間接的にも接触しないような飼育を心がける。

VII 壺形吸虫症（つぼがたきゅうちゅうしょう）

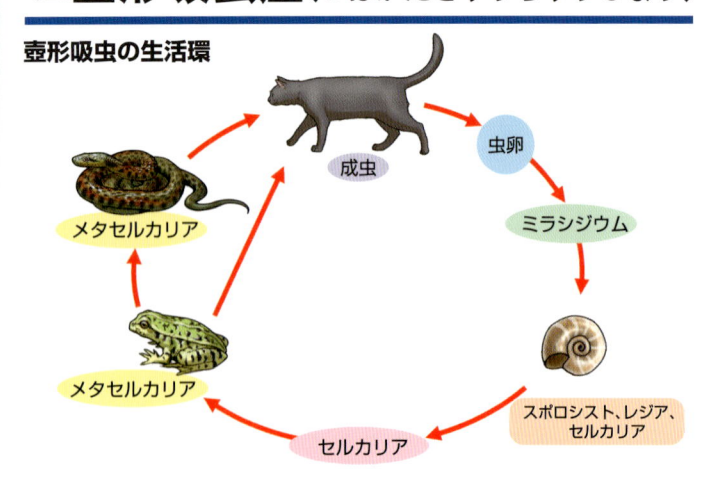

壺形吸虫の生活環

●**原因**：壺形吸虫という吸虫（寄生虫のグループの1つ、多細胞動物）の寄生を受けることによって発症する。壺形吸虫は、猫の寄生虫として知られているが、まれに犬にも寄生する。

ほとんどの吸虫類は雌雄同体で、1個体に雌の生殖器官と雄の生殖器官の両方が存在している。壺形吸虫も雌雄同体である。

成虫は猫の小腸に固着して寄生し、産卵を行う。虫卵は糞便中に排出された後、外界で発育して孵化し、ミラシジウムといわれる幼虫が出現する。ミラシジウムはヒラマキガイモドキという小さな巻貝に侵入し、レジアとスポロシストとよばれる時期を経て、セルカリアという段階の幼虫になり、再び外界に出現する。そして、カエルに寄生し、その体内で発育を続け、さらに次の段階の幼虫であるメタセルカリアになる。このカエルが猫に捕食されると、壺形吸虫は猫の小腸で成虫となる。また、カエルがヘビなどに捕食された場合には、壺形吸虫はメタセルカリアの段階でとどまり、それが猫に捕食されるのを待つ。

●**症状**：少数の寄生を受けている場合には無症状のことが多いが、多数が寄生した際には下痢を発症する。また、それにともなって脱水を起こすこともある。

●**診断**：糞便検査を行い、虫卵を検出することによって診断する。

●**治療**：壺形吸虫は、駆虫薬の投与によって容易に駆除することが可能である。また、対症療法として、下痢に対して止瀉薬（下痢止め薬）を投与する。

●**予防**：猫への感染源であるカエルやヘビの捕食を避ける以外に予防法はない。飼育環境あるいは飼育方法によっては、それは困難であろうが、そうした場合には、定期的に糞便検査を行い、感染の早期発見に努め、寄生が確認された際にすみやかな駆虫を実施する。

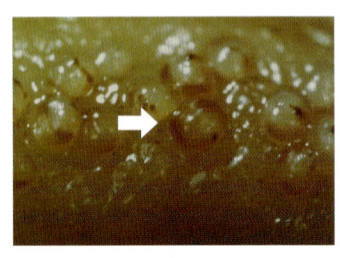

猫の小腸に固着して寄生する壺形吸虫の成虫
壺形吸虫の成虫はほぼゴマ粒大で、体長は1～3mmである。体の末端の産卵孔から虫卵（矢印）を産出しているのが認められる。

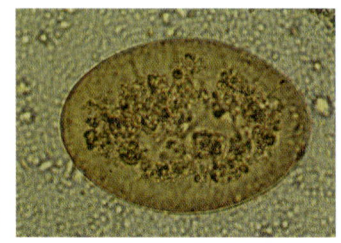

壺形吸虫の虫卵（顕微鏡写真）
壺形吸虫の虫卵は、卵円形ないし楕円形で、黄褐色を呈し、一端に蓋を有する。長径は100～130μm、短径は70～90μmと、寄生虫の卵としては大型である。

VIII マンソン裂頭条虫症（まんそんれっとうじょうちゅうしょう）

●**原因**：マンソン裂頭条虫という条虫（寄生虫のグループの1つ、俗にサナダムシといわれる、多細胞動物）の寄生が原因である。この条虫は、猫のほか、ときに犬に寄生する。

条虫類は、片節といわれる構造が縦に1列につながって1個体を構成している。また、雌雄同体であり、1つの片節に雌の生殖器官と雄の生殖器官の両方が存在し、寄生部位である小腸においてそれぞれの片節が産卵を行っている。

虫卵は糞便中に排出された後、外界で発育して孵化し、コラシジウムとよばれる幼虫が出現する。コラシジウムは次にケンミジンコという淡水に生息する小さな甲殻類に寄生し、プロセルコイドといわれる段階の幼虫になり、続いてカエルに寄生し、さらに次の

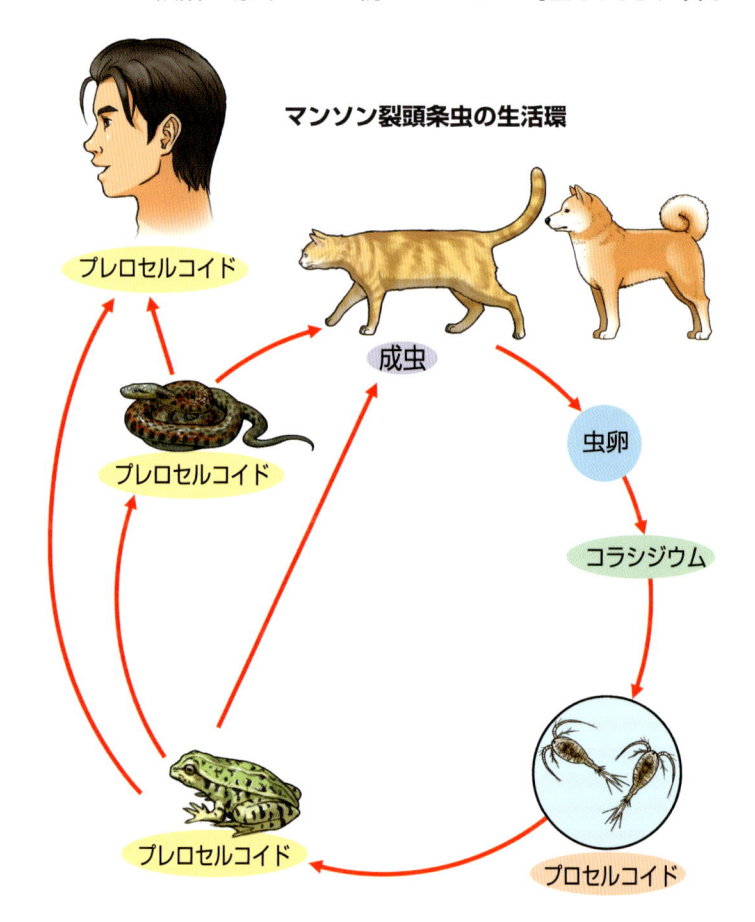

マンソン裂頭条虫の生活環

人間のマンソン裂頭条虫症

マンソン裂頭条虫の人体寄生例は多数が知られている。ただし、成虫が人間の小腸に寄生することはほとんどなく、通常はプレロセルコイドが皮下などに寄生する。いわばカエルやヘビと同様の寄生を受けている状態である。症状としては、皮膚に移動性の腫瘤が認められ、その部位によっては疼痛などを発現する。この腫瘤の内部にマンソン裂頭条虫のプレロセルコイドが存在しているわけである。

人間への感染は、猫から直接に成立することはなく、プレロセルコイドが寄生しているカエルやヘビを生食することによって起こる。予防法は、こうした動物を生食しないことである。

段階の幼虫であるプレロセルコイドになる。このカエルが猫に捕食されると、マンソン裂頭条虫は猫の小腸で成虫となるが、あるいはまた、カエルがヘビなどに捕食された場合には、ヘビの体内でプレロセルコイドの段階でとどまり、それが猫に捕食されるのを待つ。

なお、マンソン裂頭条虫は、猫への感染源が壺形吸虫と同一であるため、この吸虫と同時に寄生していることが多い。

●**症状**：多くは無症状であるが、ときに下痢を発症する。また、まれにではあるが、離脱した一連の片節が猫の糞便中に現れることがある。

●**診断**：糞便検査を行い、虫卵を検出することによって診断する。

●**治療**：マンソン裂頭条虫は、壺形吸虫と同時に寄生していることが多いが、壺形吸虫とマンソン裂頭条虫の駆除薬は同一であり、1回の投薬で両種の寄生虫をともに駆除することができる。

また、下痢を発症している場合に止瀉薬（下痢止め薬）を投与するのは、他の寄生虫症の場合と同様である。

●**予防**：予防法は、壺形吸虫症と同じく、猫への感染源であるカエルやヘビを捕食させないようにし、それが不可能な状況では、感染の早期発見と早期駆虫を心がける。

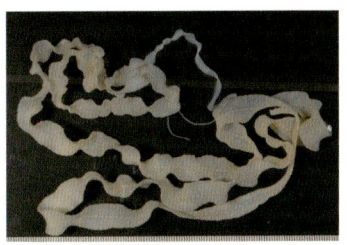

マンソン裂頭条虫の成虫
マンソン裂頭条虫の成虫は、白色ないし乳白色を呈し、長いものは体長が1m以上に達する。

マンソン裂頭条虫の虫卵（顕微鏡写真）
マンソン裂頭条虫の虫卵は、側面の彎曲の程度が左右で異なり、左右が不相称になっている。色は褐色または黄褐色で、一端に蓋を有する。長径は50～700μm、短径は30～45μmである。

シマヘビの皮下に寄生するマンソン裂頭条虫の幼虫（プレロセルコイド）
カエルやヘビにはマンソン裂頭条虫のプレロセルコイドが寄生していることが多い。猫はこうしたカエルやヘビを捕食することにより、この条虫の感染を受ける。

IX 瓜実条虫症（うりざねじょうちゅうしょう）

瓜実条虫の生活環

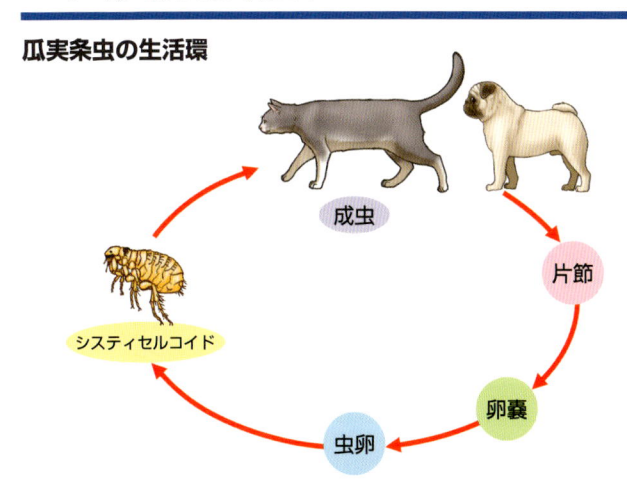

成虫 → 片節 → 卵嚢 → 虫卵 → システィセルコイド → 成虫

●**原因**：瓜実条虫（犬条虫ともいわれる）を原因とする。瓜実条虫は、猫や犬の小腸に寄生する。瓜実条虫もマンソン裂頭条虫と同様に、片節が縦に1列につながって1個体を構成しており、1つの片節に雌雄の生殖器官がともに存在している。ただし、瓜実条虫の片節には産卵孔が存在せず、産卵は行われない。

この条虫は、片節の内部に次第に虫卵がたまり、虫卵で満たされた末端の片節から1つずつ離脱していく。そして、糞便中に排出された離脱片節は、糞便表面を蠢いている間に崩壊し、内部から虫卵が出現する。この虫卵はノミやハジラミに摂取され、その体内でシスティセルコイドといわれる段階の幼虫に発育し、猫が毛づくろい（グルーミング）を行ったときなどに偶発的に経口摂取されるのを待つ。

●**症状**：症状は、無症状から激しい下痢まで、さまざまである。とくに子猫の場合には、下痢が悪化する傾向が見られる。また、下痢にともなって、脱水を起こすことがある。

●**診断**：糞便の表面に米粒ほどか、それよりも小さな白色の粒が存在しているときには、瓜実条虫の寄生を疑う。これは離脱した片節である。診断を確定するためには、その片節を顕微鏡で観察する。

●**治療**：瓜実条虫は、駆虫薬の投与により容易に駆除することが可能である。併せて、必要に応じて止瀉薬（下痢止め薬）などを投与する。

●**予防**：ノミやハジラミが感染源であるため、これらの外部寄生虫の寄生を受けないように予防措置を講じておくことが重要である。

参考文献

1) 深瀬 徹（1996）：猫における犬糸状虫感染とその臨床．獣医畜産新報，49，185－192．
2) 深瀬 徹（2007）：寄生虫とは何だろうか．獣医畜産新報，60，537－538．
3) 深瀬 徹（2007）：犬と猫に用いる駆虫薬－現状と今後－．獣医畜産新報，60，545－550．
4) 深瀬 徹（2008）：猫と寄生虫．獣医畜産新報，61，271－272．
5) 深瀬 徹（2008）：猫の消化管内寄生虫．獣医畜産新報，61，281－287．
6) Fukase,T.,Chinone, S.,Itagaki,H.(1985)：*Strongyloides planiceps* (Nematoda;Strongyloididae) in some wild carnivores.*Japanese Journal of Veterinary Science*,47,627－632．
7) 深瀬 徹，板垣 博（1987）：猫の壺形吸虫症．小動物臨床，6 (2)，54－58．
8) 深瀬 徹，板垣 博（1988）：犬・猫に寄生する回虫類と人獣共通寄生虫としての重要性．Pro-Vet，1 (1)，47－50．
9) 深瀬 徹，板垣 博（1988）マンソン裂頭条虫とその感染症．Pro-Vet，1 (5)，47－51．
10) Fukase,T.,Itagaki,H.,Wakui,S.,Kano,Y.,Goris,R.C.,Kishida,R.(1986)：Histopathological findings in snakes,*Elaphe quadrivirgata* (Reptilia;Colubridae), infected with plerocercoids of *Spirometra erinacei* (Cestoda;Diphyllobothriidae).*Japanese Journal of Herpetology*,11，86－95．
11) Fukase,T.,Itagaki,H.,Wakui,S.,Kano,Y.,Goris,R.C.,Kishida,R.(1987)：Parasitism of *Pharyngostomum cordatum* metacercariae (Trematoda;Diplostomatidae) in snakes,*Elaphe quadrivirgata* and *Rhabdophis tigrinus* (Reptilia;Colubridae).*Japanese Jornal of Herpetology*，12，39－44．
12) Fukase,T.,Ozaki,M.,Chinone,S.,Itagaki,H.(1986)：Anthelmintic effect of praziquantel on *Pharyngostomum cordatum* in domestic cats.*Japanese Journal of Veterinary Science*,48，569－577．

Chapter 16

両側耳介先端に扁平上皮癌の発生した猫。蝋状の痂皮と、それを除去したことによる潰瘍病変が広範囲に存在する。

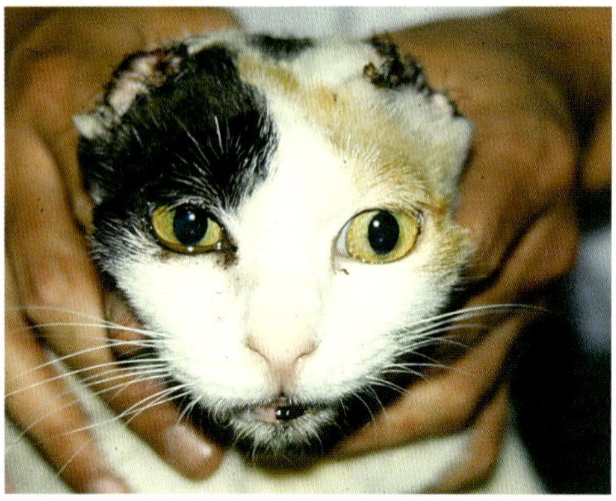

両側耳介先端に扁平上皮癌の発生した猫の両側耳介切除術。形態の変化は否めないが機能的な障害はなく、この後再発・転移は認められない。

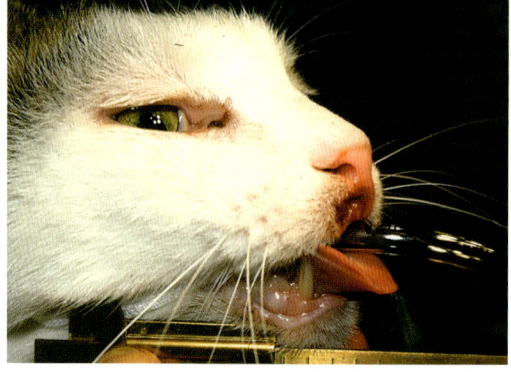

鼻鏡部に扁平上皮癌が発生した猫。腫瘤を形成することはなく、潰瘍により組織の欠損が見られる。

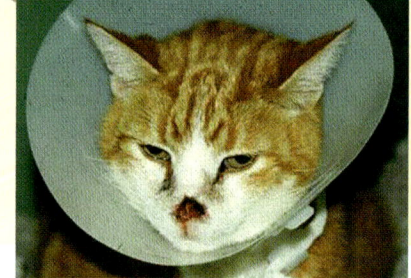

鼻鏡部に扁平上皮癌が発生した猫の鼻鏡切除術。呼吸機能は問題ないが刺激を受けやすいため鼻汁の量は増えるようである。術後、腫瘍の再発・転移は見られていない。

腫瘍

　近年、動物の高齢化に伴って癌の発生率は増加の一途をたどっている。動物と一緒に過ごす時間が増えたことは私たちにとっては大変うれしいことであるが、その代償に「癌」というリスクを背負ってしまった。そしてこのリスクは、人の世界同様に猫の世界でも死因のトップになっている。私たちはこの厳しい現実をしっかりと受け止め、癌と闘いなんとかこれを克服していかなければならない。その一番有効な手段は間違いなく早期発見早期治療であり、私たちがどれだけ早く癌を見つけられるかが猫の命を左右するといっても過言ではない。

I 皮膚腫瘍（ひふしゅよう）

●**概要**：皮膚腫瘍は、猫で発生する全腫瘍の1/4を占め、犬ほどではないが比較的よく見られる腫瘍といえる。発生する腫瘍はさまざまであるが悪性腫瘍の比率は50〜65％であり、犬の20〜30％に比べるとはるかに悪性のものが多い。皮膚の悪性腫瘍には肥満細胞腫、扁平上皮癌が発生の上位を占め、扁平上皮癌は太陽光によって引き起こされることが確認されている。したがって、日光照射の多い地域・環境にある老齢猫がよく罹患しているようである。

●**原因と特徴**：皮膚の扁平上皮癌の発生においては日光照射が最大の要因であるが、さらに被毛の色がこれを増悪する因子であり、厳密にいえば色素の薄い猫、すなわち全身的および部分的に白い色の猫での発生が多い。ある研究では白猫の扁平上皮癌の罹患率は有色猫の5倍であったと報告されている。また、本腫瘍は一般的に老齢の猫に発生し平均年齢は12歳と報告されており、これも日光照射時間の長さに関係していると考えられる。

●**症状**：扁平上皮癌の発生部位は、おもに顔面に好発する傾向があり80〜90％で認められている。最も多く発生する部位は鼻鏡部であり、耳介や眼瞼がこれに続く。しかし、これらの病変は同時に発生することが多く、眼瞼に発生しているものは鼻鏡・耳介での併発もよく見られる。本腫瘍は外見上、しこりを形成することは少なく、蝋状の痂皮と、それを除去したことによる潰瘍病変を特徴としている。それゆえに罹患猫の来院の理由は、「難治性の引っかき傷」ということがほとんどである。この潰瘍や外皮の硬化は比較的長期に渡り拡大していき、重度になると病変部の変形および脱落が見られるようになる。

●**治療と予後**：扁平上皮癌は一般的に、局所浸潤性は強いが遠隔転移性は低いとされている。したがって、リンパ節の浸潤や肺への転移が見られるようなら予後は不良といえる。しかし本腫瘍のほとんどが局所的であり治療をすることにより予後は良好となる。外科療法では形態は変化するとはいえ拡大切除により根治の可能性は非常に高い。またオルソボルテージによる放射線治療でも表在性のものに対する1年制御率は89％と高い効果が得られている。この結果から考えると浸潤の強い病変に対しては、できうる限りの外科切除を実施し補助治療として放射線照射を行うことは、進行したものには最良の治療法であるといえる。このほか、凍結外科療法や光力学療法でも初期病変には、ともに70％程度の有効性が示されている。

●**予防**：扁平上皮癌は予防ができる数少ない腫瘍の1つである。室外飼育の白猫あるいは白ブチ猫に対しては、外出時間を早朝および夕方から夜に制限して強い太陽光を回避するようにすると、本腫瘍の発生もある程度防げるのではないかと考えられる。また、室内飼育で窓際に長時間いる猫に対しては、紫外線よけのフィルターを窓に貼るなどして、できうる限りの紫外線防御に努めるべきである。

■皮膚腫瘍が発生した猫
鼻鏡部、耳介、眼瞼（下眼瞼）には痂皮と潰瘍が見られる。

太陽と猫

皮膚腫瘍の発生など、猫にとっては太陽が敵になることもある。しかし、猫は太陽が好きなのである。天気のいい日には、猫と一緒に日向ぼっこをして、うたた寝するぐらい気持ちのいいものはない。そもそも太陽を避けながら生活するというのは、人も猫も精神衛生上よろしくない。そこで、日々共に健やかに過ごしながらも、愛猫の耳や鼻にかさかさを発見したら、すぐに病院に走り、検査を受けていただきたい。

扁平上皮癌の特徴と予防

特 徴	●日光照射時間の長い環境、地域にいる猫に発生しやすい。 ●白色の猫に発生しやすい。 ●老齢猫に発生しやすい。
予 防	●猫を外に出す場合は早朝、または夕〜夜にする。 ●窓際にいることを好む猫のために、ガラス窓には紫外線をカットするフィルターを貼る。

II 肥満細胞腫（ひまんさいぼうしゅ）

●**概要**：猫の肥満細胞腫は皮膚に発生するものと、内臓に発生するものに分かれる。皮膚型は猫の皮膚腫瘍では発生率第2位と比較的よく見られる腫瘍である。内臓型では、主に脾臓や腸で発生し、脾臓での発生は脾腫大として確認されることが多い。犬で見られるような臨床的な重篤な症状を示すことはまれで、軽い食欲不振や嘔吐などの非特異的な症状のみの場合が多く、腫瘍発見には時間がかかることがあるが、予後については全体的に犬よりは良いようである。

●**原因と特徴**：肥満細胞は主に組織中に存在し、ヒスタミンやヘパリンなどの細胞質内に含有するさまざまな顆粒の放出によって炎症や、浮腫などの症状を引き起こす細胞である。これらの細胞が腫瘍化したものが肥満細胞腫であり、人では花粉症やアトピーなどの症状を引き起こしはするが腫瘍化することはない。猫での本腫瘍の発生はどの年齢でも見られるが、8〜9歳ぐらいの中高齢での発生が一般的である。

●**症状**：皮膚に発生するものは、通常孤立性であるが多発性病変も12〜20％の症例で見られている。しばしば無毛で硬いしこりとして触知されるが、5cmを超えるほど大型化することはまれである。頭部や頚部に好発する傾向があるが、全身性に拡大することはほとんどない。内臓に発生するものは、主に腸管型と脾臓型に分かれる。腸管型では小腸に発生することが多く、軽度から中程度の食欲不振・嘔吐などが見られるが、ヒスタミンによる潰瘍形成よりも腫瘍存在による物理的な要因が関与しているようである。

また、脾臓型でも症状は腸管型同様、慢性嘔吐などの非特異的症状であるが、腫瘍の脾臓での増殖に伴い生じた脾腫大や腹水貯留のため、腹囲膨満が認められることがある。さらに脾臓型では抹消血中に肥満細胞が出現することが多く、約40％の罹患症例で肥満細胞症として確認されている。

●**予後**：猫の肥満細胞は病理組織学的に組織球型と肥満細胞型に分類される。組織球型は比較的良型で自然退縮も見られるのに対し、肥満細胞型は再発・転移などの悪性傾向を示す。さらに、この肥満細胞型は緻密型と広汎型に分類され、広汎型のものでは手術後に再発あるいは転移を見ることがあり、緻密型より予後は不良とされている。

発生部位では、皮膚型は外科治療により比較的良好な経過をたどるとされているが、腸管型は侵襲性が強く外科治療は非常に困難となるため、予後は極めて悪いようである。しかし、これに反し脾臓型は、脾臓摘出により良好な予後が期待でき、術前に認められたほかの症状も5週間以内には改善されている。

●**治療**：すべての病型において外科療法が必要となる。皮膚型では一般的に、わずかな浸潤しか示さないといえども、できるだけ大きく切除したほうが賢明であろう。切除が不十分あるいは不可能な場合は、腫瘍の局所制御に放射線治療および全身播種防止のための化学療法が適応される。

■**肥満細胞腫が発生した猫**
頭部皮膚に小型の脱毛したしこりが、脾臓や小腸には腫大した腫瘍が見られることが多い。

早期発見は飼い主次第

猫の肥満細胞腫の治療の鍵を握っているのは外科手術であろう。それも、腫瘍容量が未だ少なく重篤な全身的な影響を受けていないうちの治療は、十分根治が狙えるものである。

「うちの子は良く吐くのよ」などと軽く考えず、愛猫のためにも、たまには定期健診を受けてみてはいかがだろうか。

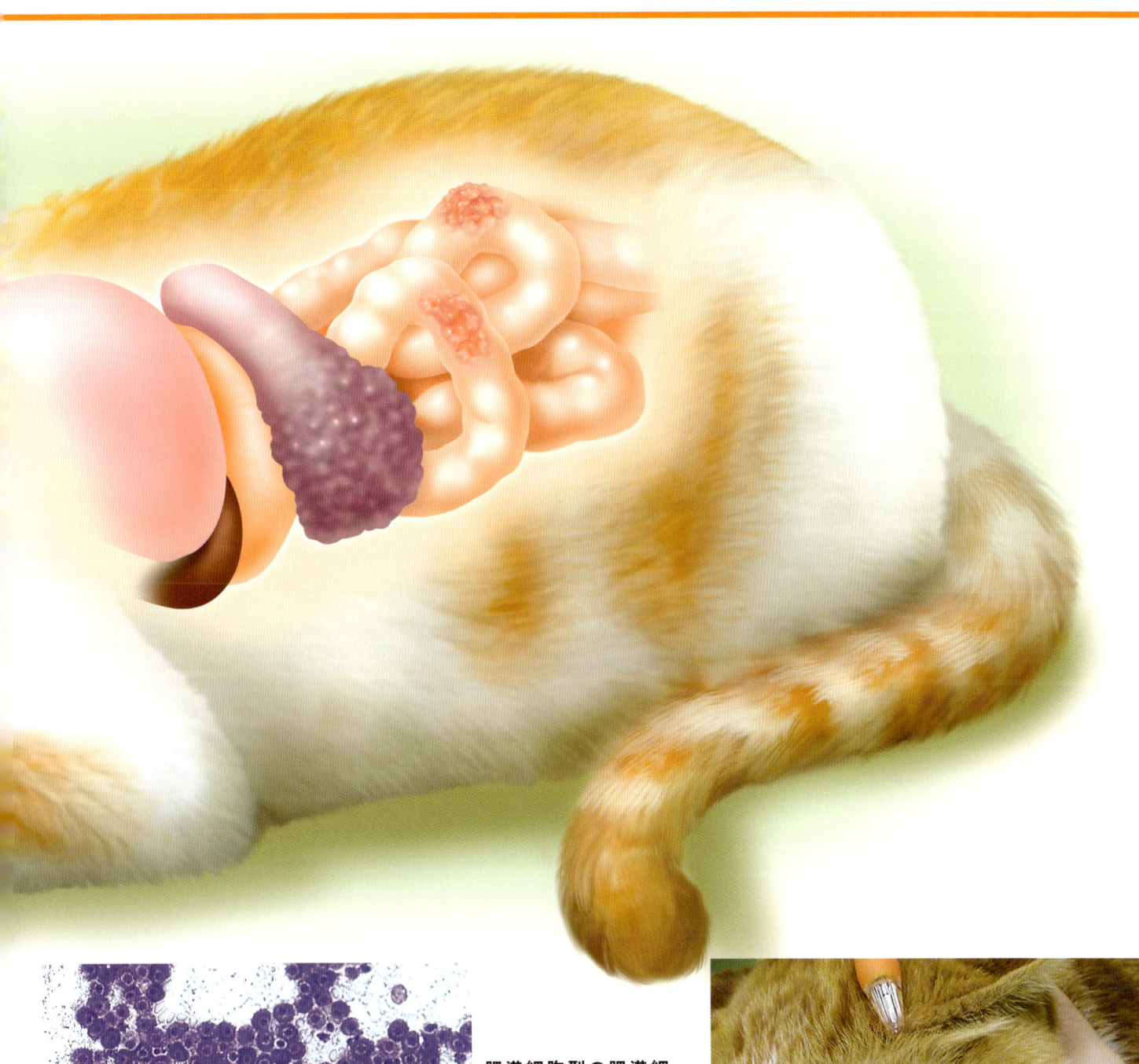

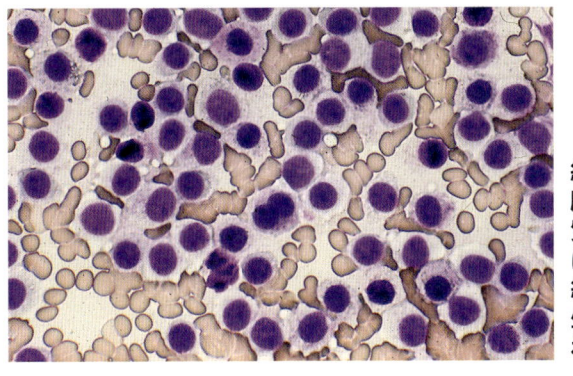

肥満細胞型の肥満細胞腫の細胞診所見。細胞質内にヒスタミンやヘパリンなどのさまざまな顆粒物質を包含している。脱顆粒により細胞周囲に無数の顆粒が見られる。

組織球型の肥満細胞腫の細胞診所見。細胞質内には顆粒物質はほとんど見られない。組織球型は若齢で発生し自然退縮も見られる。

皮膚に発生した肥満細胞腫。頭部や頚部に好発する傾向があり、脱毛した硬いしこりとして触知される。

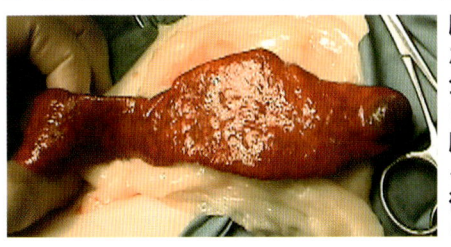

脾臓に発生した肥満細胞腫。全体的に腫大し、部分的に腫瘤を形成する。脾臓摘出術の実施により予後は良い。

III 乳腺腫瘍（にゅうせんしゅよう）

●**概要**：猫に発生する腫瘍において、造血器、皮膚に続き3番目によく見られる腫瘍が乳腺腫瘍である。大部分が老齢の雌猫に認められ、避妊、未避妊にかかわらず発生するが、避妊雌は未避妊雌に比べ、その発生傾向は低いと報告されている。猫の乳腺に腫瘍が発生すると少なくとも85～93％が悪性腫瘍であるといわれており、強い浸潤性を示し発生部位に潰瘍を形成することが多く、また早い時期にリンパ節や肺などへの転移を起こすため、早期発見・早期治療は予後を左右する大きな要因となる。

●**原因**：腫瘍発生の明確な要因の1つは加齢であろう。発生については9ヶ月～23歳齢で見られているが、平均は10～12歳の老齢の猫とされており、年齢を増すごとに確実に発生リスクは増加しているようである。その他の要因として主なものはホルモンの関与、とくに避妊手術実施の有無があげられるが、未だ猫は犬ほど明確にはなっていない。しかし、避妊雌における乳腺腫瘍の発生は未避妊のものに比べて約半分であったとの報告もあり、避妊の有無が腫瘍発生に少なからず関与していることはほぼ間違いないだろう。

●**症状**：乳腺の腫瘍は、4対の乳頭の付近に硬いしこりとして認められることが一般的だが、液体のたまったような軟らかいしこりとしても見られることもある。また、ほとんどの悪性腫瘍が浸潤性で、受診時に症例の約半数で潰瘍形成が確認されている。腫瘍の出現は一般的に孤立性の場合が多いが、多発性に存在することもある。しかし、これらは同時多発というより、むしろリンパ管による近隣乳房への浸潤の結果である場合がほとんどである。

●**予後**：予後因子の主なものは、腫瘍の大きさ、リンパ節の浸潤、組織学的悪性度および手術の完全性である。腫瘍の大きさは2～3cmの場合、生存期間中央値は24ヶ月であるにもかかわらず、3cmを越えると6ヶ月と極端に短くなる。またリンパ節への浸潤では、浸潤がない場合の12ヶ月生存率は43％であるが、浸潤している場合は6％とされている。また最近の研究では、潰瘍の有無も予後を左右する重要な因子とされており、潰瘍が存在する時点で腫瘍のリンパ管への浸潤は80％以上、さらに局所リンパ節への浸潤は75％と報告されている。

●**治療**：腫瘍の第一選択治療は外科療法である。浸潤性が強いことを考慮して積極的な拡大切除が必要であり、片則乳腺全摘出術あるいは段階的な両側乳腺全摘出が適応される。しかし、このようなできるだけの拡大手術を実施した後でも、猫の乳癌においては依然転移の可能性は否定できないため、術後の補助治療としての化学療法が必要となる場合が多い。抗癌剤の投与はドキソルビシンなど、これまでさまざまなものが試されてきたが、副作用の発現が問題視されてきた。しかし、近年の研究によるとカルボプラチンの低用量投与によって、副作用を抑えながらの腫瘍制御の効果が示されている。

■乳腺腫瘍が見られる猫
4対の乳腺の第2、第3乳区にしこりが見られることが多い。

緩和治療

猫の乳腺腫瘍は、非常に厄介な癌である。完全なる根治を狙うにはできるだけ早期の治療が必要であるが、見つけたときに既に大きくなっていたということはよくあることである。しかし、このような場合でも現在できうる限りの治療を行い、癌を増やさないようにする緩和治療の余地は十分に残されており、猫の毎日の生活を大切にして未来に希望をつなげてほしい。

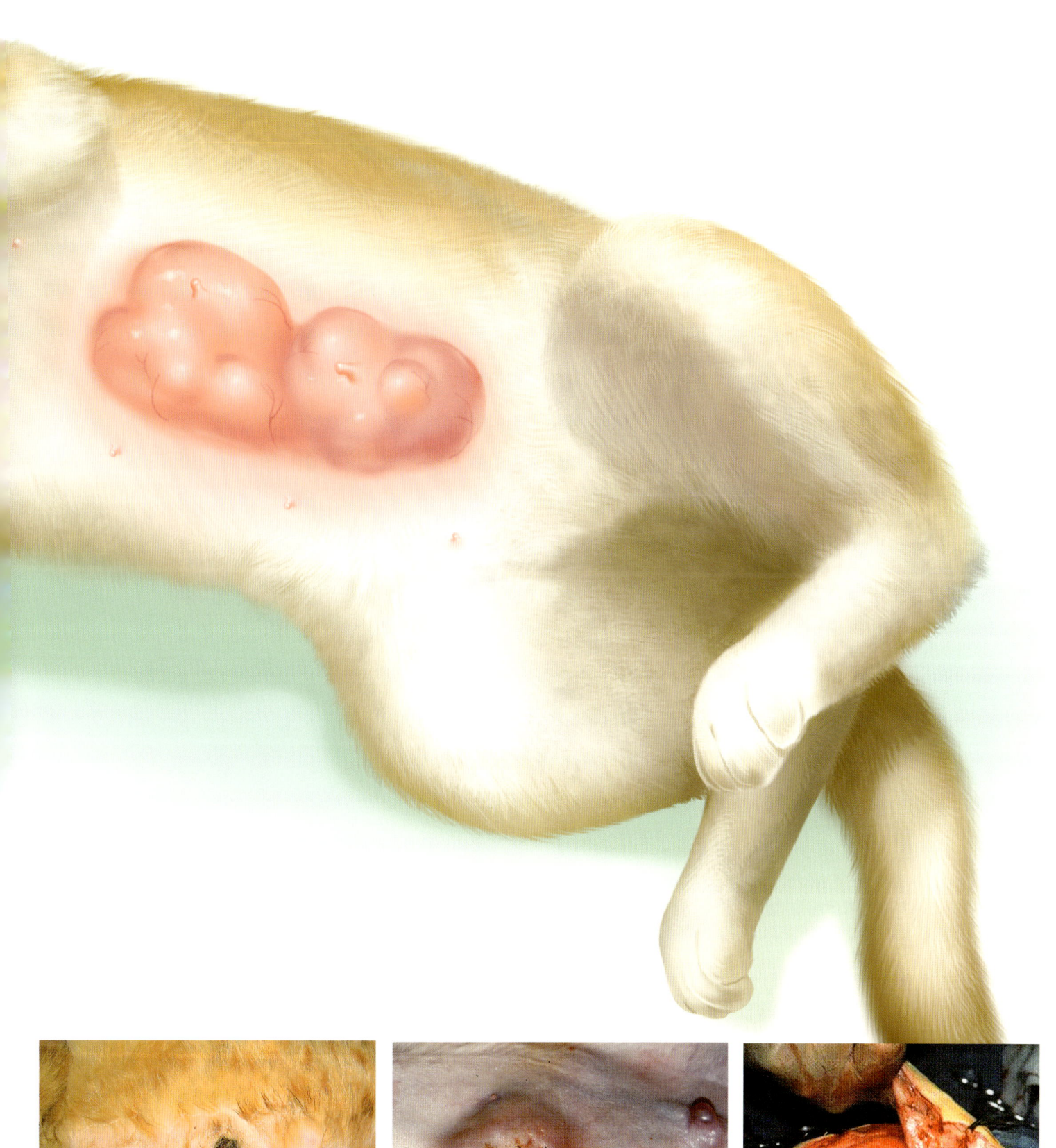

乳腺に発生した腫瘍。悪性のものは潰瘍化し痂皮を形成する。

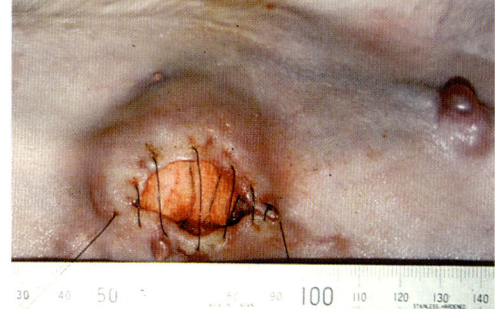

進行した悪性乳腺腫瘍（外科手術のための俤毛後の写真）。大型化したものは潰瘍を形成し、腫瘍付近に水泡状の新しい腫瘍も発生している。

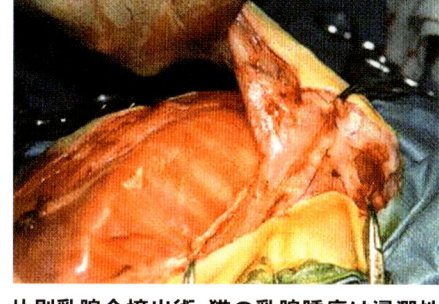

片則乳腺全摘出術。猫の乳腺腫瘍は浸潤性が強く、転移も高率に発生するため、機能障害が起こらない範囲できるだけ大きく深く切除する。

腫瘍

Ⅳ 口腔腫瘍（こうくうしゅよう）

●**概要**：口腔腫瘍の発生率はすべての腫瘍の中で6％であるが、発生頻度としては第4位に位置する。発生腫瘍のうち悪性腫瘍は82％と高率に発生し、進行例では非常に予後が悪いとされている。しかし、進行例に限らず罹患症例は、腫瘍が存在するために摂食障害が生じ体重減少が見られるようになり、加えて腫瘍自壊などの出血で貧血状態が続けば急速に衰弱していくことになる。猫に発生する腫瘍の中でも最悪の腫瘍の1つといえる。

●**原因と特徴**：腫瘍発生の原因は明確ではないが、ほかの多くの腫瘍と同様に老齢に発生することから、長年にわたる口腔内の刺激と炎症が関与していることは間違いないだろう。また、最近の報告では飼育環境でのタバコの煙の暴露が、口腔内扁平上皮癌の発生リスクを増大させることが示唆されている。発生する悪性腫瘍は扁平上皮癌が60〜80％、線維肉腫が10〜20％と報告されている。犬で第1位の発生率を示す悪性黒色腫は猫ではまれである。扁平上皮癌は皮膚のものと同様に強い浸潤性を示すが、口腔内に発生したものはより強く、腫瘍の骨への浸潤が罹患症例の70％で認められている。扁平上皮癌、線維肉腫ともに遠隔転移性は低いようである。

●**症状**：扁平上皮癌の好発部位は、舌（舌小体・舌腹側）および歯肉（上顎・下顎の犬歯後方）である。腫瘍が上顎に発生した場合、進行するにつれて眼球の突出を招くこともある。腫瘤が発生すると、ほとんどが潰瘍化し血液を含んだ大量の流涎が見られるようになる。さらに腫瘍が浸潤・増大するにつれ嚥下困難を示すようになり、ひどい場合には呼吸困難を呈する場合もある。線維肉腫では発生部位の偏りはなくどこにでも発生するが、平坦で硬い腫瘍を形成し自壊病変は扁平上皮癌ほどではない。しかし、嚥下困難は避けられず衰弱していくことにかわりはない。また、グルーミングもうまくできなくなるため、罹患猫はみすぼらしい外観を見せるようになる。

●**予後**：腫瘍が進行して衰弱している症例では、予後は悪いといわざるを得ない。衰弱のために腫瘍に対するいずれの治療もできない場合は、できるだけの栄養補給をするなどの対症療法しかできないことになる。また、発生部位と腫瘍の大きさおよび浸潤性は予後に大きく関連する。すなわち、外科治療ができるかどうか、あるいはその完全性が予後を大きく左右する。

●**治療**：治療にはできうる限りの拡大外科切除が必要である。リンパ節の浸潤もなく、腫瘍が小型のもので外科手術で完全切除できた場合は治癒への希望が繋げる。しかし、腫瘍の浸潤性の強さから考えると、再発の防止とできるだけ長期のQOLの維持のためには術後の放射線療法あるいは化学療法の補助的治療による、さらなる腫瘍増殖の抑制が不可欠であるといえる。

口腔内に発生した扁平上皮癌。
強い浸潤性を示し潰瘍のため出血が見られる。罹患猫は腫瘍の拡大に伴って摂食障害が見られるようになる。

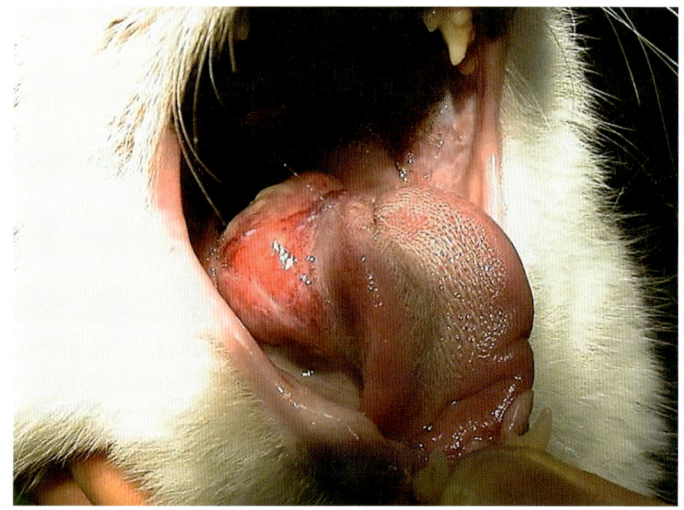

口腔内に発生した扁平上皮癌。
舌周囲に発生することが多く、進行すると嚥下困難に加えて呼吸困難が見られるようになる。

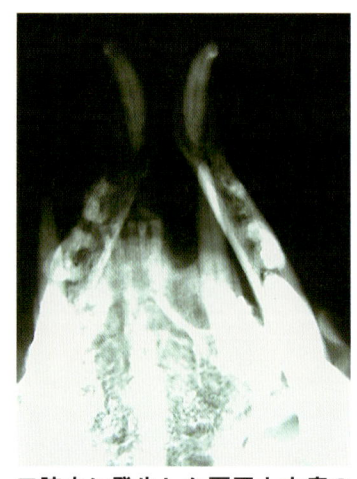

口腔内に発生した扁平上皮癌のX線所見。腫瘍の侵襲のため下顎骨の溶解が見られる。口腔における本腫瘍ではよく見られる所見である。

■口腔腫瘍が発生した猫
舌小帯・舌腹側に腫瘤が見られる。

食餌の変化は病気のサイン!?

　生きるものすべてが最も恐れるものは、口腔内の腫瘍ではないかと思う。この最悪な腫瘍に立ち向かう手立ては今のところ、「早期発見・治療」しかない。もし猫が好きなものしか食べなくなったり食餌の量が減ったときは、嫌がるところを力ずくで押さえつけてでも口をこじあけて確認していただきたい。治せる段階で見つけられるのは、飼い主であるあなたでしかないのだから。

腫瘍

Ⅴ そのほかの関連する病気

■後肢の付け根に軟部組織肉腫が発生した猫
皮下に硬いコブのような腫瘤を形成している。

皮内多中心型扁平上皮癌(ボーエン病)
(ひないたちゅうしんがたへんぺいじょうひがん)

●概要:全身皮膚のあらゆる部位に発生する多発性の皮内病変である。通常小型(直径0.5～3cm)のプラークを形成し、痂皮・脱毛が見られるが掻痒感はない。病歴は長く来院までに数年が経過していることがあるが、転移の報告はない。発生は11～12歳の老齢猫で多く見られ、日光照射は発生原因には関係がなく、また被毛の色もかえって薄いものは罹患しにくい傾向がある。発生初期の病変が少ない場合には、外科療法・放射線療法を実施する。皮膚病変に応じて必要であれば抗炎症剤などの補助治療を実施する。

軟部組織肉腫(なんぶそしきにくしゅ)

●概要:全身のあらゆる場所に発生し、皮下に硬い腫瘤を形成する。通常は孤立性で発生し急速に増大し、大きな腫瘍では潰瘍を形成することがある。注射が行われる部位に多く認められ、同じ部位に注射を繰り返すことによって発生リスクが増す傾向がある。発生は全年齢を通して見られるが、注射関連性の肉腫は若齢での発生が多い。治療はできるだけ大きく外科切除を行い、完全切除が不可能であれば放射線治療も併用するべきである。術後なんども再発を繰り返す症例が多く、進行すると遠隔転移の危険性も増す。

乳腺線維腺腫症（線維上皮性過形成）
（にゅうせんせんいせんしゅしょう）

●**概要**：乳腺上皮、筋上皮および線維芽細胞の過形成により乳腺に広範囲な腫瘤を形成する。腫瘤は、紅斑性で皮膚・皮下に浮腫を起こし急性乳腺炎と類似した症状を呈し、進行すると後肢にも波及することがある。発生には性ホルモンが関与しており通常若い未避妊雌に見られ、とくに発情から1〜2週間後に好発するようである。治療は避妊手術の実施により治癒する。また、本症はプロゲスチンで治療されている猫にも好発し、しばしば雌雄両方で認められる。この場合は外因性プロゲスチンの投与を即刻中止し、抗炎症剤および鎮痛剤の対症療法を実施する。

唾液腺腫瘍（だえきせんしゅよう）

●**概要**：耳下腺・下顎腺・舌下腺などの腺癌が一般的である。顎部の腫脹に加えて口腔内にも腫瘍を形成し、ほかの口腔腫瘍と同様の症状を示し来院する。発生は10歳前後で見られることが多いが、報告では2ヶ月〜20歳で認められている。遠隔転移は多くないが、周囲への浸潤性が強く周囲リンパ節への浸潤もよく起こる。腫瘍の増大と周囲組織の破壊につれて猫は摂食障害が見られ徐々に衰弱していく。治療には外科切除を実施すべきだが、浸潤性が強くて完全切除は不可能である。補助治療としての放射線療法および化学療法が必要である。また、体力維持のために栄養チューブの設置も考慮すべきである。

参考文献
1. Withrow SJ, MacEwen EG(2000): 小動物の臨床腫瘍学, 第2版, 松原哲船 監訳, LLLセミナー, 兵庫
2. Ogilvie GK, Moore AS,(2001): 猫の腫瘍, 桃井康行 監訳, インターズー, 東京
3. Dobson JM, Lascelles BDX,(2003): BSAVA犬と猫の腫瘍学マニュアルⅡ, 川村裕子翻訳, NEW LLL PUBLISHER, 大阪

Chapter 17

I 感染症

猫免疫不全ウイルス感染後の病期と特徴

急性期	発熱、下痢、全身のリンパ節腫大が数週間から数ヶ月持続する。
無症候キャリアー期	急性期を過ぎると数年から10年以上の臨床症状が認められない時期。
持続性全身性リンパ節症期	一部のネコでは全身のリンパ節が腫大する。
AIDS関連症候群	免疫異常が出現し、歯肉炎、口内炎、上部気道炎などが起こる。
AIDS期	末期になると、著しい体重減少、日和見感染などが起こる。日和見感染としては、クリプトコックス、皮膚糸状菌、トキソプラズマ、一般常在細菌により致命的な状況となる。

感染症

　感染症は予防できる疾患で、人を含め、犬も猫もワクチンの開発で多大な恩恵を受けている。しかし、猫に関しては、犬ほどワクチンの種類はない。また、猫白血病ウイルス感染症や猫エイズ（猫免疫不全ウイルス感染症）、猫伝染性腹膜炎など致死率の高い感染症が問題となっている。猫は犬に比べて、自由に暮らしている場合が多いので、外界から感染源を侵入させる可能性もある。感染源は直接目で確認することはできないが、対策を講じることで感染を防ぐことが可能だ。さらに、人獣共通感染症も適切な治療で治癒可能であり、猫を悪者にしないで、きちんと治療できれば幸いである。

猫免疫不全ウイルス(FIV)感染症

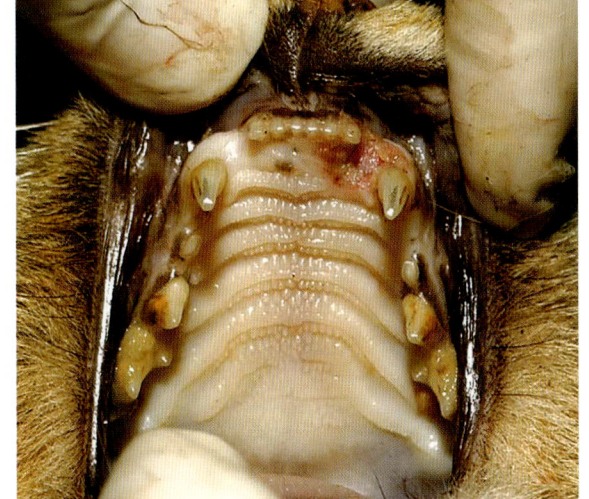

●**特徴**：猫免疫不全ウイルス(FIV)感染症は、ヒト免疫不全ウイルス(HIV)と同じ仲間のウイルスで、猫に免疫不全を起こさせるため、猫エイズと呼ばれることもある。感染初期は、特徴的な症状はなく、体重減少や口内炎など、気にならない程度の症状から始まる。比較的軽い感じの疾病が治らなかったり、重篤化して感染に気づくことが多い。末期は著しい体重減少と免疫不全による日和見(ひよりみ)感染のために死亡する。人にはうつらない。
●**原因**：猫免疫不全ウイルス(FIV)。
●**感染経路**：感染猫との接触感染、特にケンカの際の咬傷は感染する確率が高い。母子感染の報告もあるが、頻度は低い。
●**症状**：潜伏期は4～6週間。病期により、136ページの表のように5つに分類される。
●**診断**：抗体検査、ウイルス検出。
●**治療**：さまざまな症状が出現するので、それに合わせて対症療法を行う。輸液をはじめ、抗生物質なども使用する。逆転写酵素阻害剤の使用報告もあるが、副作用の問題から使用には注意が必要である。
●**予防**：ワクチン接種。一般的な消毒剤で死滅する。感染猫は隔離し、消毒を徹底する。

AIDS関連症候群期で見られる口内炎。
(写真提供／北里大学獣医伝染病学教室　宝達勉)

猫免疫不全ウイルス(FIV)とは？

FIVは「Feline Immunodeficiency Virus」の略。ヒト免疫不全ウイルス(HIV)は1980年代の初めに発見され、特異的な病状から、ヒト医学界を震撼させた。それから数年後の1980年代後半に、猫にも似た病態があることが分かり、猫免疫不全ウイルス(FIV)が発見された。HIVもFIVもレトロウイルス属に分類され、ウイルスのDNA遺伝子が感染した個体の遺伝子に組み込まれる特殊な増殖の仕方を行っている。FIVは、免疫を調整する特殊なリンパ球のみを破壊するため、その免疫バランスが崩れ、些細な感染症をも防御できなくしてしまう。また、ウイルス表面のタンパク抗原が多頻度で変化するためワクチン開発できなかった。しかし、2002年に米国で、2008年には日本で猫用ワクチンが発売された。このワクチンのお陰で、不治の病として恐れられていた猫エイズを予防することができるようになった。

小腸

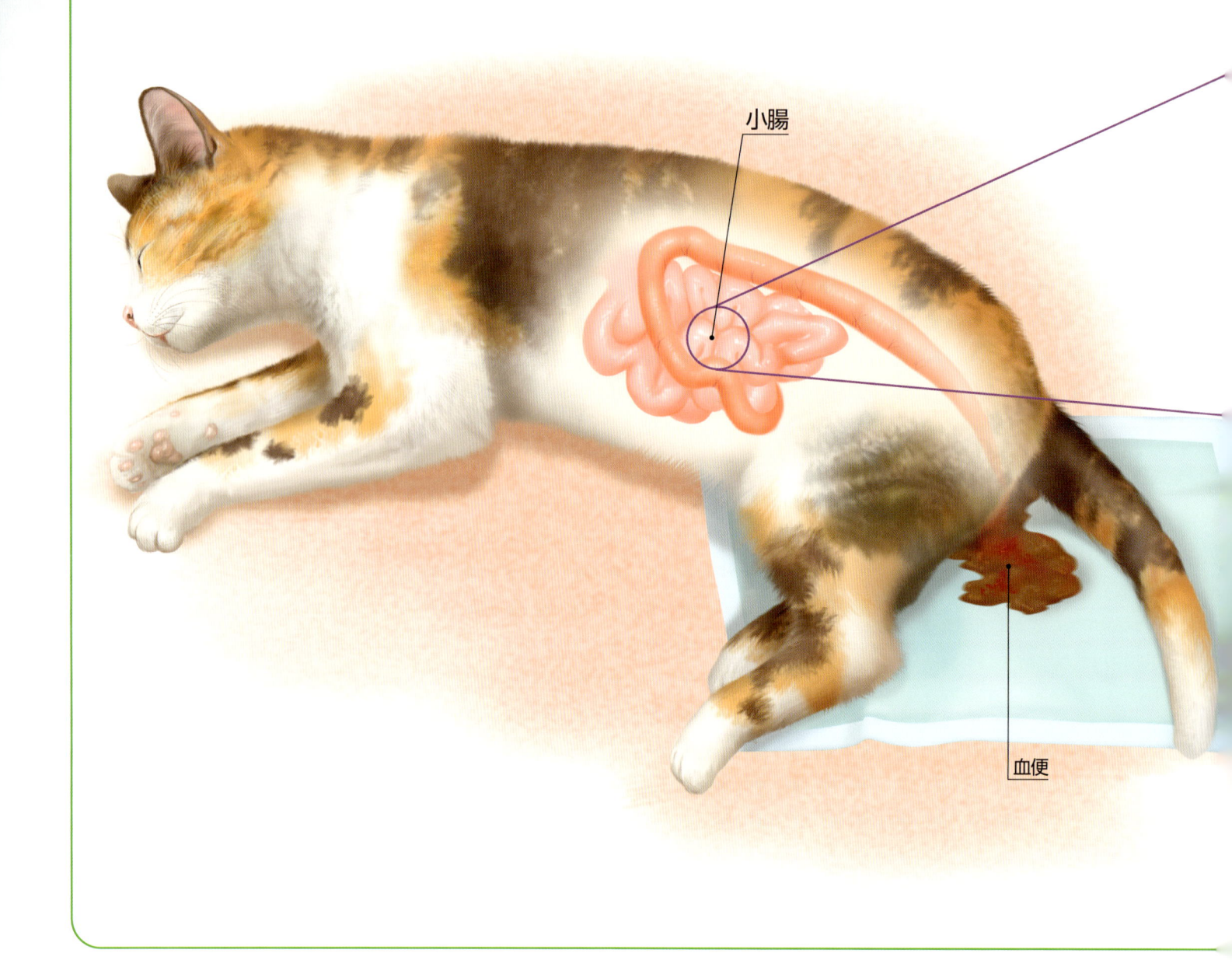

血便

猫汎白血球減少症（ねこはんはっけきゅうげんしょうしょう）

●**特徴**：猫汎白血球減少症は、死亡率の高い感染症の1つで、症状の進行が早く、急死する。多くはワクチンを接種していない猫で発生する。激しい嘔吐や生臭い血便を示し、白血球数（正常は8,000/dl前後）が500/dl以下になると容易に二次感染を併発し、死を免れない。病原体の猫パルボウイルスは環境中で長期間生存するため、食器やケージ、トイレを介して感染することがある。汚染された施設は、消毒を徹底して行わないと、再感染の危険がある。猫パルボウイルス感染症や、猫ジステンパーと呼ばれることもある。
●**原因**：猫汎白血球減少症ウイルス（FPLV）。
●**感染経路**：感染猫の糞便や汚染された環境から口や鼻を介して侵入し、咽喉頭粘膜のリンパ組織で一度増殖し、血流に入りウイルス血症として全身へ運ばれる。全身へ運ばれたウイルスは、細胞分裂が盛んな腸粘膜や骨髄、妊娠中なら胎子の臓器や脳組織で爆発的に増殖する。
●**症状**：潜伏期は通常、4～5日。感染初期は発熱、食欲不振、元気消失、嘔吐に始まり、トマトジュースのような血便となる。ワクチン未接種の子猫の場合、死亡率は90％以上となる。妊娠中に感染した胎子は、出産後、小脳形成不全症として運動失調を起こすこともある。
●**診断**：白血球減少、糞便からのウイルス検出。
●**治療**：嘔吐、下痢、血便が激しいときは点滴、輸血を中心に対症療法を行う。また、二次感染を防ぐ目的で抗生物質なども有効である。
●**予防**：ワクチン接種が有効。感染猫は隔離し、消毒を徹底する。塩素系の消毒薬で環境や器物を消毒する。

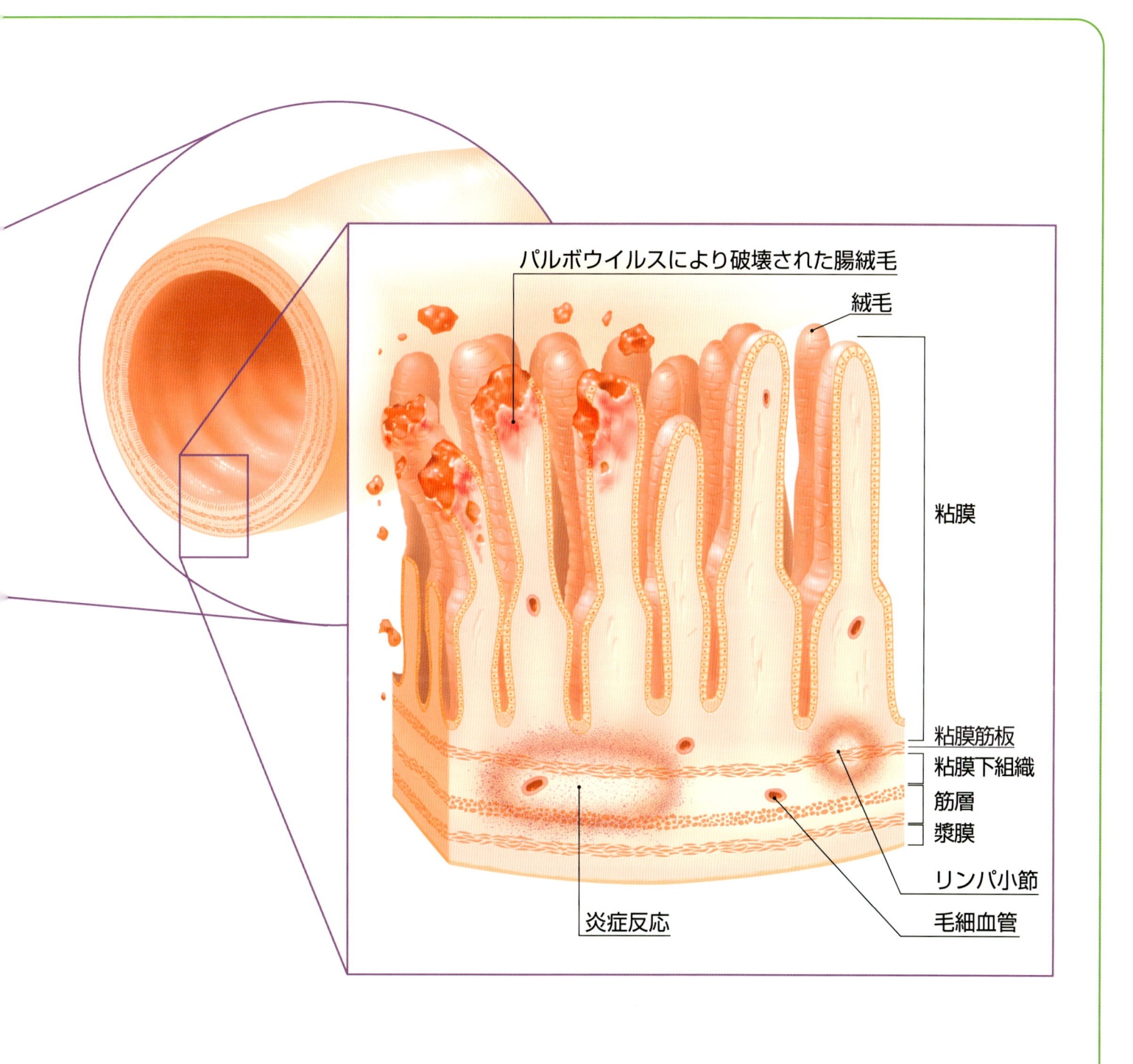

パルボウイルスにより破壊された腸絨毛
絨毛
粘膜
粘膜筋板
粘膜下組織
筋層
漿膜
リンパ小節
毛細血管
炎症反応

猫汎白血球減少症ウイルス（FPLV）とは？

　FPLVは「Feline Panleukopenia Virus」の略。猫汎白血球減少症ウイルス（FPLV）は、犬パルボウイルスと同じパルボウイルス属に分類される。パルボウイルスは小型のウイルスで、一般的な消毒薬では死滅しない。多くのウイルスは、ウイルス粒子の表面に脂質からなるエンベロープと呼ばれる外膜が存在するが、パルボウイルスはエンベロープがない。エンベロープは脂質で構成されているので、アルコールなどの消毒薬で比較的簡単に破壊される。パルボウイルスには、破壊される外膜がないので、アルコールなどの消毒は効かず、塩素系の消毒薬のみ有効である。そのような性質のため、飼育場所などの環境が汚染されると、免疫の低い動物は次々感染する。しかし、ワクチンは有効で免疫力をつけると発症を防ぐことができる。

猫ヘルペスウイルス1型(FeHV-1)とは？

　FeHV-1は「Feline Herpes Virus type1」の略。猫ヘルペスウイルス1型(FeHV-1)は、一度感染すると体内から排除することが難しい。これはヘルペスウイルスが神経内に潜む性質だからで、人のヘルペスウイルス(帯状疱疹など)も体調不良など免疫力が低下すると、口の周りや皮膚などに病変部が出現するのと同様である。感染前に有効なワクチン接種を済ませておくと、感染が防御される。感染後のワクチン接種は、FeHV-1を完全排除させる力はないが、その抗体価を上昇させ、神経からの出現を抑え悪化を防いでくれる。多頭飼育下に一度侵入すると、完全排除が難しく、一部の感染した猫が再発すると、集団感染を起こすことがある。FeHV-1は、カリシウイルスや猫汎白血球減少症ウイルスなどと混合ワクチンとして利用されている。

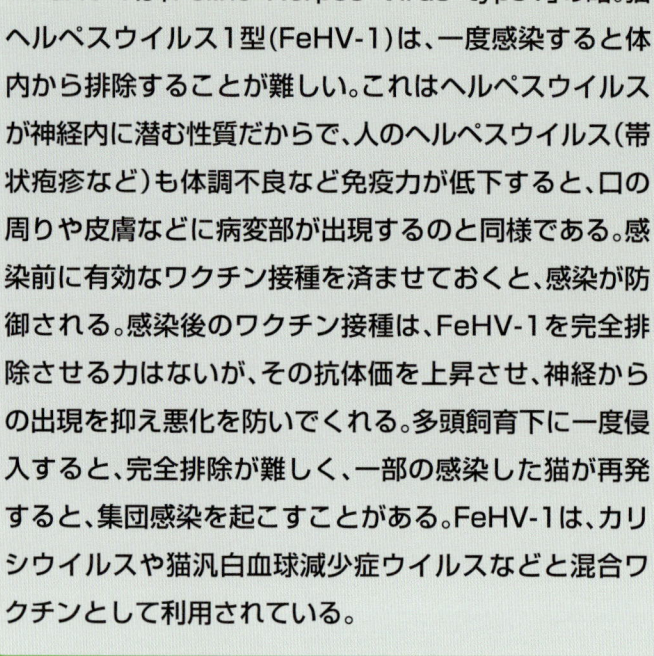

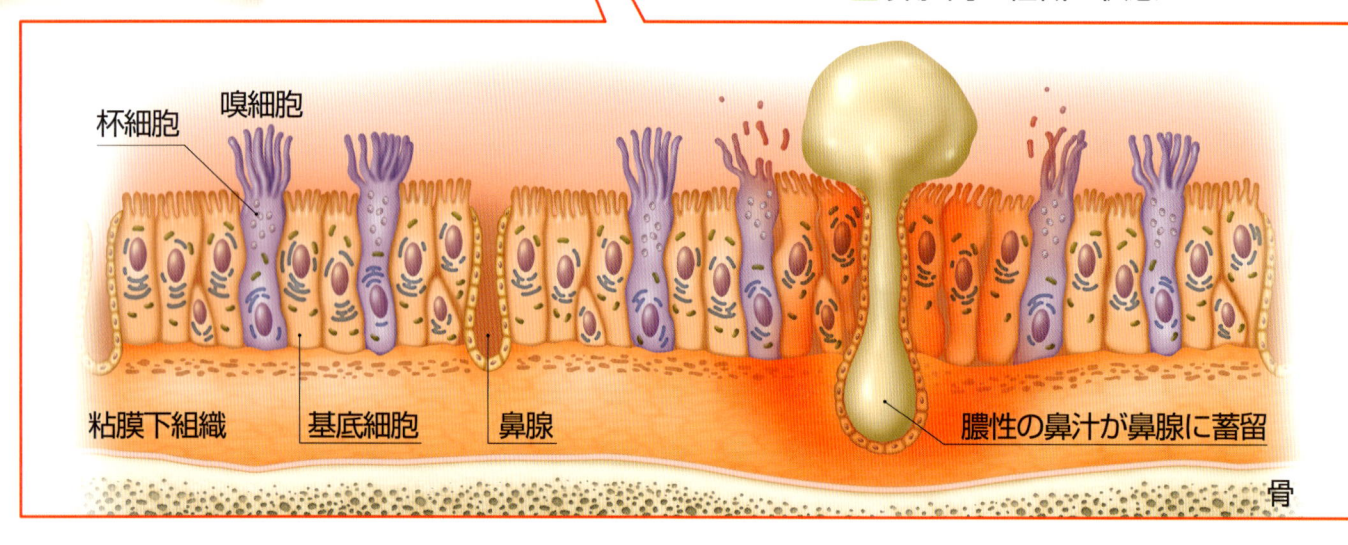

■ 鼻腔内の組織の状態

杯細胞　嗅細胞

粘膜下組織　基底細胞　鼻腺　　膿性の鼻汁が鼻腺に蓄留

骨

猫ウイルス性鼻気管炎(ねこういるすせいびきかんえん)(FVR)

●**特徴**：猫ウイルス性鼻気管炎(FVR)は、猫カゼとも呼ばれ、伝染性の結膜炎や上部気道炎を起こす。特に子猫が感染すると、症状が悪化しやすく、結膜炎から結膜の癒着を起こし、視力を失うこともある。原因ウイルスが完全に排除されることは少なく、体調が良くなると神経内に潜み、体調不良となり免疫力が低下すると神経より出現して、症状が再発する。このように一度感染すると生涯にわたり再発を繰り返す場合がある。悪化させると、肺炎や膿胸となり、死亡することもある。

●**原因**：猫ヘルペスウイルス1型(FeHV-1)。

●**感染経路**：感染猫との接触感染とくしゃみなどの飛沫感染で感染する。猫ヘルペスウイルス1型は一度感染すると神経節に侵入し、持続感染する。多頭飼育、環境の変化、分娩などのストレス、免疫抑制剤の使用により、免疫機能が低下すると間欠的にウイルスを排泄し、感染の原因となる。

●**症状**：潜伏期は2〜10日。感染初期は発熱、元気消失、食欲不振、目やにを伴う結膜炎から始まり、くしゃみや咳が出現する。鼻汁や膿性鼻汁で鼻周囲の汚れが目立つ。二次感染が進行すると、重篤な気管支肺炎、副鼻腔炎となる。子猫で死亡率が高い。

●**診断**：ウイルス検出、感染初期と回復期の抗体価の上昇。

●**治療**：嗅覚が低下し、食欲不振であれば、強制的に給餌し体力を温存する。症状により点滴、点眼、点鼻、二次感染を防ぐ目的で抗生物質などを使用する。

●**予防**：感染前ならワクチン接種が有効。一般的な消毒剤で死滅する。

猫カリシウイルス感染症（ねこかりしういるすかんせんしょう）

- **特徴**：上部気道炎と特徴的な口腔内潰瘍を起こし、比較的短時間で伝染する。消毒薬は効きにくく、塩素系消毒薬のみ有効である。
- **原因**：猫カリシウイルス。
- **感染経路**：感染猫との接触感染と、くしゃみなどの飛沫感染で感染する。侵入したウイルスは結膜、舌、口蓋、気道粘膜で増殖し、炎症を起こす。
- **症状**：潜伏期は1～2日。感染初期は発熱、元気消失、食欲不振、くしゃみ、鼻汁、流涙から始まり、舌や口腔内に水疱や潰瘍を形成する。口腔内潰瘍の痛みのために流涎（よだれ）も多い。呼吸器の症状が進行すると、肺炎を起こす。
- **診断**：ウイルス検出、感染初期と回復期の抗体価の上昇。
- **治療**：点眼、点鼻などの局所療法に加え、状況により点滴、抗生物質などを使用する。また、インターフェロン療法が実用化されている。二次感染が起きなければ、1週間程度で回復に向かう。
- **予防**：ワクチン接種は臨床症状を軽減するが、感染を完全に防ぐには至らない。感染猫は隔離し、消毒を徹底する。塩素系の消毒薬で環境や器物を消毒する。

猫カリシウイルスとは？

英名は「Feline Calici Virus」。猫カリシウイルスは、人のノロウイルスと同じ属に分類されている。ノロウイルスが消毒薬に対して強いのと同じように、猫カリシウイルスもアルコールなどの消毒薬に対して抵抗性がある。これは、パルボウイルスと同じようにエンベロープがないためである。発症しても、多くは対症療法で回復する。しかし、1998年にアメリカ合衆国カリフォルニア州において「強毒全身性猫カリシウイルス感染症」が報告された。その症状は、浮腫、脱毛、潰瘍、膵炎、肝炎と一般的な猫カリシウイルス感染症を超え、全身性出血性の病態となり50％以上の高い死亡率であった。その後、米国内で散発的に発生報告があるが、日本国内での発生報告はなく、警戒すべき感染症である。

猫白血病ウイルス感染症（ねこはっけつびょうういるすかんせんしょう）

- **特徴**：感染して発症までに、比較的時間がかかる。リンパ腫や白血病になって感染を知ることが多い。末期は体重減少と免疫不全による日和見感染のために死亡する。
- **原因**：猫白血病ウイルス（FeLV）。
- **感染経路**：感染猫との接触感染、特にケンカの際の咬傷は感染する確率が高い。グルーミングなどの際に唾液からも感染する可能性がある。胎盤感染もあり得るが頻度は低く、分娩時や出産後に感染母猫から子猫に感染することが多い。
- **症状**：潜伏期は2～6週間。リンパ腫や白血病になると、発熱、元気消失、食欲不振、貧血、体重減少などが見られる。胸腔内にリンパ腫による腫瘤塊が発生すると、呼吸困難を起こし、開口呼吸が見られる。感染後に症状がほとんど出ないで、ウイルスを排出し続けることもある。
- **診断**：ウイルス抗原検査。
- **治療**：さまざまな症状が出現するので、それに合わせて対症療法を行う。輸液をはじめ、抗生物質なども使用する。
- **予防**：ワクチン接種。一般的な消毒剤で死滅する。感染猫は隔離し、消毒を徹底する。

猫白血病ウイルス（FeLV）

FeLVは「Feline Leukemia Virus」の略。猫白血病ウイルス（FeLV）は、猫免疫不全ウイルス（FIV）と同じくレトロウイルスに属し、ウイルスのDNA遺伝子が感染した個体の遺伝子に組み込まれる特殊な増殖の仕方を行っている。感染すると造血系の細胞に異常をきたし、リンパ腫や非再生性貧血、免疫不全などを起こす。他の疾患に比べて病気の進行が遅く、体重減少や免疫不全による難治性の口内炎などで発覚することが多い。免疫不全が進行すると日和見感染のために死亡する。簡易な診断キットが開発されているので、容易に血液検査ができる。リンパ腫には、比較的有効な化学療法がある。また、ワクチンも開発されているので、感染前に使用すれば有効である。一度細胞内に侵入したウイルスの完全排除は難しい。

腹水の貯留が見られる猫。
（写真提供／
北里大学獣医伝染病学教室　宝達勉）

滲出型 （ウェット・タイプ）	腹水貯留による腹部膨満、胸水貯留による呼吸困難が認められる。
非滲出型 （ドライ・タイプ）	神経症状や眼病変が認められる。また、各種臓器に多発性化膿性肉芽腫形成が認められ、臓器不全を起こす。

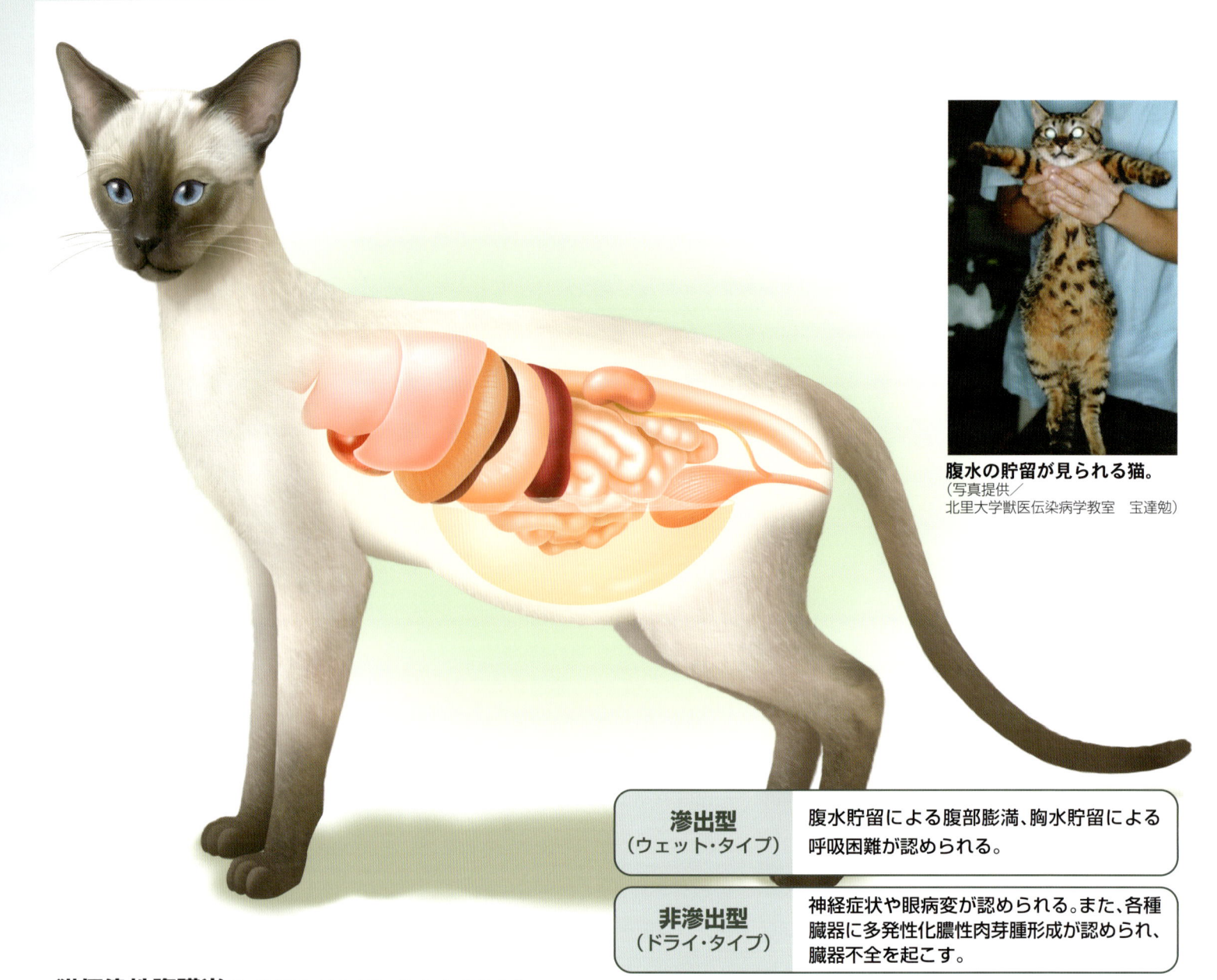

猫伝染性腹膜炎（ねこでんせんせいふくまくえん）

●**特徴**：猫伝染性腹膜炎は、腹水や胸水が貯留する滲出型（ウェット・タイプ）と腹水や胸水が貯留せず神経症状などを起こす非滲出型（ドライ・タイプ）の病型がある。一般的な免疫反応において、抗体価が高いと感染症を防ぐことが可能であるが、猫伝染性腹膜炎では当てはまらない。抗体価が高いと逆に発症を助長する。抗体検査では、近種の猫腸コロナウイルスと区別できないので、症状などを加味して診断する。猫伝染性腹膜炎は不治の病の代表であるが、症状を抑えることで延命を期待する。
●**原因**：猫伝染性腹膜炎ウイルス（FIPV）。
●**感染経路**：感染猫との接触感染、特にケンカの際の咬傷は感染する確率が高い。グルーミングなどの際に唾液からも感染する可能性がある。
●**症状**：潜伏期はおよそ1週間。感染初期には発熱、食欲不振、嘔吐、下痢、体重減少を見る。病型は臨床症状により滲出型（ウェット・タイプ）と非滲出形（ドライ・タイプ）に分かれる。
●**診断**：ウイルス抗体。
●**治療**：有効な治療法はない。点滴や抗生物質投与などの対症療法を行い延命をはかる。
予防：ワクチンはない。一般的な消毒剤で死滅する。感染猫は隔離し、消毒を徹底する。

猫伝染性腹膜炎ウイルス（FIPV）とは？

　FIPVは「Feline Infectious Peritonitis Virus」の略。猫伝染性腹膜炎ウイルス（FIPV）は、猫腸コロナウイルス（FeCV）と同じコロナウイルスに属し、抗体検査上、両者を区別することは難しい。猫伝染性腹膜炎は全身性の血管炎を、猫腸コロナウイルス感染症は軽度な腸炎を主徴とする。一般的に抗体は、ウイルスと結合し、感染性をなくすが、猫伝染性腹膜炎ウイルスは抗体と結合し、効率的に細胞に取り込まれ細胞内で活性化し、増殖する。このような特徴のために、抗体価の上昇が重症度の目安となる。症状の進行は比較的遅いが、子猫などでは急性に進行し死亡率も高い。ウイルス自体は比較的弱く、アルコールや洗剤などで死滅する。アメリカではワクチンが使用されているが、国内では使用されていない。猫腸コロナウイルス（FeCV）感染症は、軽い下痢症を呈する。

猫ヘモプラズマ感染症（ねこへもぷらずまかんせんしょう）（旧名：猫ヘモバルトネラ症）

- **特徴**：菌が赤血球に感染し、赤血球を破壊し、貧血と黄疸を起こす。
- **原因**：マイコプラズマ・ヘモフェリス。
- **感染経路**：感染猫との接触感染、特にケンカの際の咬傷は感染する確率が高い。ノミやダニなどの吸血性節足動物や母子感染でも感染が成立する。
- **症状**：潜伏期間は2〜14日。感染すると間欠的な発熱、元気消失、食欲不振、脾腫、黄疸が認められ、貧血を起こす。
- **診断**：血液塗抹、遺伝子検出。
- **治療**：一般的な抗生物質は効かず、テトラサイクリン系やマクロライド系抗生物質を投与する。
- **予防**：ワクチンはない。一般的な消毒剤で死滅する。感染猫は隔離し、消毒を徹底する。

マイコプラズマ・ヘモフェリスとは？

学名は、*Mycoplasma haemofelis*。猫ヘモプラズマ感染症は、赤血球表面に付着して貧血を引き起こす細菌疾患である。多くは咬傷などにより、血液を介して直接感染する。この細菌は「ヘモバルトネラ」と呼ばれていたが、近年のRNA配列解析結果に基づき、マイコプラズマに再分類された。猫ヘモプラズマは細胞壁をもたない小型（0.3〜0.8μm）のグラム陰性菌で、赤血球表面に付着し、その障害作用と宿主の免疫反応によって赤血球が破壊され、貧血を起こす。溶血性貧血により黄疸が出現することもある。顕微鏡検査で、赤血球表面に付着している小さい青い点のような細菌が確認できる。一般的な抗菌薬は効かず、テトラサイクリン系やマクロライド系、ニューキノロン系の抗菌薬が特効薬である。

歯周病（ししゅうびょう）

- **特徴**：3歳以上の80％は歯周病をもっている。歯周病が原因で心不全、腎不全、肝不全が進行すると報告がある。
- **原因**：歯周病菌。
- **感染経路**：感染猫との接触感染、多くは母子感染。
- **症状**：口臭、よだれ、出血が認められことがある。重篤化すると、歯が抜ける。
- **診断**：歯垢検査。
- **治療**：歯石除去および抜歯。
- **予防**：歯磨き、歯石予防用の処方食。

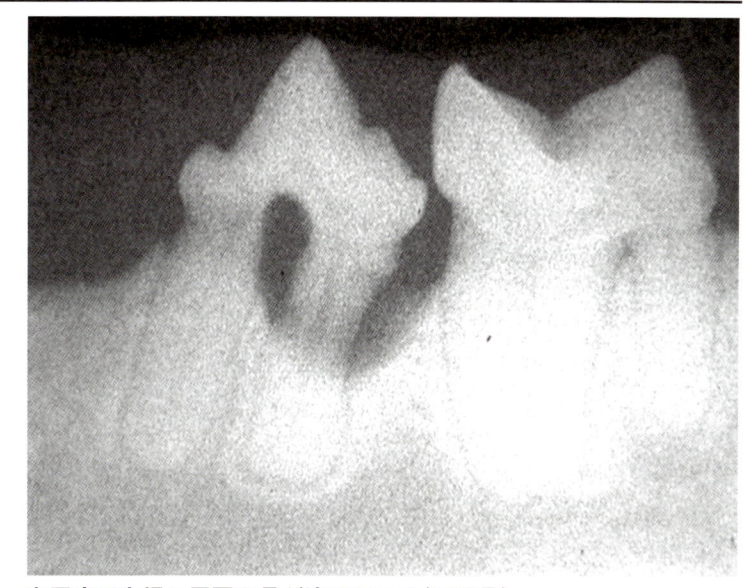

歯周病で歯根の周囲の骨が溶けている（下顎骨）。

II 人獣共通感染症

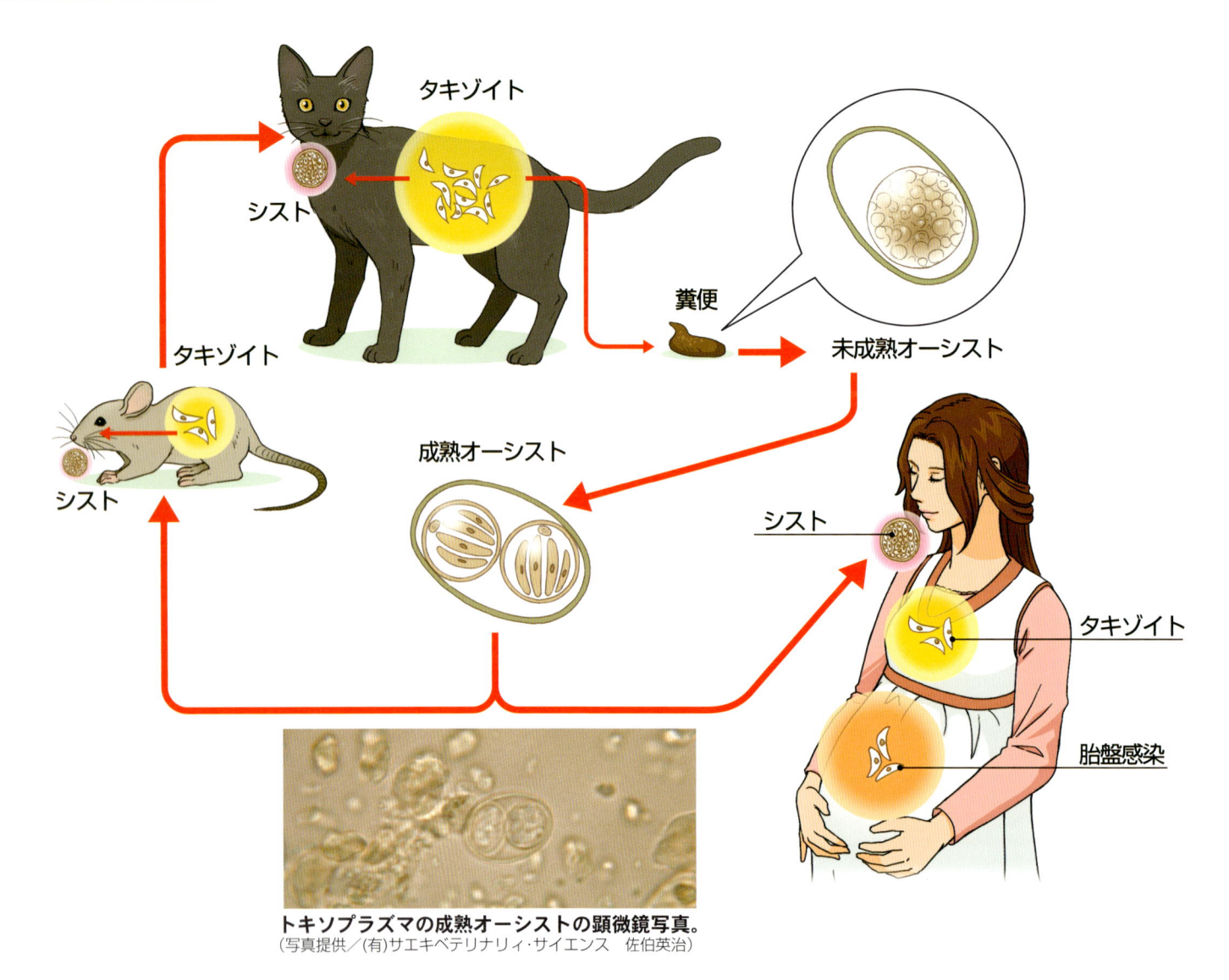

トキソプラズマの成熟オーシストの顕微鏡写真。
(写真提供／(有)サエキベテリナリィ・サイエンス　佐伯英治)

トキソプラズマ症(ときそぷらずましょう)

●**特徴**:トキソプラズマ症は、妊婦やその家族から質問の多い共通感染症である。妊娠中に初めて感染すると、胎児に水頭症などの悪影響が出現する可能性がある。人への感染は、感染猫の糞便から、十分火の通ってない感染豚肉を食したから、ガーデニング作業中に偶発的に、とさまざまであるが、近年はガーデニング作業中に偶発的に感染する事例が増えている。飼育猫のトキソプラズマ症の感染率は年々低下している。理由としては、室内飼育が増えたため、屋外でトキソプラズマに感染している小動物を捕食する機会が減少したためと考えられている。
●**原因**:トキソプラズマ。
●**感染経路**:感染動物の捕食や感染猫の糞便からの経口感染。
●**症状**:ほとんど症状を示さない。
●**診断**:抗体検査。
●**治療**:抗菌薬の投与。
●**予防**:猫が感染動物を捕食しないように管理する。
●**人の症状**:妊娠中に初感染すると、流産したり、胎児の発育に障害を与える場合がある。

トキソプラズマ原虫について

学名は、*Toxoplasma gondii*。トキソプラズマ原虫は、ほとんどの哺乳類、鳥類に感染する可能性があり、ネコ科の動物では糞便中にオーシストと呼ばれる感染源を排泄する。人への感染は、猫糞便内のオーシストや感染動物の筋肉中のシストを食することで成立する。食肉からの感染は豚肉や羊肉の不十分な加熱や、それを調理したまな板や包丁からも感染する。猫が感染してオーシストを排泄する時期は、多くが子猫の時期である。感染後、1週間程度の下痢でオーシストを排泄し、その後は排泄しなくなる。この時期に人へ感染する。排泄されたオーシストは、抵抗性が強く外界でしばらく生き延びるため、ガーデニングなどでも偶発的に感染することも多い。ヨーロッパでは感染肉のシストにより感染することが多く、年齢が上昇するにつれて陽性率が上がる。

狂犬病の発生が高い国は？

狂犬病は人を含めすべての哺乳類が感染し、発症すると100%死亡する。日本は幸いにも50年以上、猫を含めた動物での発生事例はない。しかし、全世界では撲滅できず今なお脅威の共通感染症である。発生数が多いのはアジアで、特にインドや中国では数万人規模で人が犠牲になっている。アジアでの感染源は犬が95％を占めており、猫が感染源になるのは5％程度と報告されている。しかし一旦、猫が感染すると、その俊敏性から容易に室内に侵入し、咬傷被害を与える。ちなみに日本で最後の狂犬病の事例は、1957年の広島県の猫であった。発生国へ旅行するときは、不用意に動物に触れないことを心掛け、万が一、咬まれたりしたら、現地の医療機関へ相談すること。動物と触れ合う機会が多い旅行では、人用の狂犬病ワクチンを接種すること。

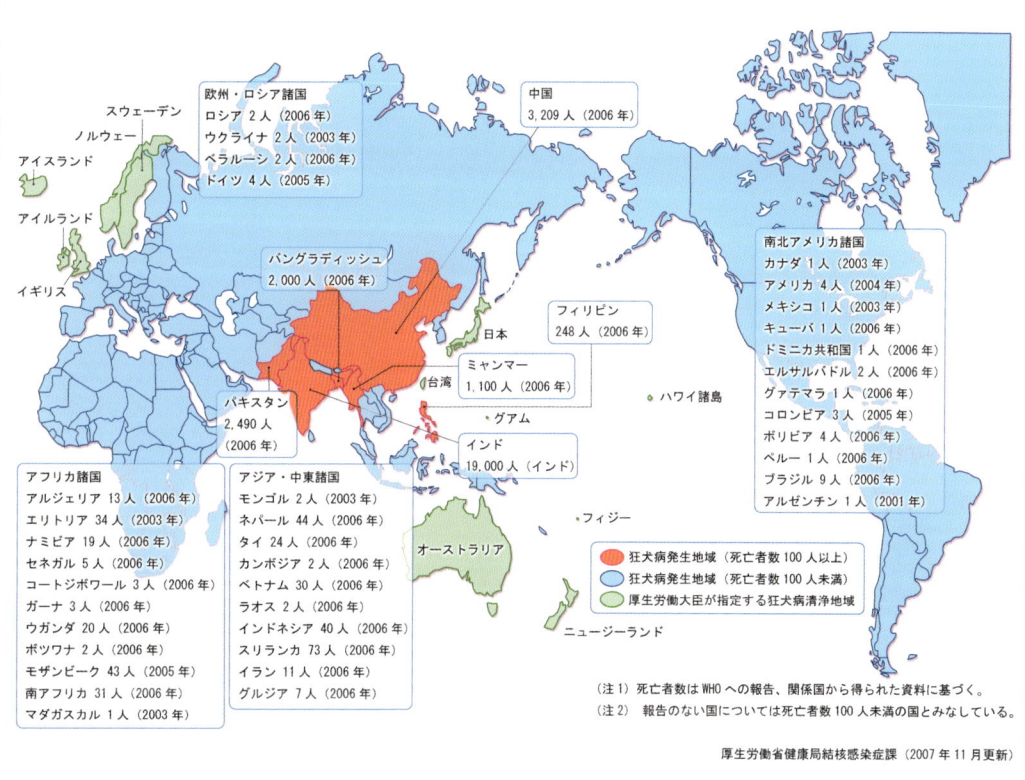

欧州・ロシア諸国
- ロシア 2人（2006年）
- ウクライナ 2人（2003年）
- ベラルーシ 2人（2006年）
- ドイツ 4人（2005年）

中国 3,209人（2006年）

バングラデシュ 2,000人（2006年）

フィリピン 248人（2006年）

ミャンマー 1,100人（2006年）

パキスタン 2,490人（2006年）

インド 19,000人（インド）

南北アメリカ諸国
- カナダ 1人（2003年）
- アメリカ 4人（2004年）
- メキシコ 1人（2003年）
- キューバ 1人（2006年）
- ドミニカ共和国 1人（2006年）
- エルサルバドル 2人（2006年）
- グァテマラ 1人（2006年）
- コロンビア 3人（2005年）
- ボリビア 4人（2006年）
- ペルー 1人（2006年）
- ブラジル 9人（2006年）
- アルゼンチン 1人（2001年）

アフリカ諸国
- アルジェリア 13人（2006年）
- エリトリア 34人（2003年）
- ナミビア 19人（2006年）
- コートジボワール 3人（2006年）
- セネガル 5人（2006年）
- ガーナ 3人（2006年）
- ウガンダ 20人（2006年）
- ボツワナ 2人（2006年）
- モザンビーク 43人（2005年）
- 南アフリカ 31人（2006年）
- マダガスカル 1人（2003年）

アジア・中東諸国
- モンゴル 2人（2003年）
- ネパール 44人（2006年）
- タイ 24人（2006年）
- カンボジア 2人（2006年）
- ベトナム 30人（2006年）
- ラオス 2人（2006年）
- インドネシア 40人（2006年）
- スリランカ 73人（2006年）
- イラン 11人（2006年）
- グルジア 7人（2006年）

- 🟥 狂犬病発生地域（死亡者数100人以上）
- 🟦 狂犬病発生地域（死亡者数100人未満）
- 🟩 厚生労働大臣が指定する狂犬病清浄地域

（注1）死亡者数はWHOへの報告、関係国から得られた資料に基づく。
（注2）報告のない国については死亡者数100人未満の国とみなしている。

厚生労働省健康局結核感染症課（2007年11月更新）

狂犬病（きょうけんびょう）

- **特徴**：発生地域では、猫は人へ感染させる動物種の5％と低いが、生活環境が密接であるので、発生国へ旅行するときは注意が必要である。日本国内での猫の発生は約50年間ない。
- **原因**：狂犬病ウイルス。
- **感染経路**：感染猫からの咬傷。
- **症状**：潜伏期は1週間から数ヶ月と幅が広い。頭部の近くを咬まれると潜伏期は短くなる。発症すると、多量の唾液を流し、多くは狂騒状態になり、ところかまわず咬みつく。発症すると10日以内に100％死亡する。
- **診断**：ウイルス検出。
- **治療**：ない。
- **予防**：狂犬病予防法では猫に接種義務はないが、ワクチン接種は有効。国内の狂犬病ワクチンは、猫でも認可を受けている。猫を連れての海外旅行時には、対応可能。一般的な消毒剤で死滅する。
- **人の症状**：潜伏期は1週間から数ヶ月。発症するとほぼ100％死亡する。
- **法的処置**：狂犬病予防法で届出義務（猫）、感染症法で届出義務（人）。

猫ひっかき病（ねこひっかきびょう）

- **特徴**：感染猫にひっかかれたり、咬まれたり、または感染した猫を吸血した猫ノミに刺されても感染する。人では15歳以下に多い。また、7月から12月にかけて多発する。
- **原因**：バルトネラ菌。
- **感染経路**：猫ノミと猫で感染環が成立している。
- **症状**：多くの猫は無症状。
- **診断**：抗体検査、菌分離。
- **治療**：抗生物質を中心に除菌の報告があるが、休薬すると再発する。
- **予防**：ツメを短く切ったり、しつけをきちんとして咬傷にあわないようにする。
- **人の症状**：潜伏期は3～10日。発熱、疼痛、リンパ節の腫脹。猫ノミに刺されて発症することもある。

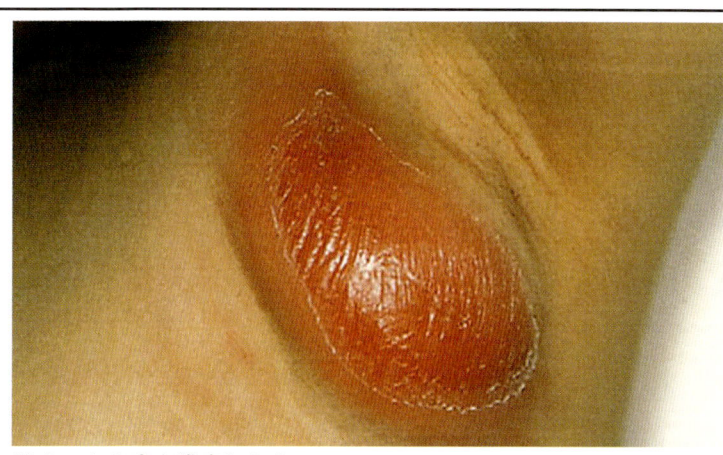

猫ひっかき病を発症した人。（写真提供／公立八女総合病院　吉田博）

パスツレラ症（ぱすつれらしょう）

- **特徴**：人では咬傷後、比較的短時間で患部が疼痛を伴い腫脹する。
- **原因**：パスツレラ属菌。
- **感染経路**：猫の正常口腔内細菌として、約100％保菌している。母猫や同居猫からグルーミングなどを通して、感染する。ツメにも保菌しているので、ひっかかれて感染することもある。
- **症状**：まれに肺炎を起こすと報告があるが、多くは無症状。
- **診断**：菌分離。
- **治療**：抗生物質を中心に除菌の報告があるが、休薬すると再発する。
- **予防**：ツメを短く切ったり、しつけをきちんとして咬傷にあわないようにする。
- **人の症状**：咬まれたり、ひっかかれた部位が、15分から1時間と比較的短時間に疼痛を伴い腫脹する。顔をなめられて、難治性の副鼻腔炎に発展した報告もある。

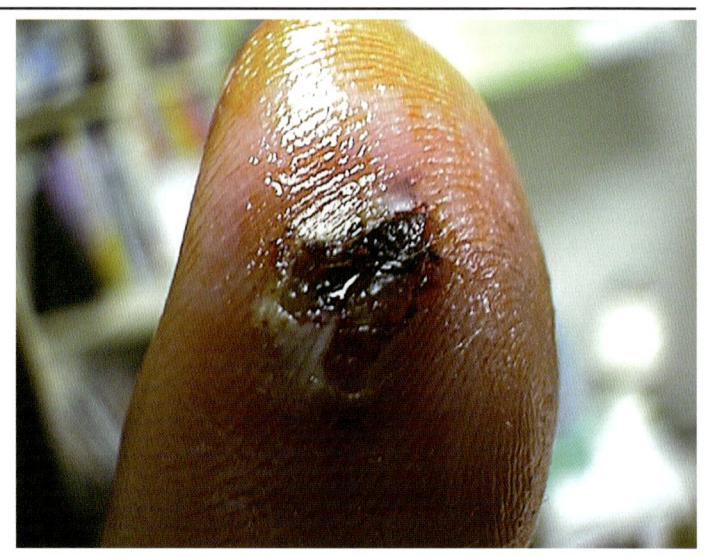

咬傷後1時間の腫脹した指。

猫クラミジア症（ねこくらみじあしょう）

- **特徴**：伝染性の結膜炎を起こし、飼育密度が高い環境で発生しやすい。
- **原因**：クラミドフィラ・フェリス。
- **感染経路**：感染猫との接触感染。
- **症状**：潜伏期は3日〜2週間。目やにを伴った結膜炎や角膜炎を起こし、くしゃみなどの呼吸器症状を見ることがあり、まれに肺炎を起こす。
- **診断**：遺伝子の検出。
- **治療**：一般的な抗生物質は効かず、テトラサイクリン系やマクロライド系抗生物質を投与する。
- **予防**：ワクチン接種。一般的な消毒剤で死滅する。感染猫は隔離し、消毒を徹底する。
- **人の症状**：結膜炎。

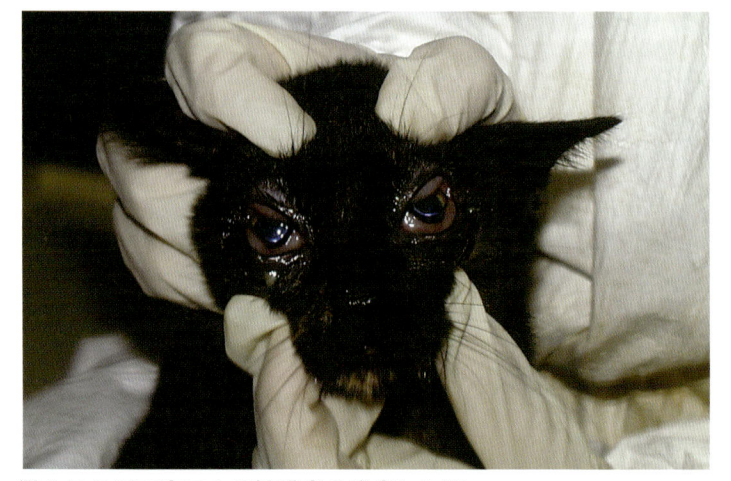

猫クラミジア症による結膜炎を発病した猫。
（写真提供／岐阜大学獣医微生物学教室　福士秀人）

Q熱（きゅうねつ）

- **特徴**：動物は無症状が多く、人に感染すると、典型的な症状のない微熱、倦怠感、無気力感が起こり、怠け者と誤解される。
- **原因**：コクシエラ菌。
- **感染経路**：感染動物との接触感染。
- **症状**：ほとんどは無症状。
- **診断**：抗体検査、菌分離。
- **治療**：テトラサイクリン系の抗生物質により治療する。
- **予防**：過剰な接触を避ける。
- **人の症状**：微熱が続き、倦怠感、無気力感をおぼえる。
- **法的処置**：感染症法（人）で届出義務。

感染症法とは？

感染症法の正式な名称は、「感染症の予防及び感染症の患者に対する医療に関する法律」で、100年以上続いた「伝染病予防法」や「性病予防法」「エイズ予防法」「結核予防法」を統合し、人権や予防に配慮し、人獣共通感染症を加え、大きく変革した法律である。感染症を5段階に分類し、それぞれの区分けで迅速に対応できるところが特徴的である。また新型インフルエンザのように、突如発生する感染症に対しても対応できるように法整備されている。重要度の高い感染症は、医師ならびに獣医師にも届け出の規則がある。

皮膚糸状菌症（ひふしじょうきんしょう）

- **特徴**：比較的多い共通感染症で、小動物を抱く機会の多い女性や子どもに多い。病変が目立ちやすいので、すぐに診断治療すれば、数週間で治癒できる。
- **原因**：皮膚糸状菌。
- **感染経路**：感染動物との接触感染。
- **症状**：皮膚の発赤、脱毛。
- **診断**：真菌分離。
- **治療**：抗真菌剤。
- **予防**：感染動物とは過剰な接触を避け、手洗いを行う。
- **人の症状**：皮膚が発赤し、円形に広がる。有毛部では脱毛となる。治癒してくると中心から治ってくる。

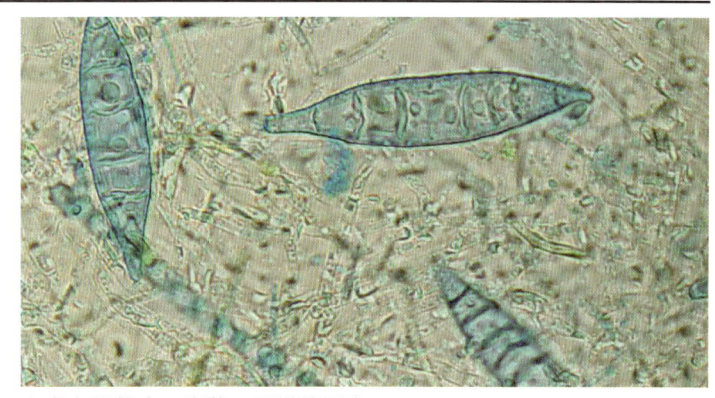

皮膚糸状菌症の真菌の顕微鏡写真。
（写真提供／千葉大学真菌医学研究センター　佐野文子）

クリプトコックス症（くりぷとこっくすしょう）

- **特徴**：猫エイズ末期に感染することが知られている。
- **原因**：クリプトコックス菌。
- **感染経路**：鳩の糞などから原因菌を吸入して感染する。免疫不全状態時に感染しやすい。
- **症状**：くしゃみや鼻周囲の腫脹が主で、下顎のリンパ節が腫れることもある。眼底に病変を認められることもあり、ときに後駆麻痺などの神経症状を見ることもある。
- **診断**：真菌分離。
- **治療**：抗真菌剤。
- **予防**：感染源の鳩の糞などを回避する。
- **人の症状**：正常な免疫状態ではほとんど感染しない。免疫抑制状態で感染すると呼吸器症状や神経症状を呈する。

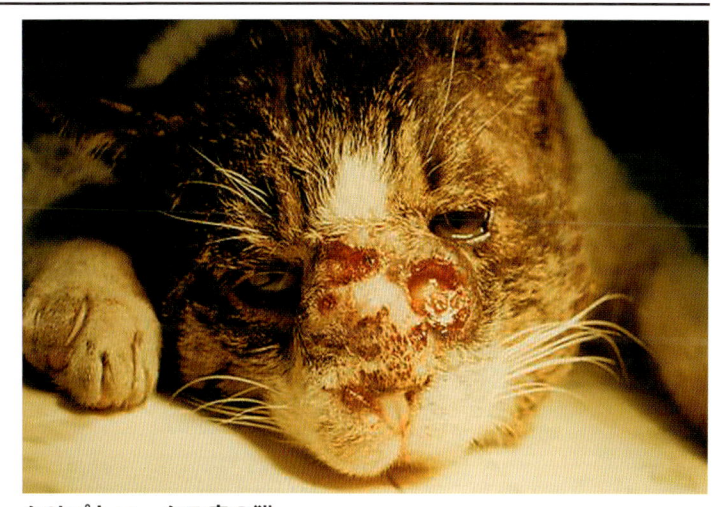

クリプトコックス症の猫。
（写真提供／東京大学名誉教授　長谷川篤彦）

サルモネラ感染症（さるもねらかんせんしょう）

- **特徴**：人の食中毒原因菌として、上位を占めている。動物は無症状のことが多いので、発見が遅れる。
- **原因**：サルモネラ菌。
- **感染経路**：感染猫の糞便からの経口感染。
- **症状**：一時的に下痢があるが、ほとんどは無症状。
- **診断**：菌分離。
- **治療**：抗生物質により除菌する。
- **予防**：猫がネズミなどの感染動物を捕食しないように管理する。
- **人の症状**：下痢、嘔吐などの食中毒症状。
- **法的処置**：食品衛生法（人）で届出義務。

猫と生活する際の衛生管理

どんなに医学や獣医学が発展しても、感染症から免れることはない。しかし、予防や知恵でそのリスクを減らすことは可能である。猫を飼育する上で、重要な衛生管理は、予防注射はもちろんのこと、消化管内寄生虫の定期的な駆虫、ある程度の距離間は重要である。動物愛護及び管理に関する法律には、『猫はできる限り室内飼いをするように』と記載されている通り、室内飼いは外界からの感染症の侵入を大きく阻む。また、猫を「恋人」と同等に扱うのではなく、「友達」として接すれば、多くの共通感染症も防ぐことができる。

参考文献

神山恒夫：動物由来感染症, 東京, 真興交易(株)医書出版部, 2003
木村哲：人獣共通感染症, 大阪, 医薬ジャーナル社, 2004
並河和彦監訳：犬と猫の感染症マニュアル, 東京, インターズー, 2005
吉川泰弘：共通感染症ハンドブック, 東京, 日本獣医師会, 2004

Chapter 18

I 不適切な排泄

マーキング

●**特徴**：マーキングは膀胱や腸を空にするためというよりも、意図したコミュニケーションとして行われる。尿便の両方、雄雌の両方で行うが、その多くは雄が尿で行うものである。典型的なマーキングは垂直面に向かって尾を立てて後ずさりし、尾を震わせながら尿を後方にスプレーする。このとき、後ろ足は足踏みしていることが多い。窓やドアの近く、または特定の人間の匂いがついているものといった、その猫が社会的に重要だと感じる場所で見られることが多い。

●**治療**：雄猫では去勢手術により約90％で有意に減少、あるいは改善することが報告されている。ストレスや不安の要因が同定できる場合は、それを緩和する。要因としては、その家庭に赤ちゃんが生まれた、飼い主のスケジュールが変化したなどさまざまなことが考えられる。また同居猫や庭などに来訪する猫との敵対感情が原因となることも多い。

猫を複数飼育している家庭では、猫たちが互いに大事な資源を脅かすことがないような環境の設定が重要な鍵になる。猫にとっての大事な資源とは、1頭だけが入ることができるような休息場所、食べ物、水、トイレ箱である。家の中に高さのある棚を設置したり、キャットツリーなどを用意して安心できる高い場所を設定する。フェイシャルフェロモンを使って頭部や顔のこすりつけを促したり、爪とぎポストを家の中の目立つところに設置して爪とぎを促すことで、他の形のマーキングを促すようにすることも治療の一部になる。不安が強い場合は、薬物治療も行われるが、上記のような環境改善を同時に行わなければ、再発を繰り返すことになりがちである。

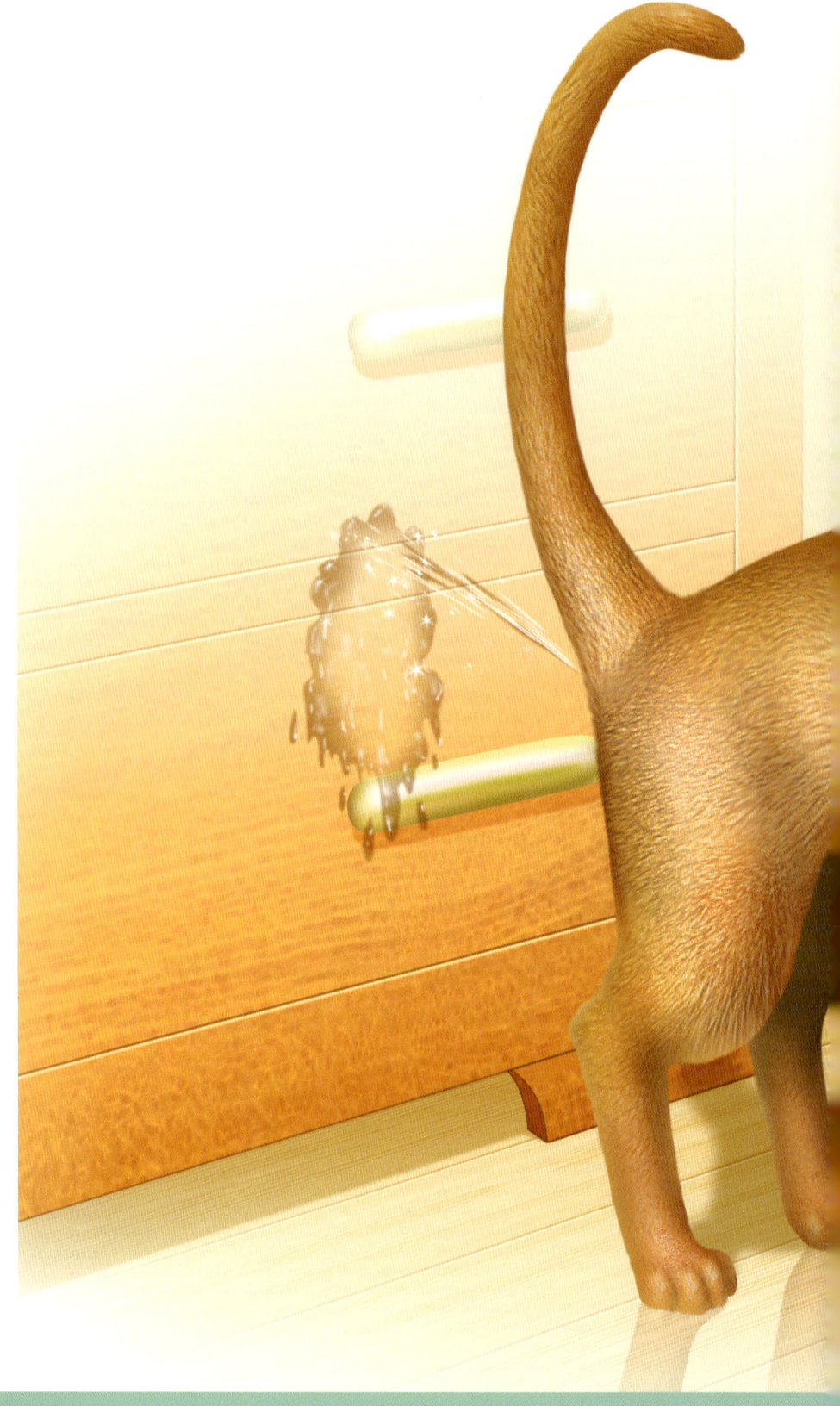

問題行動

猫の問題行動とは、「飼い主が猫と生活するときに、飼い主にとって受け入れられない、耐え難い困った行動」をいう。つまり常同障害と呼ばれるような動物本来がもつ行動様式から逸脱する行動だけではなく、まったく正常な行動であるが飼い主の生活や人間社会と協調しない場合も問題行動と認識される。つまり猫では、尿マーキングや爪とぎは、まったく正常な行動であるが、家の中でそれらをやられてしまうと、やっかいな問題行動となる。これらの行動は、たとえ種として正常なものであったとしても、改善しなければその猫は飼い主を失うことにもなりかねない。そのため、これらについても対応や改善が必要となるのである。

トイレ以外での不適切な排泄

●**原因と特徴**：典型的な排泄は、腰をおろして行うため、排泄物は通常水平面に見つかる。トイレ以外で行う動機は、その用意されたトイレに対する嫌悪と嗜好であることがほとんどである。猫が同じ場所や特定の素材の上（カーペットなど）で排泄を繰り返すことはよく見られ、多くの猫はトイレ箱もいくらかは使用する。この行動を始めるきっかけと、やり続ける要因は異なることもある。例えばトイレ箱が汚れていたのでカーペットの上で排泄した（掃除を怠ったためのトイレ箱の嫌悪）が、その後、排泄した場所や素材が気に入って、その場所にし続けるようになる可能性もある。

●**治療**：その猫にとっての「究極のトイレ箱」を設定することと、不適切な排泄場所の魅力をなくすかあるいは使えないようにすることが治療となる。トイレ箱が汚れていたために不適切な排泄をしている場合は、きれいなトイレ箱を用意することが治療計画の第一になるが、同時に場所に対する嗜好性によるものであれば、その好きな場所にトイレ箱を置くようにする。トイレ箱の掃除の頻度を高めると共に数（頭数＋1）、場所（安心できるところに設置する）、砂のタイプ、箱の大きさは猫にとって重要事項になる。砂のタイプだけでなく、銘柄を変更しただけで排泄しなくなる猫も多い。また箱が小さいと排泄姿勢をとる際の不快感によってその箱を嫌う原因になることもある。大型の猫では一般的なトイレ箱の代わりに大きなプラスチックの衣装ケースなどを利用するのもいいだろう。

猫の快適な環境

猫の問題行動を改善するために必ず行うべきことは、「快適な環境を提供する」ことである。猫にとっての快適な環境とは、安全で安心な休息場所と食事場所、トイレの提供である。休息場所は他の猫に邪魔されずに自分のテリトリーを見渡せる高い場所を提供する。隠れることができるようになっていればなお良い。これらの休息場所、食事場所、トイレはその猫の安心できる部屋の安心できる場所に設置する。具体的には1日のうち一番多く過ごす部屋であることが望ましい。

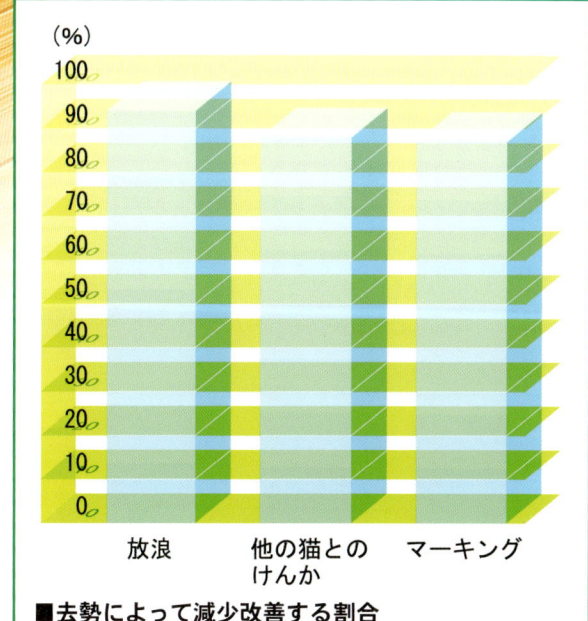

■**去勢によって減少改善する割合**
去勢手術によって約90％の雄猫で、「放浪」「他の猫とのけんか」「マーキング」が改善された。
(Hart and Barret. 1973より引用)

II 人に対する攻撃行動

遊びに関連する攻撃行動

●**特徴と対処**：遊びには悪意も攻撃的な動機もないが、早期に親や兄弟から引き離され、遊び反応を加減することを学習していなかったり、十分な運動が与えられていなかったり、不適切な遊びを強化された場合、怪我をさせてしまうことにもなる。適切な遊びの機会を定期的にもうけ、おもちゃを介して遊ぶようにし、猫をからかうようなことはしない。不適切な態度をとった場合は、すぐに関心を引き上げるようにすることが肝心である。

自己防御性攻撃行動

●**特徴と対処**：猫において最も一般的に見られる攻撃で、向かってくる危険や危険と予測されるものに対して起こる。痛み、恐怖、不安、捕食されることから命を守るなど、さまざまな原因による。防御姿勢には「姿勢を低くする」「耳を平らにする」「瞳孔が散大する」「毛を逆立てる」「シャー、フーッといった声を出す」こともよくある。その刺激となる原因に少しずつ慣らしていくことにより改善を試みるが、一般的に時間はかかる。これらの猫に対して忍耐を失ったり、大声で叱責したりしないようにする必要がある。正確に猫のボディランゲージを読み解釈することが防御性攻撃を予防するのに必須である。

愛撫誘発性攻撃行動

●**特徴**：猫をしばらく撫でてかまっていると、その撫でている人間を噛んだり引っかいたりして逃げていくことがある。このような攻撃は防御行動の1つとして考えることができる。この攻撃は予測できないといわれることが多いが、耳が平らになったり、瞳孔が散大したり、尾がこわばってピクピクするなどの表現が事前にあることが多い。この攻撃を示す猫は一般的に不安が強い猫が多いが、このタイプの攻撃だけを示している場合は、単に親密な身体的な接触を好まない猫かもしれない。

良く慣れた猫にするには？

初生期の環境は生涯に渡って、その猫の行動に強く影響する。1頭だけで人の手によって育てられた子猫は、人や他の猫に対してより攻撃的で非友好的な猫に育ち、初生期に子猫が受ける接触の量や人数は成猫時の人に対する有効性に影響を及ぼすといわれている。猫の社会化期は犬より早く終わる（犬は3〜14週齢、猫は3〜7週齢）。そういった意味でも、早期からの人との十分なふれあいが将来の友好性に役立つことは間違いないだろう。

転嫁性攻撃行動

●特徴：どんな種類の攻撃でも転嫁は起こりうる。ある猫は、窓の外の猫を見てその存在に興奮するが、その猫に直接攻撃ができないために、別の接近可能な身近な対象、例えば飼い主などにその攻撃が転嫁されるといったことで示される。その転嫁された攻撃は学習によりひどくなる場合がある。つまり次回、その猫は以前興奮した猫を見つけることを引き金として、以前の攻撃対象（飼い主など）に再び攻撃を与えるようになることがある。

社会性の欠如としての攻撃行動

●特徴：生後3ヶ月以前に人間と接触のなかった猫はどのような状況でも人間を怖がり、攻撃的になってしまうことがある。このような猫は自らすすんで人間に近づこうとせず、逃げられない場合は攻撃的になる。このような猫は時間をかけて少人数の人間に慣れることはあっても、残念ながら誰にでも抱かれたり、それを喜ぶような猫になることはないだろう。

■自己防御性攻撃行動を見せる猫

撫でられるのは嫌い？

仲の良い猫同士が相互に毛づくろいするのを見たことがあるだろうか。その時、猫はお互いの首から上の部分をグルーミングし合い、首から下を相互に毛づくろいすることはまずない。撫でられるのがあまり得意でない猫に対しては、この猫同士の相互毛づくろい行動を真似して、頭の部分をチョンチョンと撫でてみよう。猫の舌の感覚により近づけて、小さなヘッドの歯ブラシでチョンチョンと額や頬あたりを撫でてあげると気持ちよさそうにする猫は多い。実際、人間がするストローク型の撫で方は、あまり好きでない猫は多い。

■猫同士での毛づくろい。たいてい相手の頭部を舐める行動が見られる。
（写真提供／平岡治子）

Ⅲ 常同障害

■繊維摂食(ウールサッキング)をする猫

●**特徴と原因**：旧来型の動物園で大型ネコ科の動物や、熊などが檻の中で行ったり来たりを繰り返すような行動を常同行動と呼ぶ。一般的にこの常同行動は、ストレス下や葛藤によって起こった転位行動に対して行動の定着が起こり、その動物の行動レパートリーの1つになったものと解釈されている。その常同行動の原因となる特定の刺激(ストレス)下だけでなく、さまざまな状況の下で高頻度に、そして持続的にこの行動が繰り返され、動物や飼い主の生活に支障をきたす場合、常同障害と診断される。この常同障害は人の強迫性障害に類似したもので、人と同様に脳内の神経伝達物質の異常が示唆されている。

●**治療**：治療は、数ヶ月単位、あるいは生涯にわたる薬物投与が必要になることがほとんどである。さらに猫が安心して快適に生活できる環境が与えられているか、個体に合った運動量や刺激、愛情が与えられているかを確かめ、不足があれば指導を行う。また、その常同行動に対して声をかけたりしてなだめたり、食べ物などで気をひかないようにする。常同行動はストレスや葛藤などで起こるので、叱ったり、罰を与えたりしてはならない。

心因性舐性脱毛症(しんいんせいじせいだつもうしょう)

舌が届く範囲の被毛を舐め、脱毛する。舐めながら齧ることも多く、自傷が見られることもある。鼠径部、大腿部、下腹部から始まることが多い。ノミなどによる痒みなどの鑑別が必要である。

繊維摂食(せんいせっしょく)=ウールサッキング

ウールなどの繊維製品を舐めたり齧ったり食べたりする。スーパーの袋などのビニールが対象になることもある。シャム猫などのオリエンタル種、人工哺乳で育てた猫に多いといわれている。

Ⅳ その他の問題行動

爪とぎ行動

●**特徴と対処**：爪とぎ行動は猫の生まれつきの行動である。その理由は、①爪から古い鞘を取り除く、②なわばりをマークする、の2つがある。マーキングとしては爪痕という視覚的マーカーと爪の基部にある臭腺による嗅覚的マーカーを同時に残す。爪とぎ行動の頻度は猫が単独でいる時よりも、他の猫がいるときのほうが増加するといわれている。爪とぎする材質の嗜好や、爪とぎ板の置き方（水平か垂直か）の好みは猫それぞれである。爪とぎポストを置いただけで爪を研ぐ猫もいるが、研がない猫もいる。マーキングとして爪を研いでいる猫に対しては、その場所に爪とぎを置くようにするとよい。飼い主は適切な爪の切り方を覚え、猫には爪とぎポストでの爪のとぎ方を教えることを薦めるべきである。

■爪とぎポストでの爪とぎ（写真提供／平岡治子）　　■屋外での爪とぎ（写真提供／平岡治子）

関心を求める行動

●**特徴と対処**：猫が1頭だけで若く、毎日長時間の留守番をしているなど刺激のない生活をしている場合によく見られる。猫は刺激がなければ寝ていることが多い。そのような猫は真夜中に飼い主を叩き起こしたり、家中を暴れ回ったりすることがある。これらの行動は迷惑な行動ではあるが危険ではなく、問題がエスカレートすることはめったにない。時間を作って一緒に遊んだり、一人遊びを奨励するなど、より適切な形にエネルギー発散を転嫁してやることが重要である。多くの場合、猫が3〜4歳になれば問題はなくなることが多い。痛みなどの身体的な問題との鑑別は重要で、特に甲状腺機能亢進症では類似した激しい行動を示すことがある。

猫の性質

さまざまな作業をさせる目的のため、人は多くの犬種を作出した。そのため、それぞれの犬種には性質に傾向があることが知られている。しかし猫ではネズミ捕り以外の作業をしていたわけではないので、その品種は地域の土着猫を固定したもの（アメリカンショートヘアなど）、あるいは被毛や耳、尾などの突然変異を固定したもの（レックス、スコティッシュホールド、マンクスなど）であり、品種によって性質の特徴が異なることはあまりない。ただ体型による違いはあり、ペルシャ猫に代表される顔も体型も丸い猫はおっとりとしていてあまり声も出さないが、シャム猫に代表される顔も体型もシャープな猫はエネルギーレベルが高く、その声も大きくおしゃべりな猫が多い。

参考文献

1. Hart BL, Barrett RE. Effects of castration on fighting, roaming, and urine spraying in adult male cats. JAVMA 1973;163:290-292
2. Houpt KA, Virga V, eds. Update on clinical veterinary behavior, The Vet Clin North Am, 33(2), 2003, W.B. SAUNDERS, Philadelphia, Pennsylvania
3. Landsberg GM, Horwitz DF, eds. Practical applications and new perspectives in veterinary behavior, The Vet Clin North Am, 38(5), 2008, W.B. SAUNDERS, Philadelphia, Pennsylvania
4. 内田佳子, 菊水健史. 犬と猫の行動学〜基礎から臨床へ〜 2008学窓社

Chapter 19

I 下部尿路疾患

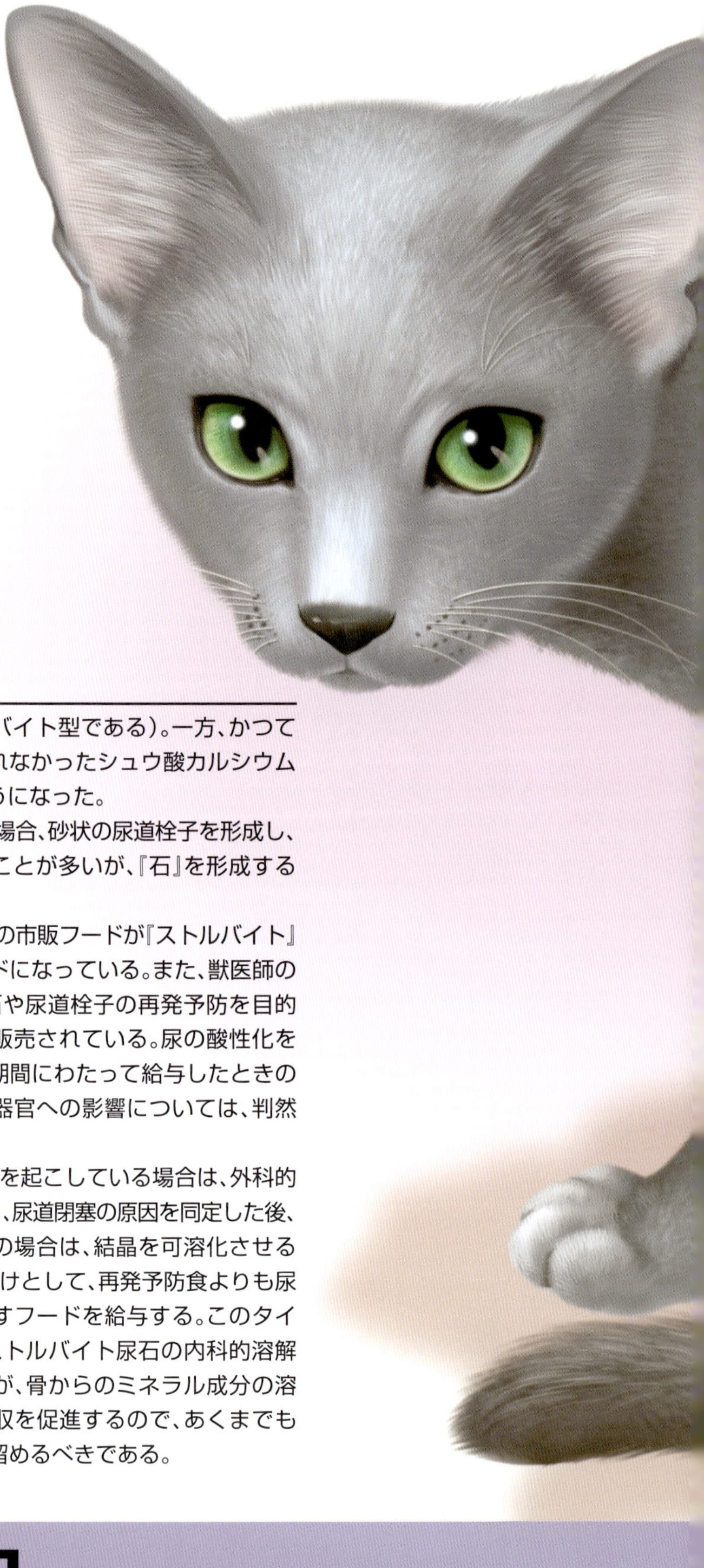

下部尿路疾患（特に尿路結石）（かぶにょうろしっかん）

●**病気の概要**：かつては、猫泌尿器症候群（FUS: feline urological syndrome）と呼ばれ、尿路結石とほぼ同義語のように使用された。血尿や排尿行動の異常を主徴として動物病院に来院するケースがほとんどであるが、15年前にアメリカで行われた調査によると、病名を特定できなかったケースが最も多く、3分の1に尿道閉塞が認められ、明確に尿路結石と診断されたケースは下部尿路疾患全体の13％に過ぎない（日本では詳細な調査がなされていない）。

●**原因**：はっきりしていない。

●**特徴**：顕微鏡下で観察される結晶の形態をもとに、尿路結石（もしくは尿道栓子）の主要ミネラル成分はストルバイト（$MgNH_4PO_4 \cdot 6H_2O$）、あるいはシュウ酸カルシウムと推定され、それぞれストルバイト尿石、あるいはシュウ酸カルシウム尿石と称される。結晶中にリン酸カルシウム、シスチンあるいは尿酸を含むケースもあるが、稀である。以前は、尿石≒ストルバイト型であったが、低マグネシウム含量で尿pHを酸性にコントロールするフードの開発によってストルバイトの結晶化が抑制され、このタイプの尿石は減少した（といっても、依然として尿石全体の半分はストルバイト型である）。一方、かつてはほとんど見られなかったシュウ酸カルシウム型が多発するようになった。

●**進行状況**：猫の場合、砂状の尿道栓子を形成し、排尿困難に陥ることが多いが、『石』を形成することもある。

【予防】現在、多くの市販フードが『ストルバイト』に配慮したフードになっている。また、獣医師の指導の下で、尿石や尿道栓子の再発予防を目的としたフードが販売されている。尿の酸性化を促すフードを長期間にわたって給与したときの下部尿路以外の器官への影響については、判然としていない。

●**治療**：尿路閉塞を起こしている場合は、外科的措置が急務であり、尿道閉塞の原因を同定した後、ストルバイト型の場合は、結晶を可溶化させるため、尿石溶解向けとして、再発予防食よりも尿酸性化を強く促すフードを給与する。このタイプのフードは、ストルバイト尿石の内科的溶解にも使用されるが、骨からのミネラル成分の溶出を含めた骨吸収を促進するので、あくまでも短期間の給与に留めるべきである。

栄養性疾患

　猫は、昨日まで好んで食べていた食餌を急に避けることも決して珍しくない。それは、身体の不調のシグナルであるかもしれないのだが、「猫は食に関して（も）気まぐれ」であると、一般には理解されている。これは、猫の栄養学は後発の学問であることと無縁ではない。猫の食性を含めた栄養に関する未知な部分は多く、基礎栄養学のみならず臨床栄養学の進展が求められる。本章では栄養が関与していることが知られている代表的な3つの疾患（疾患予備群）を取り上げるが、学問の進展次第では、さらに栄養の役割が大きくなる疾患も現れるかもしれない。

■尿路結石を起した猫

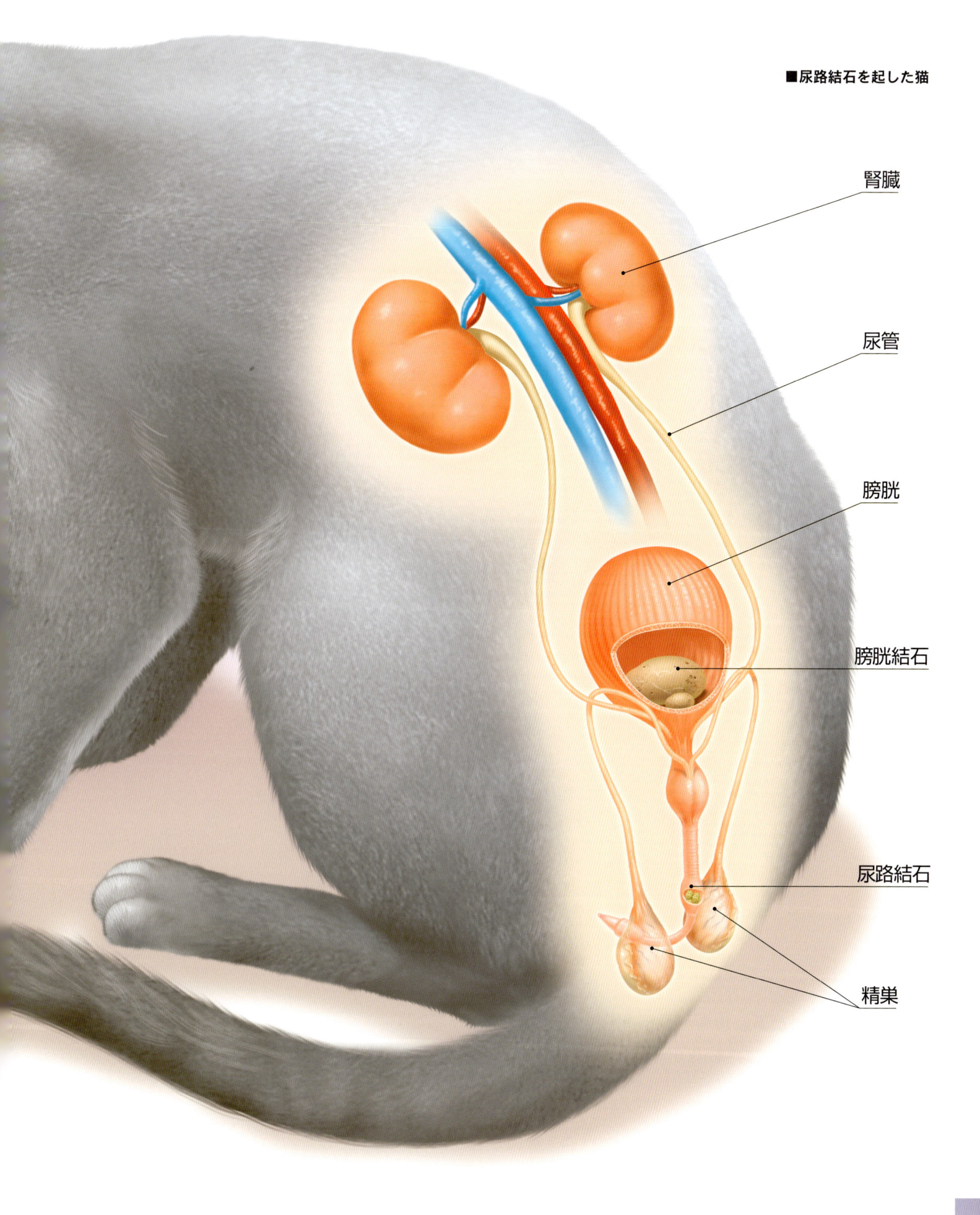

- 腎臓
- 尿管
- 膀胱
- 膀胱結石
- 尿路結石
- 精巣

Ⅱ 食物アレルギーとアレルギー性皮膚炎

■アレルギー性皮膚炎を発症した猫

食物アレルギーとアレルギー性皮膚炎

●**病気の概要**：食物アレルギーは、食餌材料に対する免疫反応から起こる疾患である。免疫反応が関与しない「食物不耐性」とは区別される。アレルギーの反応型はⅠ型～Ⅳ型に分類されている（図1）。Ⅳ型反応は抗原（アレルゲン）に対して反応するIgE抗体が産生され肥満細胞（マスト細胞）上に結合し、アレルゲンに再暴露されたときに肥満細胞の脱顆粒が起こって、ヒスタミンなどのさまざまな起炎症物質を放出する。Ⅳ型反応はアレルゲンに感作されたTリンパ球が再度そのアレルゲンと出会うことによりサイトカインの放出によって炎症細胞を動員・活性化して組織障害を起こすと考えられている。

●**原因**：不明な点もある。分子量10,000以上のタンパク質がアレルゲンになることが多いとされているが、その特定は困難な場合が多い。唯一の正確な診断方法は、想定されるアレルゲンを除去したフードによる臨床症状の解消と、その後にアレルゲンを給与して再発することを確認することとされているものの、現実的ではない。アレルギーが疑われる場合、まず血液検査を実施することが現実的といえる。その結果、アレルゲンが推定される場合もある。また、複数のタンパク質がアレルゲンになっている場合も多い。

■図1 アレルギー性過敏症の分類

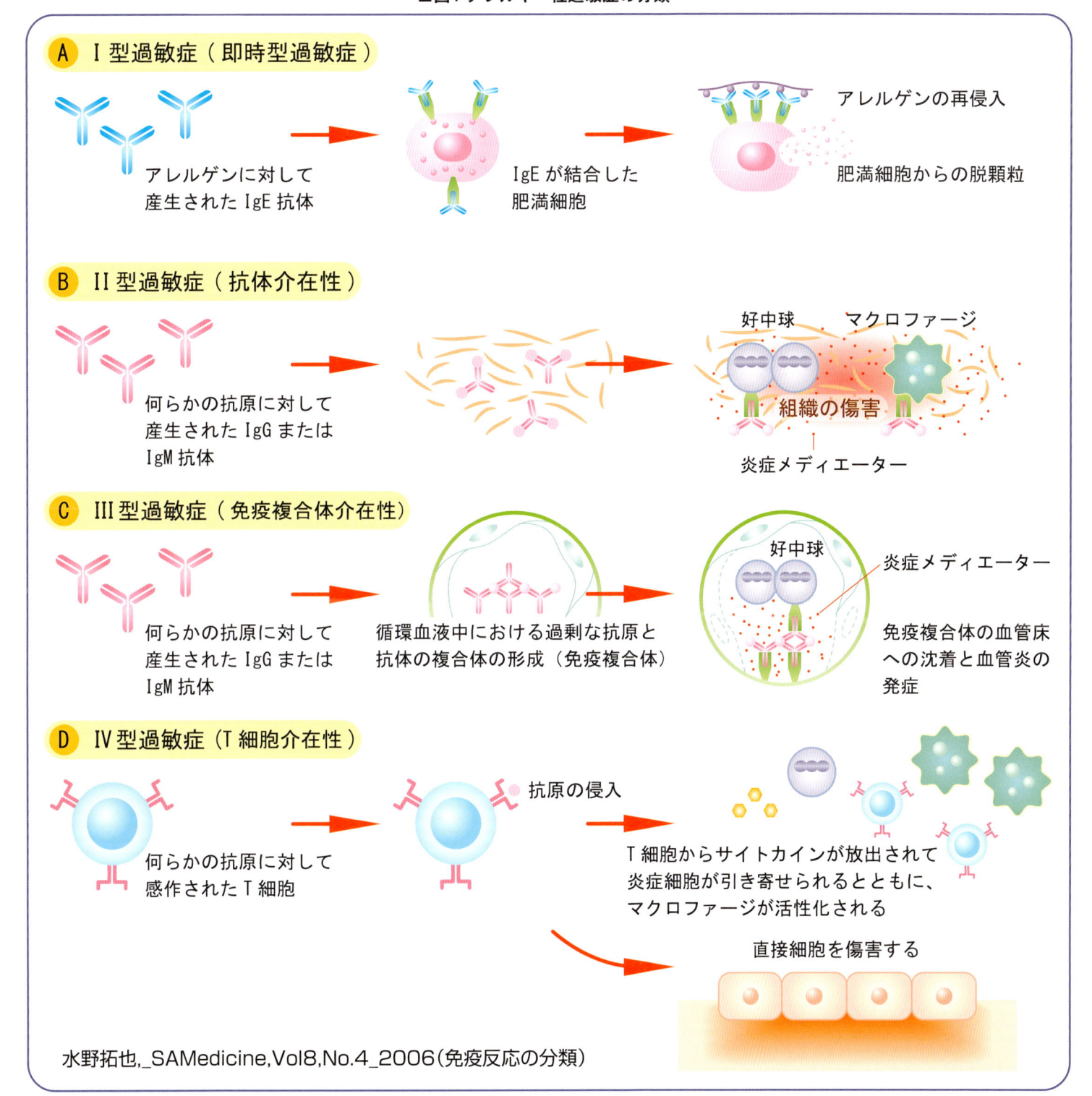

A　I型過敏症（即時型過敏症）

アレルゲンに対して産生されたIgE抗体 → IgEが結合した肥満細胞 → アレルゲンの再侵入／肥満細胞からの脱顆粒

B　II型過敏症（抗体介在性）

何らかの抗原に対して産生されたIgGまたはIgM抗体 → → 好中球／マクロファージ／組織の傷害／炎症メディエーター

C　III型過敏症（免疫複合体介在性）

何らかの抗原に対して産生されたIgGまたはIgM抗体 → 循環血液中における過剰な抗原と抗体の複合体の形成（免疫複合体） → 好中球／炎症メディエーター／免疫複合体の血管床への沈着と血管炎の発症

D　IV型過敏症（T細胞介在性）

何らかの抗原に対して感作されたT細胞 → 抗原の侵入 → T細胞からサイトカインが放出されて炎症細胞が引き寄せられるとともに、マクロファージが活性化される／直接細胞を傷害する

水野拓也,_SAMedicine,Vol8,No.4_2006（免疫反応の分類）

●**特徴・進行状況：**非季節性のそう痒性皮膚炎を示すことが多い。病変部に細菌感染などの二次感染が起こりやすく、皮膚炎が憎悪することがある。

●**予防：**起炎物質のロイコトリエンには分子種がある。n-6(-6)系の多価不飽和脂肪酸から産生されるロイコトリエンの方が、n-3(-3)系の多価不飽和脂肪酸由来のものよりも起炎症活性が高いので、n-6(-6)系多価不飽和脂肪酸に偏らないフードの摂取が求められる（一般に、陸上生物の多価不飽和脂肪酸はn-6(-6)系なのに対して、水生生物の多価不飽和脂肪酸はn-3(-3)系が多いので、陸上生物の多価不飽和脂肪酸摂取はn-6(-6)系に偏りがちである）。この原理に基づいた食餌法は、ポリエン酸療法と呼ばれるが、療法のみならず予防（症状軽減）効果もある。

●**治療：**抗ヒスタミン剤の投与やステロイド系抗炎症剤の塗布が一般的であるが、これらは対処療法に過ぎない。食物アレルギー向けの療法食として市販されているフードには、タンパク質原料を加水分解して分子量を低くして抗原性を低下させたものや、新奇のタンパク質源として、一般のフードとは異なる原料素材の炭水化物源とタンパク質源で構成されたフードがある。

Ⅲ 肥満

■肥満状態の猫

肥満（ひまん）

- **概要**：肥満自体は疾病ではないものの、肥満することによって糖尿病をはじめとした、いわゆる人でいうところの「生活習慣病」に罹患するリスクが増加する。
- **原因**：はっきりしている。消費エネルギーを超えるエネルギーを摂取すると体重が増加し、肥満につながる。去勢や避妊手術による内分泌の変化は、摂食行動に影響し、肥満につながる。猫の場合、去勢後に肥満する傾向が強いので、手術後の体重管理には細心の注意を払う必要がある。また、ある種の内分泌疾患（クッシング症候群や甲状腺機能低下症）でも肥満しやすくなるが、猫ではまれである。
- **特徴・進行状況**：肥満の判断は、BCS(body condition score)＝ボディ・コンディション・スコアによって判断される（図2）。これは、視覚と触覚で判断するもので、判定基準には主観が入るものの、肥満か痩身かの判断には十分である。肋骨、腰部および腹部の観察を通して5段階に分ける。標準的なBCSとは、肋骨部に関しては、わずかに脂肪で覆われていること、腰部に関しては、なだらかな輪郭のある外見で、皮下脂肪の下に骨格構造が容易に触知できること、腹部に関しては、くぼみがあり、適度な腰のくびれがあるとされている。

図2 BCS（ボディコンディションスコア）の基準

BCS 1（痩せ）
皮下脂肪がないため肋骨、腰椎、骨盤が容易に触れる。首が細く上から見て腰が深くくびれている。横から見て腹部の吊り上がりが顕著。

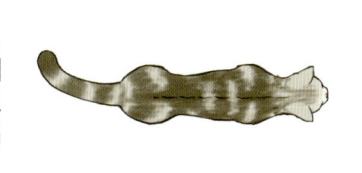

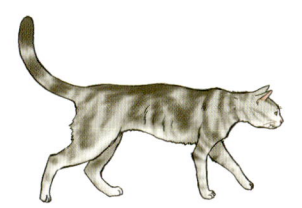

BCS 2（やや痩せ）
皮下脂肪はわずかで背骨と肋骨が容易に触診できる。上から見て腰部のくびれが容易に確認できる。横から見て腹部は吊り上がっている。

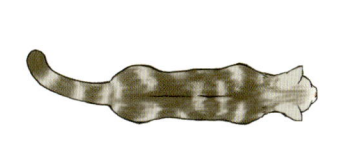

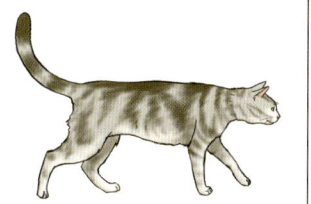

BCS 3（理想的）
肋骨は触診できるが、見ることはできない。上からは腰のくびれがわずかに確認できる。横から見ると腹部はわずかに吊り上る。

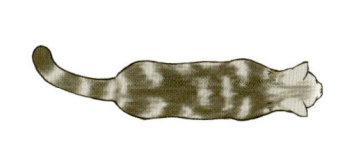

BCS 4（やや肥満）
肋骨上に脂肪がわずかに沈着するが、肋骨はなお容易に触診できる。上から見て背中が少し広く見え、腰のくびれがない。横から見て腹部の吊り上りがない。

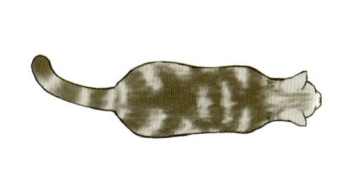

BCS 5（肥満）
肋骨や背骨は厚い脂肪で覆われて容易には触診できない。上から見て背中が著しく広い。横から見て著しい脂肪沈着による腹部の垂れ下がりを求める。

※「坂根弘,Journal_of_Veterinary_Medicine,_Vol56,No.1_2003（BCS）」
「小動物の臨床栄養学（本好茂一監修）第4版マークモリス研究所p6（2001）」
「小動物栄養学（阿部又信）p116・117ファームプレス（平成13年）」を参考に作成P166-169

●**予防**：過食させない（エネルギー摂取量を多くさせない）に尽きる。ストレスを負荷すると摂食行動が変化しがちになる（猫の場合、経験上、過食するケースはまれであるが）ので、ストレスをなるべく与えないようにする。肥満→減量は、リバウンドしやすいことから、肥満にならないように予防することが肝要である。

●**治療**：減量対策のフードが作製されており、獣医師の指導の下、販売されている。減量対策のフードは、代謝エネルギー（摂取エネルギーから糞中エネルギーと尿中エネルギーを差し引いたエネルギー）含量の低いフードである。具体的には、脂肪含量が低く線維含量が高いフードである。このフードは高線維なので満腹感を与えやすいうえ、嗜好性も低いので過食傾向も緩和される。線維源として、不溶性食物線維を用いた場合、速やかな減量が期待できるものの、代謝性糞中窒素排泄量の増加によるタンパク質栄養の悪化やミネラルの利用性が悪化する懸念がある。

参考文献
1. Micael S. Hand, Craig D. Thatcher. Rebecca L. Remillard, Philip Roudebush,小動物の臨床栄養学 第4版（本好茂一 監修）.2001年.学窓社.東京.
2. Claudia A.Kirk,Joseph W. Bartges.トータルケアのための最新栄養学-犬と猫の疾患・症状別食事管理-本好茂一・坂根弘 監訳).2007年.インターズー.,東京.
3. 舟場正幸・阿部又信.2002.連載講座:イヌ・ネコの臨床栄養 （6）尿石症.ペット栄養学会誌, 5 (1)：26-37
4. Karen L. Campbell.犬と猫の最新・皮膚科学(増田健一 監訳).2006年.インターズー.東京.
5. 小方宗次.2001.連載講座:イヌ・ネコの臨床栄養(5)犬猫のアレルギーと食物アレルギー.ペット栄養学会誌,4(2):98-101

■風邪薬の摂取による中毒症状を見せる猫
嘔吐し、重篤な場合はチアノーゼにより鼻や舌、口唇が青紫色になる。

● 中毒への対処

　中毒が疑われる場合は、すぐに動物病院に連絡するべきである。中毒に対する最も一般的な処置は吐かせること（催吐）である。摂取後1時間以内、場合によっては3時間以内であれば有効であるが、腐食性や刺激性がある物質の場合は避けなければならない。この他、活性炭等による吸収抑制や輸液を行う。診断や治療の大きな助けになるので、中毒前後の様子を確認しておくとともに、原因と疑われる物質や吐物があれば持参するとよい。残念ながらコンパニオンアニマルにおける中毒事故では、原因物質がわからない例がほとんどである。以下、いくつかの主な中毒物質とその症状について紹介する。

中毒

　どんな物質でも摂取量が多ければすべてが有害になりえるが、一般的には比較的少量の物質（毒物）で病的状態を起こすことを中毒という。毒物を1回摂取することにより、比較的短時間で症状が起こる場合を急性中毒と呼ぶ。実際には中毒のほとんどが経口摂取による急性中毒のことを指す。猫は主要な解毒代謝酵素であるグルクロン酸抱合能を実質的に欠くため、中毒に弱いといわれているが、実際に動物病院に中毒で猫が持ち込まれることは比較的少ない。これは嗜好性が高く、用心深い性質のためと考えられる。しかし、有害物質が体毛についた場合は、汚れを嫌って舐めて中毒を起こす危険があるため、すぐに温水や刺激性の低い洗剤で洗浄する必要がある。猫は肉や魚肉を好むわけであるが、腐敗している場合、犬よりも食中毒を起こしやすいともいわれている。

風邪薬（アセトアミノフェン）

- **概要**：処方箋なしで入手できる一般薬として、家庭で常備されている風邪薬には主成分としてアセトアミノフェン（パラセタモール）を含む場合が多い。アセトアミノフェンは多くの動物で主としてグルクロン酸抱合により解毒されるが、猫では欠損しているためにごく少量でも中毒を起こす。
- **症状**：摂取後、数時間から数日で嘔吐、溶血性貧血などを生じる。猫では他の原因でもよくあるが、アセトアミノフェンで特徴的な症状は粘膜や舌が青白くなるチアノーゼと、血液・尿がチョコレート色になるメトヘモグロビン血症である。ヘモグロビンに異常を来すため、呼吸困難も生じる。アセトアミノフェンの代謝産物は肝臓の構造蛋白質と結合するために重篤な肝障害を引き起こすことがあり、死にいたることも少なくない。犬でも中毒が発生するが、比較的症状が軽い。
- **治療**：有効な解毒薬などは存在せず、中毒に対する一般的な対応の他、酸素吸入を行う。

アセトアミノフェン摂取による症状
摂取後数時間〜数日後で嘔吐
ヘモグロビン血症により血液や尿がチョコレート色に変化

保冷剤、不凍液（エチレングリコール）

- **概要**：家庭で使用されるゲル状の保冷剤、あるいは自動車で使用する不凍液の中にはエチレングリコールが含まれている場合がある。甘い香りや味がするために猫（犬も）が好む。消化管から吸収された後、肝臓のアルコール脱水素酵素で数種の毒性代謝産物に変換される。エチレングリコールの種類や純度によってはごく少量でも致死的である。
- **症状**：エタノールよりも強力な酩酊作用があり、刺激作用による嘔吐を繰り返すことからも、酒酔いのような急性症状を示す。エチレングリコールの肝臓代謝産物であるシュウ酸などが尿細管を変性させることにより、腎機能障害や尿結石を生じさせる。
- **治療**：エタノールはアルコール脱水素酵素の働きを阻害するため薬物が有効である。

エチレングリコール摂取による症状
嘔吐を繰り返す
酒に酔ったような酩酊状態

■殺虫剤(有機リン、カーバメート)摂取による中毒症状を見せる猫
よだれを流し、全身の震えが見られる。

殺虫剤(有機リン、カーバメート)

- **概要**：有機リンやカーバメートは代表的な殺虫剤の成分であり、最も起こる可能性の高い中毒原因の1つである。経皮、吸入などすべての経路からもよく吸収される。摂取後、通常15分から1時間で発症し、すぐに重篤な症状へ移行する。
- **症状**：最も特徴的なのは強度の縮瞳であり、原因を特定しやすい。このほかよだれや涙を流す(流涎、流涙)、失禁などの軽い症状から、震えを起こす。震えを確認できた場合は有機リンやカーバメートによる中毒をまず疑わなければならない。
- **治療**：有機リン中毒の解毒薬としてプラリドキシム(PAM)がよく知られているが、カーバメートには効かない。対症療法であるが、有機リン、カーバメートとも、流涎や消化管症状に対してはアトロピンを、震えなどがひどい場合はバルビタールやジアゼパムを使用する。皮膚に付着した場合は、ぬるま湯や刺激性の少ない洗剤でよく洗浄する。

殺虫剤(ピレスロイド)

- **概要**：ピレスロイドは分解しやすく、主として家庭用殺虫剤によく使用されるⅠ型と、より分解しにくく農薬用のⅡ型に分けられる。両型とも基本的に全身の神経を興奮させることにより中毒症状を起こす。
- **症状**：猫(犬でも)ではⅠ型、Ⅱ型ともあまり症状に差がなく、流涎や嘔吐などを主とするが、場合によっては衰弱し、震えを起こすこともある。
- **治療**：特別な解毒剤は知られていない。ほ乳動物は血漿中にピレスロイドを分解する酵素(エステラーゼ)を含むため、ピレスロイド中毒はそれほど深刻ではないことが多い。

ナメクジ駆除剤(メタアルデヒド)

- **概要**：ナメクジやカタツムリの駆除剤は、有効成分としてメタアルデヒドを含む。メタアルデヒドは、キャンプなどで使う固形燃料にも含まれている。メタアルデヒドは胃腸からの吸収率が高く、皮膚からも吸収される。吸収後、胃内でアルデヒドや酸へ変化する。
- **症状**：摂取1～3時間以内に、流涎や嘔吐などの軽い症状から、血圧下降、頻脈、呼吸抑制、高熱、さらには痙れんなどの重篤な症状まで示す。
- **治療**：特別な解毒薬は存在しない。

その他

そのほか、猫にとって有害な有毒植物や、身近な食品中の植物性自然毒などは、表1にまとめているので参照してほしい。

表1 猫にとって有害な物質

名称	有毒な部位	特徴
◆有毒植物		
チョウセンアサガオ類	全草	医薬品であるスコポラミンなど、神経の働きを阻害する非常に強力な数種のベラドンナアルカロイド(トロパンアルカロイド)を含む。口渇、散瞳、視力低下などを起こす。
ヨウシュヤマゴボウ	全草、とくに根や実	日本全土に野生化。サポニンを含み、一過性の下痢やおう吐を起こす。
トリカブト類	全草、とくに根	神経毒として有名なアコニチンを含む。心機能にも影響し、少量でも不整脈や心停止を起こしうる。口内の炎症、流涎、おう吐も通常みられる。
ジギタリス(キツネノテブクロ)	全草	本州から九州の山麓に自生。ジギタリス草の仲間は強心作用をもつ医薬品の主成分(ジゴキシンなど)を含む。中毒作用も強烈で、期外収縮や心房や心室細動などの重篤な症状を起こす。この他、摂取直後に、腹部のむかつき、痛みなどの消化管症状が生じる。めまいや震えが起き、死にいたることもある。
スイセン	全草(とくに球根)	関東以南の海岸近くに自生。リコリンなどのアルカロイドを含む。重篤な胃腸炎、下痢や嘔吐。
ソテツ	種子	九州南部沖縄に自生。数種類の毒性物質が知られているが、とくに種子は大量のサイカシン含み、おう吐、下痢を起こす。肝臓の一部が壊死する。
ドクゼリ	全草(とくに根)	北海道から九州までの山野のに自生。主として神経毒であるシクトキシンを含み、意識障害や痙攣、呼吸困難を起こし、場合によっては死にいたる。刺激性があるため口内の灼熱感、嘔吐や下痢、強度の腹痛などの消化器症状にも注意が必要。
ジンチョウゲ	全草	皮膚に触れると局所の水泡の他、全身症状も起こす。胃腸炎からショックや昏睡、時には死にいたる。
キョウチクトウ	樹皮、根、枝、葉	ジギタリスに類似した強力な配糖体を含むため、不整脈や心不全を起こし、致死の危険もある。イヌでは刺激作用による嘔吐や下痢などが比較的強い。
スズラン	全草	北海道のほか、本州などの高地に自生。ジギタリスに類似した配糖体(コンバラリン)を含み、徐脈、不整脈、心不全を起こす。心毒性の前に嘔吐や下痢などの消化器症状が先んじる。
ヒガンバナ(マンジュシャゲ)	全草	本州から九州に自生。リコリンなどを含み、おう吐、腹痛、下痢や、震せんなど中枢神経症状を起こす。
アサガオ	種子	インドールアルカロイドを含み、消化不良の他、興奮、震せんなどの神経症状を起こす。
アセビ	葉、花蜜	本州から九州の低山に自生。神経、心臓、骨格筋に作用するグライアノトキシンを含む。有効成分は異なるが、ジギタリスとよく似た心臓毒性を生じる。このほか、悪心、胃腸炎やこん睡、けいれんも起こし、致死の可能性も高い。
レンゲツツジ	葉、花、、根	配糖体であるグライアノトキシンを含み、少量でも心不全を起こし致死的である。このほか、嘔吐、下痢、元気消失なども生じる。
クワズイモ	茎、根茎	唇や口内の灼熱感や浮腫、これらに伴う嚥下困難。腫瘤が気道を圧迫しない限りは命に別条なし。
イヌサフラン	球根	主に細胞分裂阻害作用を持つコルヒチンを含み、多くの臓器に障害を起こす。初期症状として下痢や嘔吐などを生じ、その後、不整脈、末梢性、中枢性の神経麻痺や呼吸困難を起こす。口や胃内に灼熱感を生じる。
ドクニンジン	全草	ピペリジンなど多くのアルカロイドを含み、興奮、震せん、よだれ、排尿、腹痛などを生じる。筋麻痺が起こり、呼吸困難のため死亡することもある。乾燥させると毒性はなくなる。まずいらしく、めったに中毒は起きない。
チューリップ	球根	ツリパリンを含み、嘔吐、下痢を起こす。
トチノキ	種子、樹皮、葉	北海道から九州の山地に自生。サポニン類を含み、重篤な胃腸炎や下痢のため、血液の電解質異常を生じる。重症だと瞳孔散大、震せんの後の麻痺、こん睡、致死を生じることもある。
キツネノボタン	全草、根	日本全土に自生。粘膜刺激性が強く、イヌが飲み込むことはまれ。口腔内の水疱形成。飲み込んだ場合は嘔吐や下痢。
ツツジ	葉、花	レンゲツツジと同じ。強力な心臓毒であるジギタリスと類似の症状を生じさせる。流涎、おう吐や胃腸炎の他、こん睡や痙攣、致死にいたることもある。
フジ	全草、種子	本州から九州の山野に自生。レクチンを含み、嘔吐、下痢などの消化器症状を起こす。
◆身近な食品中の植物性自然毒		
トマト	芽、緑色の実、葉	ソラニンを含み、重篤な胃腸管のむかつき、下痢の消化器症状から、錯乱、瞳孔散大などの神経症状も起こす。ジャガイモの発芽部分や緑色の表皮部分もソラニンを含むので危険。
◆その他の身近な生物		
ヒキガエル		ヒキガエルは皮膚や耳下にある毒腺から毒液を分泌する。主にジギタリスとよく似た症状を起こす心臓毒と、幻覚を誘う神経毒が含まれる。流涎、吐き気の軽症から痙攣、呼吸困難も。
◆そのほか		
タバコ		中枢神経興奮作用を持つニコチンを含むため、非常に危険。多くの場合は強い刺激作用のために嘔吐。重篤な場合は震え、痙攣、呼吸速拍、頻脈、致死にもいたる。
ナフタリン		多くの防虫剤に含まれる。刺激作用による嘔吐などの消化管症状と、重篤な貧血とメトヘモグロビン血症。
キシリトール(ガム、あめ)		糖尿病様発作を生じるため非常に危険。中型犬でキシリトールガム1、2個でも中毒を示した例も。
ブドウ(レーズン)		イヌでだけ報告例があり、他種では不明。ブドウやレーズンで急性腎不全が問題になっている。体重1kg当たり10〜20gでも危険である。

参考文献

1) ASPCA http://www.aspca.org/pet-care/poison-control/plants/ Toxic and Non-Toxic Plants
2) Ramesh Chandra Gupta Veterinary toxicology: basic and clinical principles Academic Press
3) Konnie Plumlee Clinical Veterinary Toxicology Mosby
4) 山根 義久(監修) 伴侶動物が出合う中毒—毒のサイエンスと救急医療の実際 チクサン出版社
5) 内野富弥(監訳) 犬と猫の中毒ハンドブック 学窓社
  (原著)Roger W. Gfeller DVM Shawn P. Messonnier Handbook of Small Animal Toxicology and Poisonings Mosby; 2版

Ⅰ 猫用の治療薬

動物病院でもらう薬物の多くは人用の薬物である。薬物を開発する際には、多くの動物種で安全性・有効性を確認している。体や病気の仕組みは、人と猫では共通点が多い。動物病院において人用薬物を使用することがあるのは、このような理由からである。

薬物は、消化管から吸収され肝臓に到達する。そこで代謝され、水溶性を高めて腎臓から排泄されやすくする（図1）。さらにグルクロン酸抱合して水溶性をさらに高め腎臓から排泄される（図1）。猫は、このグルクロン酸抱合を実質的に欠いているため、薬物の代謝がしにくい。従って、薬物が蓄積し副作用が出やすいため、猫の薬物投与量は犬に比べ少ないことが多い。

また人や他の動物に対し有用であるが、猫にとっては大変危険な薬物もある。薬局で購入できる多くの風邪薬に含まれているアセトアミノフェンは、猫が服用すると血尿や黄疸を引き起こす。消毒薬のクレゾールは、皮膚からでも吸収され、おう吐や下痢を引き起こし、昏睡から死に至らしめることがあるため危険である。

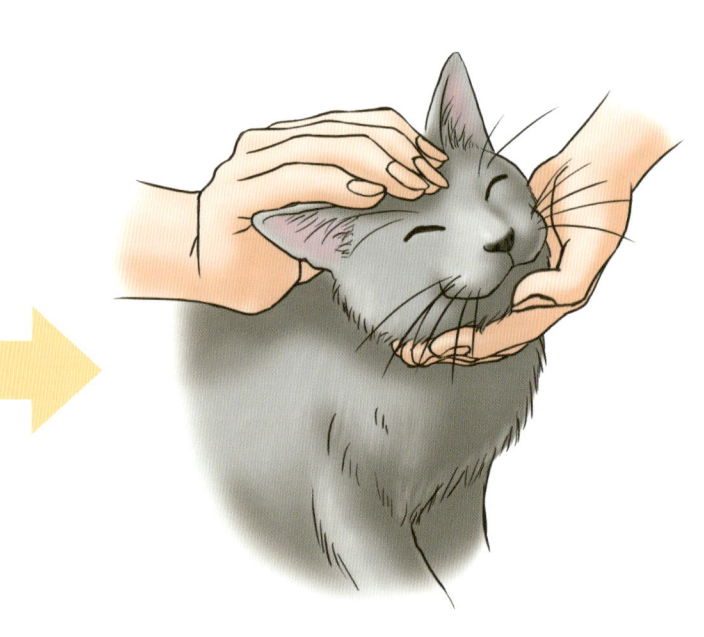

■薬の飲ませ方

（1）頭部を保持し口を開ける。開かないときは、猫の歯で上唇を噛ませる。

（2）指で上あごを保持し口を開いた状態で、薬を口の奥中央に入れる。

（3）投与後は頭を保持したまま、喉をやさしくさする。

猫用治療薬の基礎知識

細菌やウイルスなどの感染症では、その感染源を断つために抗生物質や抗ウイルス剤を用いる。一方で、将来重篤な疾病を引き起こすリスクを減らすために薬物が使用されることもある。例えば、高血圧は網膜障害、心肥大は心不全に陥る可能性が非常に高い。従って、降圧薬などの循環器薬が投与される。また、痛み止めや咳止めなどは、これらを鎮めることにより身体的負担を軽減させる目的で薬物が活用されている。本章では、猫に使用する薬物について目的と作用メカニズム、副作用について紹介する。

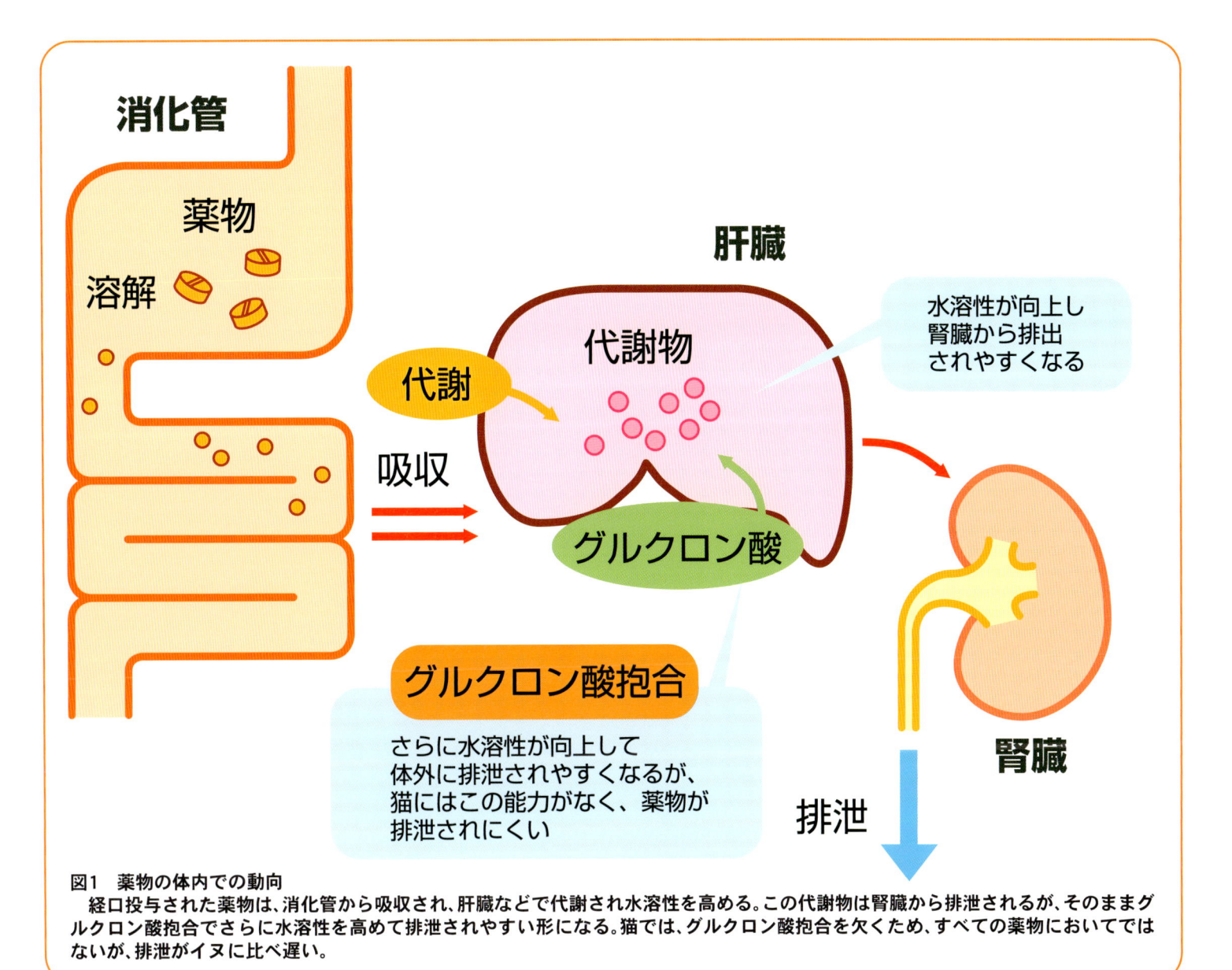

図1　薬物の体内での動向
　経口投与された薬物は、消化管から吸収され、肝臓などで代謝され水溶性を高める。この代謝物は腎臓から排泄されるが、そのままグルクロン酸抱合でさらに水溶性を高めて排泄されやすい形になる。猫では、グルクロン酸抱合を欠くため、すべての薬物においてではないが、排泄がイヌに比べ遅い。

循環器薬（じゅんかんきやく）

　猫の循環器系の疾患の1つに高血圧がある。高血圧は網膜はく離などさまざまな病気を引き起こすため、降圧療法は非常に重要である。カルシウムイオンは、血管を構成する平滑筋細胞に入ると収縮を引き起こす。高血圧の治療では、このカルシウムイオンの流入を阻害し血管を弛緩させ血圧を低下させるカルシウムチャネル阻害薬が用いられている。ただし、血圧を一気に下げるような薬物は、反射性に頻脈を引き起こしてしまうため、血圧下降作用が緩徐で作用時間が長いアムロジピンが使われる。

　肥大型心筋症は、ネコで多くみられる疾患である。心室中隔や左室壁が肥厚し、心臓の拡張不全、全身循環不全を引き起こす。カルシウムチャネル阻害薬であるジルチアゼムは、心拍数を低下させることで心臓の消費エネルギーを抑え、さらに冠血管（心臓自身の血管）を開いて心臓自体の血液循環を改善するといわれているが、その効果は未だ確立されていない。有効な薬物の開発が待たれる。

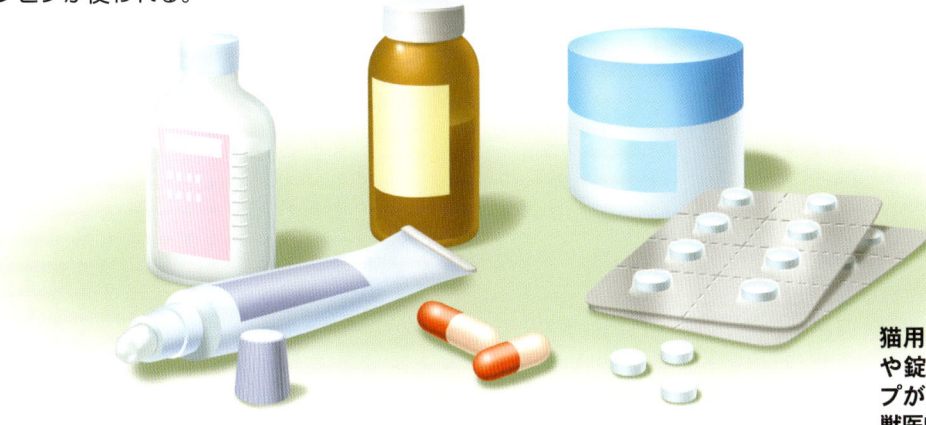

猫用の薬は人と同様、カプセルや錠剤、軟膏、液状など各タイプがある。投与に関しては必ず獣医師の指示に従うことが大切。

■薬のつけ方

▶ 眼薬は眼の下方にコットンをあてて点眼する。こぼれた薬液は猫が舐めないように、必ず拭きとること。

▼ 外傷の薬などを使ったときはエリザベスカラーをつけて、猫が傷口や薬を舐めないようにする場合もある。

◀ スポットタイプの薬液は、猫が舐められない位置につける。

抗菌薬（こうきんやく）

　細菌を殺すことで感染症から動物を救う薬物である。塗布（皮膚科）用クリームや点眼剤、内服用錠剤・散剤など目的に合わせてさまざまな形態のものがある。抗菌薬は、特定の菌に対してのみ効果を発揮する場合が多いため、疾病の種類により異なる抗菌薬が使用される。ペニシリンは、グラム陽性球菌やグラム陽性/陰性嫌気性菌に対し殺菌的に作用する。ペニシリンの仲間であり獣医領域でよく使用されるアモキシシリンは、吸収が良く、ペニシリンに比べ多くの種類の細菌に対して殺菌効果を有する。ゲンタマイシンは、コストが低く多くのグラム陰性桿菌感染症に対し有効な薬物である。しかし、腎毒性や聴覚毒性を惹起する可能性があるため血中濃度の過度の上昇に注意し、長期間の反復投与は避けるべきである。

抗炎症薬（こうえんしょうやく）

　炎症は、異物などにより有害な刺激を受けた時に出現する現象である。炎症を調整することは、治癒を早めることにもつながる。一方、炎症は生体防御として必要な反応であるため、過度に抑制すると細菌増殖など病状を悪化させることになる。抗炎症薬として代表的なものに副腎皮質ホルモン（グルココルチコイド）作用により薬効を示す合成ステロイドと非ステロイド性抗炎症薬（NSAIDs）がある。

抗炎症薬の特徴

合成ステロイド（ごうせいすてろいど）

　合成ステロイドは、細胞膜のリン脂質からアラキドン酸生成を抑制し、シクロオキシゲナーゼを抑制することでプロスタグランジン類合成を抑制する（図2）。これらの作用により炎症・疼痛を緩和する。軟膏や注射剤など多様な剤形があり、アトピー性皮膚炎やぜんそく、非感染性の眼の炎症に用いられる。また、抗がん作用を増強させるために、抗がん剤と併用することもある。プレドニゾロンやデキサメタゾンをはじめ多くの薬物が獣医療で使用されている。これらの薬物は、作用時間やミネラルコルチコイド作用（ナトリウム貯留作用）に対する選択性が異なる。表1にこれらの薬物の特徴を示す。

　過量投与により腹部膨満、嗜眠、運動不耐性などの徴候を示すことがある（これを医原性クッシングという）。また、ステロイドの投与を中止した際、投薬開始時の状態より悪化してしまう、いわゆるリバウンドを生じることもあるため、注意が必要である。

表1. 合成ステロイドのプロファイル[1]

薬品名（商品名）	抗炎症作用	副作用（Na貯留作用）	持続時間
ヒドロコルチゾン（コートン®）	1	1	< 12
プレドニゾロン（プレドニン®）	3-4	0.75	12-36
メチルプレドニゾロン（メドロール®）	5-6	0.5	12-36
トリアムシノロン（レダコート®）	5	0	12-36
デキサメタゾン（デカドロン®）	30-200	0	> 48
ベタメタゾン（リンデロン®）	25-70	0	> 48
パラメタゾン（パラメゾン®）	10	0	> 48

図2　炎症における合成ステロイドと非ステロイド性抗炎症薬（NSAIDs）の作用メカニズム

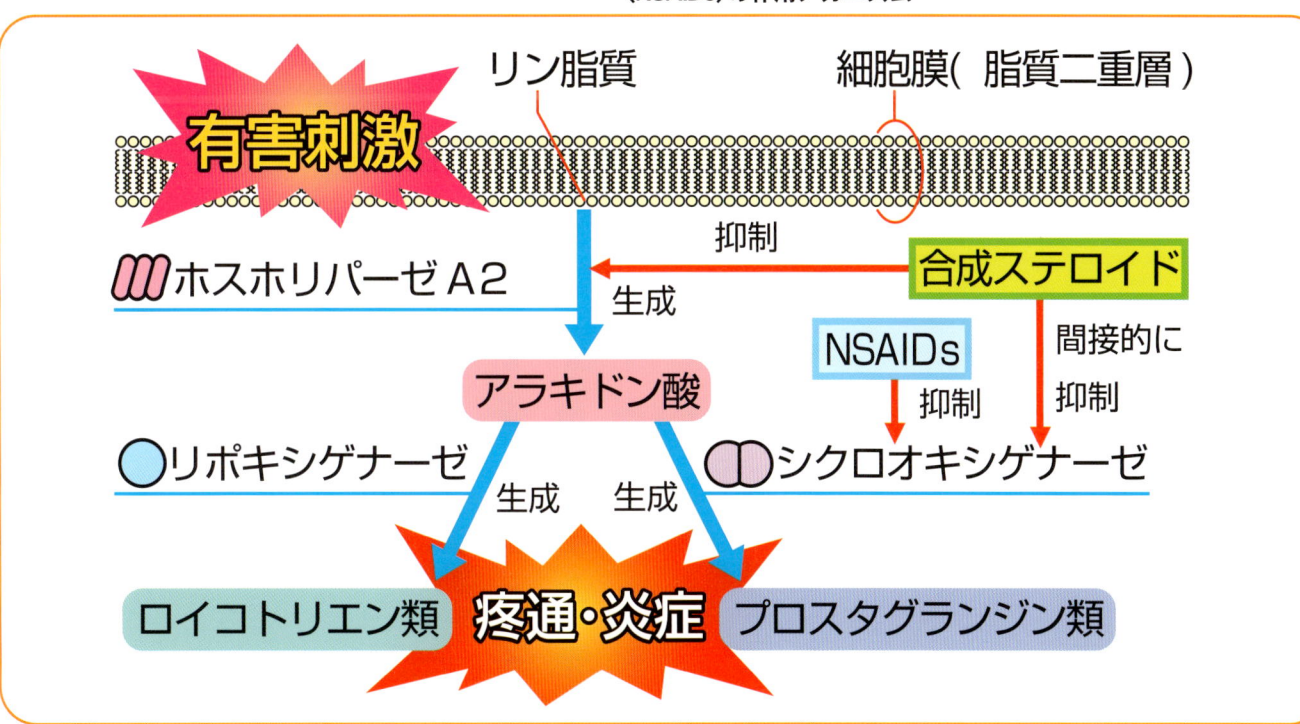

非ステロイド性抗炎症薬（ひすてろいどせいこうえんしょうやく）

　NSAIDsと略される。ステロイドとは異なり、シクロオキシゲナーゼ（COX）を抑制することで効力を発揮する（図2）。NSAIDsには抗炎症作用のほか、解熱作用、鎮痛作用を有する。またCOXは、腎臓の機能維持や消化管粘膜保護に関与しているCOX-1と、炎症や疼痛に関与しているCOX-2に分類される（COX-2は、病気の腎臓の機能維持に関与しているという報告もある）。従って、腎や消化管に対する副作用を低減するためにCOX-2を選択的に抑制する薬物が開発されてきている。初めて合成されたNSAIDのアスピリンは、COX-1を強く抑制するが、ピロキシカムやメロキシカムはCOX-2の方を比較的抑制する。また、フィロコキシブやデラコキシブは、COX-2を高い選択性をもって抑制する薬物である。これらの薬物は消化管、特に胃のびらんや潰瘍を引き起こすことがある。また腎障害も一つの大きな副作用である。

参考文献

1. 折戸謙介. 2007. ステロイド剤の作用と副作用. *Companion Animal Practice* 218: 6-14.

·I·N·D·E·X·

【A～Z】
- AVTH·················79-表1
- BCS·················158,159-図2
- CEJ·················45-図
- CRH·················79-表1
- CT検査·················99
- DKA·················81
- FAB分類·················23
- FeCV·················142
- FeHV-1·················140
- FeLV·················27,47
- fibrovlast foci·················43-図16
- FIP·················47
- FIPV·················142
- FIV·················27,47,136,137
- FLUTD·················92
- FLUTD·················76
- FPLV·················139
- FSH·················79-表1
- FURID·················47
- FUS·················154
- FVR·················140
- GH·················79-表1
- GHRH·················79-表1
- GnRH·················79-表1
- IgE·················157-図1
- IgE抗体·················156,157-図1
- IgG·················157-図1
- IgM·················157-図1
- LH·················79-表1
- MDS·················22,23
- MRI検査·················113,114
- NSAIDs·················167
- Q熱·················146
- RNA·················21
- SFOCD·················112-図
- S字結腸·················52-図
- TRH·················79-表1
- TSH·················79-表1
- T細胞·················157-図1
- Tリンパ球·················156
- Video Otoscope·················94,96,97,97-図,99

【あ】
- 愛撫誘発性攻撃行動·················150
- アコニチン·················163
- アサガオ·················163
- アスピリン·················167
- アセトアミノフェン·················26,161,164
- アセビ·················163
- 遊びに関連する攻撃行動·················150
- アトピー性皮膚炎·················167
- アドレナリン·················85-図13
- アナフィラキシーショック·················34
- アビシニアン·················11-図7,12,
- アブミ骨·················95-図
- アポクリン汗腺·················100-図1
- アムロジピン·················163
- アメリカン・カール·················11-図7
- アメリカン・ショートヘアー·················11-図7,32
- アメリカン・ボブテール·················11-図7
- アモキシシリン·················163
- アラキドン酸·················167
- アルコール脱水素酵素·················161
- アルデヒド·················162
- アルドステロン·················85-図13
- α細胞·················80-図3
- アレルギー·················58,94
- アレルギー性皮膚炎·················156
- アレルゲン·················156,157-図1

【い】
- 胃·················8-図5,52-図,53-図,-54図,56,56-図,57-図,61-図,64-図,67-図,162
- 胃炎·················56,57,57-図,58
- 胃潰瘍·················57
- 異常分娩·················87
- 一次毛細血管·················84-図12
- 胃腸炎·················57,163
- イトラコナゾール·················96
- イヌサフラン·················163
- 犬糸状虫·················118
- 犬糸状虫症·················121
- 犬小回虫·················119
- 犬小胞子菌·················103
- イヌノミ·················102
- 胃粘膜·················57
- 胃の疾患·················56
- イベルメクチン·················94

- 陰茎の血腫·················92
- インスリン·················80-図3
- インスリン受容体·················80-図4
- インスリン抵抗性·················80-図4
- 咽頭炎·················49,97
- インドールアルカロイド·················163

【う】
- ウイルス性呼吸器感染症·················97
- ウエステルマン肺吸虫·················118
- 右主気管支·················40-図10
- 右心室·················28-図1
- 右心房·················28-図1
- うつ乳症·················89
- 瓜実条虫·················119
- 瓜実条虫症·················125

【え】
- 栄養性疾患·················154
- 会陰ヘルニア·················109
- エキゾチック・ショートヘアー(エキゾチック,エキゾチックショートヘア)···10-図7,25,73
- 壊死組織形成·················16
- エジプシャン・マウ·················11-図7
- エステラーゼ·················162
- エタノール·················161
- エチレングリコール·················161
- エナメル質·················44,45,47,48
- エナメル膨隆部·················45-図
- エリスロポエチン·················21
- 炎症反応·················139-図
- 炎症メディエーター·················157-図
- 延髄·················113

【お】
- 横隔膜·················8-図5,9-図6,39-図9
- 横行結腸·················52-図
- 横骨折·················108-図1,109,112-図
- 黄色紋·················65-図
- 黄体形成ホルモン·················78-図,79-表1
- 黄疸·················64
- オーシスト·················120,144
- オッドアイ·················19
- オリエンタル・ショートヘアー·················11-図7
- オリエンタル・ロングヘアー·················11-図7

【か】
- カーバメート·················162
- 外陰部·················8-図5
- 外耳·················95-図,113-図
- 外耳炎·················94,96,97,98
- 外耳道·················94,113-図
- 回腸·················52-図
- 外尿道口·················68-図1
- 外部寄生虫·················21
- 開放性骨折·················109
- 回盲結腸·················25-図5
- 潰瘍·················16,49
- 蝸牛·················95-図,112-図
- 拡張型心筋症·················12,32-図10
- 角膜·················14-図,18
- 角膜壊死症·················16
- 角膜炎·················15,16
- 角膜潰瘍·················15
- 角膜刺激·················16
- 角膜分離症·················14,15,16,図
- 下行結腸·················52-図
- 下行大動脈·················29-図3
- 下垂体·················78-図
- 下垂体前葉ホルモン·················84-図12
- 下垂体前葉·················79-表1
- 下垂体門脈·················84-図12
- 加水分解タンパク食·················96
- 下垂体前葉ホルモン·················84-図12
- 下腿·················6-図1,7-図3
- 下腿骨·················109-図
- 過大胎子·················87
- 化膿性滲出液·················41-図12
- 下部尿路疾患·················92,154
- 顆粒膜細胞腫·················91,92
- 肝炎·················64,64-図,65-図,67
- 陥凹骨折·················109
- 眼球結膜·················14-図
- 眼球振盪·················113
- 肝吸虫·················119
- 眼瞼·················14,17,98
- 眼瞼結膜·················14-図
- 眼瞼内反症·················16,17
- 汗孔·················100-図1
- 肝硬変·················64
- 寛骨·················7-図4
- 寛骨臼·················109-図

168

·I·N·D·E·X·

眼振	94,113
乾性角結膜炎	15
汗腺	100-図1
感染症	14,18,52,136,137,138
感染症法	144,146
感染性心内膜炎	35
肝臓	8-図5,9-図6,26,52-図53,54-図56,61-図64,64,65-図66-図67,161,163
環椎	7-図4
肝不全	23
肝リピドーシス	26,66,66-図
緩和治療	130

【き】
期外収縮	163
気管	40-図10
気管支動脈	40-図10
気管支粘膜	36-図1
気管軟骨	36-図1
キシリトール	163
基節骨	7-図4
キツネノテブクロ	163
キツネノボタン	163
キムリック	10-図7
球後膿瘍	47-図5
嗅細胞	140-図
弓状核	84-図12
急性胃腸炎	57,58
急性腎不全	70
急性中毒	160
急性乳腺炎	89
急性白血病	23
胸管	38-図9
胸膜腔	39-図8
狂犬病	144
狂犬病ウイルス	145
狂犬病予防法	145
胸水	38-図9
胸腺	24
キョウチクトウ	163
胸椎	7-図4
巨核球	21
巨赤芽球	22-図
巨大結腸症	60-図,61
巨大好中球	22-図
亀裂骨折	109
筋性斜頸	112

【く】
空腸	52
クッシング症候群	104,158
クッシング病	85
クモ膜	115
グライアノトキシン	163
クラミジア性結膜炎	15
クラミドフィラ・フェリス	146
クリプトコッカス(クリプトコックス)	15,136,147
クリプトコックス症	147,147-図
クリプトスポリジウム症	120
グルーミング	151
グルカゴン	80-図3
グルクロン酸抱合	160,161,164,165-図1
グルココルチコイド	163
クレゾール	164
クワズイモ	163

【け】
脛骨神経	117
形質細胞性歯肉炎	49
痙性斜頸	112
頸椎	7-図4
頸部	116,116-図
けいれん発作	114
血小板	20
血液疾患	20
血液の循環	29-図4
血管炎	38-図9,157-図
血管内溶血	21
血球の分化成熟異常	22-図
血胸	39
血色素尿	26,27
楔状骨折	108-図1,109
血小板減少	23
血栓	116
血栓塞栓症	33
血栓溶解剤	33
結腸	61,61-図,163
結膜炎	14,15,15-図,140,146
ケトアシドーシス	81
ケトコナゾール	96

ケトン体	81
瞼球癒着	15
肩甲骨	7-図4
腱索	28-図1
犬歯	46-図
犬歯歯頸部吸収病巣	48-図6
ゲンタマイシン	163

【こ】
抗ウイルス薬	15,16
抗炎症薬	167
抗癌剤	23,24,91,92,167
抗菌薬	15,166,143
口腔炎症性疾患	49
口腔腫瘍	132
口腔内疾患	44,47
口腔内腫瘍	47
口腔粘膜	45,47,48,49
膠原繊維	42-図15,45
虹彩	14-図,18,19-図8
虹彩炎	18
交差適合試験	25
抗酸化剤	26,49
甲状腺機能亢進症	83
甲状腺	78-図
甲状腺機能低下症	158
甲状腺刺激ホルモン	78-図,79-表1
甲状腺刺激ホルモン放出ホルモン	79-表1
高所落下症候群	109
合成ステロイド	166,167
抗生物質	96,97,99,110,143,144,146,148
光線角化症	98
拘束型心筋症	32-図11
後大静脈	28-図1
好中球	41-図12,41-図13,49,157-図1
口内炎	47,48,49,136,137
抗ヒスタミン剤	113,157
交尾排卵	86
硬膜	115
肛門	8-図5,9-図6,60,61,62,62-図
誤嚥性肺炎	41
コーニッシュ・レックス	11-図7
小型巨核球	22-図
呼吸不全	23
コクシエラ菌	146
コクシジウム類	119
コクシジウム症	120
黒色腫	18
鼓室	97,112-図
鼓室骨	99
鼓室中隔	95-図
鼓室胞	95-図
骨髄	20,21,22,23,110
骨髄異形成症候群	22
骨髄移植	23
骨髄性白血病	22
骨髄腫	21
骨折	108,109
骨軟骨異形成	12
骨軟骨異形成症	112-図
骨盤	60,61,109-図
骨盤狭窄	87
骨盤骨折	87,110,110-図
ゴナドトロピン放出ホルモン	79-表1
コビー	10-図7
鼓膜	94,94-図,96,97,98,112-図
コラジウム	124
コラット	11-図7
コルゾール	85-図13
コルヒチン	163
コロナウイルス	142
混合感染	15
コンバラリン	163

【さ】
サイカシン	163
細菌性気管支肺炎	40
再生性貧血	21,26
再生不良性貧血	21
サイトカイン	156,157-図
左鎖骨下動脈	28-図1
左主気管支	40-図10
左心室	28-図1
左心房	28-図1
サッキング	89,93
殺鼠剤中毒	27
サナダムシ	124

·I·N·D·E·X·

サポニン	163
サルモネラ感染症	147
産後の病気	88
三叉神経	49
三尖弁形成不全症	30,31-図8
三半規管	112-図
【し】ジアルジア	119
耳炎	94,95-図
耳介	6-図1,94,95-図,98,113-図
紫外線過敏症	107
耳疥癬虫感染症	107
耳介軟骨	95-図
耳管	95-図,97,112-図
ジギタリス	163
子宮	8-図5,86-図,88,90,90-図7,91
子宮炎	88
糸球体	69-図2
子宮脱	88
子宮蓄膿症	18,90,90-図6,92
子宮内膜炎	92
子宮捻転	87
子宮無力症	87
軸椎	7-図4
シクトキシン	163
シクロオキシゲナーゼ	167
シクロスポリン	23
歯頸部吸収病巣	47,48,48-図8
歯頸部肉芽	48-図6
止血凝固異常	21
耳血腫	94
歯垢	48
耳垢	94,96,98
耳垢腺	94
耳垢腺癌	99
耳垢腺腫	99
ジゴキシン	163
自己防御性攻撃行動	150,151-図
自己免疫性溶血性貧血	26
歯根吸収	46-図1
歯根膜	45
歯根膜の血流	45-図
四肢遠位	112
歯質吸収	48
歯周炎	45,47
歯周病	46-図,47,47-図5
歯周ポケット	45-図,47,49
視床下部ホルモン	84-図12
視床下部	78-図,84-図12
視神経	14-図
視神経乳頭	14-図
歯髄	44
シスチン	74,154
システィセルコイド	125
シスト	144
歯性病巣感染	47
歯石	46-図,47-図2,48
歯槽膿漏	47
耳道	96,99,113
耳道内の腫瘍	99
耳内視鏡	94
歯肉炎	47,47-図3,47-図4,136
歯肉縁下破歯細胞性吸収病巣	48
歯肉病	47
脂肪腫	91
社会性の欠如としての攻撃行動	151
ジャガイモ	163
斜頚	94,99,112
斜骨折	108-図1,109,110-図,112-図
ジャパニーズ・ボブテール	10-図7
シャム(シャム猫)	11-図7,12,16
シャルトリュー	11-図7
縦隔型リンパ腫	24
縦隔リンパ節	24
シュウ酸カルシウム	74,154
シュウ酸カルシウム尿石	154
十二指腸炎	67
終末細気管支	40-図10
羞明	15,18
縮瞳	162
腫脹	15,18
出血性貧血	21
腫瘍	126
循環器の病気	28

循環器薬	164,165
瞬膜	14,14-図
睫毛	14,14-図
消化器型リンパ腫	25-図5
消化器の病気	52
上下垂体動脈	84-図12
上行結腸	52-図
上行大動脈	29-図3
硝子体	14-図
小腸	8-図5,9-図6,61,64-図,138
小脳	114
上皮小体機能亢進症	85
上皮小体機能低下症	85
上部気道炎	136,140
上部呼吸器感染症	15
漿膜	139-図
静脈	100-図1
食事アレルギー	96
食事不耐性	96
食道	39-図8,52-図,54,57-図
食道炎	55
食道拡張症	53,53-図
食道癌	54
食道狭窄症	54,54-図
食道の疾患	52
食品衛生法	147
食物アレルギー	156,157
食物有害反応	94,96
ジルチアゼム	163
腎盂	69-図2
腎芽腫	77
シンガプーラ	11-図7
真菌	94,103,147
真菌症	18
心筋症	32
進行性網膜萎縮	12
腎後性腎不全	70
心室細動	163
腎実質性腎不全	70
心室中隔欠損孔	30
心室中隔欠損症	30,31-図7
人獣共通感染症	136,144,147
滲出液	39
腎小体	69-図2
腎腺癌	77
心臓	8-図5,9-図6,24-図,28-図1
腎臓	8-図5,9-図6,68-図1,76,86-図,87,155,164,165-図1
腎臓結石	76-図15
腎周囲性偽膿胞	12
腎臓疾患	52
腎臓腫瘍	77
腎臓リンパ腫	77
ジンチョウゲ	163
陣痛微弱	87
真皮	100-図1
心肥大	164
腎不全	23,70-図3
【す】膵炎	26,66,67-図
髄質	72-図5
水晶体	14-図,17
水腎症	77
スイセン	163
膵臓	78-図,52-図,64,67-図
垂直耳道	95-図,98
水頭症	87,144
水平耳道	95-図,98
髄膜	115
髄膜腫	114
頭蓋骨	95-図,115
スコティッシュ・フォールド	11-図7,12,112
スコポラミン	163
スズラン	163
スタッド・テイル	105
ステロイド	167
ストルバイト尿石	154
スノーシュー	11-図7
スフィンクス	11-図7
スプレー	148
スポロシスト	124
【せ】精管	72-図5,87-図
成熟オーシスト	144-図
生殖器の腫瘍	91
生殖器の病気	86

·I·N·D·E·X·

精巣	76-図15,78-図,87-図,93,155-図
精巣炎	92
精巣停留	92,92-図11
成長ホルモン	79-表1
成長ホルモン放出ホルモン	79-表1
脊椎	61,109
脊椎奇形	12
脊椎二分症	12
石灰化硬組織	45
赤血球	20,21,26,27,143
赤血球産生ホルモン	21
セミコビー	11-図7
セミフォーリン	11-図7
セメント質	44-図,45,47-図3,48
セルカーク・レックス	11-図7
セルカリア	124
繊維芽細胞	48-図8
線維芽細胞	36-図1,42-図15
線維腫	91
腺癌	91,92
前胸部	6-図2
潜在感染	15
潜在精巣	92,92-図11
腺腫	91,92
前大静脈	28-図1
仙腸関節	109,110-図
仙椎	7-図4
前庭障害	112,113
先天性心疾患	30
前白血病状態	22
前房出血	18
前房水	18
前立腺	68-図1,76-図15,87-図,93
前立腺肥大	93

【そ】
象牙芽細胞突起	44-図
象牙細管	44-図
象牙質	44-図,45,48
造血幹細胞	22
造血細胞	22
増生骨	111
臓側胸膜	40-図10
臓側心膜	39-図8
僧房弁	28-図1
僧房弁形成不全症	30
側頭筋	95-図
側頭骨岩様部	95-図
側頭骨錐体部	95-図
鼠径部	87,92-図11
ソテツ	163
ソマリ	10-図7,12
ソラニン	163

【た】
ターキッシュ・アンゴラ	10-図7
ターキッシュ・バン	11-図7
第一頚椎	7-図4
体高	6-図1
大腿骨	7-図4,109-図
大腿骨骨折	110-図
大腿骨大転子	110-図
大腿骨粉砕骨折	110-図
大腸	8-図5,9-図6
大動脈	28-図1,116
大動脈狭窄症	30
大動脈血栓塞栓症	116
大動脈弁	28-図1
第二頚椎	7-図4
第二象牙質	45
大脳	113,114-図1
胎盤感染	144
胎盤停滞	88
唾液腺腫瘍	135
タキゾイト	144
脱顆粒	156,157-図
脱臼	109
脱水	49,58,67
ダニ	27,143
タバコ	163
多包条虫	119
タマネギ	26
たれ耳遺伝子	111
胆管炎	64
胆管肝炎症候群	64
単眼症	87
胆管閉塞	64

胆嚢	52-図
単包条虫	119

【ち】
チアノーゼ	160-図
膣	8-図5,86-図,91
乳房の病気	88,89
中耳	95-図,112-図
中耳炎	94,96-図,97,97-図
中手骨	7-図4,109-図
中枢性前庭障害	113
中足骨	7-図4,109-図,112-図
中足骨骨折	112-図
中毒	58,160,160-図
チューリップ	163
腸炎	57,58,62
腸管	61,62
長環ネガティブ・フィードバック	79-図2
腸間膜リンパ節	25-図6
腸重積	62,63
チョウセンアサガオ類	163-表1
腸トリコモナス	119
腸捻転	62
腸の疾患	58
腸閉塞	62
長毛種	56
直腸	86-図,52-図,62,62-図
直腸脱	62,62-図
チロキシン	83-図9
チンチラ	10-図7

【つ】
ツチ骨	95-図
ツツジ	163
壺形吸虫	119
壺形吸虫症	124
ツメダニ症	107
ツリパリン	163

【て】
帝王切開	86-図1,86-図2,87,89
低カリウム血症性ミオパチー	116-図
デキサメタゾン	167
テトラサイクリン	27,143,146
デボン・レックス	11-図7,25
デラコキシブ	167
転嫁性攻撃行動	150

【と】
瞳孔	14-図,17
同種抗体による溶血性貧血	26
糖尿病	26,66,67,80,158
糖尿病性ニューロパチー	117,117-図
動脈	100-図1
動脈管開存症	30
東洋眼虫	118
トキソプラズマ	136,144,144-図
トキソプラズマ症	18,120,144
ドクゼリ	163
ドクニンジン	163
特発性間質性肺炎	43
特発性腎出血	77
特発性肺繊維症	42
トチノキ	163
突発性前庭障害	113
トマト	163
トリアムシノロン	167
トリカブト類	163
トロパンアルカロイド	163
トンキニーズ	11-図7

【な】
内分泌器官の病気	78
内耳	95-図,112-図,113
内耳炎	94
内部寄生虫症	118
内分泌疾患	158
ナフタリン	163
ナメクジ駆除剤	162
難産	87
難治性歯肉口内炎	47-図4,49-図13
難治性の口内炎	47,49
軟部組織肉腫	134

【に】
ニコチン	163
日光性皮膚炎	12,98
乳癌	91
ニューキノロン	143
乳腺腫瘍	89,89-図5,91,130
線維上皮性過形成	135
乳腺線維腺腫症	135
乳頭腫	54
乳び	39
乳び胸	38-図9

・I・N・D・E・X・

ニューメチレンブルー染色・・・・・・・・・・・・・・・・・・・・・26
尿管・・・・・・・・ 8-図5,9-図6,68-図1,69-図2,72-図5,76-図15,86-図,87-図,155-図
尿管結石・・・・・・・・・・・・・・・・・・・・・・・・・・・・・76-図15
尿細管・・・・・・・・・・・・・・・・・・・・・・・・・・・・・・・69-図2
尿酸・・・・・・・・・・・・・・・・・・・・・・・・・・・・・・・・・・154
尿酸アンモニウム・・・・・・・・・・・・・・・・・・・・・・・・・・74
尿道・・・・・・・・・・・・・・・・ 8-図5,9-図6,68-図1,76-図15
尿道開口・・・・・・・・・・・・・・・・・・・・・・・・・・・・・・・86-図
尿道球腺・・・・・・・・・・・・・・・・・・ 68-図1,76-図15,87-図
尿道栓子・・・・・・・・・・・・・・・・・・・・・・・・・・・76-図15,154
尿道閉鎖・・・・・・・・・・・・・・・・・・・・・・・・・・・・・・・・・92
尿道閉塞・・・・・・・・・・・・・・・・・・・・・・・・・・・・・・・・154
尿閉・・・・・・・・・・・・・・・・・・・・・・・・・・・・・・・・・・・・93
尿路結石・・・・・・・・・・・・・・・・・・・・・・・・・・・・・154,155-図
尿路結石症・・・・・・・・・・・・・・・・・・・・・・・・・・・・・・・・74
尿路閉塞・・・・・・・・・・・・・・・・・・・・・・・・・・・・・・・・154
ニンニク・・・・・・・・・・・・・・・・・・・・・・・・・・・・・・・・・・26

【ね】
ネギ・・・・・・・・・・・・・・・・・・・・・・・・・・・・・・・・・・・・26
猫胃虫・・・・・・・・・・・・・・・・・・・・・・・・・・・・・・・・・・119
猫ウイルス性鼻気管炎・・・・・・・・・・・・・・・・・・・・・・・140
猫エイズ・・・・・・・・・・・・・・・・・・・・・・・・109,136,137
猫疥癬虫・・・・・・・・・・・・・・・・・・・・・・・・・・・・・・・・107
猫回虫・・・・・・・・・・・・・・・・・・・・・・・・・・・・・・・・・119
猫回虫症・・・・・・・・・・・・・・・・・・・・・・・・・・・・・・・・122
猫下部尿路疾患・・・・・・・・・・・・・・・・・・・・・・・・・・・・・76
猫カリシウイルス・・・・・・・・・・・・・・・・・15,140,140-図
猫クラミジア症・・・・・・・・・・・・・・・・・・・・・・・146,146-図
猫好酸球性肉芽腫症候群・・・・・・・・・・・・・・・・・・・・・106
猫鉤虫・・・・・・・・・・・・・・・・・・・・・・・・・・・・・・・・・119
猫鉤虫症・・・・・・・・・・・・・・・・・・・・・・・・・・・・・・・・123
猫痤瘡・・・・・・・・・・・・・・・・・・・・・・・・・・・・・・・・・105
猫ジステンパー・・・・・・・・・・・・・・・・・・・・・・・・・・・138
猫種別のかかりやすい病気・・・・・・・・・・・・・・・・・・・・12
ネコショウセンコウヒゼンダニ・・・・・・・・・・・・・・・・107
猫条虫・・・・・・・・・・・・・・・・・・・・・・・・・・・・・・・・・119
猫喘息・・・・・・・・・・・・・・・・・・・・・・・・・・・・・・・・・・36
猫対称性脱毛症・・・・・・・・・・・・・・・・・・・・・・・・・・・104
猫腸コロナウイルス・・・・・・・・・・・・・・・・・・・・・・・・142
猫伝染性上部気道炎・・・・・・・・・・・・・・・・・・・・・・・・・47
猫伝染性腹膜炎・・・・・・・・・・・・・・・・・・・18,47,136,142
猫伝染性腹膜炎ウイスル・・・・・・・・・・・・・・・・・・・・・142
ネコノミ・・・・・・・・・・・・・・・・・・・・・・・・・・・・・・・102
猫白血病ウイルス・・・・・・・・・・・・・・・・・・・・・・・・23,27
猫白血病ウイルス感染症・・・・・・・・・・・・・・・・18,47,136
猫パルボウイルス感染症・・・・・・・・・・・・・・・・・・・・・138
猫汎白血球減少症・・・・・・・・・・・・・・・・・・・・・・・・・・138
猫ひっかき病・・・・・・・・・・・・・・・・・・・・・・・・・・・・144
猫泌尿器症候群・・・・・・・・・・・・・・・・・・・・・・・・・・・154
猫糞線虫・・・・・・・・・・・・・・・・・・・・・・・・・・・・・・・・119
猫ヘモプラズマ感染症・・・・・・・・・・・・・・・・・・・・・・143
猫ヘルペスウイルス・・・・・・・・・・・・・・・・・・・・・・・・・15
猫ヘルペスウイルス1型・・・・・・・・・・・・・・・・・・・・・140
猫ヘルペスウイルス感染・・・・・・・・・・・・・・・・・・・・・・16
猫ヘルペスウイルス性結膜炎・・・・・・・・・・・・・・・・・・15
猫ヘルペス性角結膜炎・・・・・・・・・・・・・・・・・・・・15-図16
猫免疫不全ウイルス感染症・・・・・・・・・・・18,47,136,137
猫用の治療薬・・・・・・・・・・・・・・・・・・・・・・・・・・・・164
ネックリージョン・・・・・・・・・・・・・・・・・・・・・・・・・・48
ネフロン・・・・・・・・・・・・・・・・・・・・・・・・・・・・・・・69-図2
捻転斜頸・・・・・・・・・・・・・・・・・・・・・・・・・・・・112,113
粘膜下組織・・・・・・・・・・・・・・・・・・・・・・・139-図,140-図
粘膜筋板・・・・・・・・・・・・・・・・・・・・・・・・・・・・・139-図
粘膜歯肉境・・・・・・・・・・・・・・・・・・・・・・・・・・・・・45-図

【の】
脳・・・・・・・・・・・・・・・・・・・・・・・・・・・・・・・78-図,95-図
脳幹・・・・・・・・・・・・・・・・・・・・・・・・・・・・・・・・・・113
膿胸・・・・・・・・・・・・・・・・・・・・・・・・・・・・・・・・・・・39
脳腫瘍・・・・・・・・・・・・・・・・・・・・・・・・・113,114,115
嚢胞性腎疾患・・・・・・・・・・・・・・・・・・・・・・・・・・・・・73
嚢胞性増殖・・・・・・・・・・・・・・・・・・・・・・・・・・・・・・・90
ノミ・・・・・・・・・・・・・・・・・・・・・・・・・・・・・・・・27,143
ノミアレルギー・・・・・・・・・・・・・・・・・・・・・・・・・・・102
ノミによる皮膚病・・・・・・・・・・・・・・・・・・・・・・・・・102
ノルアドレナリン・・・・・・・・・・・・・・・・・・・・・・・85-図13

【は】
バーミーズ・・・・・・・・・・・・・・・・・・・・・・・10-図7,12,16
肺・・・・・・・・・・・・・・・・ 8-図5,9-図6,24-図,53-図,64-図
肺炎・・・・・・・・・・・・・・・・・・・・・・・・・・・・・・・・40,53
バイオフィルム・・・・・・・・・・・・・・・・・・・・・・・・・47,49
肺胸膜・・・・・・・・・・・・・・・・・・・・・・・・・・・・・・・39-図8
杯細胞・・・・・・・・・・・・・・・・・・・・・・・・・・・・・・・140-図
肺静脈・・・・・・・・・・・・・・・・・・・・・・・・・・・28-図1,36-図11
肺動脈・・・・・・・・・・・・・・・・・・・・・・・・・・・28-図1,36-図1
肺動脈狭窄症・・・・・・・・・・・・・・・・・・・・・・・・・・・・・30
肺動脈弁・・・・・・・・・・・・・・・・・・・・・・・・・・・・・・28-図1

肺胞・・・・・・・・・・・・・・・・・・・・・・36-図1,40-図10,42-図15
肺胞管・・・・・・・・・・・・・・・・・・・・・・・・・・・・・・40-図10
ハインツ小体性貧血・・・・・・・・・・・・・・・・・・・・・・・・・26
ハウスダスト・・・・・・・・・・・・・・・・・・・・・・・・・・・・・・96
白癬・・・・・・・・・・・・・・・・・・・・・・・・・・・・・・・・・・103
白内障・・・・・・・・・・・・・・・・・・・・・・・・・・・・・・・・12,17
破骨細胞・・・・・・・・・・・・・・・・・・・・・・・・・・・・・48,48-図8
破歯細胞・・・・・・・・・・・・・・・・・・・・・・・・・・・・・48,48-図8
パスツレラ・マルトシダ感染症・・・・・・・・・・・・・・・・107
パスツレラ症・・・・・・・・・・・・・・・・・・・・・・・・・・・・146
パスツレラ属菌・・・・・・・・・・・・・・・・・・・・・・・・・・・146
白血球・・・・・・・・・・・・・・・・・・・・・・・・・・・・・・・20,138
白血球減少・・・・・・・・・・・・・・・・・・・・・・・・・・・・・・・23
白血病・・・・・・・・・・・・・・・・・・・・・・・・・・・・22,23,109
白血病細胞・・・・・・・・・・・・・・・・・・・・・・・・・・・・22,23
パラセタモール・・・・・・・・・・・・・・・・・・・・・・・・・・・161
パラメタゾン・・・・・・・・・・・・・・・・・・・・・・・・・・・・167
バリニーズ・・・・・・・・・・・・・・・・・・・・・・・・・・・・・11-図7
バルトネラ菌・・・・・・・・・・・・・・・・・・・・・・・・・・・・144
パルボウイルス・・・・・・・・・・・・・・・・・・・・・・139,139-図
半規管・・・・・・・・・・・・・・・・・・・・・・・・・・・・・・・・95-図

【ひ】
ピーター・ボールド・・・・・・・・・・・・・・・・・・・・・・・11-図7
非開放性骨折・・・・・・・・・・・・・・・・・・・・・・・・・・・・109
皮下脂肪・・・・・・・・・・・・・・・・・・・・・・・・100-図1,159-図2
ヒガンバナ・・・・・・・・・・・・・・・・・・・・・・・・・・・・・・163
ヒキガエル・・・・・・・・・・・・・・・・・・・・・・・・・・・・・・163
鼻腔炎・・・・・・・・・・・・・・・・・・・・・・・・・・・・・・・・・・97
非再生性貧血・・・・・・・・・・・・・・・・・・・・・・・・・・・・・21
脾索・・・・・・・・・・・・・・・・・・・・・・・・・・・・・・・・・・・20
皮脂組織・・・・・・・・・・・・・・・・・・・・・・・・・・・・・100-図1
ヒスタミン・・・・・・・・・・・・・・・・・・・・・・・・・・・・・・156
非ステロイド性抗炎症薬・・・・・・・・・・・・・・・・・166,167
尾腺炎・・・・・・・・・・・・・・・・・・・・・・・・・・・・・・・・・105
脾臓・・・・・・・・・・・・・・・・・・・・・・・・・・・・・・・・・・8-図5
肥大型心筋症・・・・・・・・・・・・・・・・・・・・12,32-図9,116
ビタミンK2療法・・・・・・・・・・・・・・・・・・・・・・・・・・・23
ビタミンK拮抗作用・・・・・・・・・・・・・・・・・・・・・・・・・27
人に対する攻撃行動・・・・・・・・・・・・・・・・・・・・・・・150
ヒドロコルチゾン・・・・・・・・・・・・・・・・・・・・・・・・・167
皮中多中心型扁平上皮癌・・・・・・・・・・・・・・・・・・・・134
泌乳・・・・・・・・・・・・・・・・・・・・・・・・・・・・・・・・・・・89
皮膚炎・・・・・・・・・・・・・・・・・・・・・・・・・・・・・・・・・157
皮膚糸状菌・・・・・・・・・・・・・・・・・・・・・・12,103,136,147
皮膚糸状菌症・・・・・・・・・・・・・・・・・・・・・・・・147,147-図
皮膚腫瘍・・・・・・・・・・・・・・・・・・・・・・・・・・・・・・・127
皮膚の病気・・・・・・・・・・・・・・・・・・・・・・・・・・・・・・100
ピペリジン・・・・・・・・・・・・・・・・・・・・・・・・・・・・・・163
ヒマラヤン・・・・・・・・・・・・・・・・・・・・・・・・・10-図7,12,16
肥満・・・・・・・・・・・・・・・・・・・・・・・・・・・・・・・65,66,158
肥満細胞・・・・・・・・・・・・・・・・・・・・・・・・・・156,157-図1
肥満細胞腫・・・・・・・・・・・・・・・・・・・・・・・・・・・・・・128
表皮・・・・・・・・・・・・・・・・・・・・・・・・・・・・・・・・・100-図1
表皮内有棘細胞癌・・・・・・・・・・・・・・・・・・・・・・・・・・・98
ピルビン酸キナーゼ欠損症・・・・・・・・・・・・・・・・・・・・12
ピレスロイド・・・・・・・・・・・・・・・・・・・・・・・・・・・・162
ピロキシカム・・・・・・・・・・・・・・・・・・・・・・・・・・・・167
貧血・・・・・・・・・・・・・・・・・・・・・・・・・・・・20,21,23,27,143
貧血性疾患・・・・・・・・・・・・・・・・・・・・・・・・・・・・・・・27

【ふ】
フィプロニル・・・・・・・・・・・・・・・・・・・・・・・・・・・・・・94
フィラリア症・・・・・・・・・・・・・・・・・・・・・・・・・・・・・34
フィロコキシブ・・・・・・・・・・・・・・・・・・・・・・・・・・・167
フェイシャルホルモン・・・・・・・・・・・・・・・・・・・・・・148
フォーリン・・・・・・・・・・・・・・・・・・・・・・・・・・・・・10-図7
複雑骨折・・・・・・・・・・・・・・・・・・・・・・・・・・・・・・・109
副腎・・・・・・・・・・・・・・・・・・・・・・・・・・・・・72-図5,78-図
副腎アンドロゲン・・・・・・・・・・・・・・・・・・・・・・・85-図13
副腎皮質機能亢進症・・・・・・・・・・・・・・・・・・・・・・・・104
副腎皮質刺激ホルモン・・・・・・・・・・・・・・・・・78-図,79-表1
副腎皮質刺激ホルモン放出ホルモン・・・・・・・・・・・79-表1
副腎皮質ホルモン・・・・・・・・・・・・・・・・・・・・・・・・・・27
副腎皮質ホルモン剤・・・・・・・・・・・・・・・・・・・・・・・・・26
腹水・・・・・・・・・・・・・・・・・・・・・・・・・・・・・・・64,142-図
フジ・・・・・・・・・・・・・・・・・・・・・・・・・・・・・・・・・・163
腐食性物質・・・・・・・・・・・・・・・・・・・・・・・・・・・・・・・45
不整脈・・・・・・・・・・・・・・・・・・・・・・・・・・・・・・・・・・35
不適切な排泄・・・・・・・・・・・・・・・・・・・・・・・・・・・・148
ブドウ・・・・・・・・・・・・・・・・・・・・・・・・・・・・・・・・・163
ブドウ球菌・・・・・・・・・・・・・・・・・・・・・・・・・・・・・・・15
ブドウ球菌感染症・・・・・・・・・・・・・・・・・・・・・・・・・107
ぶどう膜炎・・・・・・・・・・・・・・・・・・・・・・・・・・14,18,19
ブラストミセス・・・・・・・・・・・・・・・・・・・・・・・・・・・・15
ブラッシング・・・・・・・・・・・・・・・・・・・・・・・・・・・・・47
プラジドキシム・・・・・・・・・・・・・・・・・・・・・・・・・・・162

·I·N·D·E·X·

ブリティッシュ・ショートヘアー(ブリティッシュ・ショートヘア)	11-図7,12,25
フルオレセイン染色	15
プレセルコイド	124
プレドニゾロン	23,167
プロジェステロン	90
プロスタグランジン	167
プロスタグランジン類	167
プロピレングリコール	26
分化誘導療法	23
粉砕骨折	108-図1,109,110-図
糞線虫	119
糞線虫症	123
【へ】平滑筋腫	91,91-図9,91-図10
平滑筋繊維	40-図10
平滑筋線維束	36-図1
β細胞	80-図3
ベタメタゾン	167
ペニシリン	163
ヘマトクリット値	21
ヘモグロビン	161
ヘモグロビン濃度	21
ヘモバルトネラ症	27,109,143
ベラドンナアルカロイド	163
ペルシャ(ペルシャ猫)	10-図7,12,16,73
ヘルニア	87
ヘルペスウイルス感染	15
ベンガル	11-図7
変性漏出液	39
便秘症	60,61,62
扁平上皮癌	98,98-図,99,127
【ほ】膀胱	8-図5,9-図6,68-図1,72-図5,76-図15,86-図,87-図,155-図
膀胱結石	76-図15,155-図
蜂巣肺	43
房室弁形成不全症	30,31-図8
ボウマン嚢	69-図2
ボーエン病	134
母子感染	27
ホスホリパーゼA2	167
ボディコンディションスコア	158
骨の病気	108
ポリープ	99,99-図
ポリエン酸療法	157
ホルモン性脱毛症	104
ボンベイ	11-図7
【ま】マーキング	148,149,149-図
マイコプラズマ・ヘモフェリス	143
マイコプラズマ感染症	27
マイボーム腺	14-図
マクロファージ	20,36-図1,48-図8,157-図
マクロライド	143,146
末梢性前庭障害	113
末節骨	7-図4
末端肥大症	84
マラセチア	94,96,96-図
マンクス	10-図7,12
マンクス症候群	12
マンジュシャゲ	163
慢性外耳炎	94,99
慢性耳炎	99
慢性腎不全	70,116
慢性膵炎	67
慢性乳腺炎	89
マンソン裂頭条虫	119,124
マンソン裂頭条虫症	124
マンチカン	11-図7
【み】右大動脈弓遺残	54
ミクロフィラリア	34,121
未成熟オーシスト	144
ミネラルコルチコイド作用	167
未分類心筋症	32
耳の病気	94
ミミヒゼンダニ	94,97,99
ミミヒゼンダニ感染症	107
脈絡膜	14-図,18,19-図8
脈絡膜炎	18
脈絡網膜炎	19-図8
ミラシジウム	124
【む】無乳症	89
【め】メインクーン	11-図7,12,32,79-表1
メタアルデヒド	162
メタセルカリア	124
メチオニン	26
メトプレン	94
メトヘモグロビン血症	161
眼やに	15
メラニン	98
メラニン色素	19
メルチプレドニゾロン	167
メロキシカム	167
免疫介在性疾患	23,44
免疫介在性溶血性貧血	26
免疫グロブリン	45
免疫抑制療法	23,26
【も】毛幹	100-図1
毛球症	56,56-図
毛根	100-図1
毛孔	100-図1
毛細血管網	100-図1
毛細血管	36-図1,80-図3
毛細線虫	119
網赤血球	21
毛乳頭	100-図1
毛皮	100-図1
網膜	14-図,18,19-図8
網膜はく離	18
毛様体	14-図,18,19-図8
問題行動	148
【や】薬剤による溶血性貧血	26
【ゆ】有核赤血球	21
有機リン	162
輸血	24
【よ】溶血性貧血	21,161
ヨウシュヤマゴボウ	163
腰椎	7-図4,159-図2
横川吸虫	119
【ら】ラガマフィン	11-図7
ラグドール	11-図7
らせん骨折	108-図1,109
ラパーマ	11-図7
ランゲルハンス島	80-図3
卵巣	8-図5,78-図,86,91,92,93
卵巣遺残症候群	92
卵巣腫瘍	92
卵胞刺激ホルモン	79-表1,78-図
卵胞嚢腫	92,92-図
【り】リケッチア	27
リコリン	163
リソソーム蓄積病	12
立毛筋	100-図1
リポキシゲナーゼ	167
流涎	48,54,99,162
流涙	15,18,162
流涙症	12
緑内障	18
リン酸アンモニウムマグネシウム	74
リン酸カルシウム	154
リン脂質	167
輪状軟骨	95-図
リンパ芽球	25-図7
リンパ球	24,25-図7,45,137
リンパ球形質細胞性歯肉炎	49
リンパ球性白血病	22
リンパ腫	18,24,24-図,25,25-図5
リンパ小節	139-図
リンパ性白血病	24
リンパ節	99,136,144
涙腺	14
【る】ルートプレーニング	47-図3
【れ】レーズン	163
レオウイルス	15
レクチン	163
レトロウイルス属	137
レニン・アンギオテンシン	78-図,85-図13
レンゲツツジ	163
レントゲン	99,109,111,111-図
【ろ】ロイコトリエン	157,167
漏出液	39
ロシアン・ブルー	10-図7
肋骨	39-図8,159-図
ロング&サブスタンシャル	11-図7
【わ】ワクチン	136,138,142,143
ワクチン接種	151,137,138,140,146
ワルファリン中毒	21,27
腕頭動脈	28-図1

『最新 くわしい猫の病気大図典』執筆者一覧

頁	章	執筆者	所属
6-13	猫の体の解説	市原 伸恒	麻布大学獣医学部
14-19	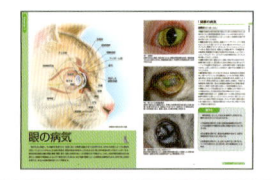 眼の病気	小野 啓	パル動物病院
20-27	血液疾患	酒井 秀夫	諫早ペットクリニック
28-35	循環器の病気	山根 剛	米子動物医療センター
36-43	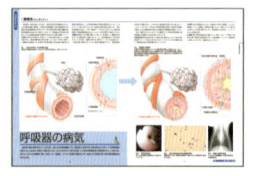 呼吸器の病気	城下 幸仁	相模が丘動物病院
44-51	口腔内疾患	幅田 功	センターヴィル動物病院
52-67	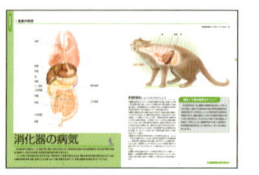 消化器の病気	越久田 健・越久田 活子	おくだ動物病院
68-77	腎臓・泌尿器系の病気	渡邊 俊文・三品 美夏	麻布大学附属動物病院
78-85	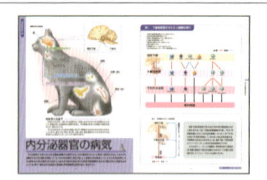 内分泌器官の病気	水谷 尚	日本獣医生命科学大学獣医学部
86-93	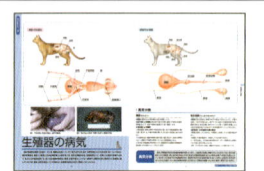 生殖器の病気	桑原 久美子	桑原動物病院
94-99	耳の病気	臼井 玲子	臼井犬猫病院

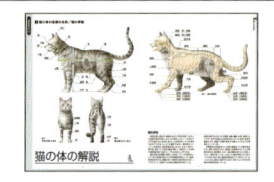

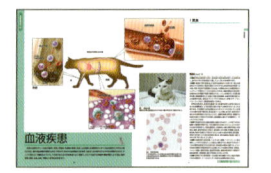

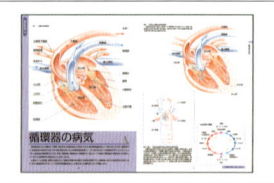

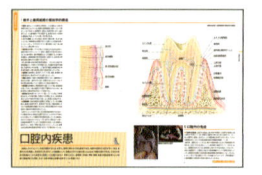

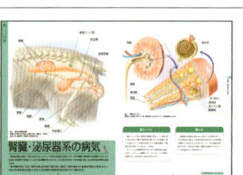

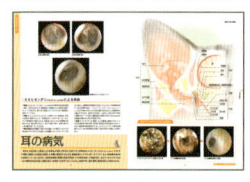

※各所属等は2009年11月現在のものです。

『最新 くわしい猫の病気大図典』執筆者一覧

頁	項目	執筆者	所属
100-107	皮膚の病気	小方 宗次	麻布大学附属動物病院
108-111	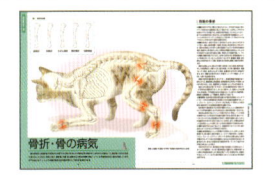 骨折・骨の病気	中山 正成	中山獣医科病院
112-117	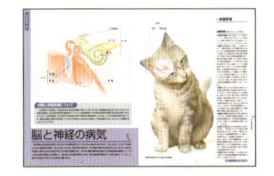 脳と神経の病気	渡辺 直之	渡辺動物病院
118-125	内部寄生虫症	深瀬 徹	明治薬科大学 薬学教育研究センター 基礎生物学部門／動物研究施設
126-135	 腫瘍	川村 裕子	麻布大学附属動物病院
136-147	感染症	兼島 孝	みずほ台動物病院／琉球動物医療センター
148-153	 問題行動	水越 美奈	日本獣医生命科学大学獣医学部
154-159	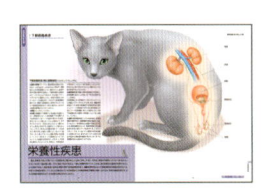 栄養性疾患	舟場 正幸 岩田 法親 朝見 恭裕	京都大学大学院農学研究科動物栄養科学 岩田動物病院 日本農産工業(株)研究開発センター
160-163	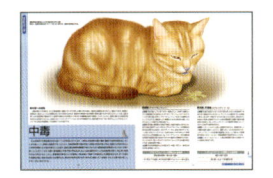 中毒	寺岡 宏樹	酪農学園大学獣医学部
164-167	猫用治療薬の基礎知識	折戸 謙介	麻布大学獣医学部
	編者	小方 宗次	麻布大学附属動物病院

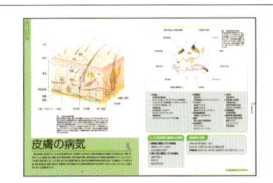

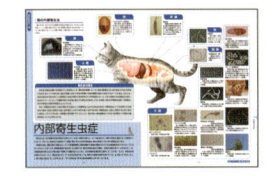

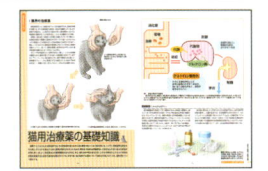

Staff

装丁・デザイン	株式会社クレア　小堀 眞由美　二神 貴仁
イラスト	株式会社クレア　五十川 栄一　窪村 亜樹　山本 信也　山口 牧
編　集	大美賀 隆

カラーアトラス

最新　くわしい猫の病気大図典

豊富な写真とイラストでビジュアル化した決定版

2009年11月27日　発　行
2021年 3 月 1 日　第 6 刷

編　者	小方 宗次
発行者	小川 雄一
発行所	株式会社誠文堂新光社 〒113-0033　東京都文京区本郷3-3-11 (編集)電話03-5800-3621　(販売)電話03-5800-5780 https://www.seibundo-shinkosha.net/
印刷・製本	図書印刷 株式会社

ⓒ2009, Seibundo Shinkosha Publishing Co., Ltd.
ISBN978-4-416-70913-9
NDC649

Printed in Japan
検印省略
禁・無断転載

落丁・乱丁本はお取り替え致します。

本書のコピー、スキャン、デジタル化等の無断複製は著作権法上での例外を除き禁じられています。本書を代行業者等の第三者に依頼してスキャンやデジタル化することは、たとえ個人や家庭内での利用であっても著作権法上認められません。

JCOPY <(一社)出版者著作権管理機構 委託出版物>
本書を無断で複製複写（コピー）することは、著作権法上での例外を除き、禁じられています。本書をコピーされる場合は、そのつど事前に、(一社)出版者著作権管理機構（電話 03-5244-5088／FAX 03-5244-5089／e-mail:info@jcopy.or.jp）の許諾を得てください。